新工科建设·应用型本科规划教材
广东省重点学科建设、精品资源共享课成果

Java 程序设计实训（第 2 版）
——增量式项目驱动一体化教程

谭志国　陈海山　何广赢　苑俊英　主编

電子工業出版社
Publishing House of Electronics Industry
北京·BEIJING

内容简介

本书是广东省重点学科建设、精品资源共享课成果之一。

本书是《Java程序设计——增量式项目驱动一体化教程》的配套教材，包括专项实训、综合实训两部分内容。本书通过一体化增量式项目驱动形式介绍Java语言的基础及应用，训练学生理解并掌握软件项目的开发流程、开发方法和Java技术的应用，综合运用Java基本技能和知识完成一个小型项目的设计和实现过程。

本书可作为高等学校Java程序设计及相关课程的教材，也可作为Java程序设计编程爱好者的案例教程。

图书在版编目(CIP)数据

Java程序设计实训：增量式项目驱动一体化教程 / 谭志国等主编. —2版. —北京：电子工业出版社，2020.6
ISBN 978-7-121-36938-4

Ⅰ.① J… Ⅱ.① 谭… Ⅲ.① JAVA语言－程序设计－高等学校－教材 Ⅳ.① TP312.8

中国版本图书馆CIP数据核字（2019）第125606号

责任编辑：章海涛
印　　刷：北京盛通商印快线网络科技有限公司
装　　订：北京盛通商印快线网络科技有限公司
出版发行：电子工业出版社
　　　　　北京市海淀区万寿路173信箱　　邮编：100036
开　　本：787×1092　1/16　　印张：20.5　　字数：525千字
版　　次：2016年8月第1版
　　　　　2020年6月第2版
印　　次：2022年3月第4次印刷
定　　价：52.00元

凡所购买电子工业出版社图书有缺损问题，请向购买书店调换。若书店售缺，请与本社发行部联系，联系及邮购电话：（010）88254888，88258888。

质量投诉请发邮件至zlts@phei.com.cn，盗版侵权举报请发邮件至dbqq@phei.com.cn。

本书咨询联系方式：192910558（qq群）。

前　言

程序设计课程在计算机及相关专业的教学体系中具有非常重要的作用，学好程序设计对软件工程、数据库、高级编程和综合实训等课程有很大帮助，学习程序设计课程要注重程序设计方法、程序设计语言两方面内容的学习。随着互联网的发展和广泛应用，Java 语言伴随着分布式程序设计方法和技术的需求问世，具有面向对象、与平台无关、多线程、稳定性和安全性等特性，为用户提供了一个良好的程序设计环境，尤其适合互联网的应用开发，拥有全球最大的开发者专业社群。Java 语言是当今最具代表性的面向对象编程语言之一，是实际软件项目开发中使用的主流语言之一，在全球云计算和移动互联网产业蓬勃发展的环境下，具有显著优势和广阔前景。

在应用型人才培养模式下，Java 程序设计及实训课程的教学过程应该注重学生实践能力的培养。由于学时的限制，教师应该如何组织教学，如何安排教学内容，采用什么样的教学方法，对教学效果起着举足轻重的作用。所以，作者根据企业项目实践经历和教学经验总结，在 Java 程序设计实训课程的教学中提出了增量式项目驱动一体化的教学方法，在教学内容安排上分两个阶段实施：专项实训和综合实训。

专项实训阶段以一个小型项目贯穿整个教学过程，教师采取增量式的项目开发方法安排教学和实训内容，通过专项实训的增量迭代让学生体会项目的开发流程、开发方法和技术的使用，最终掌握如何在一体化的教学模式下，综合运用各专项实训技能和知识完成一个小型项目的设计和实现。

综合实训部分介绍了几个中型项目，目的是让学生综合所学知识，以团队的形式选取一个综合项目进行实践，重点培养学生的团队协作能力、沟通能力、分析问题和解决问题的能力、技术和知识的综合运用能力、文档的撰写能力。

本书为广东省重点学科、精品资源共享课成果之一，是“Java 程序设计及应用”课程的后续实训课程的配套教材。

全书分为两部分，共 9 章，每章包含参考项目增量任务的实现过程和实训项目的任务安排，从需求分析、参考案例实现过程，到任务安排和实现，深入浅出地进行介绍。

本书注重增量式的软件设计过程和一体化的项目驱动案例分析与实现，读者可以边学习边动手实践，在实践过程中巩固知识和技能，并学习如何进行增量式项目开发。

增量式项目驱动一体化是本书的特色，本书在实训项目中给出了参考项目的框架性代码，读者通过分析加强理解，做到融会贯通，能够开展类似项目程序的编写工作。全部案例都是作者多年开发经验和教学经验的积累和总结，具有代表性。

本书由谭志国、陈海山、何广赢、苑俊英编写，主要编写人员和分工如下：第 1～4 章由苑俊英编写；第 5～6 章由何广赢编写；第 7～8 章由陈海山编写；第 9 章由谭志国编写。全书由苑俊英进行统稿和定稿。

在本书编写过程中，中山大学杨智教授、河北大学袁方教授提出了许多宝贵的建议和意见，蔡力能、朱彦瑾、李瑞程、蒋泽宇等同学进行了代码的测试，张鉴新、吕宣姣、温泉思等任课教师对教材的修订提出了宝贵的意见，在此表示衷心感谢。

本书配有实验内容安排、实验参考代码等教学资源，有需要的读者可登录到华信教育资源网（http://www.hxedu.com.cn），注册后免费下载，或者联系本书作者（cihisa@126.com）。

由于作者水平有限，编写时间仓促，书中难免有一些错误，恳请读者提出宝贵建议。

作　者

目　录

第一部分　专项实训

第一部分

专项实训

专项实训部分主要按照增量式的项目开发流程设计并实现一个小型项目。

参考案例模版为车票预定系统。

要求：

- 重点掌握编程环境搭建、GUI 编程、事件处理、数据库编程、网络编程和多线程等知识和技术。
- 通过专项实训，提高分析问题和解决问题的能力。

第 1 章　Java 程序设计的开发环境

1.1　Java 语言介绍

Java 语言是由 Sun 公司（已被 Oracle 收购）开发而出的新一代编程语言，诞生于 1995 年，是在 C 语言和 C++语言基础上创建的，最初用于开发电冰箱、电烤箱等消费类电子产品市场，目前已广泛用于开发各种网络应用软件，成为最流行的程序设计语言之一。

Java 平台由 Java 虚拟机（Java Virtual Machine，JVM）和 Java 应用程序编程接口（Application Programming Interface，API）构成。Sun 公司免费提供的开发工具包的早期版本简称 JDK（Java Development Kit），现在的开发工具包分为 3 个版本。

Java SE（曾称为 J2SE）：Java 标准版或 Java 标准平台，提供了标准的 JDK 开发平台，可以开发 Java 桌面应用程序和低端的服务器应用程序，也可以开发 Java Applet。

Java EE（曾称为 J2EE）：Java 企业版或 Java 企业平台，可以构建企业级的服务应用。Java EE 平台包含了 Java SE 平台，并增加了附加类库，以便支持目录管理、交易管理和企业级消息处理等功能。

Java ME（曾称为 J2ME）：Java 微型版或 Java 小型平台，一种很小的 Java 运行环境，用于嵌入式的消费产品中，如移动电话、掌上电脑或其他无线设备等。

Java 作为一种高级程序设计语言，与其他高级语言相比，最重要的特点是平台无关性，也就是常说的“write once, run anywhere”（编写一次，到处运行）。另外，Java 具有简单、面向对象、与平台无关性和可移植性、可靠性和安全性、多线程并发机制、分布式、动态的内存管理机制等特点。

1.2　Java 开发工具包

Java 开发工具包（JDK）是一个编写 Java 程序的开发环境，可在 https://www.oracle.com/java/technologies/javase-downloads.html 免费下载。下载时要注意自己计算机的操作系统类型，下载的安装程序应当与自己计算机的操作系统相匹配，目前最新版本为 JDK 13，为避免最新版本不稳定等因素，本书使用的 JDK 11，具体版本为 jdk-11.0.6_windows-x64_bin.exe。为满足本书所涉及 JavaFX 的开发要求，安装的 JDK 版本应为 JDK 8 及以上版本。

下载完成后，即可进行安装，安装过程只要遵循安装程序的指示进行即可，安装步骤如下。

Step01：双击 JDK 安装文件，即可进入 JDK 安装向导界面，如图 1-1 所示。

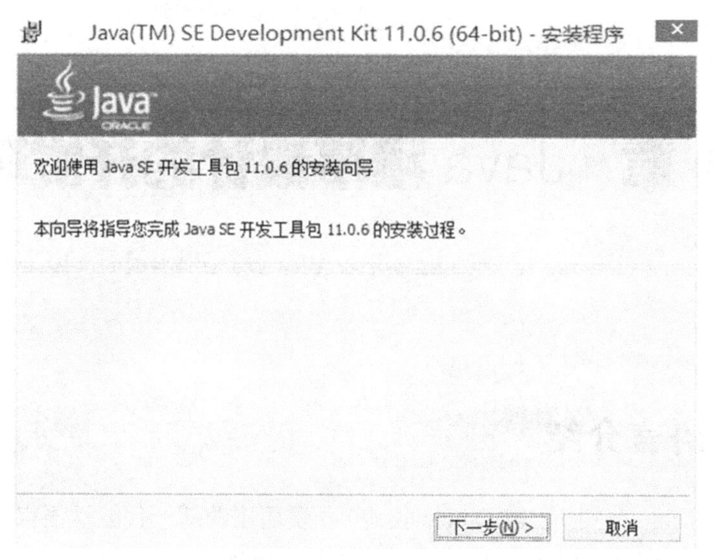

图 1-1　安装向导界面

Step02：单击“下一步”按钮，进入自定义安装界面，从中可以修改安装路径，如图 1-2 所示。

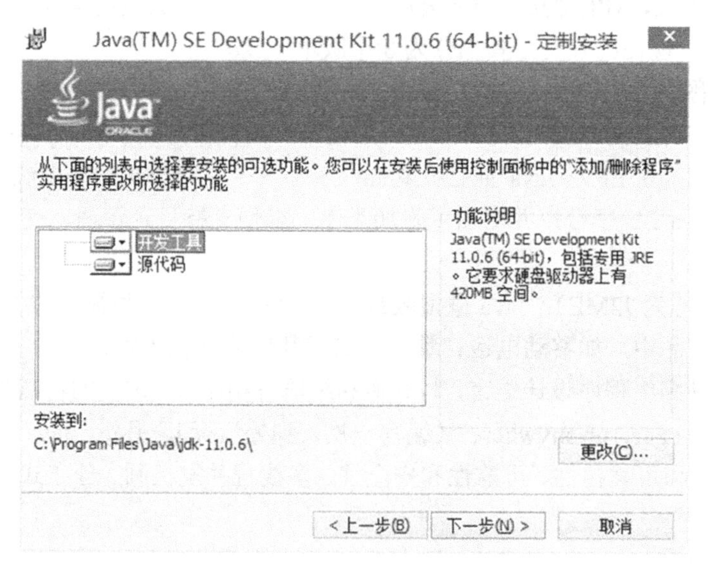

图 1-2　自定义安装界面

Step03：进行设置后，单击“下一步”按钮即可安装，验证安装，如图 1-3 所示。

Step04：检测发布产品信息（自动完成），如图 1-4 所示。

Step05：提取安装程序（自动完成），如图 1-5 所示，当出现图 1-6 时表示安装完成。

注意：JDK 11 版本不需要手动指定路径安装 JRE，JRE 默认包含在 JDK 文件中。

成功安装 JDK 后，需要手动配置 JDK 的 3 个环境变量：JAVA_HOME、CLASSPATH、PATH。注意，不同操作系统下配置过程稍有不同，本书以 Windows 8 为例进行介绍，具体配置过程如下。

Step01：在桌面上右击“此电脑”，在弹出的快捷菜单中选择“属性”命令，然后在弹出的窗口左侧选择“高级系统设置”，打开“系统属性”对话框，如图 1-7 所示。

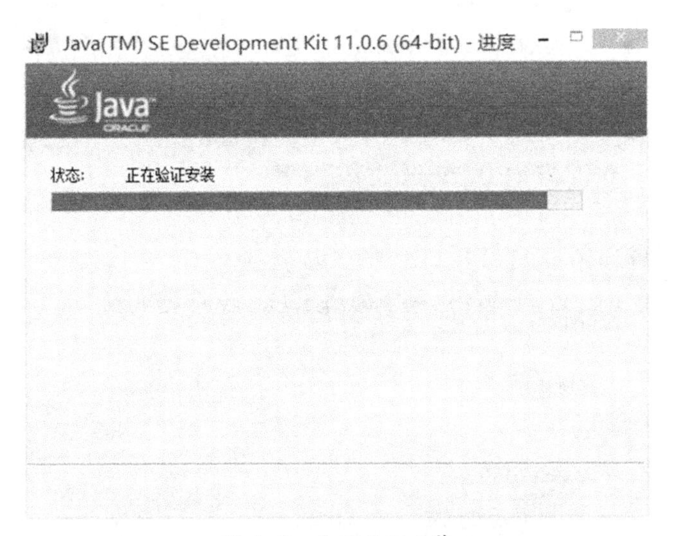

图 1-3　自动验证安装

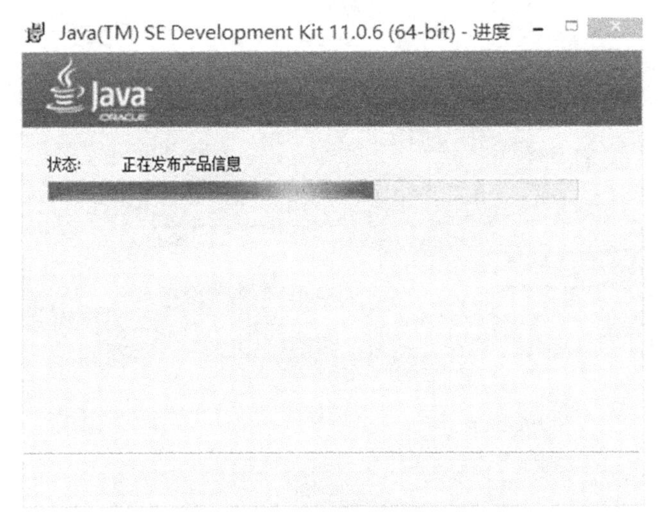

图 1-4　检测发布产品信息

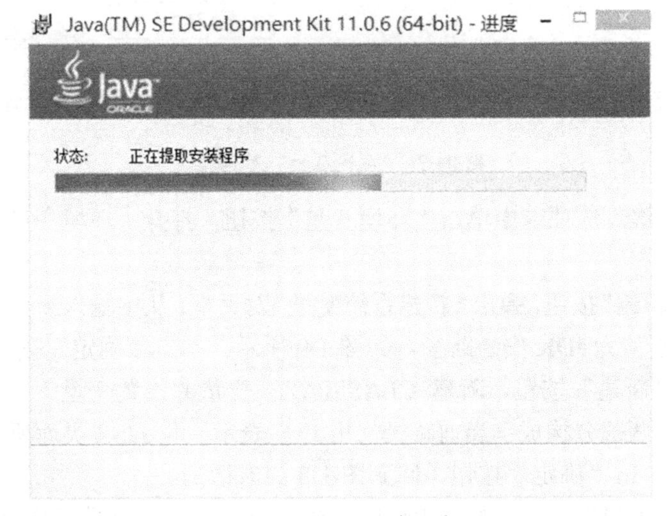

图 1-5　提取安装程序

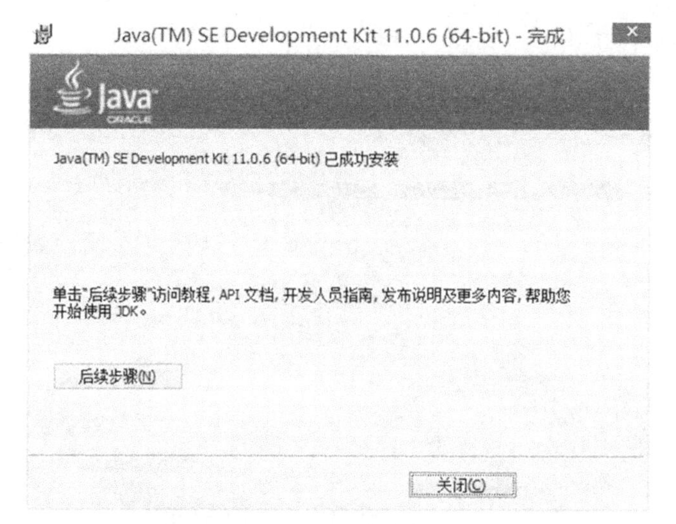

图 1-6　安装完成

图 1-7　“系统属性”对话框

Step02：在“高级”选项卡中单击“环境变量”按钮，打开“环境变量”对话框，如图 1-8 所示。

Step03：单击“新建”按钮，弹出“新建系统变量”对话框，从中输入新建变量 JAVA_HOME 及变量值，其中变量值为 JDK 安装路径，如图 1-9 所示。单击“确定”按钮，即可返回。

Step04：单击“新建”按钮，新建 CLASSPATH 变量并设置变量值，如图 1-10 所示。CLASSPATH 的值由两部分构成：当前路径（用“.”表示）和 J2SE 类库所在路径，两个路径之间用“;”间隔。单击“确定”按钮，回到图 1-8 的对话框。

Step05：单击“编辑”按钮，修改 PATH 路径，向已有的 Path 路径中添加 bin 文件路径，如图 1-11 所示。

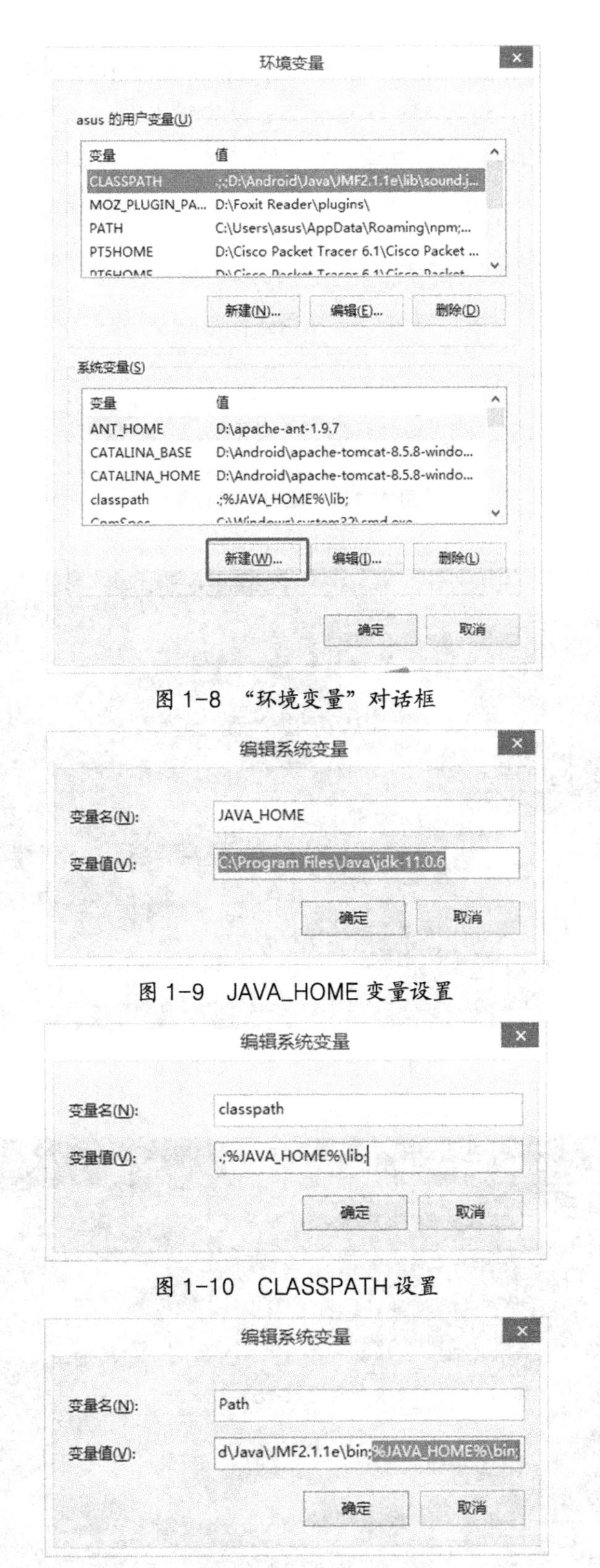

图 1-8 “环境变量”对话框

图 1-9 JAVA_HOME 变量设置

图 1-10 CLASSPATH 设置

图 1-11 修改 PATH 变量

Step06：连续单击“确定”按钮，完成环境变量的设置。

Step07：按 Win+R 组合键，弹出“运行”对话框（如图 1-12 所示），在“打开”中输入“cmd”，单击“确定”按钮，进入 MS-DOS 窗口；从中输入“javac”或者“java”命令，出现如图 1-13 和图 1-14 所示的命令使用方法，表示环境变量已经配置成功。

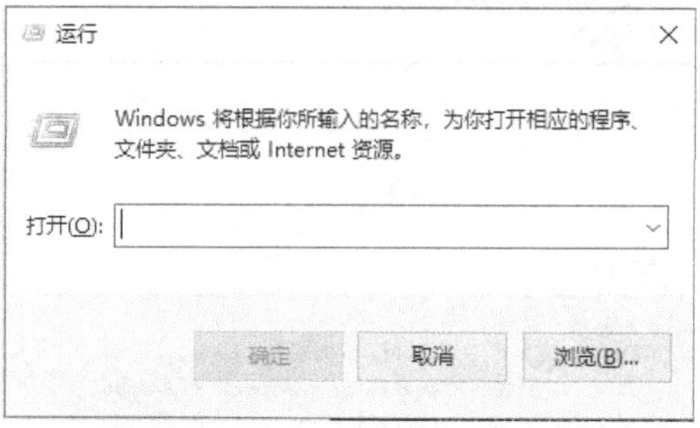

图 1-12 “运行”对话框

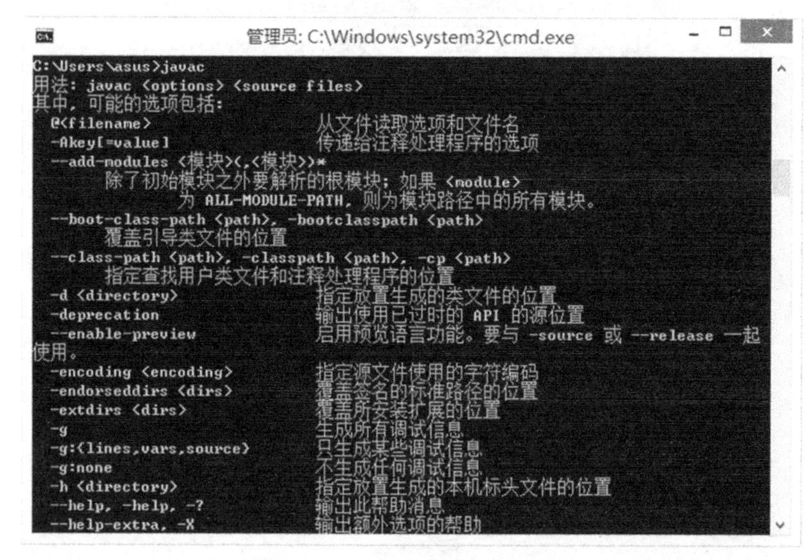

图 1-13 javac 命令使用方法

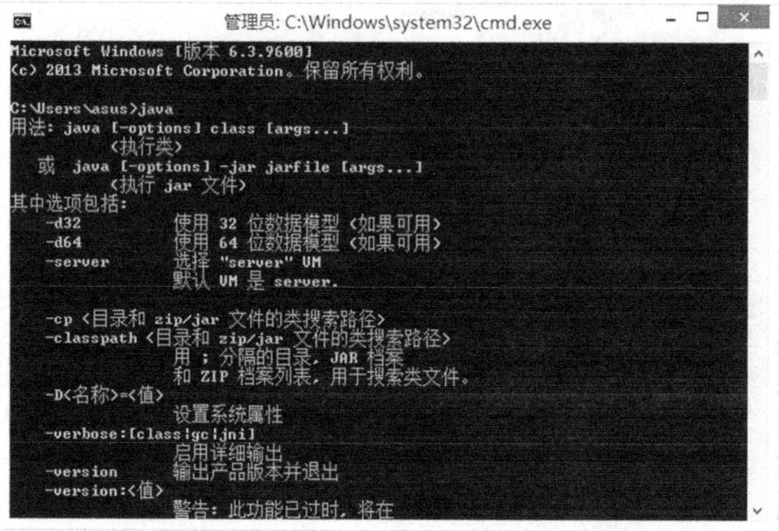

图 1-14 java 命令使用方法

1.3 集成开发环境 Eclipse

Eclipse 属于绿色软件，不需要运行安装程序，不需要向 Windows 注册表填写信息，只需将 Eclipse 压缩包解压就可以运行。后续如需进行 JavaFX 开发，需结合 e(fx)clipse 插件和可视化插件 JavaFX Scene Builder 来使用，所需 Eclipse 版本应在 Eclipse 4.5 以上。

Eclipse 软件包可以到官方网站 http://www.eclipse.org/downloads/下载，可以安装在各种操作系统上，在 Windows 下安装 Eclipse，除了需要 Eclipse 软件包，还需要 Java 的 JDK，并设置相关环境变量。关于 JDK 的安装及环境变量设置可参考 1.2 节。

运行 Eclipse 后，会弹出如图 1-15 所示的对话框，可在其中设置 Eclipse 项目工程的存放路径。

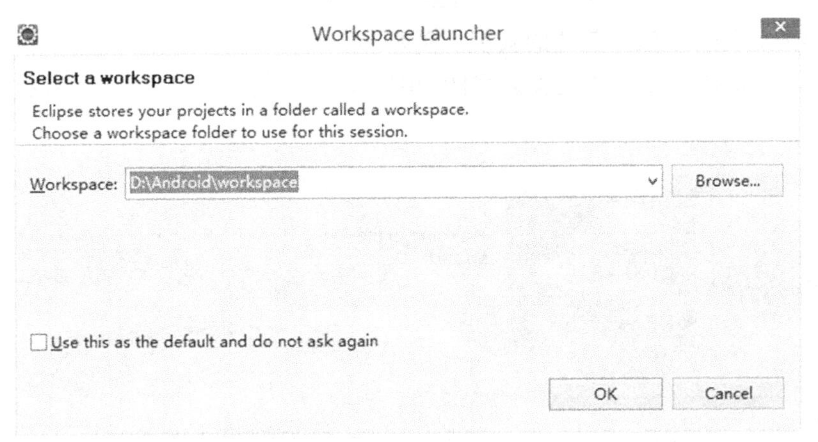

图 1-15 设置 Eclipse 存放路径

1.4 集成开发环境 MyEclipse

MyEclipse 企业级工作平台（MyEclipse Enterprise Workbench）是对 Eclipse IDE 的扩展，是一款商业级基于 Eclipse 的 Java EE 集成开发工具，不是免费产品，可到官方网站 http://www.myeclipseide.com/下载。

MyEclipse 的功能非常强大，支持也十分广泛，尤其支持各种开源产品。MyEclipse 目前支持 Java Servlet、Ajax、JSP、JSF、Struts、Spring、Hibernate、EJB3、JDBC 数据库链接工具等多项功能。可以说 MyEclipse 是几乎囊括了目前所有主流开源产品的专属 Eclipse 开发工具。

下载 MyEclipse 后即可进行安装，安装过程可自行完成。安装完成后，启动 MyEclipse，会弹出如图 1-16 所示的对话框，从中可以设置 MyEclipse 项目工程的存放路径。

1.5 数据库软件 MySQL

目前，MySQL 已经是各大互联网网站的首选数据库，不仅因为其属于开源数据库管理系统，更因为它良好的性能和插件式的存储引擎，受到越来越多人的青睐。读者可到 MySQL 的官方网站 http://dev.mysql.com/downloads/下载，本书使用的版本为 MySQL 5.5.21。

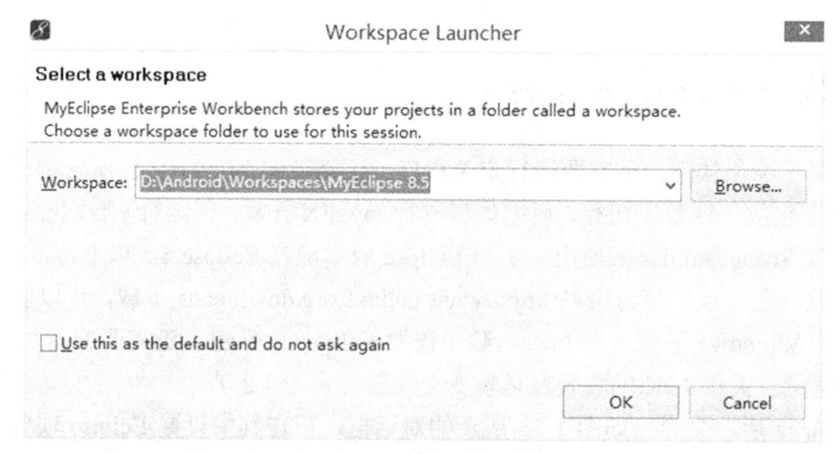

图 1-16 设置 MyEclipse 项目工程的存放路径

下载完成后，进行安装，具体的安装步骤如下。

Step01：单击 MySQL 5.5.21 的安装文件，出现安装向导界面，如图 1-17 所示，单击“Next”按钮。

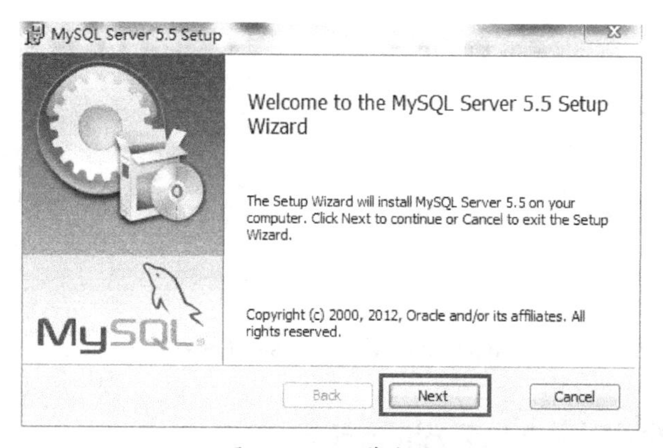

图 1-17 安装向导

Step02：在出现的如图 1-18 所示的窗口中勾选“I accept the terms in the License Agreement”，然后单击“Next”按钮。

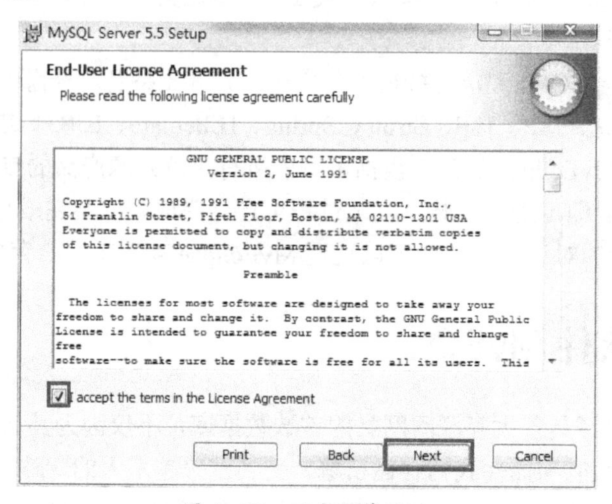

图 1-18 用户安装协议

Step03：在出现的如图 1-19 所示的窗口中有三种安装类型："Typical（默认）""Complete（完全）"和"Custom（用户自定义）"。这里选择"Custom"，然后单击"Next"按钮。

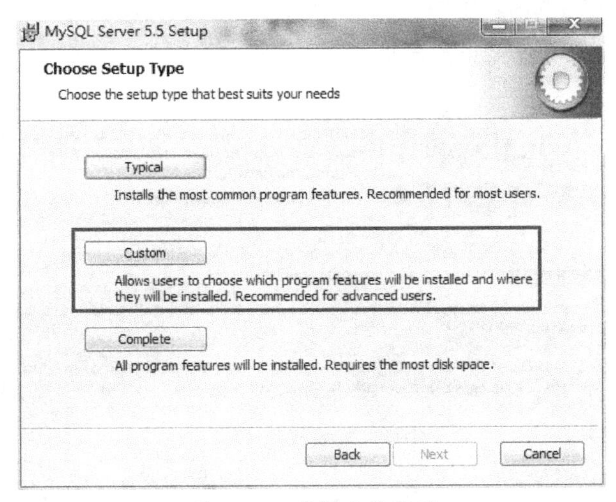

图 1-19　选择安装类型

Step04：在出现的如图 1-20 所示的窗口中选择 MySQL 数据库的安装路径，然后单击"Next"按钮。

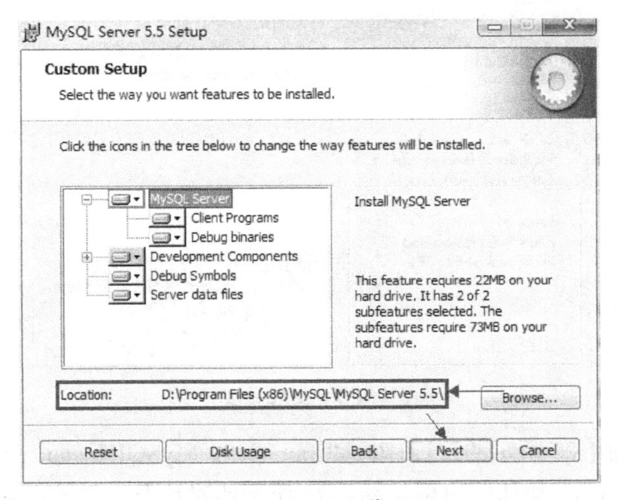

图 1-20　设置安装路径

Step05：在出现的如图 1-21 所示的窗口中确认前述设置，如果有误，则单击"Back"按钮返回修改，否则单击"Install"按钮。

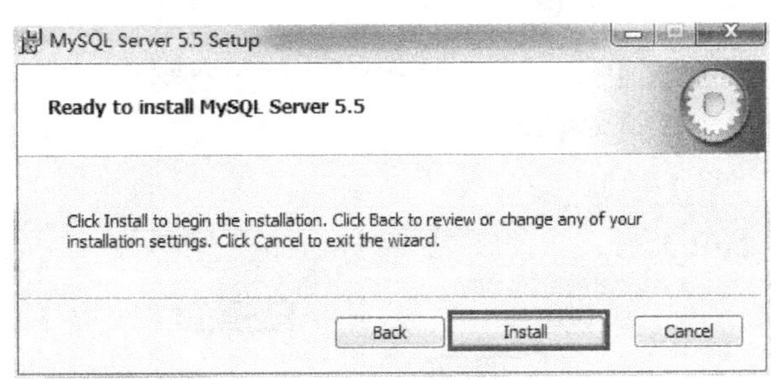

图 1-21　准备安装

Step06：出现如图 1-22 和图 1-23 所示的对话框，表明 MySQL 安装完成。单击图 1-23 中的“Next”按钮，对 MySQL 进行配置。

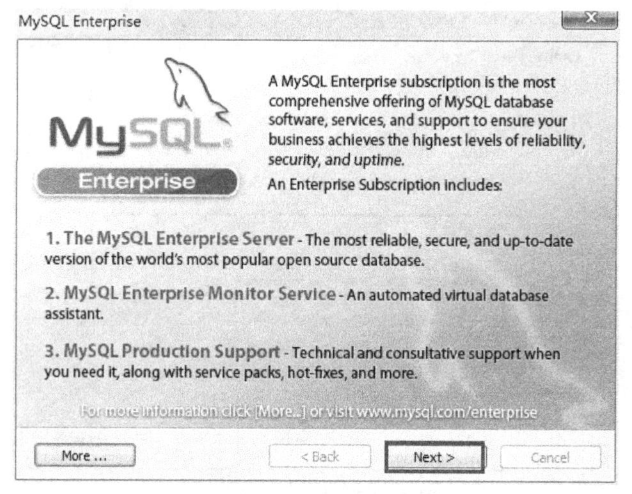

图 1-22　安装进度 1

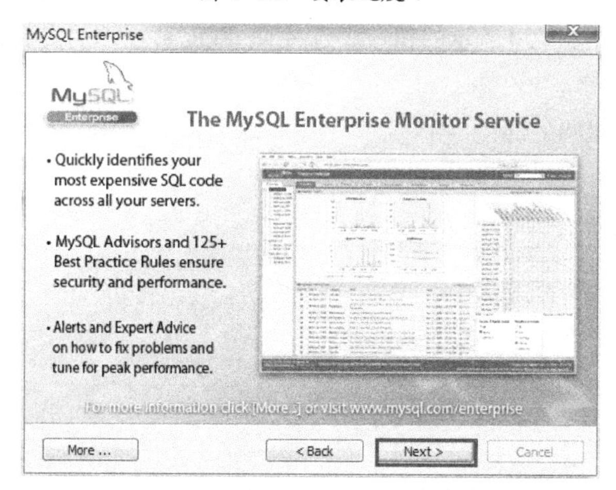

图 1-23　安装进度 2

Step07：出现如图 1-24 所示的窗口，勾选“Launch the MySQL Instance Configuration Wizard”选项，然后单击“Finish”按钮，出现如图 1-25 所示的对话框，再单击“Next”按钮。

图 1-24　MySQL 配置 1

图 1-25　MySQL 配置 2

Step08：出现如图 1-26 所示的对话框，选择配置方式“Detailed Configuration”（手动精确配置），然后单击“Next”按钮。

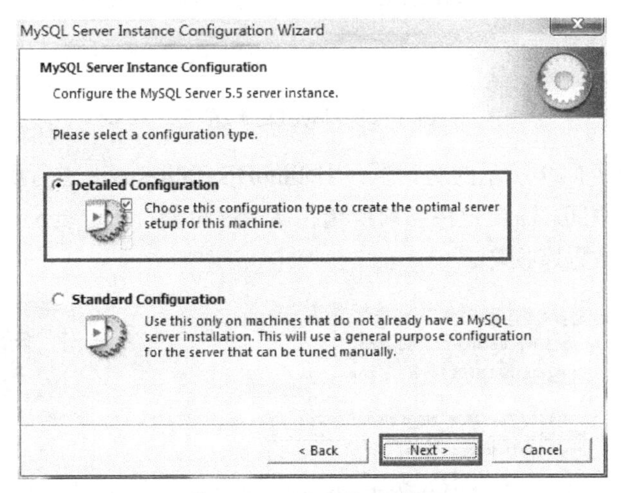

图 1-26　MySQL 配置 3

Step09：出现如图 1-27 所示的对话框，选择服务器类型“Developer Machine”（开发测试类），然后单击“Next”按钮。

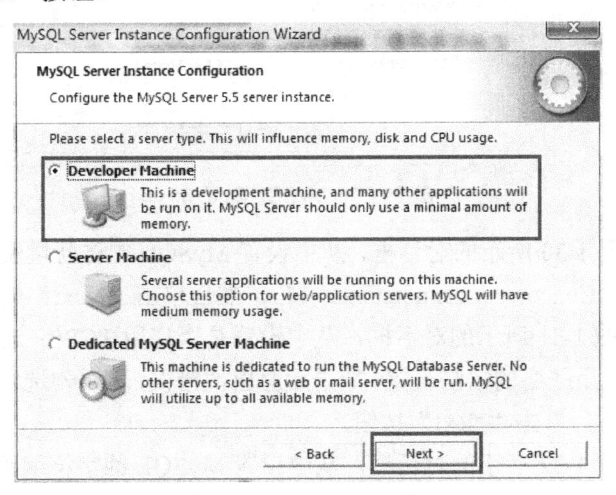

图 1-27　MySQL 配置 4

Step10：出现如图 1-28 所示的对话框，选择 MySQL 数据库用途位“Multifunctional Database”（通用多功能型），然后单击“Next”按钮。

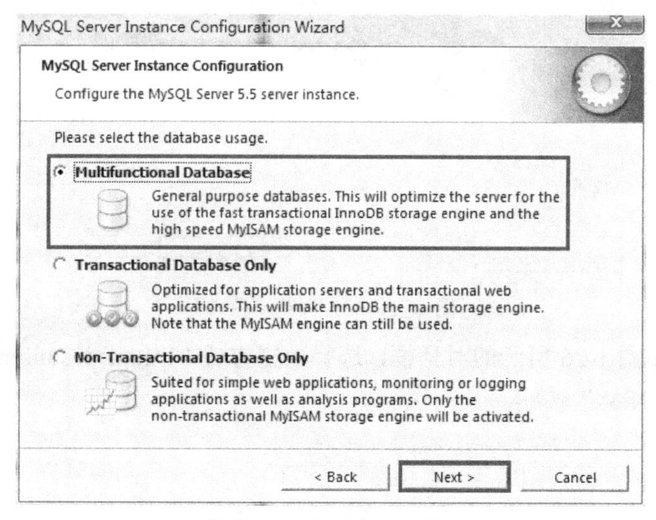

图 1-28 MySQL 配置 5

Step11：出现如图 1-29 所示的对话框，对 InnoDB Tablespace 进行配置，为 InnoDB 数据库文件选择一个存储空间。需要记住当前所选存储空间位置，在重装 MySQL 时要选择同一个位置，否则可能造成数据库损坏。

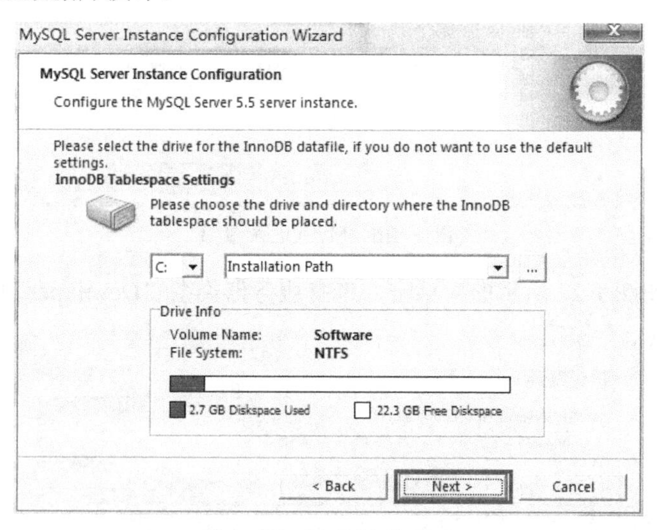

图 1-29 MySQL 配置 6

Step12：出现如图 1-30 所示的对话框，从中设置 MySQL 的访问量及同时连接数，这里选择“Manual Setting”（Concurrent connections：15），然后单击“Next”按钮。

Step13：出现如图 1-31 所示的对话框，从中设置是否启用 TCP/IP 连接，并设置端口号，默认端口是 3306 并启用严格的语法设置。如果后面出现错误，可以勾选“Add firewall exception for this port”选项，然后单击“Next”按钮。

Step14：出现如图 1-32 所示的对话框，从中设置 MySQL 的字符编码“utf-8 编码”，并单击“Next”按钮。

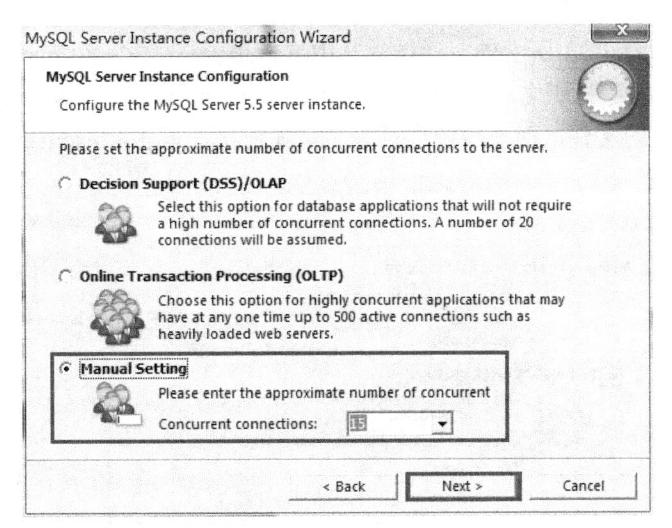

图 1-30　MySQL 配置 7

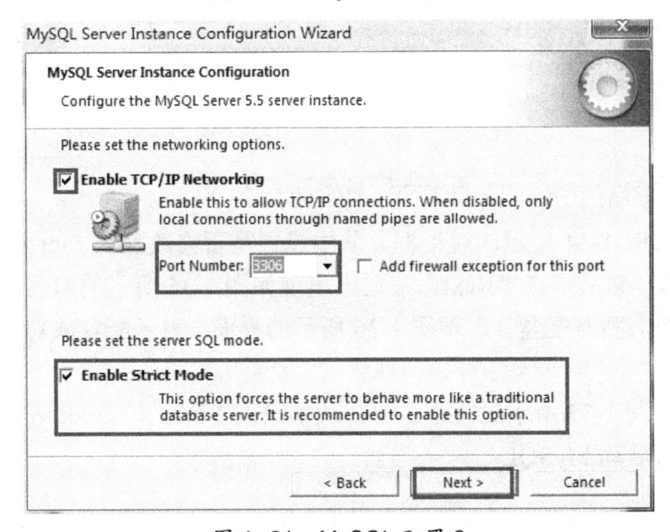

图 1-31　MySQL 配置 8

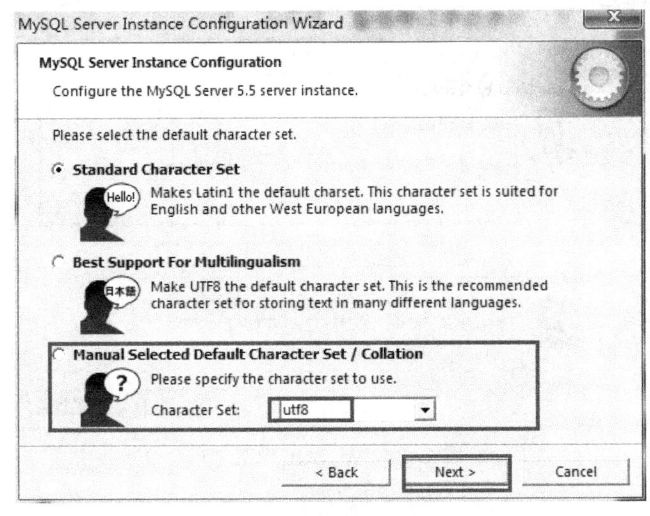

图 1-32　MySQL 配置 9

Step15：出现如图 1-33 所示的对话框，从中选择是否将 MySQL 安装为 Windows 服务，指定 Service Name（服务标识名称），是否将 MySQL 的 bin 目录加入 Windows PATH（加入后，可以直接使用 bin 下的文件，而不用指出目录名，如连接 mysql -u username -p password），然后单击“Next”按钮。

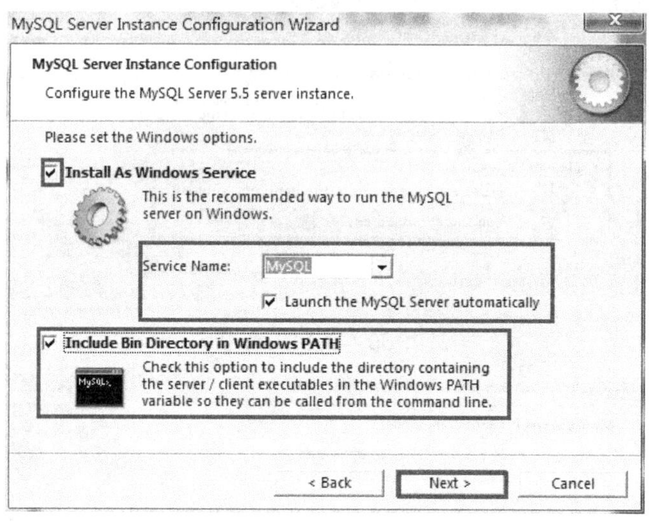

图 1-33　MySQL 配置 10

Step16：出现如图 1-34 所示的对话框，从中设置是否修改默认 root 用户（超级管理员）的密码（默认为空），然后单击“Next”按钮，出现如图 1-35 所示的对话框，表示配置结束。单击“Execute”按钮，执行配置，出现图 1-36 所示的界面，表示配置成功。然后单击“Finish”按钮。

Step17：出现如图 1-37 所示的命令窗口，从中输入“mysql -u root -p”或“mysql -u root -p 密码”命令，即可启动 MySQL。

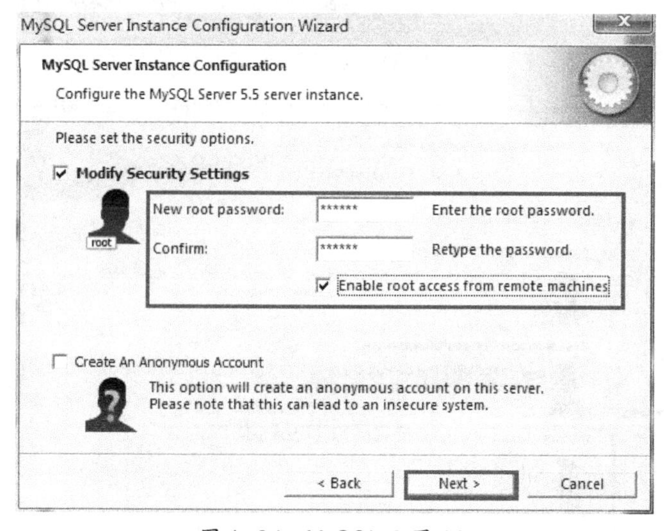

图 1-34　MySQL 配置 11

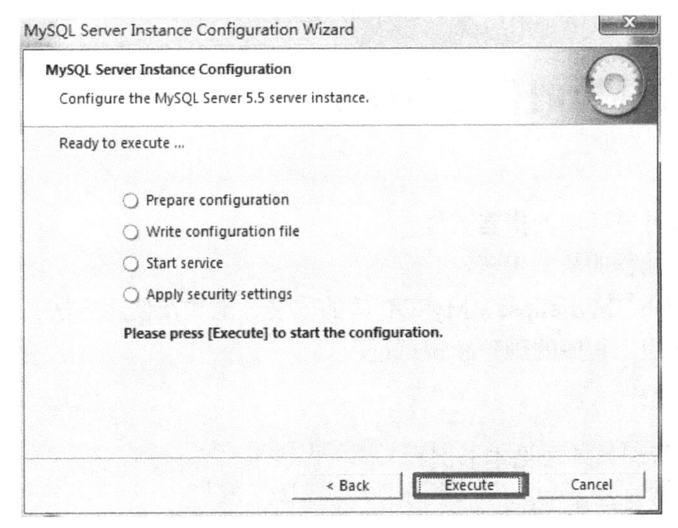

图 1-35 MySQL 配置 12

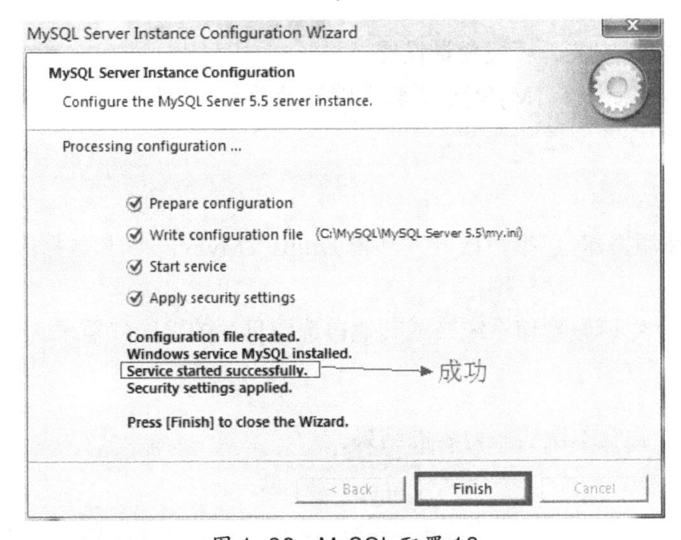

图 1-36 MySQL 配置 13

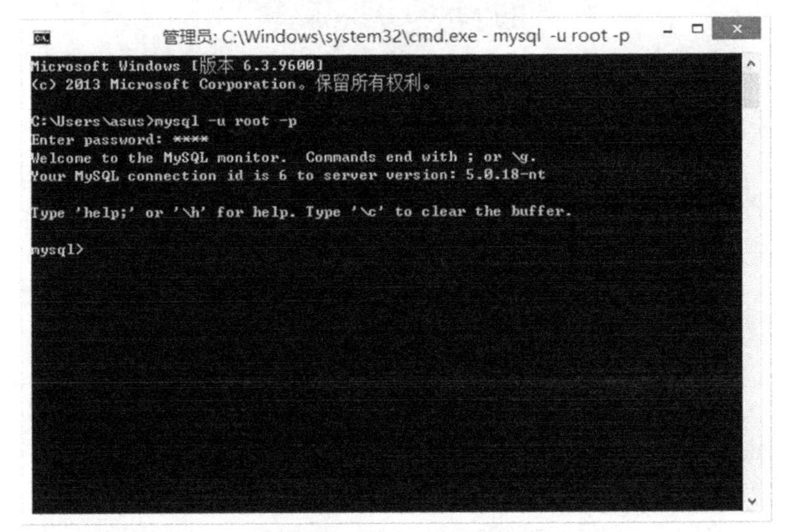

图 1-37 MySQL 启动界面

实验 1：开发环境的搭建与使用

实验目的

（1）掌握 Java 开发环境的搭建过程。

（2）掌握 Java 编程的基本步骤。

（3）熟练 Eclipse、MyEclipse、MySQL 等的安装、配置及使用方法。

（4）掌握 Java 应用程序的创建和调试过程。

专项实训题目

（1）学生请假管理系统（见本书例程）。

（2）其他自选题目。

实验内容

（1）JDK 的下载、安装、环境变量设置。

（2）Eclipse、MyEclipse、MySQL 等软件的安装及基本使用。

（3）Java 应用程序的创建和调试。

实验安排

（1）Java 开发环境搭建，包括集成开发环境 Eclipse、MyEclipse 和数据库应用软件 MySQL，2 学时。

（2）初步分析学生请假管理系统（或其他自选题目）的功能性需求，1 学时。

实验报告

按照规定格式，提交本次实验内容的结果。

第 2 章　专项实训需求分析

本书引入“车票预订系统”作为专项实训的实训代码模板，在实训中应用 Java 程序设计的不同知识点及基本技能实现预期项目的不同功能需求，通过增量式的项目开发过程，最终实现一个 C/S（Client/Server，客户—服务器）结构的车票预订系统。

2.1　车票预订系统用户及界面分析

本书所选车票预订系统主要解决高校师生乘坐校车的购票需求。在一些高校中，学生和教师需要乘车前往其他校区或地区，为了解决用户（学生、教师）长时间排队购票的问题，拟开发一个基于 C/S 结构的乘坐校车的购票预订（简称“车票预订”）系统。

专项实训的重点关注学生应用相关技术实现预期项目的能力，有能力的学生可以在此基础上进行提升，如代码的优化、界面美化等。所以，在专项实训的实训代码模板中，对车票预订系统进行了简化，更多关注主要功能的实现，以适合程序设计实训阶段学生的编程水平。

基于上述背景，我们先对车票预订系统进行用户分析。本系统的用户主要包含普通用户（学生和教师）和系统管理员两种。其中，普通用户的操作权限包含登录、查询班车、预订车票三种，管理员的操作权限包含登录、开启服务器、关闭服务器三种。

普通用户实现登录、查票和订票的界面和功能，管理员实现对服务器进行管理的界面和功能，其界面可参考图 2-1～图 2-4。

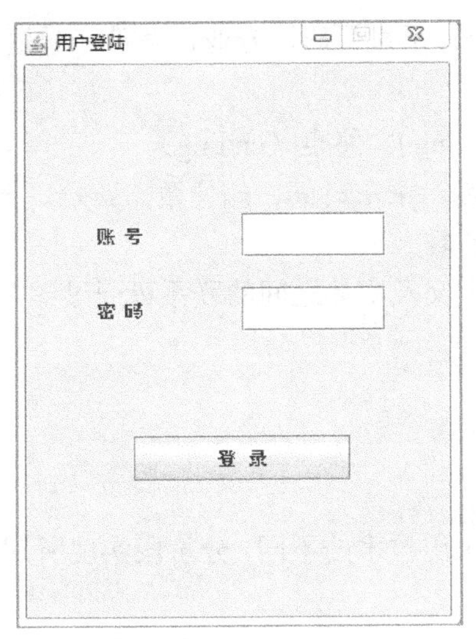

图 2-1　用户登录界面

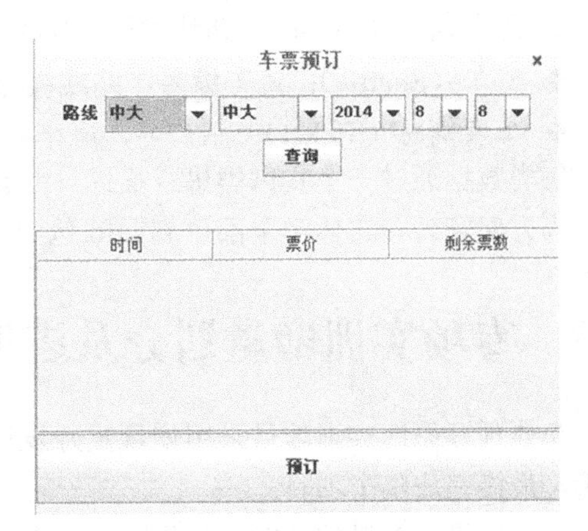

图 2-2　车票查票及预订界面

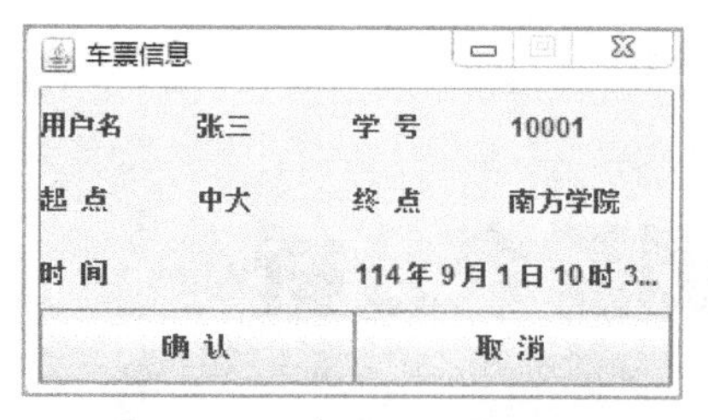

图 2-3 用户确认订票界面

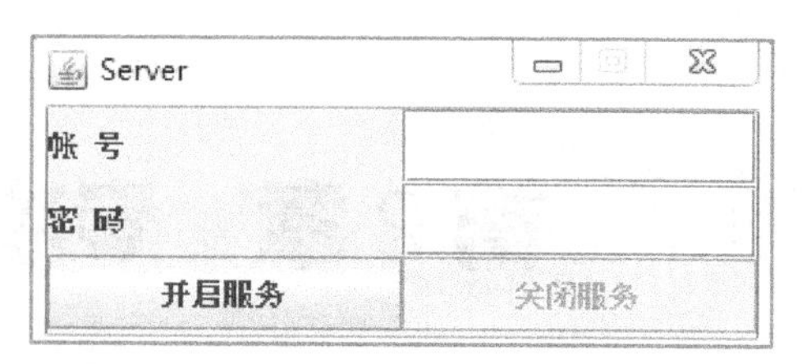

图 2-4 管理员功能界面

2.1.1 车票预订系统用例分析

根据以上分析，车票预订系统不同用户的用例描述如表 2-1 所示，管理员和普通用户的用例图如图 2-5 和图 2-6 所示。

表 2-1 用例描述

用 户	用 例
管理员（Admin）	登录，路线管理，车次管理，车票管理（后三个专项实训不做）
普通用户（User）	登录，车次查询，车票预订，车票信息卡，订单查询（专项实训不做）

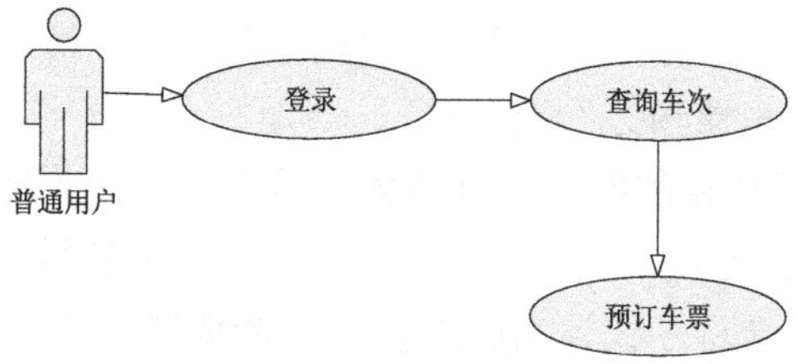

图 2-5 普通用户用例

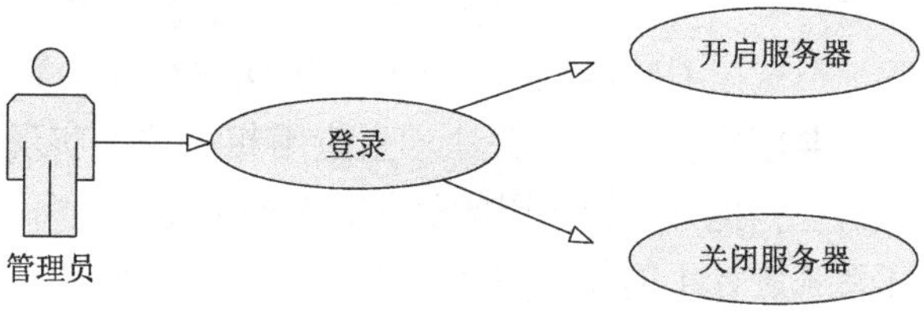

图 2-6 管理员用例

2.1.2 车票预订系统数据分析

在车票预订系统中，需要存储的数据（实体）包含用户信息、班车信息、班车路线和车票信息，每类数据可通过一系列属性来表示，具体描述如下。

❖ 用户（User）：用户编号（用户名），姓名，密码，手机号码，专业，身份（学生、教师）。

❖ 班车路线（Route）：路线编号（ID），起点（starting），终点（ending）。

❖ 班车（Shuttle）：班车编号，路线编号，乘车日期，乘车时间，座位数，票价。

❖ 车票信息（Ticket）：用户名，班车编号，乘车状态。

每类数据通过一个实体类进行描述，具体的实体类定义及实体之间的联系可通过图 2-7 描述，为方便管理，实体类全部放到 info 包中。

2.2 专项实训增量划分及进度安排

车票预订系统实训项目采用增量式开发过程，根据采用技术的不同，分阶段实现所划分的增量，最终完成整个项目。

通过增量式项目的开发，学生既可以巩固并加深各 Java 知识点的理解和应用，又可以体会到一个完整项目的开发方法和过程，最终达到程序实训的真正目的。

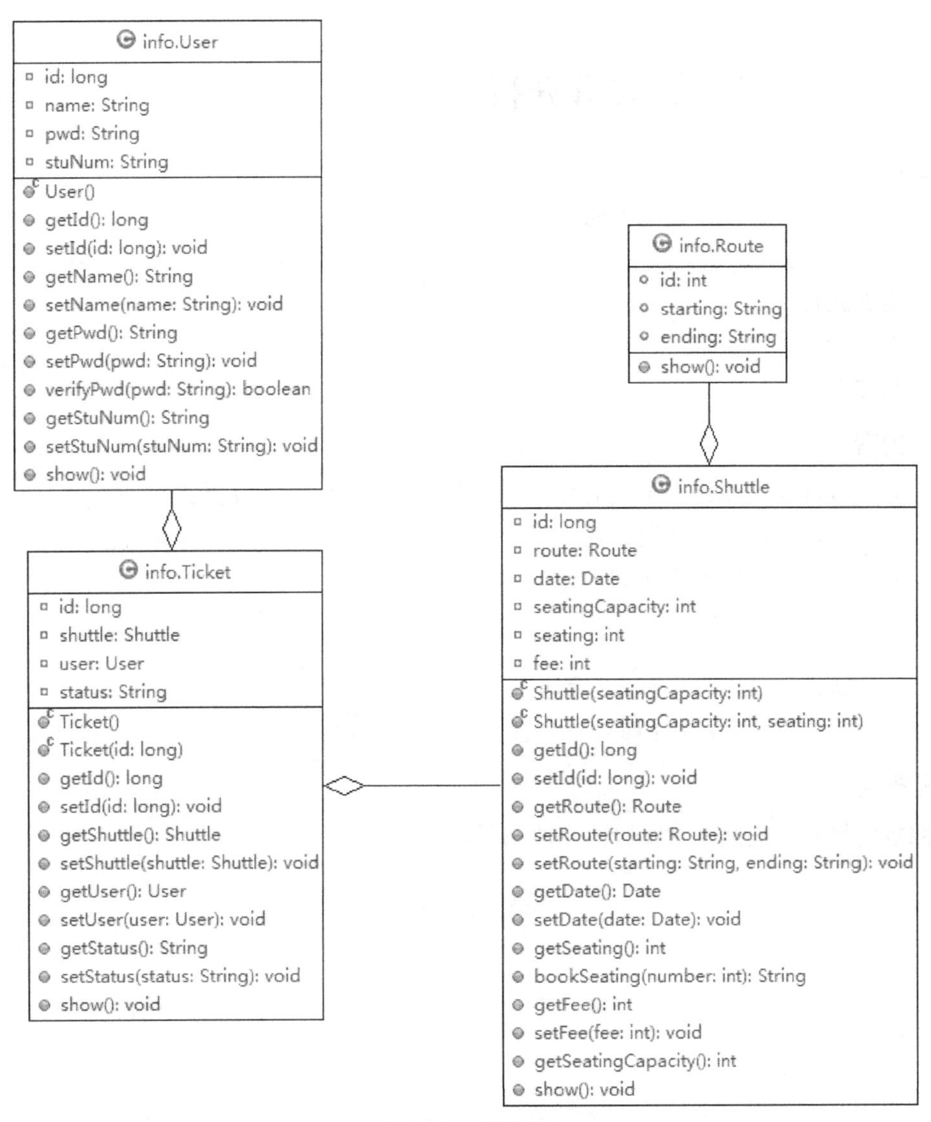

图 2-7　实体类

开发阶段总划分：单机版开发阶段和 C/S 系统开发阶段。其中，单机版软件开发阶段包括界面开发、界面事件处理、数据库编程；C/S 系统开发阶段包括采用 Socket 网络通信实现 C/S 结构的不同用户之间的通信、采用多线程技术实现多用户并发访问功能。具体的实训阶段划分、每阶段需要的 Java 技术分布如表 2-2 所示。

表 2-2　增量开发阶段及步骤划分

	章节	界面编程	事件处理	数据库编程	数据流	网络通信	多线程
单机版	Ch3.1	✓					
	Ch3.2		✓				
	Ch4			✓			
C/S 系统	Ch5				✓	✓	
	Ch6						✓

注：为方便阅读，文中采用如下标记方式，即【账号】文本框、【用户登录】窗口、【登录】按钮等。

实验 2：专项实训的需求分析

实验目的

（1）掌握需求分析的过程与方法。

（2）掌握 StarUML 工具的使用。

专项实训题目：

（1）学生请假管理系统。

（2）其他自选题目。

实验内容

（1）完成专项实训项目（学生请假管理系统）的功能性需求分析。

（2）完成专项实训增量开发计划。

（3）完成专项实训项目实体类设计。

实验安排

（1）专项实训项目需求分析，2 学时

（2）增量式开发计划，1 学时。

实验报告

按照规定格式，提交本次实验内容的结果。

第 3 章　GUI 编程和事件处理

本章以车票预订系统的界面设计为例，让学生巩固和提高使用 Java GUI 编程和事件处理技术，设计并实现专项实训项目的增量：界面设计和事件处理。

本章要求实现单机版车票预订系统的用户界面设计和事件处理，主要包括：

❖ 登录界面及其登录功能实现。
❖ 班车查询界面及其班车查询功能实现。
❖ 车票预订界面和车票预订功能实现。
❖ 实现以上各界面之间的跳转。

下面将按照增量开发方法，逐步增量实现界面设计和界面事件处理两个用例。其中，界面设计的目的是为用户提供友好的图形化用户界面；事件处理提供了对应的用户操作机制，使界面之间"活动起来"。本章的重点是界面编程和事件处理，所以在事件处理中通过显示固定数据（在程序中初始化数据）来显示操作结果。

3.1　Java GUI 编程技术

在 Java 中，现常用的 GUI（Graphical User Interface，图形用户界面）编程技术包括 AWT、Swing、JavaFX。本书主要结合 Swing 进行课堂案例和增量项目的介绍，本书提供了 JavaFX 开发的设计方法和参考源代码，供读者学习参考。

3.1.1　Java AWT 和 Java Swing

AWT（Abstract Window Toolkit，抽象窗口工具包）提供了一套与本地图形界面进行交互的接口，从而可以构建 GUI。由于 Java 语言"一次编译，处处运行"的特点，AWT 提供的图形功能是各种通用操作系统所提供的图形功能的交集。另外，AWT 依靠本地方法来实现其功能，所以通常被称为重量级控件。

Swing 是在 AWT 的基础上构建的一套新的图形界面系统，是对 AWT 的加强和补充。Swing 利用了 AWT 提供的基本作图方法对树形控件进行模拟。Swing 控件使用单纯的 Java 代码来实现用户图形界面，因此在一个平台上设计的树形控件可以在其他平台上使用，通常被称为轻量级控件。

AWT 是抽象窗口组件工具包，是 Java 较早的用于编写图形节目应用程序的开发包；Swing 是为了解决 AWT 存在的问题而问世的，并以 AWT 作为基础，是现阶段主流用户图形界面编程技术之一。AWT 和 Swing 常用组件的继承关系分别如图 3-1 和图 3-2 所示。

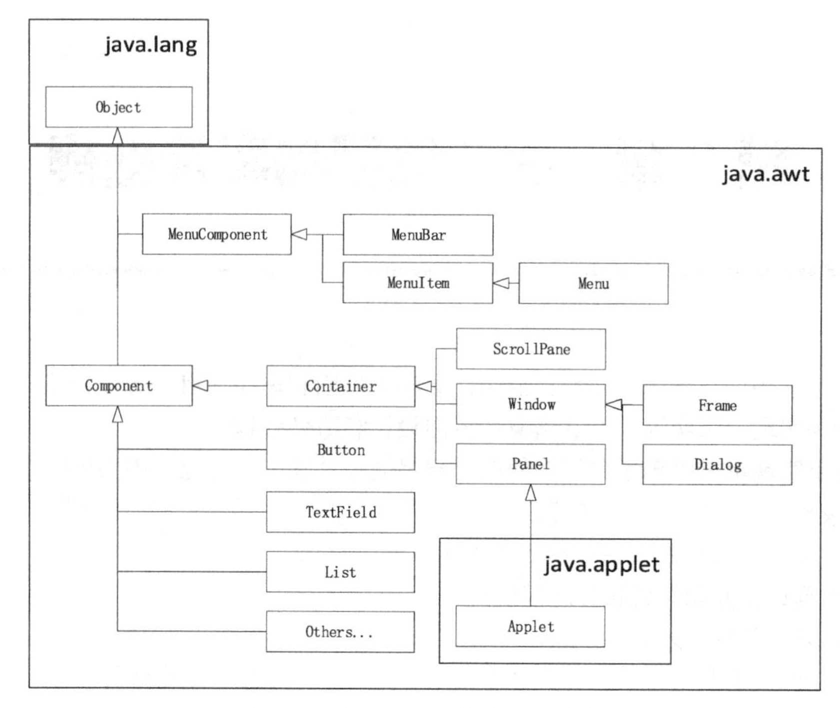

图 3-1　AWT 常用组件的继承关系

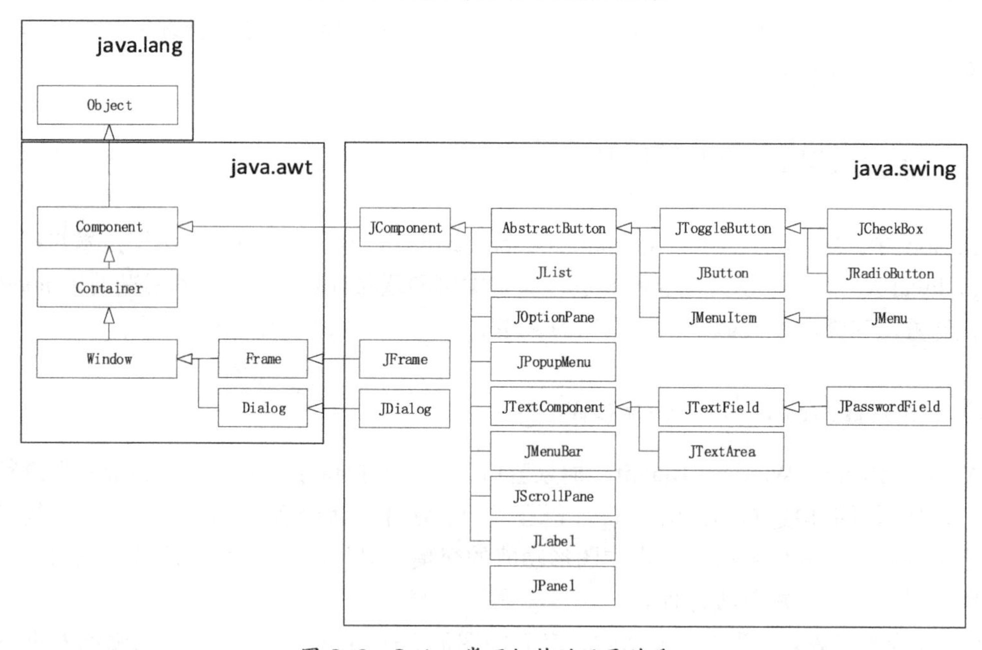

图 3-2　Swing 常用组件的继承关系

3.1.2　JavaFX

JavaFX 是 JDK 8 版本后推出的一项 GUI 技术，集图形设计和多媒体处理工具包于一体，采用层次分明的窗口结构，丰富 API 实现，适应桌面或 Web 应用、移动设备等环境，用户可完成面向不同应用程序的设计和开发，JavaFX 中的类库也继承于 java.lang.Object，其构成图形用户界面的类主要有面板类、控件类和辅助类。JavaFX 常用类的继承关系如图 3-3 所示。

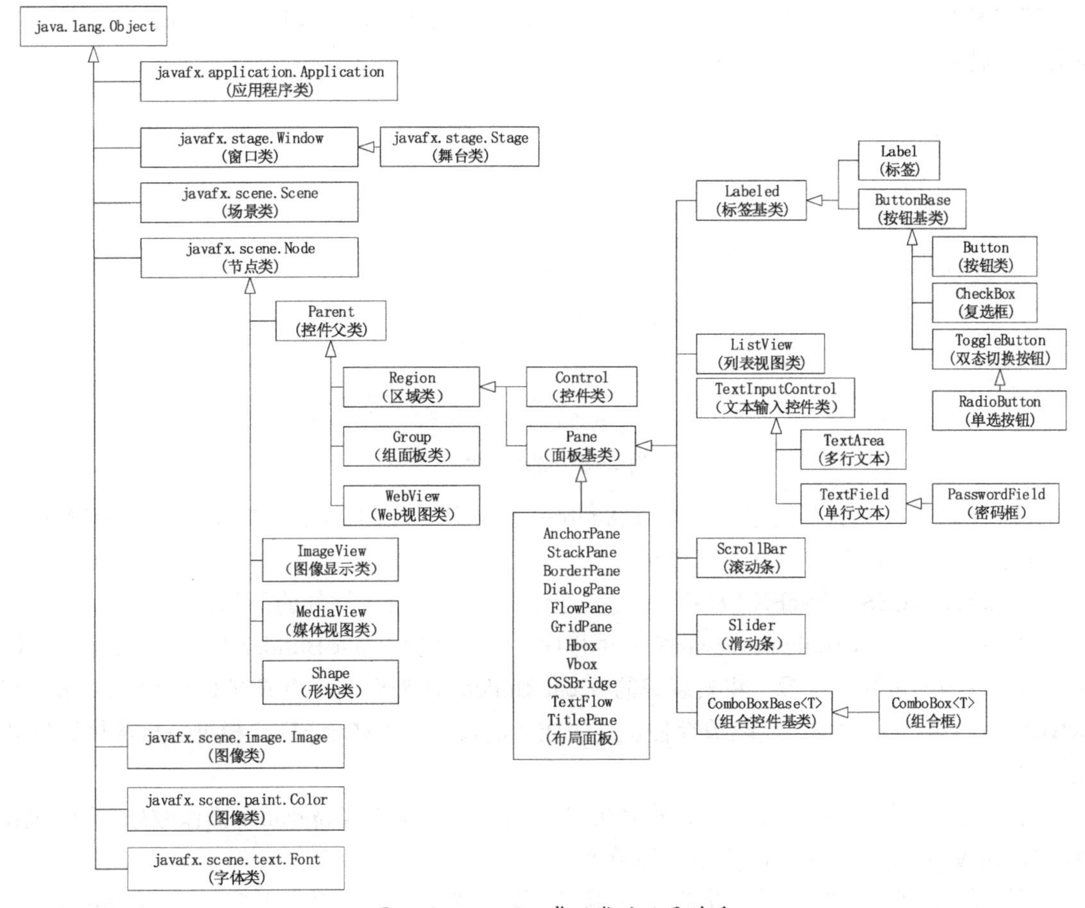

图 3-3　JavaFX 常用类的继承关系

JavaFX 的界面可以借助剧院相关术语来描述图形用户界面的层次关系，如图 3-4 所示。JavaFX 的顶层为 Stage（舞台），即窗口。Stage（舞台）的第二层是 Scene（场景），Scene 可包含各种 Pane（布局面板）和 Node（节点）。

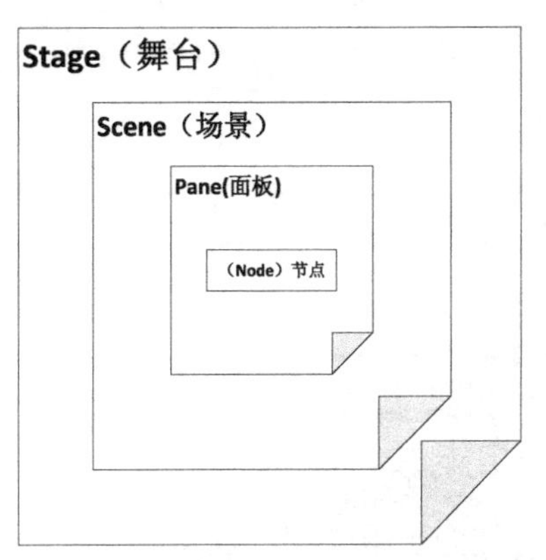

图 3-4　Java FX 界面描述

使用 JavaFX 进行应用程序开发，开发人员可基于单纯的 Java 代码开发的方式，这是由于 JavaFX 库都是用 Java 编写的，用于 JVM 执行的语言，包括 Java、Groovy 和 JRuby。此开发方式类似 Swing 工具包的运用，开发人员可遵循 JavaFX 的层次关系进行控件布置。

第二种开发方式是基于 MVC 模式采用可视化图形用户界面开发的方式（如图 3-5 所示），具有以下特性。

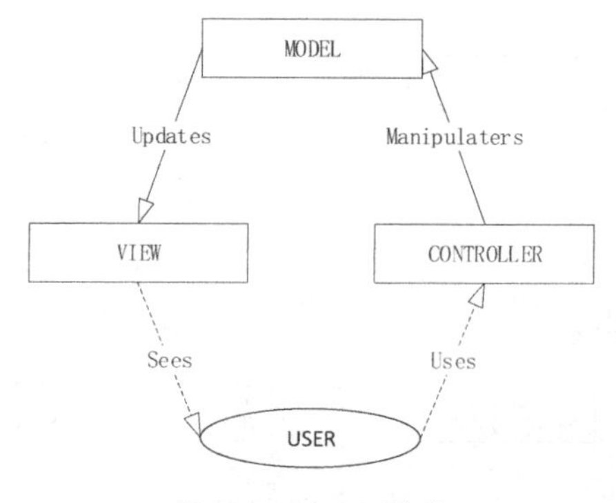

图 3-5　MVC 模型

① FXML：声明式标记语言，类似 Android 应用程序 XML 文件、Web 开发的 HTML 文件，用于编写应用程序的用户图形界面。

② Java FX CSS：JavaFX 应用程序支持通过 CSS 样式设置控件的外观。

③ Java FX Scene Builder：JavaFX 应用程序界面可利用 Scene Builder（场景生成器）进行应用程序界面的可视化编辑。将安装好的 Scene Builder 作为插件，集成到 IDE（如 Eclipse 和 NetBeans）中时，用户可访问拖放控件快速完成界面设计，再结合 MVC 模型完成应用程序功能开发。

在 MVC 模型中，应用程序界面效果在 View 上，用户通过 Controller 操作数据（更、删、改等），在 View 上显示 Model 更新后的数据。

下面是 JavaFX 开发示例。以 Eclipse 集成开发环境为例，在开发前应确保 Eclipse 4.5 以上，且安装 E(fx)clipse 插件和 JavaFX Scene Builder 插件。具体步骤如下：

Step01：打开 Eclipse，选择“File → New → Others”菜单命令，在出现的如图 3-6 所示的窗口中新建一个 JavaFX 项目，单击“Next”按钮；出现如图 3-7 所示的窗口，从中设置项目名称为“MyfirstJFX”。

图 3-6　创建 JavaFX 项目

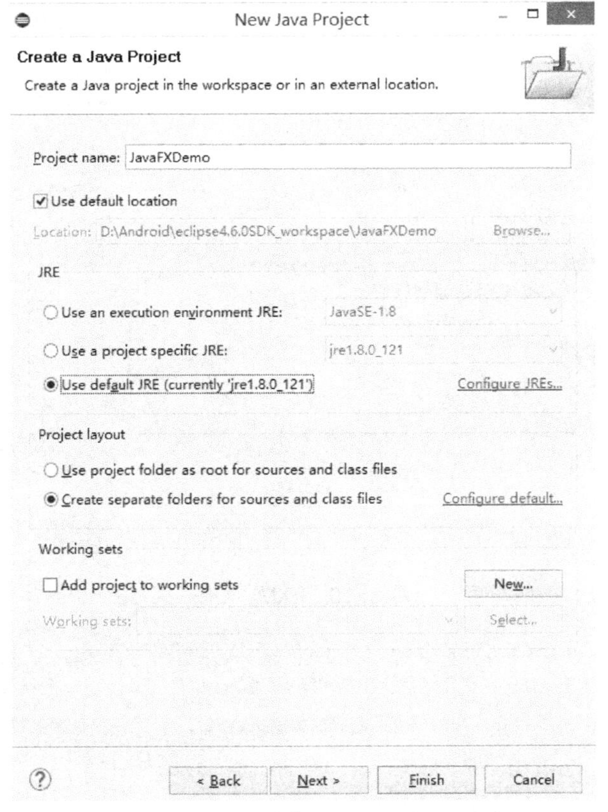

图 3-6 创建 JavaFX 项目

Step02：右击项目包中的 Main（主类），选择“Run As → Java Application”命令，项目运行结果如图 3-8 所示。

Step03：为项目新建一个 MyScene.fxml 文件。选择“File → New → Others”菜单命令，在出现的如图 3-9 所示的窗口中选择“New FXML Document”，单击“Next”按钮；在出现的如图 3-10 所示的窗口中设置“Name”为“MyScene”，单击“Finish”按钮，出现该文件的代码窗口，如图 3-11 所示。

图 3-8 运行结果

图 3-9 新建 FXML 文件

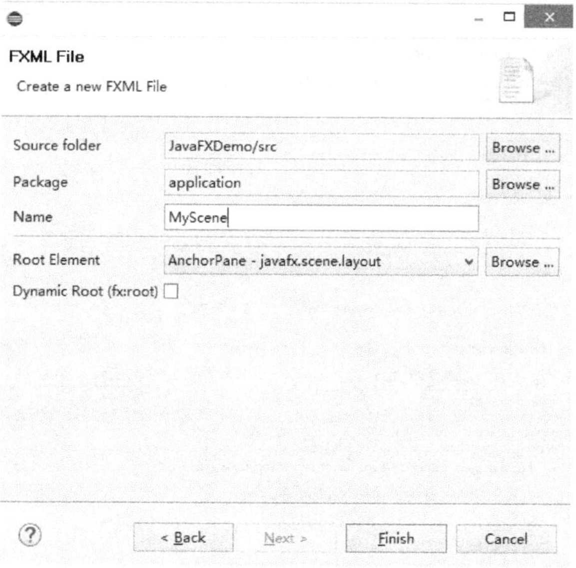

FXML File

Create a new FXML File

Source folder JavaFXDemo/src Browse ...

Package application Browse ...

Name MyScene

Root Element AnchorPane - javafx.scene.layout Browse ...

Dynamic Root (fx:root)

< Back Next > Finish Cancel

图 3-10 FXML 文件

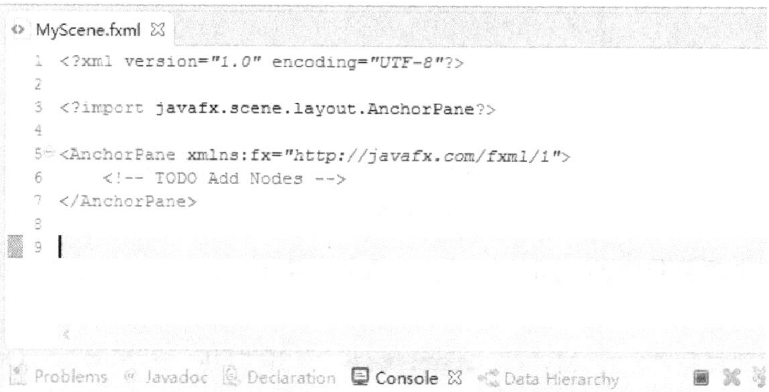

MyScene.fxml

```
1 <?xml version="1.0" encoding="UTF-8"?>
2
3 <?import javafx.scene.layout.AnchorPane?>
4
5 <AnchorPane xmlns:fx="http://javafx.com/fxml/1">
6     <!-- TODO Add Nodes -->
7 </AnchorPane>
8
9
```

Problems Javadoc Declaration Console Data Hierarchy

图 3-11 FXML 文件

Step04：右击 MyScene.fxml 文件，在弹出的快捷菜单中选择“Open with SceneBuilder”（如图 3-12 所示），打开 SceneBuilder 可视化编辑界面（如图 3-13 所示）。

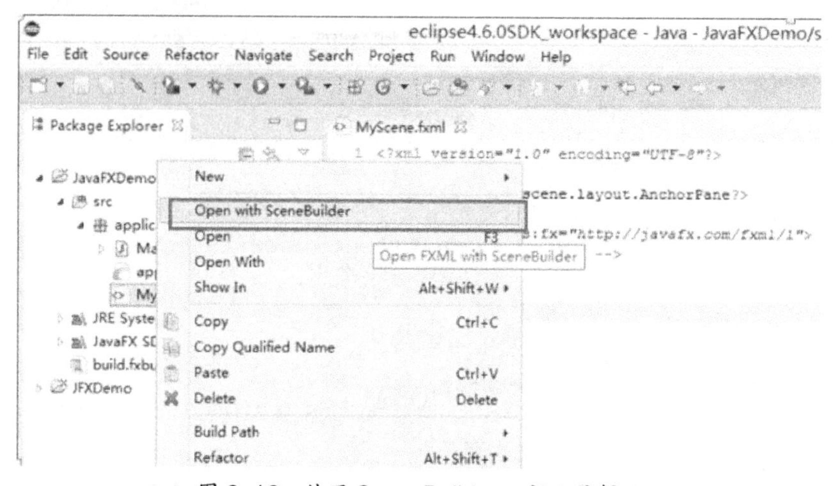

图 3-12 使用 SceneBuilder 可视化编辑

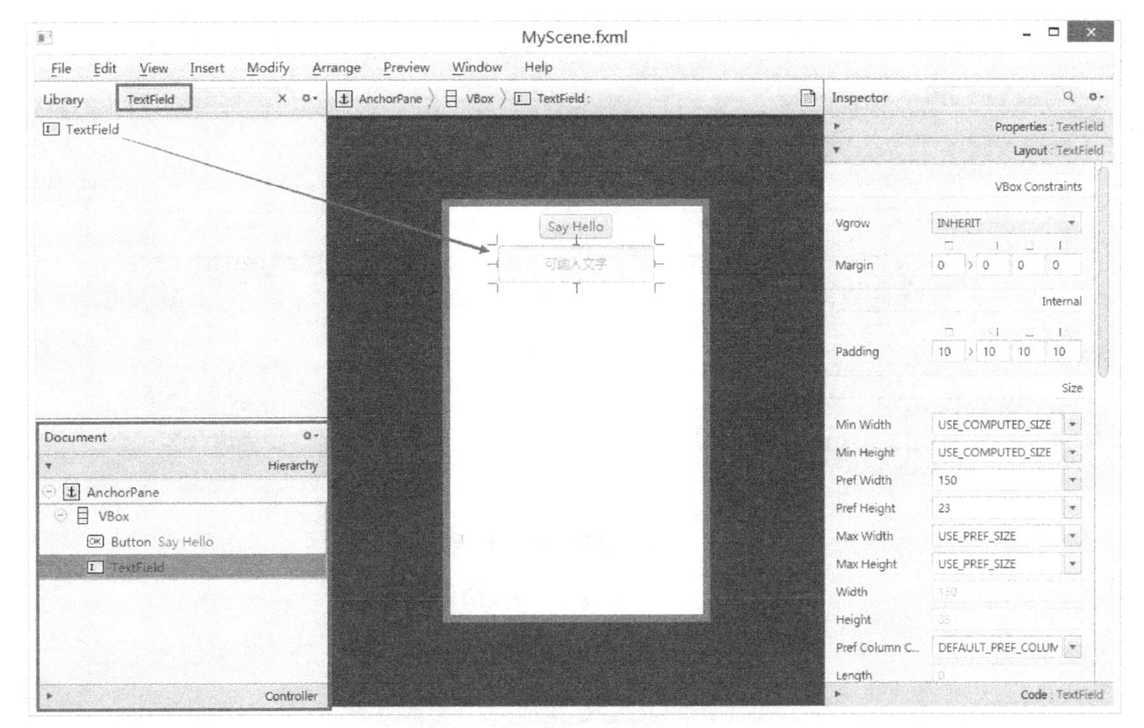

图 3-13 SceneBuilder 可视化编辑

Step05：在 SceneBuilder 可视化界面左侧输入控件名称，在资源库中选中相应控件，拖曳至应用程序界面中，并设置其属性。

Step06：选择“File → Save”菜单命令，将 SceneBuilder 可视化编辑操作自动保存至 MyScene.fxml 文件（如图 3-14 所示）。

```
MyScene.fxml
1  <?xml version="1.0" encoding="UTF-8"?>
2
3  <?import javafx.scene.control.*?>
4  <?import java.lang.*?>
5  <?import javafx.scene.layout.*?>
6  <?import javafx.scene.layout.AnchorPane?>
7
8
9  <AnchorPane prefHeight="370.0" prefWidth="229.0" xmlns:fx="http://javafx.com/fxml/1" xmlns="http://javafx.com/ja
10    <children>
11       <VBox fx:id="btnOnAction" alignment="BASELINE_CENTER" prefHeight="381.0" prefWidth="242.0">
12          <children>
13             <Button alignment="CENTER" mnemonicParsing="false" text="Say Hello" textAlignment="CENTER" textFill=
14             <TextField alignment="CENTER" promptText="可输入文字" />
15          </children>
16       </VBox>
17    </children>
18 </AnchorPane>
19
```

图 3-14 MyScene.fxml 文件

Step07：修改 Main（主类）启动方法的界面加载语句（如图 3-15 所示），使用 MyScene.fxml 文件生成界面。

Step08：右键单击 Main（主类），再次启动应用程序，界面如图 3-16 所示。

```java
6  import javafx.scene.Parent;
7  import javafx.scene.Scene;
8
9  public class Main extends Application {
10     @Override
11     public void start(Stage primaryStage) {
12         try {
13             Parent root = FXMLLoader.load(getClass().getResource("/application/Myscene.fxml"));
14             Scene scene = new Scene(root);
15             scene.getStylesheets().add(getClass().getResource("application.css").toExternalForm());
16             primaryStage.setTitle("JavaFX Demo");
17             primaryStage.setScene(scene);
18             primaryStage.show();
19         } catch(Exception e) {
20             e.printStackTrace();
21         }
22     }
23
24     public static void main(String[] args) {
25         launch(args);
```

图 3-15　修改界面加载语句

图 3-16　运行界面

3.2　界面设计和实现

单机版车票预订系统的用例分为用户登录、班车查询和车票预订，所以用户登录用例需要设计并实现用户登录界面，班车查询用例需要设计并实现班车查询、班车查询结果显示界面，车票预订用例需要设计并实现车票预订界面。

在项目实现中把界面相关的类统一放入 GUI 包，以方便用户查看，如图 3-17 所示。

3.2.1　用户登录界面

1．界面效果设计

为了实现用户登录功能，用户登录界面需提供用户账号信息的输入信息框，其中用户账号用明文显示，用户密码用隐藏方式显示；还应提供用户确认登录的按钮，如图 3-18 所示。

2．实现登录界面需要的 Java 技术

首先，实现用户登录界面。我们可以采用 Java Swing 中的 JFrame 技术。由于登录界面的元素布局并不规则，不能采用 Java Swing 提供的布局管理器，因此登录界面设置无布局管理器，由用户自定义界面元素的分布。

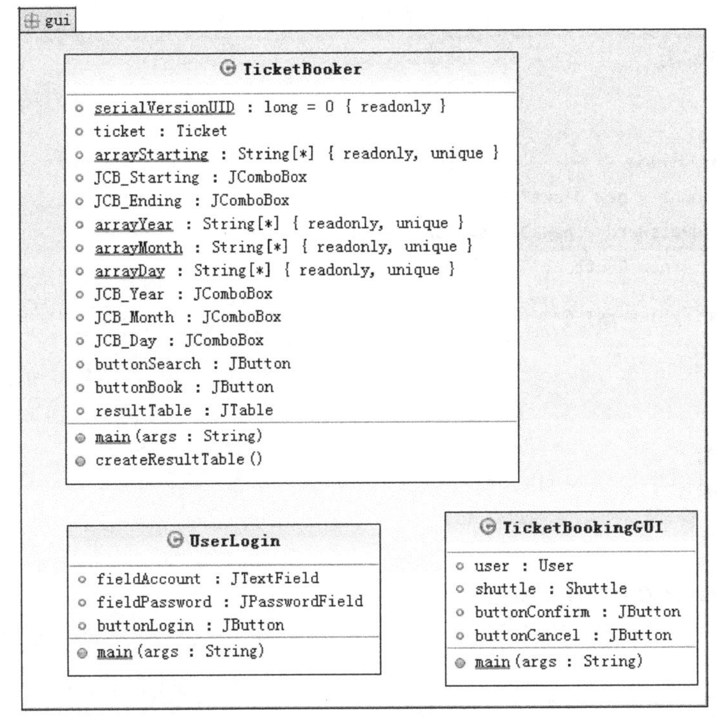

图 3-17　GUI 包

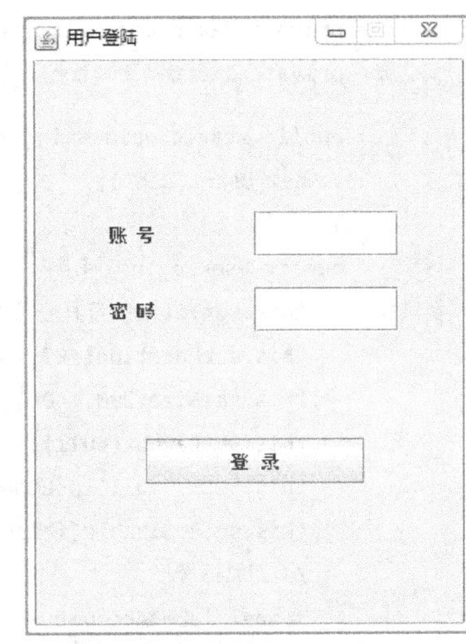

图 3-18　用户登录界面

在界面中，【账号】标签和【密码】标签等提示信息可以使用标签 JLabel 实现，【账号】文本框可以采用 JTextField 实现，而【密码】文本框应该使用 JPasswordField 实现，【登录】按钮应该使用 JButton 实现。

3. 用户登录界面 UserLogin 类的设计

根据登录界面参考效果图和实现登录界面相关 Java 技术的分析，我们可以设计如图 3-19 所示的登录界面 UserLogin 类。实现登录界面的参考代码见〖代码 3-1〗。

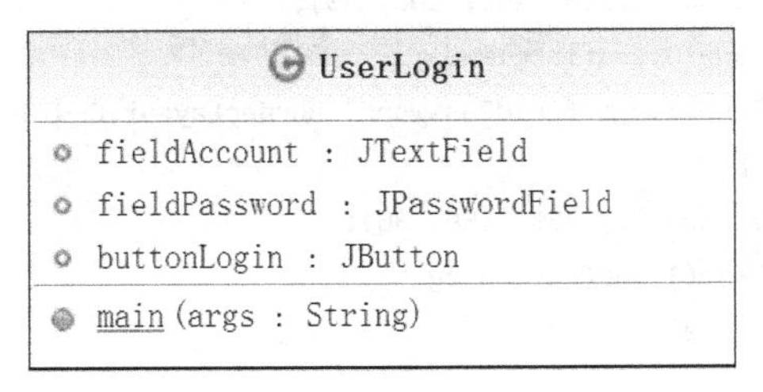

图 3-19　UserLogin 类

〖代码 3-1〗 UserLogin 类。

程序源代码

```
package gui;
import java.awt.BorderLayout;
import java.awt.Color;
import java.awt.GridLayout;
import javax.swing.BorderFactory;
import javax.swing.JButton;
import javax.swing.JFrame;
import javax.swing.JLabel;
```

```
import javax.swing.JPanel;
import javax.swing.JPasswordField;
import javax.swing.JTextField;

public class UserLogin extends JFrame {
   private JTextField fieldAccount = new JTextField();
   private JPasswordField fieldPassword = new JPasswordField();
   private JButton buttonLogin = new JButton("登   录");

   public static void main(String[] args) {
      new UserLogin();
   }
   public UserLogin() {
      this.setTitle("用户登录");
      this.setLocation(400, 300);
      this.setSize(300, 400);
      this.setLayout(null);
      this.setDefaultCloseOperation(EXIT_ON_CLOSE);
      this.setResizable(false);
      // 用户账号
      JLabel labelAccount = new JLabel("账   号");
      labelAccount.setAlignmentY(CENTER_ALIGNMENT);
      labelAccount.setBounds(50, 100, 100, 30);
      fieldAccount.setBounds(150, 100, 100, 30);
      this.getContentPane().add(labelAccount);
      this.getContentPane().add(fieldAccount);
      // 用户密码
      JLabel labelPwd = new JLabel("密   码");
      labelPwd.setAlignmentY(CENTER_ALIGNMENT);
      labelPwd.setBounds(50, 150, 100, 30);
      fieldPassword.setBounds(150, 150, 100, 30);
      this.getContentPane().add(labelPwd);
      this.getContentPane().add(fieldPassword, BorderLayout.CENTER);
      // 第6行为【登录】按钮
      buttonLogin.setBounds(75, 250, 150, 30);
      this.getContentPane().add(buttonLogin);
      this.setVisible(true);
   }
}
```

在上述代码中，UserLogin 类通过继承 JFrame 类，从而具备了 Java 窗体功能，其中有 fieldAccount、fieldPassword 和 buttonLogin 三个属性，分别对应用户的【账号】文本框、【密码】文本框和【登录】按钮。

登录界面的创建由构造函数 UserLogin()完成。

为了方便测试，UserLogin 类中添加了 main()函数，同时提供了用户使用 UserLogin 类的例子。

运行该功能，即可得到如图 3-18 所示的用户登录界面。

3.2.2 班车查询及预订界面

1．界面效果设计

在班车查询时，首先选择路线的起点和终点，选择乘车时间（年、月、日），然后单击【查询】按钮进行车票信息的查询。在查询结果中选择合适的车次后，再单击【预订】按钮，即可进行订票操作。车票查询及预订界面如图 3-20 所示。

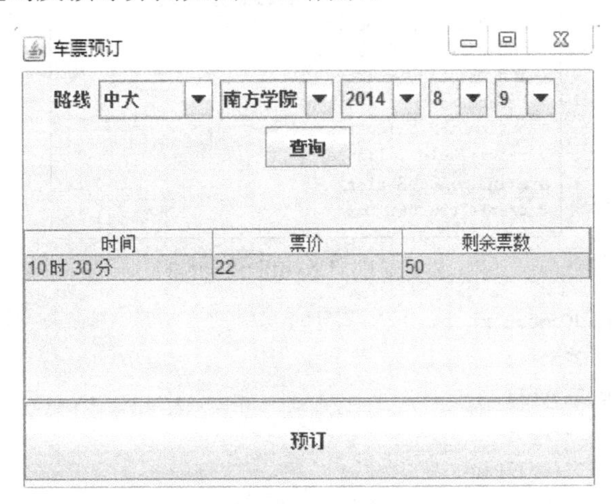

图 3-20　班车查询及预订界面

2．实现班车查询及预订界面需要的 Java 技术

类似用户登录界面，使用 Java Swing 中的 JFrame 技术实现图 3-20 所示的界面，通过设置布局管理器实现不同的界面效果。整个界面分为如下 3 部分。

顶部的面板实现班车查询功能，通过 FlowLayout 布局管理器实现添加班车查询条件各元素。【路线】等提示信息通过标签 JLabel 实现，【路线起点】、【路线终点】和【班车时间】通过 JComboBox 实现，【查询】按钮通过 JButton 实现。

中间面板显示班车查询的结果，通过 BorderLayout 布局管理器实现，使用 JTable 显示班车信息查询结果。

底部的面板实现预订功能，在班车查询结果信息中选择一条合适的信息后，单击【预订】按钮，以实现车票预订功能。在 BorderLayout 布局管理器中添加 JButton 来实现预订功能。

3．班车查询及预订 TicketBooker 类的设计

根据界面效果和实现界面相关 Java 技术的分析，我们可以设计如图 3-21 所示的班车查询及预订界面 TicketBooker 类。实现班车查询及预订界面的参考代码见〖代码 3-2〗。

〖代码 3-2〗 TicketBooker 类。

```
package gui;
import java.awt.BorderLayout;
import java.awt.FlowLayout;
import java.util.Calendar;
import java.util.Date;
import info.Ticket;
import info.User;
import javax.swing.JButton;
```

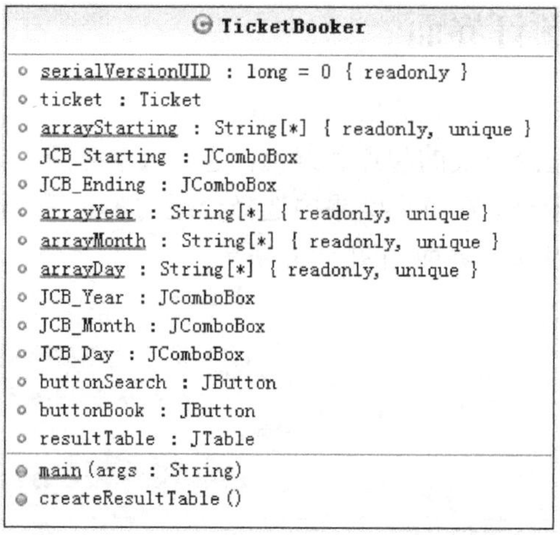

TicketBooker
serialVersionUID : long = 0 { readonly } ticket : Ticket arrayStarting : String[*] { readonly, unique } JCB_Starting : JComboBox JCB_Ending : JComboBox arrayYear : String[*] { readonly, unique } arrayMonth : String[*] { readonly, unique } arrayDay : String[*] { readonly, unique } JCB_Year : JComboBox JCB_Month : JComboBox JCB_Day : JComboBox buttonSearch : JButton buttonBook : JButton resultTable : JTable
main (args : String) createResultTable ()

图 3-21　TicketBooker 类

```
import javax.swing.JComboBox;
import javax.swing.JFrame;
import javax.swing.JLabel;
import javax.swing.JPanel;
import javax.swing.JScrollPane;
import javax.swing.JTable;
import javax.swing.table.JTableHeader;
import javax.swing.table.TableColumn;
import javax.swing.table.TableModel;
public class TicketBooker extends JFrame {
  private static final long serialVersionUID = 7285459016493447805L;
  public static void main(String[] args) {
    User user = new User();
    user.setId(1001);
    user.setName("user");
    user.setStuNum("1001");
    new TicketBooker(user);
  }
  private Ticket ticket = new Ticket();
  // 路线 - 起点、终点，使用下拉菜单
  private static final String arrayStarting[] = {"中大", "南方学院"};
  private JComboBox JCB_Starting = new JComboBox(arrayStarting);
  private JComboBox JCB_Ending = new JComboBox(arrayStarting);
  // private JButton buttonCalendar = new JButton("日期");
  // private Calendar calendar = Calendar.getInstance();
  private static final String arrayYear[] = {"2014", "2015", "2016"};
  private static final String arrayMonth[] = {"1", "2", "3", "4", "5", "6", "7", "8", "9", "10", "11", "12"};
  private static final String arrayDay[] = {"1", "2", "3", "4", "5", "6", "7", "8", "9", "10",
                              "11", "12", "13", "14", "15", "16", "17", "18", "19", "20","21",
                              "22", "23", "24", "25", "26", "27", "28", "29", "30", "31"};
  private JComboBox JCB_Year = new JComboBox(arrayYear);
  private JComboBox JCB_Month = new JComboBox(arrayMonth);
  private JComboBox JCB_Day = new JComboBox(arrayDay);
```

```
private JButton buttonSearch = new JButton("查询");
private JButton buttonBook = new JButton("预订");
private JTable resultTable = null;
public TicketBooker(User user){
   this.setTitle("车票预订");
   this.setLocation(400, 300);
   this.setSize(400, 600);
   this.setDefaultCloseOperation(EXIT_ON_CLOSE);
   this.setLayout(null);
   // 设置布局，页面分为上、中、下三部分
   // 顶部为选项，依次为：JLabel Route，JComboBox JCB_Starting JCB_Ending，JButton Calendar选择，JButton 查询
   // 中间为查寻结果，采用 JTable，依次为：时间，票价，现有车票数。选中任何一行后，单击【预订】按钮
   // 底部为 JButton 预订，单击后显示预订结果
   JPanel upper = new JPanel();
   JPanel middle = new JPanel();
   JPanel bottom = new JPanel();
   upper.setLocation(0, 0);
   upper.setSize(400, 100);
   middle.setLocation(0, 100);
   middle.setSize(400, 400);
   bottom.setLocation(0, 500);
   bottom.setSize(400, 50);
   // 在顶部面板中添加元素
   upper.setLayout(new FlowLayout());
   upper.add(new JLabel("路线"));
   JCB_Starting.setToolTipText("起点");
   upper.add(JCB_Starting);
   JCB_Ending.setToolTipText("终点");
   upper.add(JCB_Ending);
   JCB_Year.setToolTipText("年");
   upper.add(JCB_Year);
   JCB_Month.setToolTipText("月");
   upper.add(JCB_Month);
   JCB_Day.setToolTipText("日");
   upper.add(JCB_Day);
   // 设置当前日期
   Calendar calendar = Calendar.getInstance();
   Date date = calendar.getTime();
   JCB_Year.setSelectedIndex(date.getYear() + 1900 - Integer.parseInt(arrayYear[0]));
   JCB_Month.setSelectedIndex(date.getMonth());
   JCB_Day.setSelectedIndex(date.getDate()-1);
   upper.add(new JLabel());
   //upper.add(buttonCalendar);
   upper.add(buttonSearch);
   this.add(upper);
   // 在中间面板中添加元素
   middle.setLayout(new BorderLayout());
   // resultTable = 初始化
```

```
        createResultTable();
        JScrollPane scrollPane=new JScrollPane(resultTable);
        middle.add(scrollPane);
        this.add(middle);
        // 在底部面板中添加元素
        bottom.setLayout(new BorderLayout());
        bottom.add(buttonBook, BorderLayout.CENTER);
        this.add(bottom);
        // 显示界面
        this.setVisible(true);
    }
    private void createResultTable() {
        if (resultTable != null)
            return;
        Object[][] data = {};
        // JTable，依次为：时间，票价，现有车票数。选中任何一行后，单击【预订】按钮即可
        String[] name={"时间", "票价", "剩余票数"};
        resultTable = new JTable(data, name);
    }
}
```

3.2.3 用户确认订票信息界面

1．界面效果设计

单击【预订】按钮后，为了让用户确认订票信息，应弹出用户确认订票信息窗口，如图 3-22 所示，显示用户所订车票的乘车信息。单击【确认】按钮，完成订票操作。单击【取消】按钮，则将车票取消。

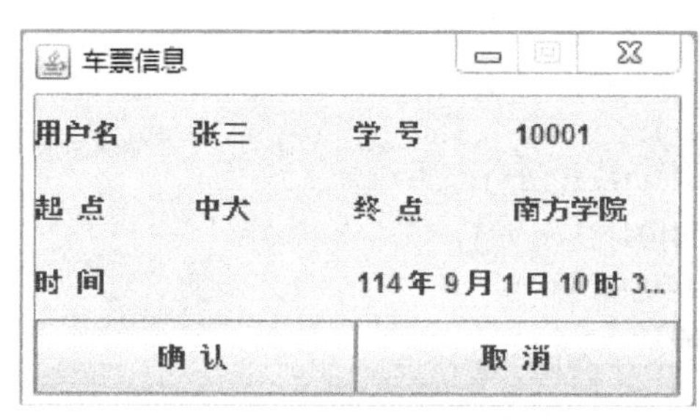

图 3-22　车票信息

2．实现该界面需要的 Java 技术

“车票信息”窗口中显示 4 行信息：【用户信息】、【路线（起点和终点）】、【乘车时间】、【确认】和【取消】按钮，使用 GridLayout 布局管理器，并在各布局管理器上添加所需的界面元素。其中，【用户信息】、【路线（起点和终点）】、【乘车时间】通过 JLabel 实现，【确认】和【取消】按钮通过 JButton 实现。

3．用户确认订票信息界面 TicketBookingGUI 类的设计

根据界面效果和实现界面相关 Java 技术的分析，我们可以设计如图 3-23 所示的确认订票信息界面类 TicketBookingGUI。实现用户确认订票信息界面的参考代码见〖代码 3-3〗。

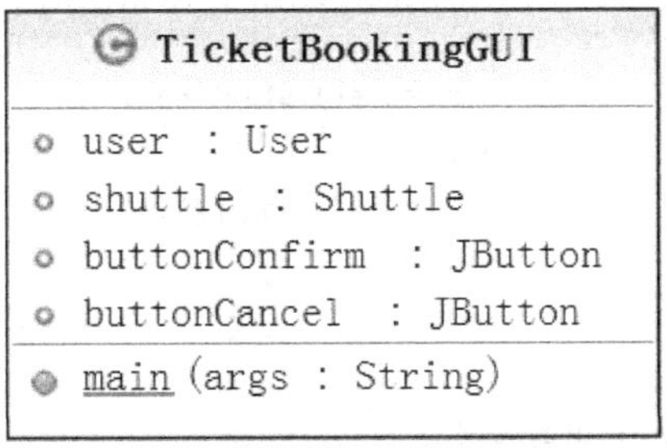

TicketBookingGUI

- user : User
- shuttle : Shuttle
- buttonConfirm : JButton
- buttonCancel : JButton

- main (args : String)

图 3-23 TicketBooking 类

〖代码 3-3〗 TicketBookingGUI 类。

```
package gui;
import java.awt.FlowLayout;
import java.awt.GridLayout;
import java.util.Calendar;
import java.util.Date;
import info.Route;
import info.Shuttle;
import info.User;
import javax.swing.JButton;
import javax.swing.JFrame;
import javax.swing.JLabel;
import javax.swing.JPanel;
public class TicketBookingGUI extends JFrame {
   private User user = null;
   private Shuttle shuttle = null;
   private JButton buttonConfirm = new JButton("确  认");
   private JButton buttonCancel = new JButton("取  消");
   public TicketBookingGUI(User user, Shuttle shuttle){
      this.user=user;
      this.shuttle = shuttle;
      this.setTitle("车票信息");
      this.setLocation(500, 300);
      this.setSize(300,160);
      this.setResizable(false);
      this.setDefaultCloseOperation(DISPOSE_ON_CLOSE);
      this.setLayout(new GridLayout(4, 1, 0, 0));
      JPanel panel = new JPanel();
      // 第 1 行: 用户名, 学号
      panel.setLayout(new GridLayout(1, 4, 0, 0));
      panel.add(new JLabel("用户名"));
      panel.add(new JLabel(user.getName()));
      panel.add(new JLabel("学  号"));
      panel.add(new JLabel(user.getStuNum()));
      this.add(panel);
      // 第 2 行: 路线: 起点, 终点
      panel = new JPanel();
      panel.setLayout(new GridLayout(1, 4, 0, 0));
```

```
        panel.add(new JLabel("起  点"));
        panel.add(new JLabel(shuttle.getRoute().starting));
        panel.add(new JLabel("终  点"));
        panel.add(new JLabel(shuttle.getRoute().ending));
        this.add(panel);
        // 第3行: 日期
        panel = new JPanel();
        panel.setLayout(new GridLayout(1, 2, 0, 0));
        panel.add(new JLabel("时  间"));
        Date date = shuttle.getDate();
        panel.add(new JLabel("" + date.getYear() + " 年 " + date.getMonth() + " 月 "
              + date.getDate() + " 日 " + date.getHours() + " 时 " + date.getMinutes() + " 分 "));
        this.add(panel);
        // 第4行:【确认】按钮,【取消】按钮
        panel = new JPanel();
        panel.setLayout(new GridLayout(1, 2, 0, 0));
        panel.add(buttonConfirm);
        panel.add(buttonCancel);
        this.add(panel);
        this.setVisible(true);
    }
    public static void main(String[] args) {
        User user = new User();
        user.setId(100001);
        user.setName("张三");
        user.setStuNum(Integer.toString(10001));
        Route route = new Route();
        route.id = 1;
        route.starting = "中大";
        route.ending = "南方学院";
        Calendar  calendar  =  Calendar.getInstance();
        calendar.set(2019, 9, 1, 10, 30);                       // 2019年9月1日10时30分
        Date date = calendar.getTime();
        Shuttle shuttle = new Shuttle(50);
        shuttle.setRoute(route);
        shuttle.setDate(date);
        shuttle.setFee(22);
        shuttle.setId(1);
        new TicketBookingGUI(user, shuttle);
    }
}
```

3.3 事件处理（以 ActionListener 为例）

3.2 节只是设计了车票预订系统的主要窗口界面，并没有实现相应的功能，如登录、班车查询、预订车票等。添加事件处理后，用户界面即可响应用户的操作，界面之间可以实现跳转，从而使系统“真正工作”起来。

本节以 ActionListener 为例讲解事件处理方法。读者还可以采用其他事件处理方法，这里不再详述。

3.3.1 用户登录事件处理

1. 用户登录事件处理过程

实现用户登录功能，可采取以下处理流程。

Step01：在登录界面（见图 3-18）中，用户在【账号】文本框中输入账号，在【密码】文本框中输入密码后，单击【登录】按钮。

Step02：用户登录界面开始处理用户的登录请求：从【账号】文本框中读出账号，从【密码】文本框中读出密码，并与已有账号（如账号“user1”、密码“user1”）进行匹配，以实现账号、密码验证方式登录。

Step03：如果账号、密码验证通过，则弹出图 3-20 所示的窗口。

Step04：如果账号或密码验证失败，则提示用户登录失败，弹出【登录失败】消息框，并显示“账号/密码错误，请重新登录”等提示，如图 3-24 所示。读者也可以采取其他方式实现登录失败提示，如把账号和密码内容设为红色，或者增加一个文本标签显示登录失败信息等，这里不再详述。

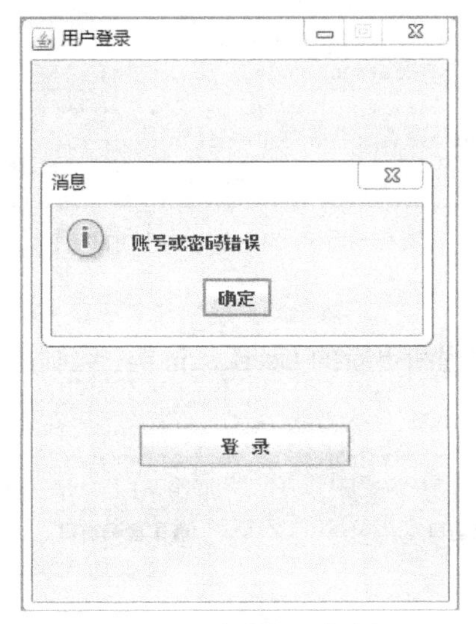

图 3-24 登录失败消息框

2. 用户登录事件处理相关技术

GUI 需要由事件驱动，目的是把 GUI 交互动作（单击、菜单选择等）转变为调用相关的事件处理程序，通过事件监听器实现对事件的处理。事件监听器对应的接口一般位于包 java.awt.event 和 javax.swing.event 中。文本框、按钮、菜单项、密码框和单选按钮都可以触发 ActionEvent 事件，Java 中对能触发 ActionEvent 事件的组件的使用方法是，为其添加事件监听，引用 addActionListener(ActionListener listen)方法，将实现 ActionListener 接口的类的实例注册为事件源的监听器。

ActionListener 接口在 java.awt.event 包中，该接口只有一个抽象方法，即 public void actionPerformed(ActionEvent e)。当事件源触发 ActionEvent 事件后，监听器调用实现的接口中

actionPerformed(ActionEvent e)方法，用户将想要触发的操作在该方法体中完成即可。

在用户登录事件中，验证用户账号、密码可采用字符串比较的方法，如 String 的 equals()方法。

【用户登录失败】提示对话框可以使用 showMessageDialog()方法，如

```
JOptionPane.showMessageDialog(this, "账号或密码错误")
```

用户登录信息验证成功后，会实现窗体的跳转，弹出【班车查询及预订】窗口，同时关闭【用户登录】窗口。新窗体弹出方式可以通过创建一个新的 TicketBooker 类来实现，关闭【用户登录】窗口可以通过调用 setVisible(flase)方法设置当前 UserLogin 窗口对象为隐藏，或通过调用 dispose()方法销毁【用户登录】窗口。

3．更新的 UserLogin 类

在上述分析的基础上，我们更新图 3-19 所示的 UserLogin 类，使之通过实现 ActionListener 接口，为【登录】按钮 buttonLogin 增加事件处理监听器。本例中增加了用户验证私有方法 verifyAccount()，并重写 ActionListener 接口的 actionPerformed()方法。新的 UserLogin 类结构如图 3-25 所示。

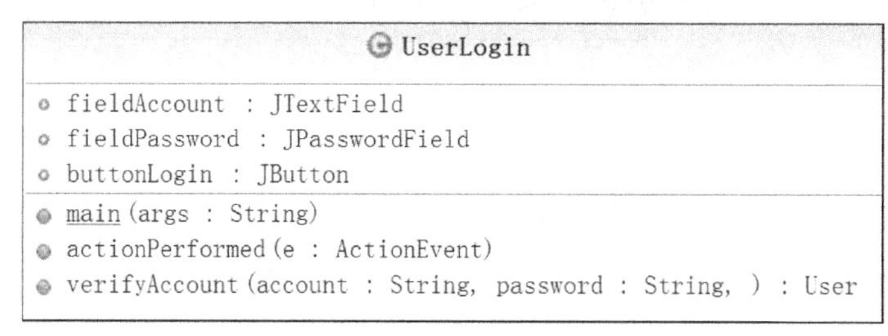

图 3-25　更新的 UserLogin 类

4．用户登录事件处理流程

根据用户登录事件处理过程和更新的 UserLogin 类，绘制用户登录的时序图，如图 3-26 所示。

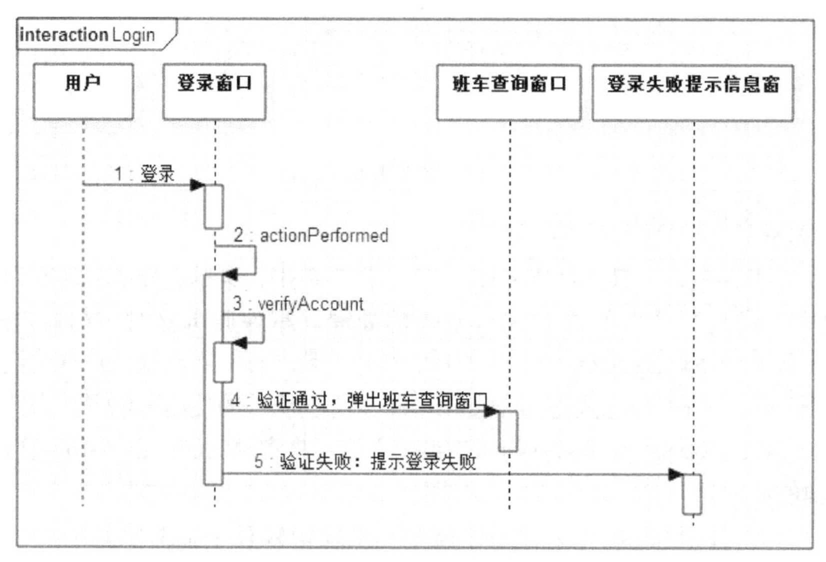

图 3-26　用户登录时序图

5．用户登录事件处理的代码实现

〖代码 3-4〗 用户登录事件处理。

```
public class UserLogin extends JFrame implements ActionListener {
   ......
   public UserLogin() {
      ......
      // 第 6 行为【登录】按钮
      buttonLogin.setBounds(75, 250, 150, 30);
      this.getContentPane().add(buttonLogin);
      buttonLogin.addActionListener(this);
      this.setVisible(true);
   }
   @Override
   public void actionPerformed(ActionEvent e) {
      if(e.getSource() == buttonLogin) {
         String account = fieldAccount.getText();
         String password = new String(fieldPassword.getPassword());
         User user = verifyAccount(account, password);
         if(user != null) {
            new TicketBooker(user);                          // 弹出车票预订窗口
            this.dispose();                                  // 关闭当前窗口
         }
         else {
            JOptionPane.showMessageDialog(this, "账号或密码错误");
            fieldPassword.setText(null);
         }
      }
   }
   private User verifyAccount(String account, String password) {
      // 这里固定用户名和密码为 10001/10001
      if(account.equals("10001") && password.equals("10001")) {
         User user = new User();
         user.setId(10001);
         user.setName("10001");
         user.setStuNum("1001");
         return user;
      }
      return null;
   }
}
```

3.3.2 班车查询及订票事件处理

1．班车查询及订票事件的处理过程

实现班车查询功能，可采取的处理流程如下。

Step01：在班车查询及预订界面（见图 3-20）的【组合框】中，分别选择班车的起点、终

点、发车时间（包括年、月、日），然后单击【查询】按钮。

Step02：在班车查询界面中处理用户的查询请求，从【组合框】中依次读取起点、终点和发车时间，与已有的班车信息进行匹配，并将匹配正确的班车信息以列表的形式显示在窗口中。

Step03：每次查询都会将上次查询结果清除，并显示本次查询结果。

Step04：在查询结果中选择一条班车信息后，单击【预订】按钮实现订票事件。

Step05：预订成功，弹出【用户确认订票信息】窗口（见图 3-22）。

2．班车查询及订票事件处理相关技术

班车查询及订票使用的 GUI 事件处理技术和用户登录事件处理类似，在该查询事件中，通过 shuttleSearch()方法查询是否有班车，并通过 updateResultTable(searchResult)方法将查询到的班车信息添加到 JTable 中。

在订票事件中，需要选中一条班车信息才能单击【预订】按钮，使用 getSelectedRow()方法选中一条班车信息，showMessageDialog()函数用来判断是否选中班车。

用户订票成功后，会实现窗体的跳转，弹出【确认订票信息】窗口，同时关闭【班车查询及订票】窗口。

新窗体弹出方式可以通过创建一个新的 TicketBookingGUI 类来实现，关闭【班车查询及订票】窗口可以通过调用 setVisible(flase)设置当前 TicketBooker 窗口对象为隐藏，或通过调用 dispose()方法销毁【班车查询及订票】窗口。

3．更新的 TicketBooker 类

在上述分析的基础上，我们更新图 3-5 所示的 TicketBooker 类，使之通过实现 ActionListener 接口，为【查询】按钮 buttonSearch 和【预订】按钮 buttonBook 增加事件处理监听器。

本例中增加了查询班车私有方法 shuttleSearch()和更新班车信息私有方法 updateResultTable(searchResult)，并重写 ActionListener 接口的 actionPerformed()方法。新的 TicketBooker 类如图 3-27 所示。

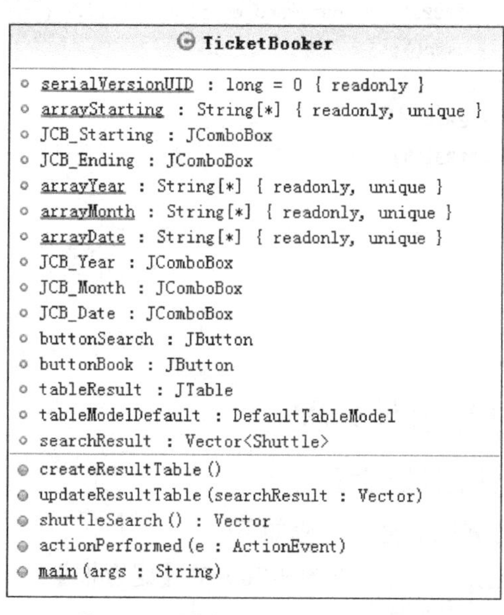

图 3-27　更新的 TicketBooker 类

4．班车查询及订票事件处理流程

根据班车查询及订票事件处理过程和更新的 TicketBooker 类，绘制班车查询及订票的时序图，如图 3-28 所示。

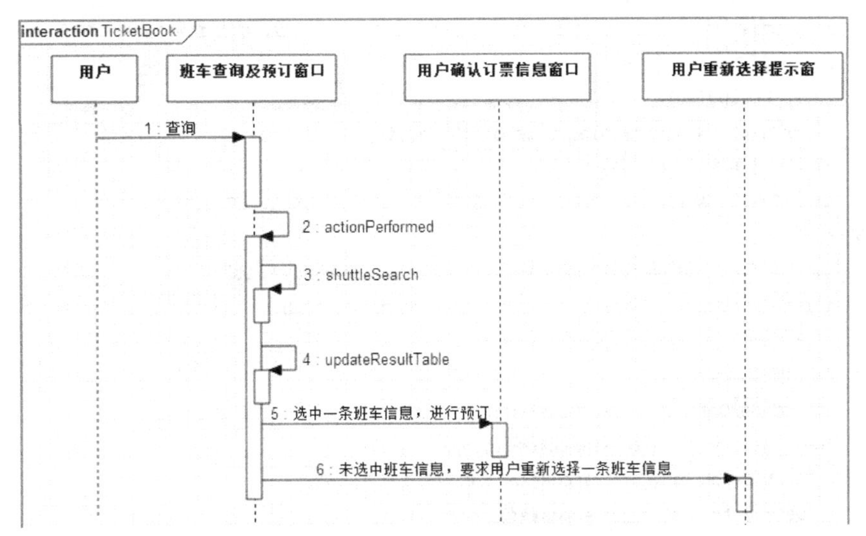

图 3-28　班车查询及订票时序图

5．班车查询及订票事件处理的代码实现

〖代码 3-5〗　班车查询及订票事件处理。

```
package gui;
public class TicketBooker extends JFrame implements ActionListener {
   ……
   public TicketBooker(User user) {
      ……
      // 设置布局，页面分为上、中、下三部分
      // 顶部为选项，依次为：JLabel Route，JComboBox JCB_Starting JCB_Ending，JButton，Calendar 选择，JButton 查询
      // 中间为查寻结果，采用 JTable，依次为：时间，票价，现有车票数。选中任何一行后，单击【预订】按钮
      // 底部为 JButton 预订，单击后显示预订结果
      ……
      // 在顶部面板中添加元素
      ……
      upper.add(buttonSearch);
      buttonSearch.addActionListener(this);
      this.add(upper);
      // 在中间面板中添加元素
      ……
      // 在底部面板中添加元素
      bottom.setLayout(new BorderLayout());
      bottom.add(buttonBook, BorderLayout.CENTER);
      buttonBook.addActionListener(this);
      this.add(bottom);
      // 显示界面
      this.setVisible(true);
   }
```

```
private void createResultTable() {
   if(tableResult != null)
      return;
   Object[][] data = {};
   // JTable，依次为：时间，票价，现有车票数。选中任何一行后，单击【预订】按钮即可
   String[] name = { "时间", "票价", "剩余票数" };
   tableModelDefault = new DefaultTableModel(data, name);
   tableResult = new JTable(tableModelDefault);
   // 设置为单选
   tableResult.setSelectionMode(ListSelectionModel.SINGLE_SELECTION);
}
private void updateResultTable(Vector<Shuttle> searchResult) {
   if(tableResult == null || tableModelDefault == null)
      return;
   // 清空查询结果
   tableModelDefault.setRowCount(0);
   for (int i = 1; i <= searchResult.size(); i++) {
      Shuttle shuttle = searchResult.get(i-1);
      Date date = shuttle.getDate();
      // 增加第 i 行
      String time = "" + date.getHours() + "时" + date.getMinutes() + "分";
      Object data[] = {time, shuttle.getFee(), shuttle.getSeating()};
      tableModelDefault.addRow(data);
   }
}
private Vector<Shuttle> shuttleSearch() {
   String starting = (String) JCB_Starting.getSelectedItem();
   String ending = (String) JCB_Ending.getSelectedItem();
   int year = Integer.parseInt((String) JCB_Year.getSelectedItem());
   int month = Integer.parseInt((String) JCB_Month.getSelectedItem());
   int day = Integer.parseInt((String) JCB_Date.getSelectedItem());
   // 查询是否有班车，这里固定车次，每天都有相同的时刻的车次
   // 中大→南方学院，10: 30;          南方学院→中大，12: 30
   Calendar calendar = Calendar.getInstance();
   int hour = 10;
   int minute = 30;
   // 清空上次查询记录
   searchResult.clear();
   Shuttle shuttle = new Shuttle(50);
   shuttle.setFee(22);
   shuttle.setId(1);
   shuttle.setRoute(starting, ending);
   if(starting.equals("中大") && ending.equals("南方学院")) {
      hour = 10;
      minute = 30;
   }
   else if(starting.equals("南方学院") && ending.equals("中大")) {
      hour = 12;
```

```
            minute = 30;
        }
        calendar.set(year, month, day, hour, minute);
        Date date = calendar.getTime();
        shuttle.setDate(date);
        searchResult.add(shuttle);
        return searchResult;
    }
    @Override
    public void actionPerformed(ActionEvent e) {
        if(e.getSource() == buttonSearch) {
            Vector<Shuttle> searchResult = shuttleSearch();
            updateResultTable(searchResult);
        }
        else if(e.getSource() == buttonBook) {
            // tableResult 与 searchResult 的内容是按顺序一一对应的
            int selectedRow = tableResult.getSelectedRow();
            // 检查是否选中某个班车
            if(selectedRow < 0)
                JOptionPane.showMessageDialog(this, "请选择车次（单选）");
            else
                new TicketBookingGUI(user, searchResult.get(selectedRow));
        }
    }
    public static void main(String[] args) {
        User user = new User();
        user.setId(1001);
        user.setName("user");
        user.setStuNum("1001");
        new TicketBooker(user);
    }
}
```

3.3.3 确认订票信息事件处理

1. 确认订票信息事件处理过程

确认订票信息事件的处理过程如下。

Step01：用户单击【预订】按钮订票成功后，弹出【确认订票信息】窗口（见图 3-21）。

Step02：窗口中列出了用户所订车票的详细信息，包括：用户名、学号、起点、终点、发车时间等。用户可对所订车票进行确认，单击【确认】按钮，完成订票操作；单击【取消】按钮，则将车票取消。

2. 确认订票信息事件处理相关技术

在确认订票信息事件处理中，其实现技术类似前述步骤，重写 ActionListener 接口的 actionPerformed()方法，实现事件触发。

3. 更新的 TicketBookingGUI 类

在上述分析的基础上，我们更新图 3-23 所示的 TicketBookingGUI 类，使之通过实现 ActionListener 接口，为【确认】按钮 buttonConfirm 和【取消】按钮 buttonCancel 增加事件处理监听器。本例中重写 ActionListener 接口的 actionPerformed()方法。

新的 TicketBookingGUI 类如图 3-29 所示。

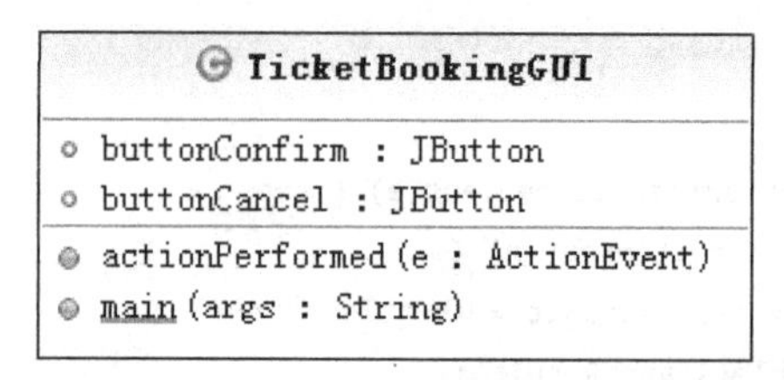

图 3-29 更新的 TicketBookingGUI 类

4. 确认订票信息事件处理流程

根据班车查询及订票事件处理过程和更新的 TicketBookingGUI 类，绘制确认订票信息的时序图，如图 3-30 所示。

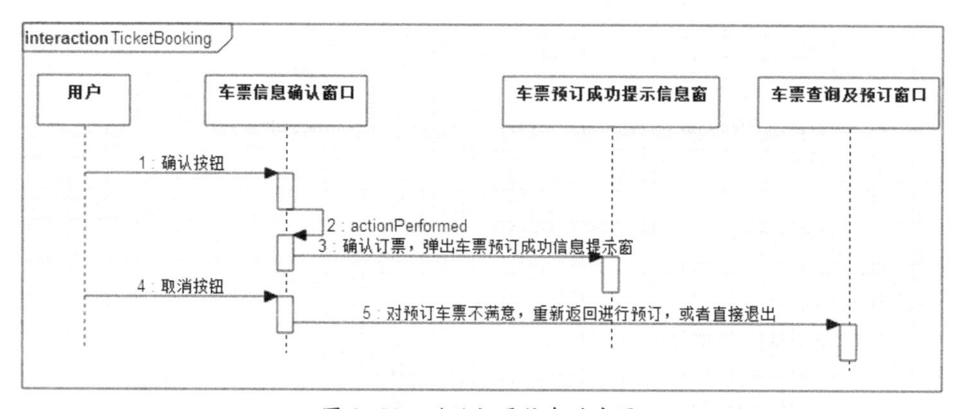

图 3-30 确认订票信息时序图

5. 确认订票信息事件处理的代码实现

〖代码 3-6〗 确认订票信息事件处理。

```
package gui;
public class TicketBookingGUI extends JFrame implements ActionListener {
  ……
  public TicketBookingGUI(User user, Shuttle shuttle) {
    ……
    /* 界面效果
     * 第 1 行: 用户名, 学号
     * 第 2 行: 路线: 起点, 终点
     * 第 3 行: 日期
     */
    ……
    // 第 4 行:【确认】按钮,【取消】按钮
    panel = new JPanel();
    panel.setLayout(new GridLayout(1, 2, 0, 0));
    panel.add(buttonConfirm);
```

```
        panel.add(buttonCancel);
        buttonConfirm.addActionListener(this);
        buttonCancel.addActionListener(this);
        this.add(panel);
        this.setVisible(true);
    }
    @Override
    public void actionPerformed(ActionEvent e) {
        if(e.getSource() == buttonConfirm) {
            System.out.println(">>>>>>>>>>>>> 预订成功 <<<<<<<<<<<<<<<");
            ticket.show();
        }
        else if(e.getSource() == buttonCancel) {
            System.out.println(">>>>>>>>>>>>> 取消成功 <<<<<<<<<<<<<<<");
        }
        dispose();
    }

    public static void main(String[] args) {
        User user = new User();
        user.setId(100001);
        user.setName("张三");
        user.setStuNum(Integer.toString(10001));

        Route route = new Route();
        route.id = 1;
        route.starting = "中大";
        route.ending = "南方学院";
        Calendar  calendar  =  Calendar.getInstance();
        calendar.set(2014, 9, 1, 10, 30); // 2009年9月1日10时30分
        Date date = calendar.getTime();
        Shuttle shuttle = new Shuttle(50);
        shuttle.setRoute(route);
        shuttle.setDate(date);
        shuttle.setFee(22);
        shuttle.setId(1);
        new TicketBookingGUI(user, shuttle);
    }
}
```

实验3：GUI 编程

实验目的

（1）掌握 Java GUI 编程的基本流程。

（2）掌握 GUI 编程的基本方法。

（3）掌握 JButton 等常见组件的使用方法。

（4）掌握事件监听、监听注册和事件处理的概念、基本方法。

（5）提高编程的逻辑思维能力和程序排错能力。

实验内容

在实验 2 的基础上，完成以下实验内容。

（1）学生请假管理系统的登录界面设计。

（2）学生请假管理系统的主界面设计。

（3）学生请假管理系统的各分界面设计。

实验安排

（1）学生请假管理系统的登录界面、主界面：3 学时。

（2）各分界面设计：3 学时。

实验报告

按照规定格式，提交本次实验内容的结果。

实验 4：事件处理

实验目的

（1）掌握 JButton 事件监听、监听注册和事件处理的简单方法。

（2）掌握字符串 String 的简单应用。

（3）掌握基本界面元素的使用方法。

（4）掌握 JTable 的使用方法。

实验内容

在实验 3 的基础上，完成各界面中以下功能的事件触发。

（1）【登录】按钮的事件触发。

（2）【学生请假】按钮的事件触发。

（3）辅导员修改假条、查询假条的事件触发。

（4）教师查询假条的事件触发。

（5）其他事件触发。

实验安排

（1）前 2 个实验内容，3 学时。

（2）后 3 个实验内容，3 学时。

实验报告

按照规定格式，提交本次实验内容的结果。

第 4 章　数据库编程

本章以车票预订系统的数据库设计为例，巩固和提高学生使用 Java 进行数据库连接及数据处理的能力，完成专项实训项目的增量：数据库编程。

本章要求实现单机版车票预订系统的数据库编程，主要包括：

① 班车预订系统的数据库设计。

② 登录功能的数据库实现。

③ 班车查询功能的数据库实现。

④ 班车预订功能的数据库实现。

下面将按照增量开发方法，逐步增量实现班车预订系统的数据库编程，以使数据实现永久存取。

4.1　数据库设计

4.1.1　E-R 图

根据第 2 章车票预订系统需求分析得到的用例图和用例描述，设计并得到车票预订系统数据库设计的 E-R 图，如图 4-1 所示。

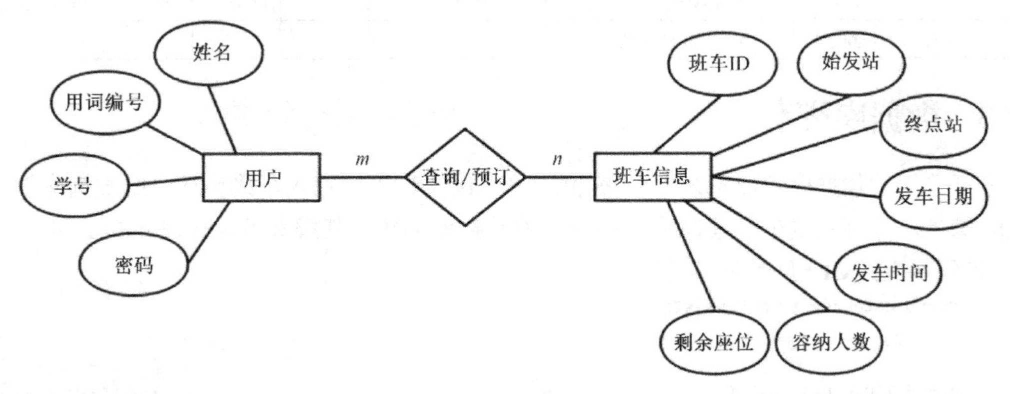

图 4-1　车票预订系统 E-R 图

4.1.2　数据库表设计

根据图 4-1 的 E-R 图，设计车票预订系统的数据库（CPYD），由用户表、班车信息表和订票信息表三个表组成，如表 4-1 所示。表 4-2～表 4-4 详细定义了各表结构及属性的约束。

表 4-1 车票预订系统数据库

表 名	描 述
用户表 userlist	存储用户基本信息
班车信息表 shuttlelist	存储不同班车的信息
订票信息表 ticketlist	存储用户的订票信息

表 4-2 用户信息表 userlist

序号	字 段	名 称	数据类型	P	U	F	I	C	备 注
1	id	学生 id	BIGINT	✓					NOT NULL
2	name	学生姓名	VARCHAR(50)						NOT NULL
3	stuNum	学号	VARCHAR(30)						NOT NULL
4	pwd	密码	VARCHAR(20)						NOT NULL

表 4-3 班车信息表 shuttlelist

序号	字 段	名 称	数据类型	P	U	F	I	C	备 注
1	id	班车 id	BIGINT	✓					NOT NULL
2	s_starting	始发站	VARCHAR(50)						NOT NULL
3	s_ending	终点站	VARCHAR(50)						NOT NULL
4	s_date	发车日期	DATE						NOT NULL
5	s_time	发车时间	TIME						NOT NULL
6	capacity	容纳人数	SMALLINT						default 50
7	seating	剩余座位	SMALLINT						default 50

表 4-4 订票信息表 ticketlist

序号	字 段	名 称	数据类型	P	U	F	I	C	备 注
1	id	车票 id	BIGINT	✓					NOT NULL
2	shuttle_id	班车 id	BIGINT						NOT NULL
3	user_id	用户 id	BIGINT						NOT NULL
4	status	乘车状态	VARCHAR(20)						NOT NULL

4.1.3 数据库脚本

本书选用的数据库管理系统为 MySQL。在 MySQL 下，输入车票预订系统数据库创建的 T-SQL 脚本，即可完成车票预订系统 CPYD 的数据库创建，其脚本见〖代码 4-1〗。

〖代码 4-1〗 CPYD 数据库脚本。

```
create database if not exists CPYD;
use CPYD;

CREATE TABLE userlist (
   id  BIGINT  not null,
   name  VARCHAR(50) not null,
   stuNum  VARCHAR(30) not null,
   pwd  VARCHAR(20),

   PRIMARY KEY(id)
) DEFAULT CHARSET=utf8;
```

程序源代码

```
CREATE TABLE shuttlelist (
   id  BIGINT  not null auto_increment,
   s_starting  VARCHAR(50) not null,
   s_ending  VARCHAR(30) not null,
   s_date  DATE,
   s_time  TIME,
   capacity  smallint default 50,
   seating  smallint default 50  check(seating >= 0),
   PRIMARY KEY(id)
) DEFAULT CHARSET=utf8;

CREATE TABLE ticketlist (
   id  BIGINT  not null auto_increment,
   shuttle_id  BIGINT not null,
   user_id  BIGINT not null,
   status  VARCHAR(20),

   PRIMARY KEY(id)
) DEFAULT CHARSET=utf8;
```

4.2 JDBC 配置

车票预订系统使用 JDBC 数据源配置方式，具体的配置步骤如下。

1. 加载 JDBC 驱动

Step01：在 MyEclipse 集成开发环境下，选中项目 CPYD 后单击右键，在弹出的快捷菜单中选择“Build Path→Configure Build Path”，如图 4-2 所示。

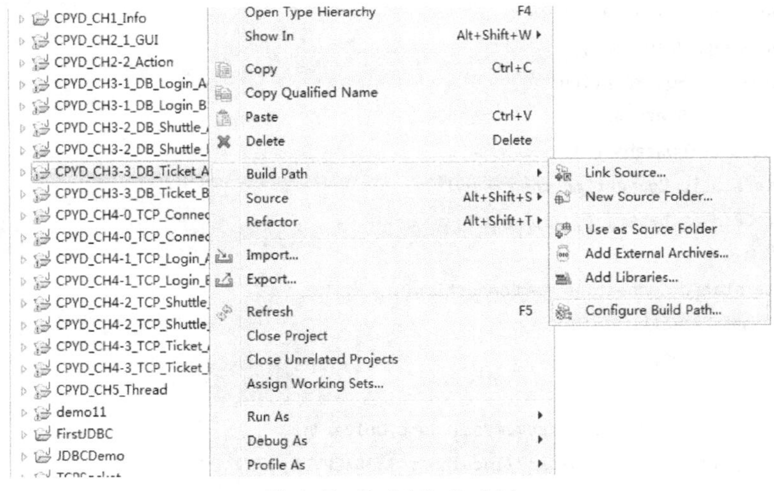

图 4-2　Build Path（1）

Step02：弹出如图 4-3 所示的窗口，从中依次选择“Libraries→Add External JARs”命令，在弹出的 JAR Selection 文件选择对话框中选择要添加到项目的 JDBC 驱动（如 mysql-connector-java-5.0.8-bin.jar）。单击【确定】按钮，即可看到 JDBC 驱动已经加载到图 4-3 所示窗口中。

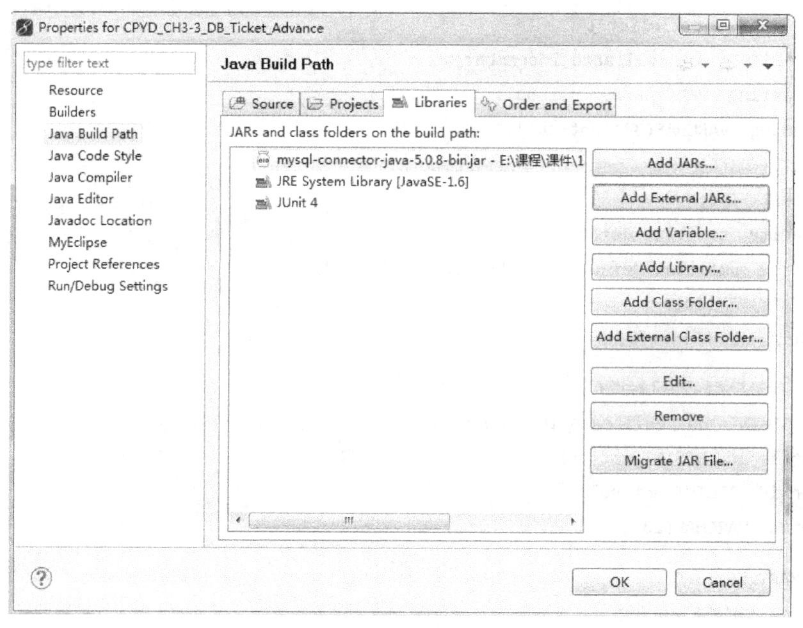

图 4-3　Build Path（2）

2．建立连接

定义用于进行数据库操作的类文件 CPYDDatabase.java，以建立与 MySQL 中 CPYD 数据库的访问连接。其中注册驱动、连接数据库方法的具体代码见〖代码 4-2〗。

〖代码 4-2〗 CPYDDatabase 类。

```
package database;
import info.User;
import java.sql.Connection;
import java.sql.DriverManager;
import java.sql.ResultSet;
import java.sql.SQLException;
import java.sql.Statement;
public class CPYDDatabase {
  private static Connection conn = null;
  public CPYDDatabase() {  }
  // 连接数据库
  private static Connection getConnection() {
    if(conn != null) {
      return conn;
    }
    String  driver_MySQL = "com.mysql.jdbc.Driver";
    String  url = "jdbc:mysql://localhost:3306/CPYD";
    String  account_MySQL = "root";
    String  password_MySQL = "root";
    try {
      Class.forName(driver_MySQL);
      conn = DriverManager.getConnection(url, account_MySQL, password_MySQL);
    }
    catch(Exception e) {
```

```
            e.printStackTrace();
            System.out.println("创建数据库连接失败！");
        }
        return conn;
    }
}
```

4.3 登录功能的数据库实现

4.3.1 用户登录时序图

在 3.3.1 节的基础上，增加访问数据库操作，修改图 3-10 所示的时序图，绘制具有数据库操作的用户登录时序图，如图 4-4 所示。

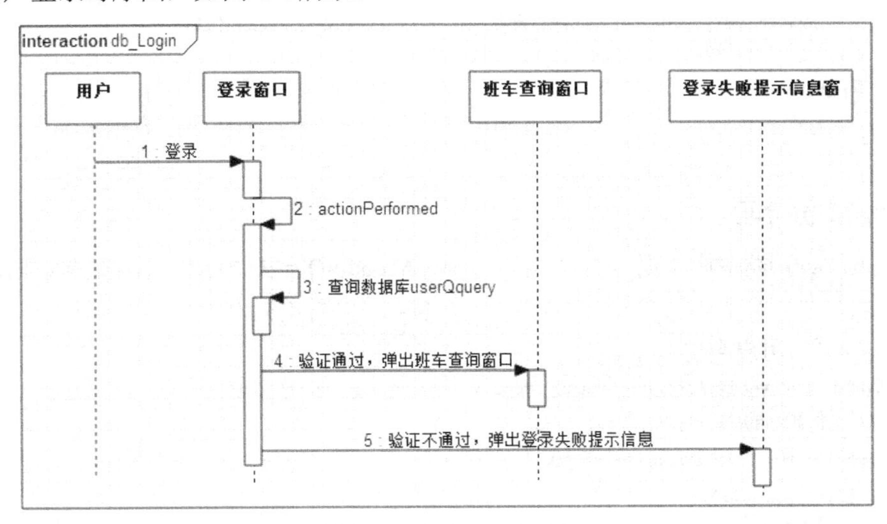

图 4-4　用户登录时序图

4.3.2 功能实现

在用户登录界面中，根据用户的登录信息（用户名和密码）与数据库中存储的用户信息进行匹配，如果匹配成功，则进入班车查询界面，否则提示用户登录失败。由用户登录时序图可知，用户登录包含两个操作步骤：在用户登录界面提取用户信息，将提取的用户信息与数据库中的用户数据进行匹配。所以，需要修改第 3 章相应的类，以增加访问数据库功能。

1. 数据库操作脚本

在 CPYDDatabase 类文件中增加查询数据库的脚本，见〖代码 4-3〗。

〖代码 4-3〗 用户信息查询数据库脚本。

```
……
private static String toSqlString(String str) {
    return new String(" '" + str + "' ");
}
// account is stuNum
public static User userQquery(String accountName) {
```

```
        User  user = null;
        String  sql = "select * from userlist where name = " + toSqlString(accountName);
        try {
            Statement  stmt = getConnection().createStatement();
            ResultSet  rs = stmt.executeQuery(sql);
            if(rs.Next() == true) {
                user = new User();
                user.setId(rs.getLong(1));
                user.setName(rs.getString(2));
                user.setStuNum(rs.getString(3));
                user.setPwd(rs.getString(4));
            }
        }
        catch(SQLException sqle) {
            System.out.println("查询数据出现异常: " + sqle.getMessage());
        }
        return user;
    }
}
```

2. 用户身份验证

在 UserLogin 类中修改用户身份验证 verifyAccount()方法，通过调用查询数据库脚本的 userQquery()方法来实现对用户身份的识别，具体见〖代码 4-3〗。

〖代码 4-3〗 用户身份验证。

```
private User verifyAccount(String account, String password) {
    // 这里固定用户名和密码为 10001/10001
    User  user = CPYDDatabase.userQquery(account);
    if(user == null) {
        System.out.println("用户不存在");
    }
    else if(! user.verifyPwd(password)) {
        System.out.println("密码错误");
        user = null;
    }
    else
        …                                           // else，验证通过
    return user;
}
```

4.4 班车查询功能的数据库实现

4.4.1 班车查询时序图

在 3.3.2 节的基础上，增加访问数据库操作，修改图 3-12 所示的时序图，绘制具有数据库操作的班车查询时序图，如图 4-5 所示。

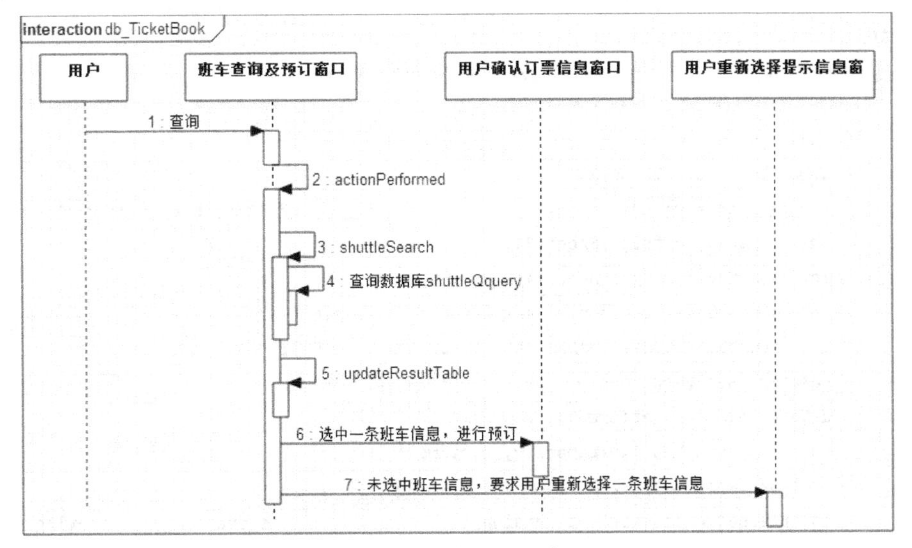

图 4-5 班车查询时序图

4.4.2 功能实现

1. 数据库操作脚本

在 CPYDDatabase 类文件中增加班车查询功能的数据库操作代码，具体见〖代码 4-4〗。

〖代码 4-4〗 班车查询数据库脚本。

```
……
/**
  * @param starting
  * @param ending
  * @param year
  * @param month
  * @param day
  * @return 为 null 表示没有相应车次，否则查询到
**/
public static Vector<Shuttle> shuttleQquery(String starting, String ending, int year,
                                                            int month, int day) {
  Vector<Shuttle> result = new Vector<Shuttle>();
  Shuttle shuttle = null;
  Calendar  calendar = Calendar.getInstance();
  Date  date = null;
  String  sql = "SELECT id, s_time, capacity, seating   FROM shuttlelist   WHERE "
                + "s_starting = "
                + toSqlString(starting)
                + " AND "
                + "s_ending = "
                + toSqlString(ending)
                + " AND "
                + "s_date = "
                + toSqlString(new String("" + year + "-" + month + "-" + day));
  System.out.println(sql);
```

```
    try {
        Statement stmt = getConnection().createStatement();
        ResultSet rs = stmt.executeQuery(sql);
        while(rs.Next() == true) {
            long  id = rs.getLong(1);
            String  str = rs.getString(2);                  // TIME, e.g. '12:30:00'
            int  capacity = rs.getShort(3);
            int  seating = rs.getShort(4);
            int  hourOfDay = Integer.parseInt(str.substring(0, 2));
            int  minute = Integer.parseInt(str.substring(3, 5));
            calendar.set(year, month, day, hourOfDay, minute);
            date = calendar.getTime();
            shuttle = new Shuttle(capacity, seating);
            shuttle.setId(id); // ID
            shuttle.setRoute(starting, ending);              // s_starting, s_starting
            shuttle.setDate(date);
            result.add(shuttle);
        }
    }
    catch(SQLException sqle) {
        System.out.println("[shuttleQquery]查询数据出现异常: " + sqle.getMessage());
    }
    return result;
}
```

2. 班车查询

在 TicketBooker 类中修改查询班车信息的 shuttleSearch()方法，通过调用 shuttleQquery()方法实现对数据库的查询操作，具体见〖代码 4-5〗。

〖代码 4-5〗 班车查询。

```
……
private Vector<Shuttle> shuttleSearch() {
    String  starting = (String) JCB_Starting.getSelectedItem();
    String  ending = (String) JCB_Ending.getSelectedItem();
    int  year = Integer.parseInt((String) JCB_Year.getSelectedItem());
    int month = Integer.parseInt((String) JCB_Month.getSelectedItem());
    int day = Integer.parseInt((String) JCB_Date.getSelectedItem());
    // 查询是否有班车
    searchResult.clear();
    Vector<Shuttle> searchResult = CPYDDatabase.shuttleQquery(starting, ending, year, month, day);
    return searchResult;
}

@Override
public void actionPerformed(ActionEvent e) {
    if(e.getSource() == buttonSearch) {
        Vector<Shuttle> searchResult = shuttleSearch();
        updateResultTable(searchResult);
    }
```

```
        else if(e.getSource() == buttonBook) {
            // tableResult 与 searchResult 的内容是按顺序一一对应的
            int  selectedRow = tableResult.getSelectedRow();
            // 检查是否选中某个班车
            if(selectedRow < 0) {
                JOptionPane.showMessageDialog(this, "请选择车次（单选）");
            }
            else {
                new TicketBookingGUI(user, searchResult.get(selectedRow));
            }
        }
    }
```

4.5 班车预订功能的数据库实现

4.5.1 班车预订时序图

在 3.3.3 节的基础上，增加访问数据库操作，修改图 3-14 所示的时序图，绘制具有数据库操作的班车预订时序图，如图 4-6 所示。

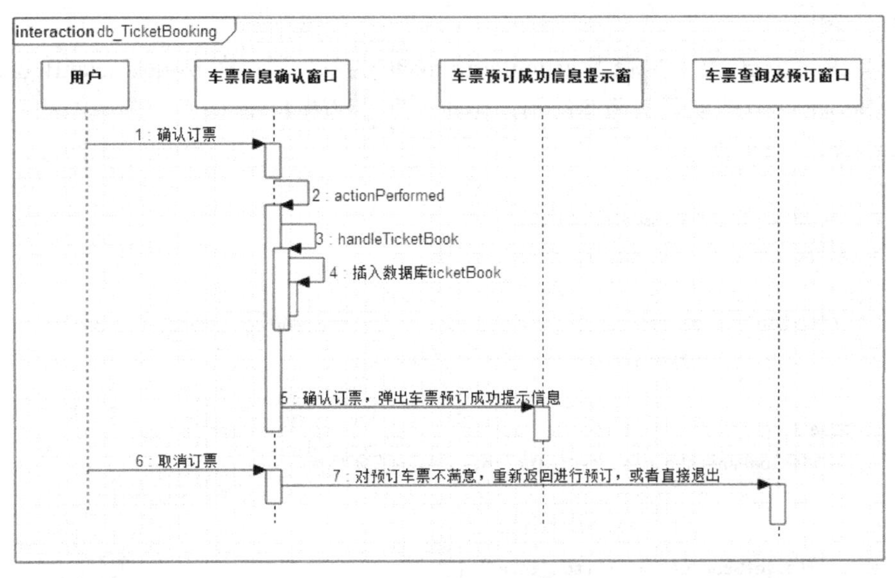

图 4-6　班车预订时序图

4.5.2 功能实现

1．数据库操作脚本

在 CPYDDatabase 类文件中增加班车预订的数据库操作代码，具体见〖代码 4-6〗。

〖代码 4-6〗　班车预订数据库脚本。

```
……
/**
 * @param shuttleId
 * @param userId
```

```
    * @return true 表示预订成功, false 表示预订失败
 **/
 public static synchronized boolean ticketBook(long shuttleId, long userId) {
    String  sql = null;
    try {
       // 更新 shuttlelist
       Statement  stmt = getConnection().createStatement();
       sql = "UPDATE shuttlelist set seating = seating - 1   WHERE id = " + shuttleId;
       stmt.executeUpdate(sql);
       sql = "INSERT INTO ticketlist(shuttle_id, user_id, status)
              VALUES(" +shuttleId + ", " + userId + ", '已预订');";
       stmt.executeUpdate(sql);

       return true;
    }
    catch (SQLException sqle) {
       System.out.println("[ticketBook]查询数据出现异常: " + sqle.getMessage());
    }
    return false;
 }
```

2. 班车预订

在 TicketBookingGUI 类中修改 actionPerformed( )方法，通过在 handleTicketBook( )方法中调用 ticketBook( )方法来实现对班车的预订功能，见〖代码 4-7〗。

〖代码 4-7〗 班车预订。

```
 ......
 public void actionPerformed(ActionEvent e) {
    if(e.getSource() == buttonConfirm) {
       // 向数据库中增加记录，更新班次中车票数量
       if(handleTicketBook(ticket.getShuttle().getId(), ticket.getUser().getId())) {
          JOptionPane.showMessageDialog(this, "订票成功");
       }
       else {
          JOptionPane.showMessageDialog(this, "订票失败");
       }
    }
    else if(e.getSource() == buttonCancel) {
       System.out.println(">>>>>>>>>>>>> 取消成功 <<<<<<<<<<<<<<<");
    }

    dispose();
 }

 private boolean handleTicketBook(long shuttleId, long userId) {
    return CPYDDatabase.ticketBook(shuttleId, userId);
 }
```

实验 5：数据库编程

实验目的

（1）掌握数据库设计的步骤。

（2）掌握 MySQL 的使用方法。

（3）掌握 T-SQL 的基本语法。

（4）掌握 JDBC 的配置步骤。

（5）掌握使用数据库进行数据存取的方法。

实验内容

（1）学生请假管理系统的数据库设计。

（2）实现学生请假管理系统的 JDBC 配置，建立数据库的连接。

（3）在 MySQL 中实现学生请假管理系统数据库的数据访问。

（4）实现学生请假管理系统数据的访问。

实验安排

（1）实现数据库设计、JDBC 配置及数据库的连接，3 学时。

（2）完成对数据库中数据的访问，3 学时。

实验报告

按照规定格式，提交本次实验内容的结果。

第 5 章　网络通信编程

本章以车票预订系统的网络通信为例，让读者学习和掌握通过使用 Socket 在客户端和服务端之间建立连接来进行数据的传输和通信的方法，实现专项实训项目的增量：网络通信编程。

本章要求实现简单的网络版车票预订系统，主要包括：

❖ TCP 对象数据流通信功能的搭建与设计。

❖ 客户端与服务器之间通过对象数据流实现用户登录功能。

❖ 客户端与服务器之间通过对象数据流实现班车查询功能。

❖ 客户端与服务器之间通过对象数据流实现车票预订功能。

下面按照增量开发方法，结合前面的内容逐步增量实现网络通信编程的用例。本章的重点是 TCP 对象数据流的交互，在搭建网络中，通过获取数据库信息来显示操作结果。

5.1　网络通信技术分析

网络编程就是在两个或两个以上的设备（如计算机）之间传输数据，而 Java 的网络编程大致可以分为两类：一种是通过 URL 获取网络上的资源，另一种是通过 Socket 在客户端与服务器之间建立连接通道来进行数据的传输和通信。

5.1.1　网络编程的基本知识

1．通信协议

网络通信的核心是协议。协议是指进程之间为完成通信任务，在交换信息的过程中所使用的一系列规则和规范。需要通信的进程之间只要遵循相同的网络协议，即使在不同的语言环境下也可以进行信息交互。TCP/IP（Transmission Control Protocol/Internet Protocol）是 Internet 的通信协议，称为传输控制/网际协议，提供了可靠的网络通信环境。TCP/IP 是一组由 TCP、IP、UDP（User Datagram Protocol）等协议组成的协议簇。

2．网络地址

网络上的每个主机都有一个唯一的地址作为标识，这个地址称为 IP 地址。IPv4 使用了 32 位地址，为了方便记忆，通常使用点分十进制数表示，如 202.103.141.9。每个数字代表一个 8 位二进制数。

3．端口

计算机应用程序通过端口与外界进行交互，端口的范围是 0～65536。其中，0～1023 是与一些特定服务有关的端口。计算机中的不同应用程序不允许同时使用相同的端口号，否则发生端口号使用冲突异常，可在 DOS 命令行使用 netstat -ano 命令查询端口是否被占用。

4．套接字

套接字（Socket）是用来描述 IP 地址和端口的通信端点，可以实现两个程序之间的连接和通信。请求连接服务的是客户端，提供连接服务的是服务端，通过某个端口，客户端可以向指定地址的服务端发出请求，服务端则会对该端口进行监听，当有客户端发出请求时，服务端会响应该请求并尝试建立连接，连接成功后，便可继续完成双方的信息通信任务。

5．URL

URL（Uniform Resource Location，统一资源定位器）是互联网上用于指定某个资源所在位置的表示方法，是互联网上标准资源的地址。URL 地址的格式如下：

```
协议:// 主机名[:端口号]/路径/[; 参数][?动态网页传输参数]#资源片段
```

例如：

```
http://www.nfu.edu.cn
```

5.1.2 URL 通信方式

网络上的网页通常是以 URL 方式进行访问的。Java.net 包提供了 URL 类和 URLConnection 类，其中包含从远程站点获取信息的方法。

1．创建 URL 对象

我们可以通过下面的构造方法来初始化一个 URL 对象。

（1）public URL(String spec)

通过一个表示 URL 地址的字符串构造一个 URL 对象。例如：

```
URL  myURL=new URL("http://www.nfu.edu.cn/")
```

（2）public URL(URL context, String spec)

通过基础 URL 和相对 URL 构造一个 URL 对象。例如：

```
URL  myURL=new URL("http://www.nfu.edu.cn/");
URL indexURL= new URL(myURL, "index.html");
```

（3）public URL(String protocol, String host, String file)

通过协议 protocol、主机名 host 和文件路径 file 构造一个 URL 对象。

（4）public URL(String protocol, String host, int port, String file)

通过协议 protocol、主机名 host、端口号 port 和文件路径 file 构造一个 URL 对象。

在构造方法中，如果指定的协议不合法，会抛出 MalformedURLException 异常，因此在生成 URL 对象时，我们必须对这个异常进行处理，通常用 try-catch 语句进行异常捕获。

程序源代码

2．读取页面信息

得到一个 URL 对象后，可以通过 URL 的方法 openStream()读取指定的网页资源，并返回类型为 InputStream 的对象，这里可能抛出 IOException 异常。

〖代码 5-1〗 URL 例子。

```
URL  url=new URL("http://www.nfu.edu.cn");
BufferedReader  br=new BufferedReader(new InputStreamReader(url.openStream()));
String  line = null;
while(null != (line = br.readLine())) {
    System.out.println(line);
}
br.close();
```

3．创建一个到 URL 的连接

通过 URLConnection 类，程序可以与 URL 资源进行交互，具体步骤如下。

Step01：使用 openConnection()方法创建连接对象。

```
URL  url = new URL("http://www.nfu.edu.cn");
URLConnection  con = url.openConnection();
```

Step02：向服务器写数据。

建立数据流：

```
PrintStream out = new PrintStream(con.getOutputStream());
```

写数据：

```
out.println(String data);
```

Step03：从服务器读数据。

建立输入数据流：

```
InputStreamReader  in = new InputStreamReader(con.getInputStream());
BufferedReader  inb = new BufferedRead(in);
```

向服务器读取数据：

```
in.readLine();
```

5.1.3　套接字通信方式

1．TCP 套接字通信

首先，使用 TCP 套接字进行通信要用到 java.net.*和 java.io.*包的多个类。前者提供实现网络应用程序的类，包括：Socket、ServerSocket；后者通过数据流、序列化和文件系统等类提供输入和输出的方法，如 InputStream、DataInputStream 等。TCP Socket 通信过程如下。

（1）客户端

Step01：提供用于描述的 IP 地址和端口来建立 TCP Socket。

```
Socket socket = new Socket(130.100.1.23, 3021);
```

Step02：发送数据流。

创建发送数据流：

```
OutputStream  os =socket.getOutputStream();
```

创建发送对象数据流：

```
ObjectOutputStream  oos = new ObjectOutputStream(os);
```

通过数据流发送对象：

```
oos.writeObject(...);
```

Step03：接收数据流。

创建接收数据流：

```
InputStream is =socket.getInputStream();
```

创建接收对象数据：

```
ObjectInputStream ois =new ObjectInputStream(is);
```

通过数据流接收对象：

```
ois.ReadObject();
```

Step04：关闭数据流和 Socket。

关闭数据流：

```
socket.shutdownOutput();
socket.shutdownInput();
```

关闭 Socket：

```
socket.close();
```

（2）服务端

Step01：提供端口号创建 ServerSocket。

```
ServerSocket  serverSocket = new ServerSocket(serverPort);
```

Step02：监听客户端访问请求。

```
Socket socket = serverSocket.accept();
```

Step03：接收数据流。

创建接收数据流：

```
InputStream  is =socket.getInputStream();
```

创建接收对象数据：

```
ObjectInputStream  ois =new ObjectInputStream(is);
```

通过数据流接收对象：

```
ois.ReadObject();
```

Step04：发送数据流。

创建发送数据流：

```
OutputStream  os =socket.getOutputStream();
```

创建发送对象数据流：

```
ObjectOutputStream  oos = new ObjectOutputStream(os);
```

通过数据流发送对象：

```
oos.writeObject(…);
```

Step05：关闭数据流和 Socket。

关闭数据流：

```
socket.shutdownOutput();
socket.shutdownInput();
```

关闭 Socket：

```
socket.close();
```

2．UDP 套接字通信

UDP 套接字通信需要使用 java.net 包中的 DatagramSocket 类和 DatagramPacket 类。前者

用于在程序中建立传送数据报的通信连接，后者表示一个数据报。使用 UDP 进行通信的时候，服务器需要有一个线程不停地监听客户端的请求。

（1）客户端

通过 UDP Socket 通信，对 UDP 客户端进行编程，涉及的步骤也是四部分：建立连接、发送数据、接收数据和关闭连接。

Step01：建立 UDP Socket，端口号可以指定。若未指定，则系统随机分配一个本地计算机的未用端口号。

```
DatagramSocket ds = new DatagramSocket();
```

Step02：发送数据报。

```
String sendContent = "sendInfo";
byte[] sendData = sendContent.getBytes();
InetAddress addr = InetAddress.getByName("127.0.0.1");
int port = 10010;
```

构造一个待发送的 DatagramPacket 数据报对象：

```
DatagramPacket receiveDp = new DatagramPacket(sendData,sendData.length,addr,port);
ds.send(DatagramPacket packet);
```

Step03：接收数据报。

构造一个数据缓冲数组：

```
byte[] data = new byte[1024];
```

构造一个待接收 DatagramPacket 数据报对象：

```
DatagramPacket receiveDp = new DatagramPacket(data, data.length);
```

接收数据报：

```
ds.receive(receiveDp);
```

Step04：关闭连接。

```
ds.close();
```

（2）服务端

Step01：提供端口号创建服务器监听 Socket。

```
DatagramSocket ds = new DatagramSocket(10010)
```

Step02：接收数据。

```
ds.receive();
```

Step03：关闭服务器。

```
ds.close();
```

5.2　TCP 对象数据流通信功能的设计与搭建

在项目实现中使用套接字来建立 TCP 对象数据流通信机制，但是由于对象数据流只能传递经过序列化的对象，所以要先对已建立的对象进行序列化处理。

在项目实现中建立 TCP 对象数据流通信机制，需要搭建客户端 ClientDummy 类和服务端 ServerAdmin 类的对象数据流接收平台，如图 5-1 所示。

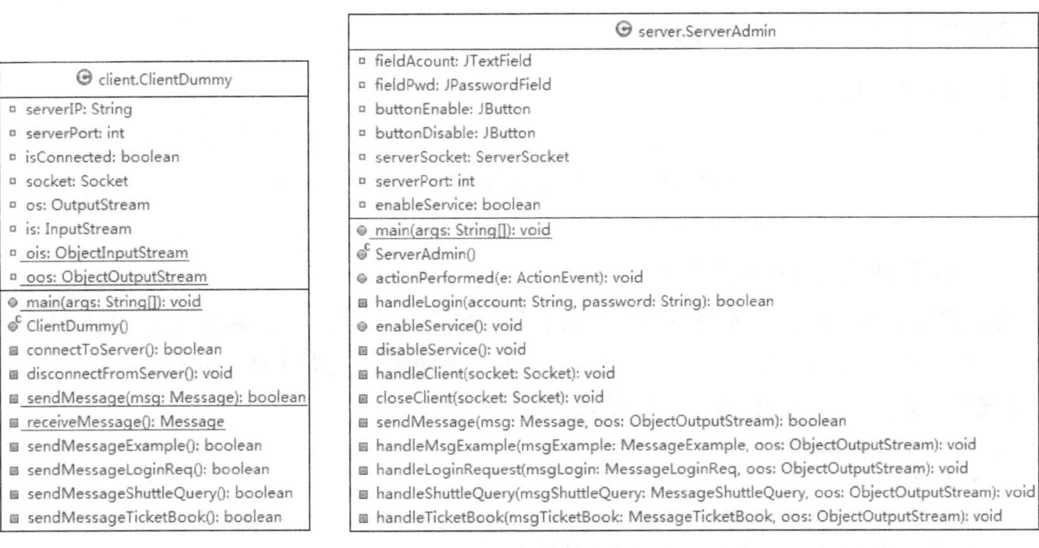

图 5-1　ClientDummy 类和 ServerAdmin 类

其次，在项目中建立类 Message，以封装信息并进行信息传递，如图 5-2 所示。

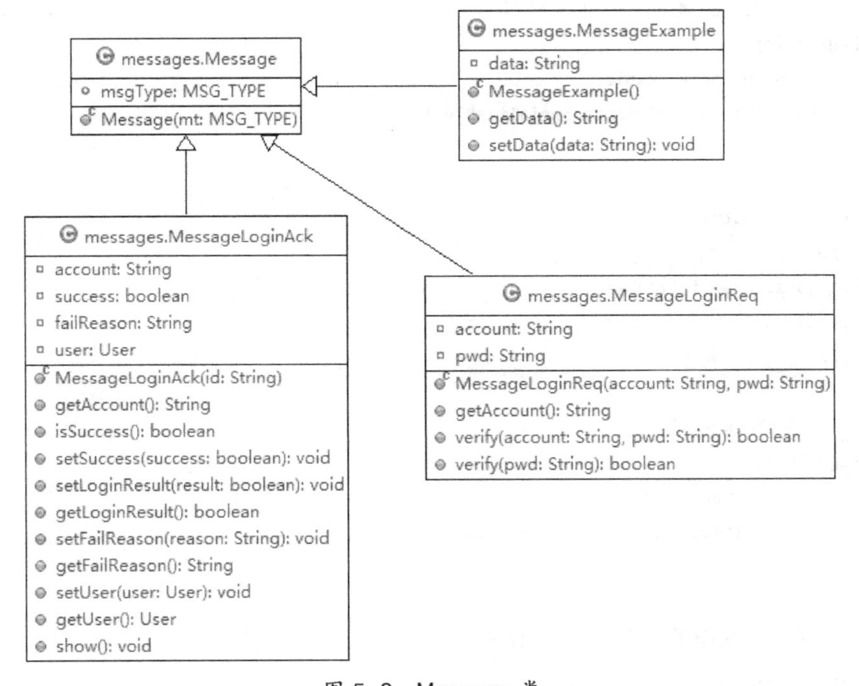

图 5-2　Message 类

5.2.1　对象序列化的实现

1．对象序列化处理过程

Java 的网络通信是通过流（Stream）来实现的，序列化就是将内存中的类或者对象（我们写的类都是存储在内存中的）变成可以存储到某种存储媒介中的流。在项目实现中，我们把在网络通信中需要传递的对象进行序列化处理。

Step01：选择需要序列化的对象。

Step02：对对象进行序列化处理。

2．对象序列化需要的 Java 技术

如果序列化一个对象，就必须实现接口 java.io.Serializable，对象才可以转化为数据类（Stream）并在通信功能中进行传递。实现 Serializable 接口的方式为：

```
class Message implements Serializable
```

3．在项目中实现序列化的功能

在项目中，客户端和服务器需要交互的对象有用户信息（User）、路线信息（Route）、班车信息（Shuttle）、车票信息（Ticket），以及用来发送信息的信息类（Message）。

〖代码 5-2〗 实现对象序列号的代码如下。

```
// 用户信息（User）类
package info;
import java.io.Serializable;
public class User  implements Serializable {
   ......
}
// 路线信息（Route）类
package info;
import java.io.Serializable;
public class Route implements Serializable {
   ......
}
// 班车信息（Shuttle）类
package info;
import java.io.Serializable;
public class Shuttle implements Serializable {
   ......
}
// 车票信息（Ticket）类
package info;
import java.io.Serializable;
public class Ticket implements Serializable {
   ......
}
```

〖代码 5-3〗 信息类的创建和序列化处理。

```
package messages;
import java.io.Serializable;
public abstract class Message implements Serializable {
   public enum MSG_TYPE {
      MSG_UNKOWN, MSG_EXAMPLE,
   }
   public MSG_TYPE msgType = MSG_TYPE.MSG_UNKOWN;
   public Message(MSG_TYPE mt) {
      msgType = mt;
   }
}
```

上述代码中，类 User、Route、Shuttle、Ticket 和 Messae 都是通过导入 java.io.Serializable 接口并实现这个接口来达到对象序列化功能的。

5.2.2 对象数据流通信功能的搭建

1. TCP 套接字（Socket）通信的基本原理和过程

为了支持 TCP/IP 面向连接的网络通信编程，java.net 提供了 Socket 类和 ServerSocket 类。其中，ServerSocket 用于服务端程序，Socket 类用于编写客户端程序。客户端和服务器之间通过输入输出流进行通信。

在上述过程中，需要注意的是客户端的端口号要与服务器的端口号一致，服务器才能接收到客户端发送的数据。在通信过程中，客户端或服务端要有一方先发送数据，另一方才可以接收到相应的数据。

2. TCP 套接字处理流程

通过 Java 相关技术分析，在项目中，ClientDummy 类通过创建布尔值型的方法 connectToServer( )来访问服务器 serverAdmin。如果访问成功，那么 ClientDummy 类发送 sendMessageExample( )方法，否则 ClientDummy 类会在控制台上输出失败信息。最后，ClientDummy 类通过 disconnectFromServer( )方法关闭套接字和所有数据流。

班车查询及订票的时序图如图 5-3 所示。

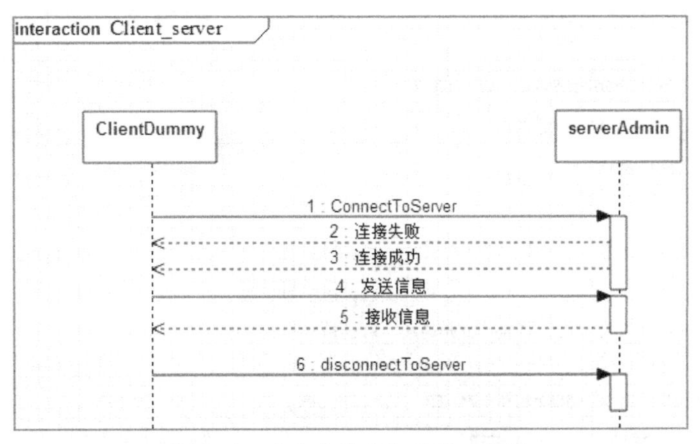

图 5-3 班车查询及订票的时序图

3. 车票订位通信网络代码实现

〖代码 5-4〗 客户端 ClientDummy 类。

```
package client;
import java.io.IOException;
import java.io.InputStream;
import java.io.ObjectInputStream;
import java.io.ObjectOutputStream;
import java.io.OutputStream;
import java.net.Socket;
import messages.Message;
import messages.MessageExample;
```

```
public class ClientDummy {
   public static void main(String[] args) {
      new ClientDummy();
   }
   // 假设 Server IP 为本机 IP
   private String serverIP = "127.0.0.1";
   private int serverPort = 54321;
   // 记录是否已经建立了到服务器的 TCP socket 连接
   private boolean  isConnected = false;
   private Socket  socket = null;
   private OutputStream  os = null;
   private InputStream  is = null;
   private static ObjectInputStream  ois = null;
   private static ObjectOutputStream  oos = null;
   public ClientDummy() {
      if(connectToServer()) {
         System.out.println("sendMessageExample: " + sendMessageExample());
      }
      else {
         System.out.println("Failed to connect to server " + serverIP + "/" + serverIP);
      }
      try {
         Thread.sleep(1000);                        // 等 1000 毫秒后退出
      }
      catch (InterruptedException e) {
         e.printStackTrace();
      }
      disconnectFromServer();
   }

   private boolean connectToServer() {
      // Socket 尚未初始化，在端口打开连接，取出对象输入输出流
      try {
         socket = new Socket(serverIP, serverPort);
         socket.setSoTimeout(3000);                 // 如果服务器没有反应，则尝试 3000 毫秒
         os = socket.getOutputStream();
         is = socket.getInputStream();
         oos = new ObjectOutputStream(os);
         ois = new ObjectInputStream(is);
         isConnected = true;
      }
      catch (IOException e) {
         isConnected = false;
      }
      finally {  }
      return isConnected;
   }
   private void disconnectFromServer() {
```

```
        if(socket != null) {
            try {
                socket.shutdownOutput();
                socket.shutdownInput();
                socket.close();
                socket = null;
                oos = null;
                ois = null;
            }
            catch (IOException e) {
                e.printStackTrace();                    // TODO Auto-generated catch block
            }
        }
    }
    private static synchronized boolean sendMessage(Message msg) {
        try {
            oos.writeObject(msg);
        }
        catch (IOException e) {
            e.printStackTrace();
            return false;
        }
        return true;
    }
    private static synchronized Message receiveMessage() {
        try {
            return (Message) ois.readObject();
        }
        catch (ClassNotFoundException e) {
            e.printStackTrace();
        }
        catch (IOException e) {
            e.printStackTrace();
        }
        return null;
    }

    private boolean sendMessageExample() {
        MessageExample msgSnt = new MessageExample();
        msgSnt.setData("Hello");

        if (sendMessage(msgSnt)) {
            // 接收服务器返回的消息并显示出来
            MessageExample msgRev = (MessageExample) receiveMessage();
            if(msgRev != null) {
                System.out.println("Message Received: " + msgRev.getData());
                return true;
            }
```

```
        }
        return false;
    }
}
```

〖代码 5-5〗 服务器 serverAdmin 类。

```
package server;
import java.awt.GridLayout;
import java.awt.event.ActionEvent;
import java.awt.event.ActionListener;
import java.awt.event.WindowAdapter;
import java.awt.event.WindowEvent;
import java.io.EOFException;
import java.io.IOException;
import java.io.InputStream;
import java.io.ObjectInputStream;
import java.io.ObjectOutputStream;
import java.io.OutputStream;
import java.net.ServerSocket;
import java.net.Socket;
import java.net.SocketException;
import java.net.SocketTimeoutException;
import javax.swing.JButton;
import javax.swing.JFrame;
import javax.swing.JLabel;
import javax.swing.JOptionPane;
import javax.swing.JPasswordField;
import javax.swing.JTextField;
import messages.Message;
import messages.MessageExample;

public class ServerAdmin extends JFrame implements ActionListener {
    public static void main(String[] args) {
        new ServerAdmin();
    }
    // 界面元素
    private JTextField fieldAcount = new JTextField(20);
    private JPasswordField fieldPwd = new JPasswordField(20);
    private JButton buttonEnable = new JButton("开启服务");
    private JButton buttonDisable = new JButton("关闭服务");
    // 网络服务信息
    private ServerSocket serverSocket = null;
    private int serverPort = 54321;
    // 服务开关
    private boolean enableService = false;
    public ServerAdmin() {
        this.setTitle("Server");
        this.setLocation(300, 200);
        this.setSize(300, 120);
```

```
        this.setResizable(false);
        this.addWindowListener(new WindowAdapter() {
            public void windowClosing(WindowEvent e) {
                disableService();
                System.exit(0);
            }
        }
        // 设置页面布局
        this.setLayout(new GridLayout(3, 2, 0, 0));
        this.add(new JLabel("账  号"));
        this.add(fieldAcount);
        this.add(new JLabel("密  码"));
        this.add(fieldPwd);
        buttonDisable.setEnabled(false);
        this.add(buttonEnable);
        this.add(buttonDisable);
        buttonEnable.addActionListener(this);
        buttonDisable.addActionListener(this);

        this.setVisible(true);
        // 启动服务器 TCP 端口和服务
        enableService();
        // 用户几点关闭服务按钮，系统退出，关闭 serverSocket
        disableService();
    }
    @Override
    public void actionPerformed(ActionEvent e) {
        if(e.getSource() == buttonEnable) {
            String account = fieldAcount.getText();
            String password = new String(fieldPwd.getPassword());
            // 判断用户名和密码是否正确
            // 登录成功的条件：用户账号存在，密码正确，管理员权限
            if (handleLogin(account, password)) {
                // 禁止登录按钮，使能退出按钮
                buttonEnable.setEnabled(false);
                buttonDisable.setEnabled(true);
                // 启动 ServerSocket
                enableService = true;
            }
            else {
                JOptionPane.showMessageDialog(this, "Invalid User");
                fieldPwd.setText("");
            }
        }
        else if (e.getSource() == buttonDisable) {
            // 系统退出服务，系统退出
            enableService = false;
            disableService();
```

```
            System.exit(0);
        }
    }
    private boolean handleLogin(String account, String password) {
        if(account.equals("admin") && password.equals("admin"))
            return true;
        return false;
    }
    public void enableService() {
        // 等待启动服务
        while (!enableService) {
            try {
                Thread.sleep(500);
            }
            catch(InterruptedException e) {
                e.printStackTrace();
            }
            finally {  }
        }
        // 开放服务端口
        try {
            serverSocket = new ServerSocket(serverPort);
        }
        catch(IOException e) {
            e.printStackTrace();
            return;
        }
        // 允许client端多次连接，由于没有使用线程，同时只能有一个客户端连接服务器
        while(enableService) {
            // 监听端口请求，等待连接
            try {
                // 通过端口建立连接
                Socket socket = serverSocket.accept();
                // 收到客户端连接，处理用户请求
                System.out.println("Request received");
                handleClient(socket);
                // 客户端退出
                closeClient(socket);
                socket = null;
            }
            catch(SocketTimeoutException e) {  }              // 什么都不做
            catch (IOException e) {
                e.printStackTrace();
            }
            finally {  }                                       // 停止服务
        }
    }
    private void disableService() {
```

```
        if(serverSocket != null) {
            try {
                serverSocket.close();
            }
            catch(IOException ioe) {
                ioe.printStackTrace();
            }
            serverSocket = null;
        }
    }

    private void handleClient(Socket socket) {
        OutputStream os = null;
        ObjectOutputStream oos = null;
        InputStream is = null;
        ObjectInputStream ois = null;
        try {
            // 创建对象数据流
            os = socket.getOutputStream();
            is = socket.getInputStream();
            oos = new ObjectOutputStream(os);
            ois = new ObjectInputStream(is);
        }
        catch (IOException e) {
            System.out.println(e.getMessage());
            return;
        }
        // 处理来自客户端的消息对象
        while (enableService) {
            // 从对象输入数据流中读取数据对象
            Message msgReceived = null;
            try {
                msgReceived = (Message) ois.readObject();
            }
            catch(ClassNotFoundException e) {
                System.out.println(e.getMessage());
                continue;
            }
            catch(IOException e) {                    // Socket 出错，停止对此 Socket 的处理
                System.out.println(e.getMessage());
                return;
            }
            // 按消息类型处理
            switch(msgReceived.msgType) {
                case MSG_EXAMPLE:
                    handleMsgExample((MessageExample) msgReceived, oos);
                    break;
                default:
```

```
                System.out.println("Uknown message received: " + msgReceived.msgType);
            }
        }
    }

    private void closeClient(Socket socket) {
        if(socket != null) {
            try {
                socket.shutdownOutput();
                socket.shutdownInput();
                socket.close();
            }
            catch(IOException e) {
                e.printStackTrace();
            }
        }
    }

    private boolean sendMessage(Message msg, ObjectOutputStream oos) {
        try {
            oos.writeObject(msg);
        }
        catch(IOException e) {
            e.printStackTrace();
            return false;
        }
        return true;
    }

    private void handleMsgExample(MessageExample msgExample, ObjectOutputStream oos) {
        String data = msgExample.getData();
        System.out.println(data);
        msgExample.setData("Example Message Received: " + data);
        sendMessage(msgExample, oos);
    }
}
```

在上述代码中，serverAdmin 类通过继承 JFrame 类，并将窗口界面设计成如图 5-4 所示的输出。在输入正确的用户名和密码后，用户可以单击【开启服务】按钮，调用函数 enableService( )来开启服务器；单击【关闭服务】按钮，则调用函数 disableService( )来关闭服务器。

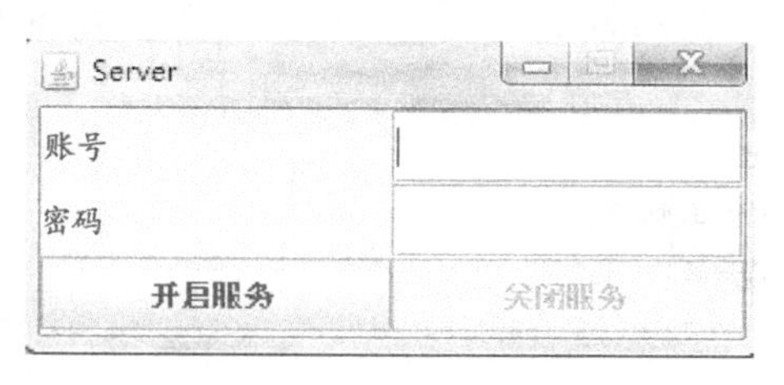

图 5-4　ServerAdmin 窗口界面

5.3 TCP 对象数据流通信功能的实现

5.3.1 TCP 用户登录功能实现

1. 用户登录功能实现过程

利用对象数据流实现用户登录功能，可采取以下步骤。

Step01：创建一个用户登录验证请求消息类和一个登录验证结果消息类。

Step02（客户端）：在【登录】按钮的事件处理过程中，把用户名和密码保存在用户登录验证请求消息对象中，通过输出对象数据流，发给服务器。

Step03（服务端）：从输入对象数据流中收到用户登录验证请求消息，根据消息对象中的用户名，从数据库中检查该用户是否存在。

Step04（服务端）：若用户存在，比较密码是否正确，如果正确，则创建登录验证结果消息对象，设置登录状态为成功，把该消息发给客户端。

Step05（服务端）：若用户不存在或者密码不正确，则设置登录状态为失败，把该消息发给客户端。

Step06：客户端根据收到的登录验证结果，显示相应界面。

2. 实现用户登录功能需要的 Java 技术

使用对象数据流的用户登录功能，会用到套接字、数据流的发送与接收等技术。在前面已搭建好数据通信环境的基础上，修改客户端【登录】按钮的 ActionListener 事件处理，从 JTextFiled 中获取用户名和密码，并包装到 MessageLoginReq 类。

在用户登录功能的实现中，客户端在 MessageLoginReq 类中使用对象数据流技术，将用户登录信息（含账号和密码）发送到服务端进行验证。服务端在 MessageLoginAck 类中将用户登录成功或者失败的信息返回给客户端。

3. 用户登录功能的设计

根据实现登录功能所需 Java 技术的分析，我们可以创建一个“用户登录验证请求”消息类 MessageLoginReq 和一个“登录验证结果”消息类 MessageLoginAck，类图设计如图 5-2 所示，代码参见〖代码 5-6〗和〖代码 5-7〗；通过在客户端 UserLogin 类使用 MessageLoginReq 和 MessageLoginAck 类对象来实现用户登录功能。

〖代码 5-6〗 MessageLoginReq 类。

```
package messages;
import java.io.Serializable;
public class MessageLoginReq extends Message implements Serializable {
   private String account = null;
   private String pwd = null;
   public MessageLoginReq(String account, String pwd) {
      super(MSG_TYPE.MSG_LOGIN_REQ);
      this.account = account;
      this.pwd = pwd;
   }
   public String getAccount() {
```

```
        return account;
    }
    public boolean verify(String account, String pwd) {
        if(this.account.equals(account) && this.pwd.equals(pwd))
            return true;
        return false;
    }
    public boolean verify(String pwd) {
        if(pwd.equals(pwd))
            return true;
        return false;
    }
}
```

〖代码 5-7〗 MessageLoginAck 类。

```
package messages;
import info.User;
import java.io.Serializable;
public class MessageLoginAck extends Message implements Serializable {
    private String  account = null;
    private boolean  success = false;
    private String  failReason = null;
    private User  user = null;
    public MessageLoginAck(String id) {
        super(MSG_TYPE.MSG_LOGIN_ACK);
        account = id;
    }
    public String getAccount() {
        return account;
    }
    public boolean isSuccess() {
        return success;
    }
    public void setSuccess(boolean success) {
        this.success = success;
    }
    public void setLoginResult(boolean result) {
        success = result;
    }
    public boolean getLoginResult() {
        return success;
    }
    public void setFailReason(String reason) {
        failReason = reason;
    }
    public String getFailReason() {
        return failReason;
    }
    public void setUser(User user) {
```

```
            this.user = user;
        }
        public User getUser() {
            return user;
        }
        public void show() {
            System.out.println(">>>>>>>>>>>>>>>>>>> MessageLoginAck <<<<<<<<<<<<<<<<<<<");
            System.out.println("account: " + account);
            System.out.println("success: " + success);
            System.out.println("failReason: " + failReason);
            user.show();
        }
    }
```

在上述代码中，MessageLoginReq 类和 MessageLoginAck 类都继承了 Message 父类的方法，并实现了 Serializable 接口。

5.3.2 TCP 班车查询及订票功能实现

1．用户班车查询功能实现过程

利用对象数据流实现班车查询功能，其实现如下。

Step01：创建一个“班车查询”消息类和一个“班车查询结果”消息类。

Step02：客户端把查询条件存入（封装进）“班车查询”消息类对象，并将该对象发给服务器。

Step03：服务器收到一个“班车查询”消息类对象后，根据查询条件，从数据库中查询班车信息，把查询结果存入一个“班车查询结果”消息类对象，发给客户端。

Step04：客户端收到一个“班车查询结果”消息类对象，并把结果显示在界面上。

利用对象数据流实现班车订票功能，其实现如下。

Step01：创建一个“订票修改请求”消息类和一个“订票修改结果”消息类。

Step02：客户端把班车 ID、用户 ID 和订票信息存入（封装进）一个“订票修改请求”消息类对象，并将该对象发给服务器。

Step03：服务器收到一个“订票修改请求”消息类对象后，将对象信息存入数据库，以更新班车信息，同时把数据库更新结果存入一个“订票修改结果”消息类对象，并发给客户端。

Step04：客户端收到一个“订票修改结果”消息类对象，并把结果显示在界面上。

2．实现班车查询及订票功能需要的相关技术

班车查询的对象数据流处理技术与用户登录的对象数据流处理技术相似。在该查询事件中，班车查询消息类 MessageShuttleQuery 的对象把用户查询条件包装，并从客户端发送到服务器；服务器收到 MessageShuttleQuery 的对象发送的信息后，根据查询条件，从数据库中查询班车信息，再把结果存入一个“班车查询结果”消息类 MessageShuttleQueryAck 的对象，并发给客户端。

与班车查询的对象数据流技术相似，班车订票的对象数据流要用到“订票修改请求”消息类 MessageShuttleQueryAck 的对象，把班车 ID、用户 ID 和订票信息封装入，再从客户端发送

到服务器；服务器收到 MessageTicketBook 的对象发送的信息后，将对象信息存入数据库，以更新班车信息，同时把数据库更新结果存入一个“订票修改结果”消息类 MessageTicketBookAck 的对象，并发给客户端。

3．班车查询及订票功能的设计

根据实现班车查询和订票功能的相关 Java 技术分析，我们通过创建“班车查询”消息类 MessageShuttleQuery 和“班车查询结果”消息类 MessageShuttleQueryAck，如图 5-5 所示，代码参见〖代码 5-8〗和〖代码 5-9〗，来实现班车查询功能；通过创建“订票修改请求”消息类 MessageTicketBook 和“订票修改结果”消息类 MessageTicketBookAck 来实现订票功能，如图 5-6 所示，代码参见〖代码 5-10〗和〖代码 5-11〗。

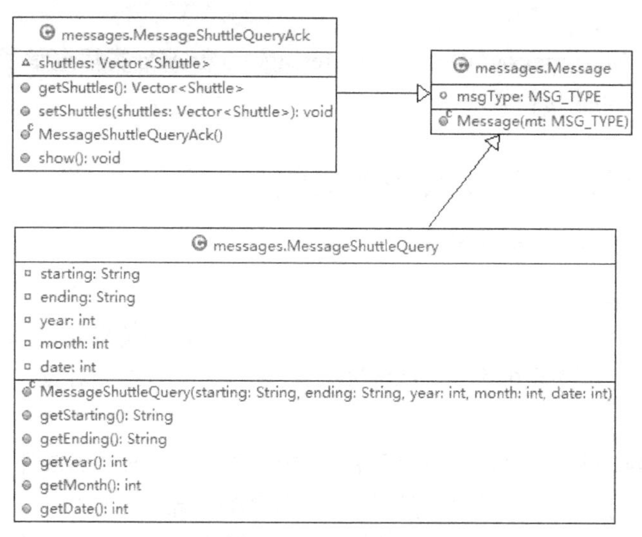

图 5-5　MessageShuttleQuery 类和 MessageShuttleQueryAck 类

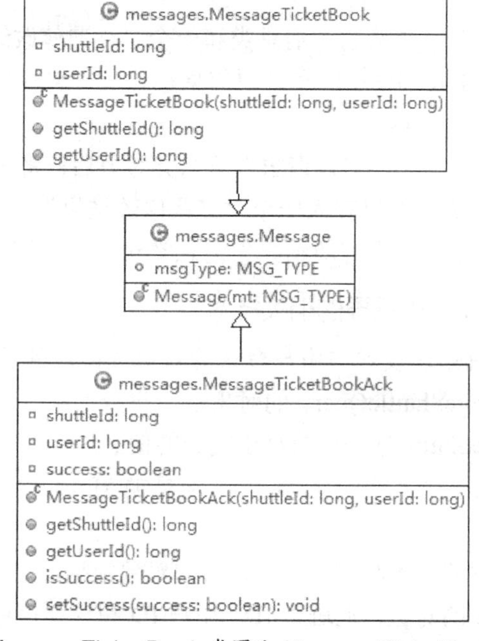

图 5-6　MessageTicketBook 类图和 MessageTicketBookAck 类图

〖代码 5-8〗 班车查询消息类 MessageShuttleQuery。

```
package messages;
import java.io.Serializable;
public class MessageShuttleQuery extends Message  implements Serializable{
   private String starting = null;
   private String ending = null;
   private int year = 2014;
   private int month = 1;
   private int date = 1;
   public MessageShuttleQuery(String starting, String ending, int year, int month, int date) {
      super(MSG_TYPE.MSG_SHUTTLE_QUERY);
      this.starting = starting;
      this.ending = ending;
      this.year = year;
      this.month = month;
      this.date = date;
   }
   public String getStarting() {  return starting;  }
   public String getEnding() {  return ending;  }
   public int getYear() {  return year;  }
   public int getMonth() {  return month;  }
   public int getDate() {  return date;  }
}
```

〖代码 5-9〗 班车查询结果消息类 MessageShuttleQueryAck。

```
package messages;
import info.Shuttle;
import java.io.Serializable;
import java.util.Vector;
public class MessageShuttleQueryAck extends Message  implements Serializable{
   Vector<Shuttle> shuttles = null;
   public Vector<Shuttle> getShuttles() { return shuttles;}
   public void setShuttles(Vector<Shuttle> shuttles) {   this.shuttles = shuttles;}
   public MessageShuttleQueryAck() {
      super(MSG_TYPE.MSG_SHUTTLE_QUERY_ACK);
   }
   public void show() {
      if(shuttles != null){
         for(Shuttle shuttle : shuttles){
            shuttle.show();
         }
      }
   }
}
```

〖代码 5-10〗 班车查询结果消息类 MessageTicketBook。

```
package messages;
import java.io.Serializable;
public class MessageTicketBook extends Message  implements Serializable{
```

```
    private long  shuttleId = 0;
    private long  userId = 0;
    public MessageTicketBook(long shuttleId, long userId) {
        super(MSG_TYPE.MSG_TICKET_BOOK_REQ);
        this.shuttleId = shuttleId;
        this.userId = userId;
    }
    public long getShuttleId() {
        return shuttleId;
    }
    public long getUserId() {
        return userId;
    }
}
```

〖代码 5-11〗 班车查询结果消息类 MessageTicketBookAck。

```
package messages;
import java.io.Serializable;
public class MessageTicketBookAck extends Message  implements Serializable{
    private long  shuttleId = 0;
    private long  userId = 0;
    private boolean  success = false;
    public MessageTicketBookAck(long shuttleId, long userId) {
        super(MSG_TYPE.MSG_TICKET_BOOK_ACK);
        this.shuttleId = shuttleId;
        this.userId = userId;
    }
    public long getShuttleId() {
        return shuttleId;
    }
    public long getUserId() {
        return userId;
    }
    public boolean isSuccess() {
        return success;
    }
    public void setSuccess(boolean success) {
        this.success = success;
    }
}
```

实验 6：网络通信编程

实验目的

（1）掌握 Java 对象序列化的基本方法。

（2）掌握 Java 的网络通信功能。

（3）掌握 Socket 通信的概念。

（4）掌握网络通信传递过程中对象数据流的构造。

（5）提高编程的逻辑思维能力和程序排错能力。

实验内容

在实验 5 的基础上，完成以下内容。

（1）完成学生请假管理系统的客户端与服务器的搭建。

（2）完成学生请假管理系统的“消息”父类的设计与实现。

（3）完成学生请假管理系统中各功能所需发送和接收消息子类的设计与实现。

实验安排

（1）学生请假管理系统的客户端与服务器的搭建，3 学时。

（2）学生请假管理系统登录验证方法的对象数据流的设计与实现，3 学时。

（3）学生请假管理系统其他对象数据流的设计与实现，3 学时。

实验报告

按照规定格式，提交本次实验内容的结果。

第 6 章　多线程编程

本章以车票预订系统的多线程编程为例，学习和掌握通过定义多线程类来使服务器同时支持与多个客户端进行双向通信的能力，完成专项实训项目的增量：多线程编程。

本章要求实现具有多线程处理功能的车票预订系统，主要包括：

❖ 在车票预订系统中实现线程类的创建。

❖ 在车票预订系统中实现多个用户的访问。

❖ 解决车票预订系统的线程同步问题。

下面将按照增量开发方法，逐步增量实现车票预订系统的多线程处理功能。

6.1　车票预订系统的多线程创建

线程的概念来源于计算机操作系统中进程的概念。进程是指一个程序关于某个数据集的一次运行控制流，即程序执行时的一个实例。而线程是程序执行时的最小单位，是进程的一个执行流。简单来说，线程（thread）是进程中一个单个的顺序控制流，多线程是指在单个的程序内可以同时运行多个不同的线程完成不同的任务，如图 6-1 所示。

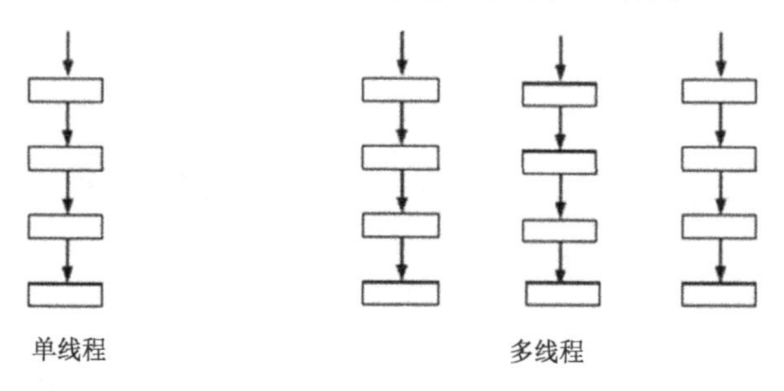

图 6-1　单线程与多线程

在 Java 语言中，线程的创建有两种方法：继承 Thread 类并覆盖它的 run()方法，或者实现 Runnable 接口及其 run()方法。

在本章项目实现中，在第 5 章所建立的服务器基础上，采用第一种方法继承 Thread 类的方法，并覆盖该类的 run()方法，进而创建服务器的线程，并通过调用线程中需要的方法来实现相应操作。服务器线程类 ServerThread 如图 6-2 所示。

1．线程创建过程

通过定义一个 Thread 类的服务器子类来实现线程的创建，流程如下。

Step01：定义一个继承 Thread 类的服务器子类。

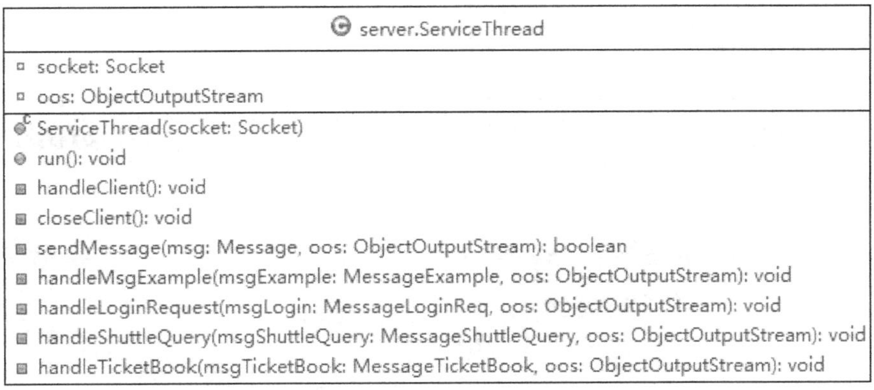

server.ServiceThread

- socket: Socket
- oos: ObjectOutputStream

- ServiceThread(socket: Socket)
- run(): void
- handleClient(): void
- closeClient(): void
- sendMessage(msg: Message, oos: ObjectOutputStream): boolean
- handleMsgExample(msgExample: MessageExample, oos: ObjectOutputStream): void
- handleLoginRequest(msgLogin: MessageLoginReq, oos: ObjectOutputStream): void
- handleShuttleQuery(msgShuttleQuery: MessageShuttleQuery, oos: ObjectOutputStream): void
- handleTicketBook(msgTicketBook: MessageTicketBook, oos: ObjectOutputStream): void

图 6-2　ServiceThread 类

Step02：在子类中重写 Thread 类的 run()方法，从而定义线程所需完成的工作。

Step03：在 run()方法中调用 handleClient()方法来处理用户事件，在用户事件结束后通过 closeClient()方法关闭所有相关的 Socket 和字节流。

注意，java.lang.Thread 类的对象代表一个线程。多线程的建立是指多个 Thread 对象在从服务器开启到关闭的过程中同时工作，由于线程代码段在 run()方法中，当 run()方法执行完后，线程也就结束了。

2．实现线程创建所需要的 Java 技术

在传统的程序设计语言中，程序的运行按照一定的流程来进行，一次只能运行一个程序块。Java 的多线程打破了这种束缚，一个程序可同时运行多个程序块，提高了程序运行效率。

当一个线程创建后，ServiceThread 类的 run()方法会自动启动程序并调用处理客户端的 handleClient()方法。handleClient()方法需要与服务器进行连接，完成接收和发送信息，发送和接收信息的类型通过选择语句进行判断。在用户事件结束后，通过 closeClient()方法关闭所有相关的 Socket 和字节流。

注意，在进行多线程和网络搭建时，应使用抛异常方法 throws Exception 来处理代码中可能出现的异常。

3．服务器线程的搭建设计与流程

根据实现服务器线程相关 Java 技术的分析，我们可以创建一个服务器线程类 ServerAdmin（见图 6-1）来搭建具有线程功能的服务器。

服务器线程处理流程如下：

（1）用户通过界面窗体发送操作命令。

（2）如果是第一次发送命令，则服务器新建线程，执行 run()方法。

（3）用户通过发送和接收的信息与服务器进行交互，期间其他用户也可以新建自己的线程（执行新的 run()方法）并进行交互。

（4）当前用户访问结束后，其他用户继续交流，直到其他用户访问结束。

服务器接收用户信息的时序图如图 6-3 所示。

4．服务器线程的代码实现

〖代码 6-1〗　线程服务器 ServerThread 的搭建。

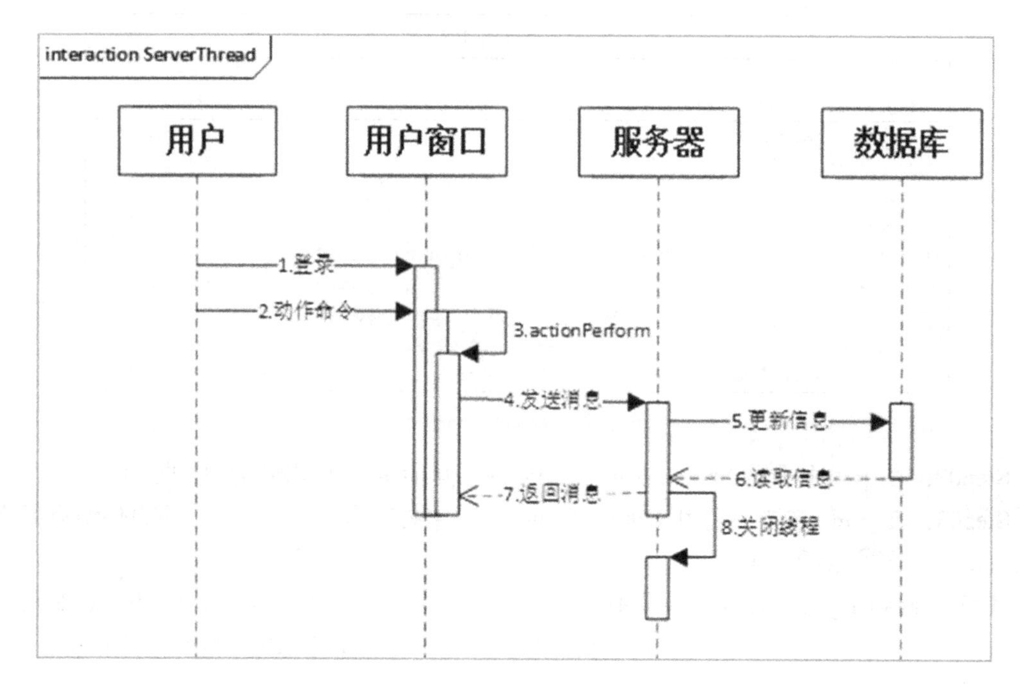

图 6-3　服务器接收用户信息的时序图

```
package server;
import info.Shuttle;
import info.User;
import java.io.IOException;
import java.io.InputStream;
import java.io.ObjectInputStream;
import java.io.ObjectOutputStream;
import java.io.OutputStream;
import java.net.Socket;
import java.util.Vector;
import messages.Message;
import messages.MessageExample;
import messages.MessageLoginAck;
import messages.MessageLoginReq;
import messages.MessageShuttleQuery;
import messages.MessageShuttleQueryAck;
import messages.MessageTicketBook;
import messages.MessageTicketBookAck;
import server.database.CPYDDatabase;
public class ServiceThread extends Thread {
   private Socket socket = null;
   private ObjectOutputStream oos = null;
   public ServiceThread(Socket socket) {
      this.socket = socket;
   }
   public void run() {
      handleClient();
```

```
      closeClient();
   }
   private void handleClient() {
      OutputStream os = null;
      InputStream is = null;
      ObjectInputStream ois = null;
      try {
         // 创建对象数据流
         os = socket.getOutputStream();
         is = socket.getInputStream();
         oos = new ObjectOutputStream(os);
         ois = new ObjectInputStream(is);
      }
      catch(IOException e) {
         System.out.println(e.getMessage());
         return;
      }
      // 处理来自客户端的消息对象
      while (true) {
         // 从对象输入数据流中读取数据对象
         Message msgReceived = null;
         try {
            msgReceived = (Message) ois.readObject();
         }
         catch(ClassNotFoundException e) {
            System.out.println(e.getMessage());
            continue;
         }
         catch(IOException e) { // Socket 出错，停止对次 Socket 的处理
            System.out.println(e.getMessage());
            return;
         }
         // 按消息类型处理
         switch(msgReceived.msgType) {
            case MSG_EXAMPLE:
               handleMsgExample((MessageExample) msgReceived, oos);
               break;
            case MSG_LOGIN_REQ:
               handleLoginRequest((MessageLoginReq) msgReceived, oos);
               break;
            case MSG_SHUTTLE_QUERY:
               handleShuttleQuery((MessageShuttleQuery) msgReceived, oos);
               break;
            case MSG_TICKET_BOOK_REQ:
               handleTicketBook((MessageTicketBook) msgReceived, oos);
               break;
            default:
               System.out.println("Uknown message received: " + msgReceived.msgType);
```

```
            }
        }
    }

    private void closeClient() {
        if(socket != null) {
            try {
                socket.shutdownOutput();
                socket.shutdownInput();
                socket.close();
            }
            catch (IOException e) {
                e.printStackTrace();
            }
        }
    }

    private boolean sendMessage(Message msg, ObjectOutputStream oos) {
        try {
            oos.writeObject(msg);
        }
        catch(IOException e) {
            e.printStackTrace();
            return false;
        }
        return true;
    }

    private void handleMsgExample(MessageExample msgExample, ObjectOutputStream oos) {
        String data = msgExample.getData();
        System.out.println(data);
        msgExample.setData("Example Message Received: " + data);
        sendMessage(msgExample, oos);
    }

    private void handleLoginRequest(MessageLoginReq msgLogin, ObjectOutputStream oos) {
        boolean verifyPassed = false;
        User user = CPYDDatabase.userQquery(msgLogin.getAccount());

        MessageLoginAck msgLoginAck = new MessageLoginAck(msgLogin.getAccount());
        // 登录成功的条件：用户账号存在，并且不是管理员、密码正确
        if(!(msgLogin.getAccount().equals("admin"))
                                    && user.getName().equals(msgLogin.getAccount())
                                    && msgLogin.verify(user.getPwd())) {
            verifyPassed = true;
            msgLoginAck.setFailReason("用户信息正确！");
        }
        else {
```

```
            msgLoginAck.setFailReason("用户信息不正确！");
        }
        System.out.println("Account: " + msgLogin.getAccount() + " Verification " + verifyPassed);

        msgLoginAck.setLoginResult(verifyPassed);
        msgLoginAck.setUser(user);

        sendMessage(msgLoginAck, oos);
    }

    private void handleShuttleQuery(MessageShuttleQuery msgShuttleQuery, ObjectOutputStream oos) {
        Vector<Shuttle> shuttles = CPYDDatabase.shuttleQquery(
                msgShuttleQuery.getStarting(), msgShuttleQuery.getEnding(),
                msgShuttleQuery.getYear(), msgShuttleQuery.getMonth(),
                msgShuttleQuery.getDate());

        MessageShuttleQueryAck msgAck = new MessageShuttleQueryAck();
        msgAck.setShuttles(shuttles);
        sendMessage(msgAck, oos);
    }

    private void handleTicketBook(MessageTicketBook msgTicketBook, ObjectOutputStream oos) {
        MessageTicketBookAck msgAck = new MessageTicketBookAck(msgTicketBook.getShuttleId(),
                                                              msgTicketBook.getUserId());
        if(CPYDDatabase.ticketBook(msgTicketBook.getShuttleId(), msgTicketBook.getUserId())) {
            msgAck.setSuccess(true);
        }
        sendMessage(msgAck, oos);
    }
}
```

6.2 车票预订系统的线程同步问题

在多线程的应用中，由于多个线程需要共享数据资源，如果不加以控制，可能产生冲突，这就涉及线程的同步与资源共享问题。在本章项目实训中，多线程的车票预订系统很有可能出现车票预订人数多于车票可购买数的情况。为了避免造成此类错误，我们使用 synchronized 关键字来给对象或代码块加锁，使得同一时刻最多只有一个线程执行该段代码。

1. 线程同步的实现过程

客户端发送的 Message 会一直访问共享资源，所以要对发送命令进行相应的同步处理，包括：对访问共享资源的方法进行同步处理，对访问共享资源的某一段代码进行同步处理。

2. 线程同步所需的 Java 技术

线程同步一般通过关键字 synchronized 给对象或类加锁，分为对象锁和类锁。synchronized 关键字保证代码段同时只能有一个线程在执行，不会出现对象不一致的状态。对象锁只能加在当前语句块上，而对其他语句块没有影响，这种加锁一般是把 synchronized 关键字用在方法或同步块上。用 synchronized 实现方法的线程同步的语法如下：

```
[访问修饰符] synchronized 方法类型 方法名(参数表)
```

在同步的过程中，我们对某一段代码进行共享处理的方法如下：

```
synchronized (Object){
    …                                               // 访问 object 对象
}
```

对一个方法使用 synchronized 关键字修饰后，当一个线程调用该方法时，必须先获得对象锁，只有在获得对象锁后才能进入 synchronized 修饰的方法。一个时刻，对象锁只能被一个线程持有。如果对象锁正在被一个线程持有，其他线程就不能获得该对象锁，必须等待持有该对象锁的线程释放锁。

类锁是把锁加在某个类上，当访问该类的对象的任何同步方法时，必须先获得这个锁。类锁一般用 synchronized 关键字修饰静态方法，所以很少使用。

如果某个类的方法使用了 synchronized 关键字修饰，则称该类的对象是线程安全的，否则是线程不安全的。

3．线程同步流程设计

通过 Java 相关技术分析，在本章项目实训中，ClientDummy 类通过创建布尔类型的 connectToServer( )方法访问服务器 serverAdmin。如果访问成功，则 ClientDummy 类发送 sendMessage( )方法。在访问的过程中，由于发送和接收信息都已经加上锁，因此程序一次只能处理一条信息，而其他信息必须等待。当信息发送完毕，其他信息才可被处理。最后，ClientDummy 类通过 disconnectFromServer( )方法关闭套接字和所有数据流。班车查询及订票的时序图如图 6-4 所示。

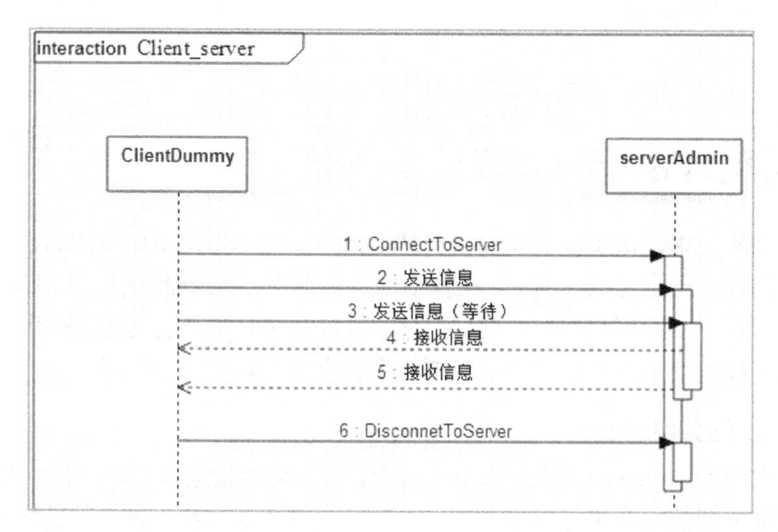

图 6-4　班车查询及订票的时序图

4．线程同步代码设计

在本章项目实训中，需要对 ClientDummy 类中访问共享资源的方法进行同步处理，见〖代码 6-2〗。

〖代码 6-2〗 修改 ClientDummy 方法。

```
private static synchronized boolean sendMessage(Message msg) {
    try {
        oos.writeObject(msg);
    }
    catch(IOException e) {
        e.printStackTrace();
        return false;
    }
    return true;
}

private static synchronized Message receiveMessage() {
    try {
        return (Message) ois.readObject();
    }
    catch(ClassNotFoundException e) {
        e.printStackTrace();
    }
    catch(IOException e) {
        e.printStackTrace();
    }
    return null;
}
```

实验 7：多线程编程

实验目的

（1）掌握 Java 多线程的概念。

（2）掌握 Java 的线程创建与使用。

（3）掌握线程的状态与生命周期。

（4）了解线程的死锁。

（5）提高编程的逻辑思维能力和程序排错能力。

实验内容

在实验 6 的基础上完成以下内容。

（1）完成学生请假管理系统中多线程的应用，以实现多用户访问。

实验安排

学生请假管理系统的多线程的搭建，3 学时。

实验报告

按照规定格式，提交本次实验内容的结果。

第二部分

综合实训

通过第一部分增量式项目的设计及实现过程，读者学到了增量式项目开发方法、Java 基本技能，具备了独立进行软件设计和开发的能力。在专项实训基础上，综合实训部分通过介绍多个不同类型的综合案例，让学生以团队形式完成一个中型项目的开发，以便提高学生的综合应用能力、团队协作能力、分析与解决新问题的能力等。

综合实训部分共 3 章。

第 7 章介绍基于 C/S 结构的办公管理系统的设计与实现过程，第 8 章介绍基于 Web 的考勤系统的设计与实现过程，第 9 章介绍基于 Android 平台的应用开发。限于篇幅有限，以上三章只列出了部分核心代码，如有需要，可以扫描书中的二维码进行下载。

要求：

- 融会贯通，体会参考案例增量的设计步骤和实现框架，在此基础上，读者能以团队合作的形式开发类似的 Java 项目。

实验目的

- 综合运用所学 Java SE 基本技能，搭建综合项目的实训环境。
- 团队合作，进行综合项目的选题、调研，并开展项目的需求分析、系统设计和实现。
- 使用专项实训阶段采用的增量式项目驱动的开发方法，安排综合项目的开发进度。
- 在现有所学基础上，通过自学的形式，学习新知识和新技能，拓展综合项目的实现效果。
- 在综合项目实训中提高编程能力和分析问题、解决问题的能力。

实验内容

参考以下题目（或自选），完成一个中型综合项目的实训。

- 课程实训管理系统。
- 在线考试系统。
- 毕业设计管理系统。
- 在线作业管理系统。
- 学校报修系统。
- 个人文件管理系统。
- 教师课表查询和管理系统。
- 电子商务系统。
- 职业规划管理系统。
- 自选题目。

实验安排

- 项目分组与选题、项目调研：3 学时。
- 项目需求分析，并制定增量开发计划：3 学时。
- 按照增量开发计划开展项目实训：15 学时。
- 项目验收：3 学时。

第 7 章　办公管理系统

本章的目标是实现一个 C/S 结构的局域网办公管理系统，包括考勤签到、公告、聊天通信、系统管理四个主要功能。本系统在局域网成功部署后，可供多用户同时使用。系统实现中涉及多台计算机与服务器进行通信的问题，为了保证通信的可靠性和安全性，本章基于 TCP/IP 实现网络通信。

本系统涉及的 Java 技能包含 GUI 编程与事件处理、集合类、TCP Socket 套接字通信、对象序列化、对象流、多线程和数据库编程等内容。

7.1　需求分析和项目目标

办公管理系统的用户主要是公司内部员工，包括高级职员（如经理）和普通员工，其功能一般包括考勤签到、公告、聊天通信、系统管理四个模块。本章需要实现如图 7-1 所示的办公管理系统客户端主界面。

- ❖ 考勤模块，主要功能包括：员工签到，签到历史信息查询。
- ❖ 公告模块，主要功能包括：查看公告，删除公告，发布公告。
- ❖ 通信模块，主要功能包括：单人通信，上下线状态显示，离线信息发送，多人通信。
- ❖ 系统管理模块，主要功能包括：查看个人信息，修改个人信息，注册员工，删除员工，查看员工信息。

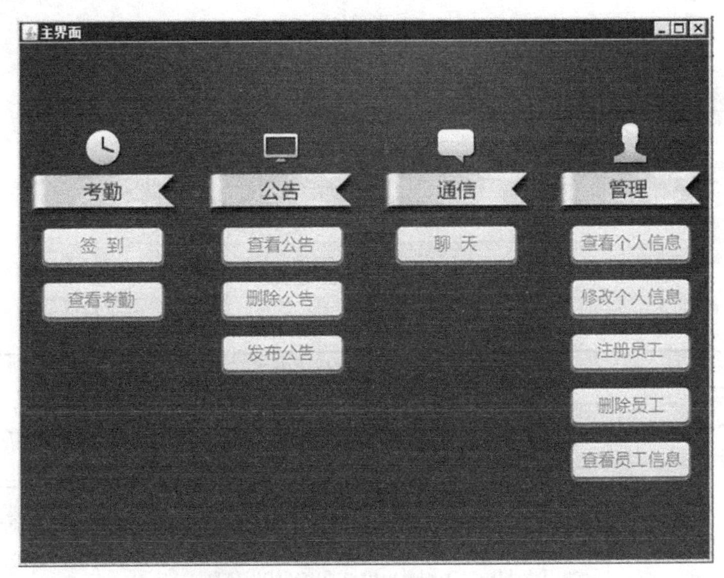

图 7-1　办公管理系统主界面

7.1.1 用例分析

用户使用办公管理系统的步骤如下：首先启动办公管理系统；然后登录系统，成功登录后，根据用户的权限可以在考勤模块、通信模块、公告模块、管理模块中使用相应的功能；最后关闭程序界面。图 7-2 和图 7-3 分别列出了不同角色（普通员工和经理）拥有的权限，表 7-1 给出了各用例的详细描述。

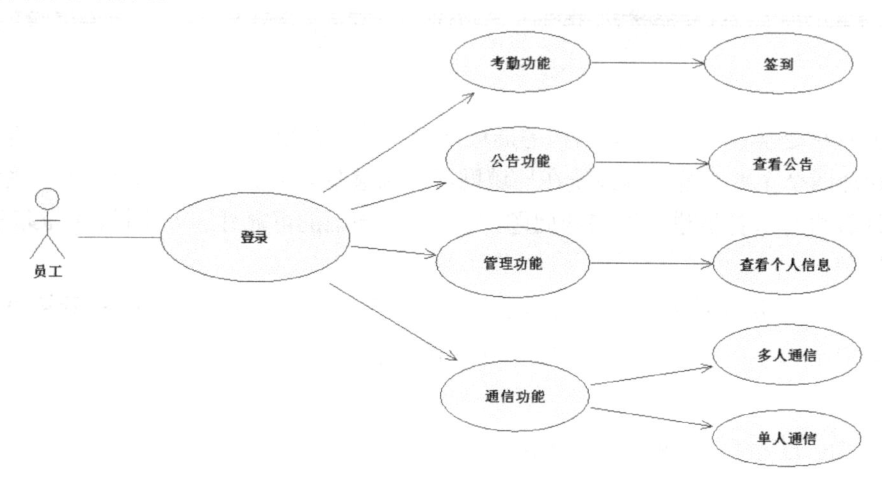

图 7-2　普通员工权限

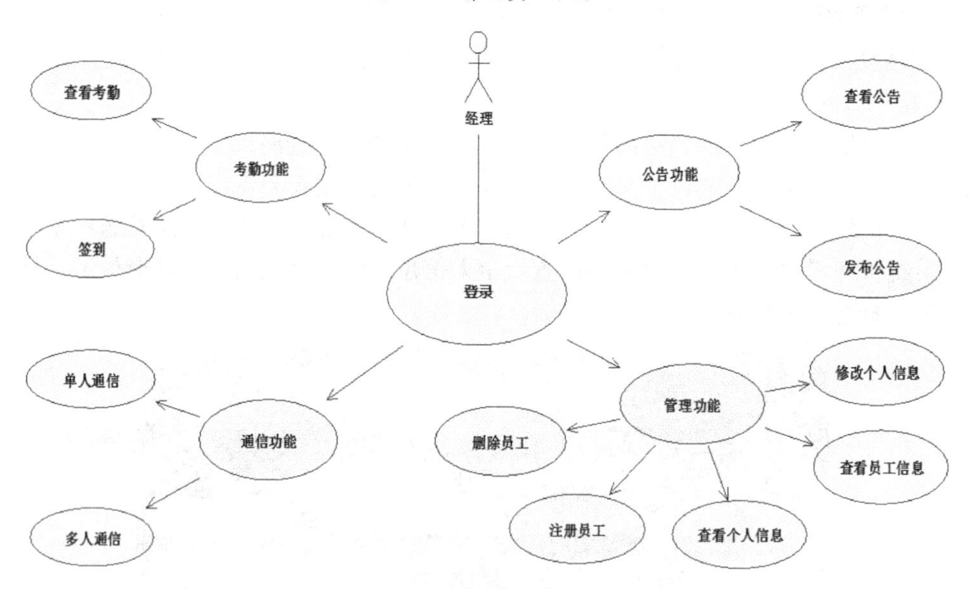

图 7-3　经理权限

表 7-1　局域网管理系统用例描述

用例	用例描述	
	用户操作	软件功能
用例 1	启动服务器	显示服务器主界面 界面上显示【开启服务器】和【关闭服务器】按钮，显示需要使用的端口号
用例 2	打开客户端并登录	显示客户端主界面 在界面中输入账号、密码后登录，登录的前提条件是连接服务器成功，然后通过服务器连接相应的数据库，以判断用户名和密码正确与否；若正确，则进入系统功能界面并且拥有相应的权限，否则弹出用户或密码错误信息

续表

<table>
<tr><th rowspan="2">用例</th><th colspan="2">用例描述</th></tr>
<tr><th>用户操作</th><th>软件功能</th></tr>
<tr><td>用例 3</td><td>考勤签到</td><td>若正常签到，则弹出“签到成功”，否则弹出“今天已签到”</td></tr>
<tr><td>用例 4</td><td>查看考勤</td><td>根据相应的 ID 账号和时间可以查看不同员工每月的签到天数；单击【清空】按钮，可清空全部已经签到过的记录</td></tr>
<tr><td>用例 5</td><td>查看及删除公告</td><td>查看界面中有【删除公告】、【上一页】和【下一页】按钮
能够查看全部已经发布的公告及发布的时间
单击相应公告的标题，可以查看详细的公告内容
选中标题前面的正方形框，单击【删除】按钮，可以删除选中的公告
若公告条数超过一页，则可单击【下一页】查看；如果已经是最后一页，则显示“已经是最后一页”信息</td></tr>
<tr><td>用例 6</td><td>发布公告</td><td>在标题框和正文框中输入相应的信息，单击【发布公告】按钮，则会把数据发送到服务器并存入数据库</td></tr>
<tr><td>用例 7</td><td>聊天上下线</td><td>若好友上线，则其头像变亮；若好友下线，则其头像变暗</td></tr>
<tr><td>用例 8</td><td>聊天发送消息</td><td>双击【好友姓名】，在输入框中输入相应的内容，然后单击【发送】按钮即可</td></tr>
<tr><td>用例 9</td><td>聊天信息接收</td><td>发送方发送信息给接收方，若接收方在线，则发送者头像直接变红；否则会在接收方上线时，发送者姓名变为红色，以便提示接收方有留言</td></tr>
<tr><td>用例 10</td><td>多人通信</td><td>添加群组：在弹出的输入框中输入群组名字即可进群
删除群组：单击相应的群组名，使名字变为蓝色，然后单击【删除群组】按钮即可
群组通信：将鼠标移动到要发送的群组名上，名字会变为粉红；双击，则弹出群组消息框，在相应消息框中输入要发送的信息后，单击【发送】按钮即可</td></tr>
<tr><td>用例 11</td><td>查看个人信息</td><td>单击【查看个人信息】按钮，则弹出个人信息</td></tr>
<tr><td>用例 12</td><td>修改个人信息</td><td>单击【修改个人信息】按钮，再单击【修改】按钮，在相应输入框中输入要修改的信息，然后单击【确认修改】按钮</td></tr>
<tr><td>用例 13</td><td>注册员工</td><td>单击【注册员工】按钮，在相应的输入框中输入要注册的信息，然后单击【确定】按钮</td></tr>
<tr><td>用例 14</td><td>删除员工</td><td>进入相应界面，单击要删除的员工名单，名字就会显示在右边，然后单击【删除】按钮</td></tr>
<tr><td>用例 15</td><td>删除员工实现分页</td><td>在删除员工界面中通过单击【上一页】和【下一页】按钮实现</td></tr>
<tr><td>用例 16</td><td>查看员工信息</td><td>直接查看：界面左下角会显示相应的员工名单，单击要查看信息的员工名字即可查看员工信息
搜索查看：在输入框中输入要查询的名字，每输入一个字，左下角的员工名单都出现相应的搜索结果，选择要搜索的名字即可显示相应的信息</td></tr>
</table>

7.1.2 需求分析

根据表 7-1 的用例描述，表 7-2 列出了办公管理系统具体需求。

表 7-2 办公管理系统具体需求

需求编号	需求描述	解　释
Req7-1	服务器界面有【开启服务器】和【关闭服务器】两个按钮	用例 1
Req7-2	客户端登录界面有：【账号】和【密码】输入框，【登录】按钮，背景图片	用例 2
Req7-3	验证账号及登录密码的正确性	用例 2
Req7-4	密码错误将弹出【密码错误】提示框	用例 2
Req7-5	密码正确，则显示功能选择界面，并根据相应权限而使用不同功能	用例 2
Req7-6	功能界面有各功能的 GUI 按钮及对应的背景图片	用例 2
Req7-7	签到后提示“签到成功”或者“今天已签到”的信息	用例 3
Req7-8	实现考勤界面的 GUI	用例 4
Req7-9	提供两种查看考勤记录的方法：账号，年份/月份	用例 4
Req7-10	清除考勤记录	用例 4
Req7-11	实现查看公告功能的 GUI	用例 5

续表

需求编号	需求描述	解　释
Req7-12	显示公告及公告发布时间	用例 5
Req7-13	删除公告	用例 5
Req7-14	查看上一页及下一页公告	用例 5
Req7-15	实现发布功能的 GUI	用例 6
Req7-16	发布公告	用例 6
Req7-17	实现聊天功能的 GUI	用例 7
Req7-18	显示好友上下线头像的变化	用例 7
Req7-19	实现单人聊天通信	用例 7
Req7-20	发送留言信息	用例 7
Req7-21	发送在线消息	用例 7
Req7-22	提示收到消息使好友的头像变红	用例 7
Req7-23	实现多人聊天	用例 7
Req7-24	实现管理功能的全部 GUI	用例 11～用例 16
Req7-25	查看个人信息	用例 11
Req7-26	修改个人信息	用例 12
Req7-27	注册新员工	用例 13
Req7-28	删除员工	用例 14
Req7-29	删除员工界面具有分页效果	用例 15
Req7-30	经理直接查看员工信息	用例 16
Req7-31	经理通过搜索、查找、查看员工信息	用例 16

7.1.3 项目目标

本章目标是设计一个局域网办公管理系统，主界面见图 7-1，通信功能的实现不作为本次项目的主要目标。因此，本章中办公管理系统的项目目标包含：实现图 7-2 和图 7-3 中除聊天功能之外的所有用例，满足表 7-3 中包含的 Req7-1～Req7-16、Req7-24～Req7-31 的需求。

7.2 功能分析与软件设计

本节在需求分析的基础上，首先从功能的角度分析软件的实现流程和软件设计过程，然后设计数据库及相应的程序接口。

7.2.1 界面效果设计

本系统的界面元素主要通过背景图片和一些处理过的按钮图片组成，背景图片经过 Photoshop 处理后，可以达到更好的显示效果。例如，通过 Photoshop 处理【登录】按钮和【查看个人信息】按钮的效果，如图 7-4 所示。

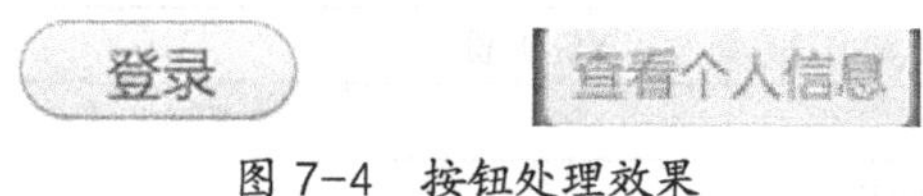

图 7-4　按钮处理效果

先准备三张经过处理的图片素材（如图 7-5 所示），然后编写 Java 代码，在界面上显示具有背景图片的按钮，具体实现见代码 7-1。

图 7-5　按钮素材

〖**代码 7-1**〗 在界面上显示背景图片。

```
JButton enter = new JButton();
ImageIcon entered = new ImageIcon("src/image/button1.png");      // 鼠标经过的时候的图片
ImageIcon released = new ImageIcon("src/image/button2.png");     // 初始图片
ImageIcon pressed = new ImageIcon("src/image/button3.png");      // 按下去的图片
enter.setOpaque(false);                                          // 透明化
enter.setIcon(released);                                         // 初始化
enter.setBorderPainted(false);
enter.setBorder(null);
enter.setBounds(267, 290, 90, 32);                               // 按钮的大小和位置
// 按钮透明，这样用圆形按钮的时候也不会出现按钮边框
enter.setContentAreaFilled(false);
// 按下按钮时的图片
enter.setPressedIcon(pressed);
// 经过时的图片
enter.setRolloverIcon(entered);
```

程序源代码

7.2.2　登录功能

用户进入客户端主界面时先要登录（如图 7-6 所示），登录过程如图 7-7 所示。在客户端主界面中，用户填写完账号和密码并单击【登录】按钮后，客户端通过 TCP Socket 与服务器进行连接；服务器通过读取数据库中保存的账号和密码来验证用户身份的合法性，如果验证通过，服务器则在数据库中记录相应的 Socket 信息，否则不做记录；服务器把登录验证的结果返回给客户端，如果验证通过，客户端进入功能主界面，否则显示密码错误等提示信息。

图 7-6　登录界面

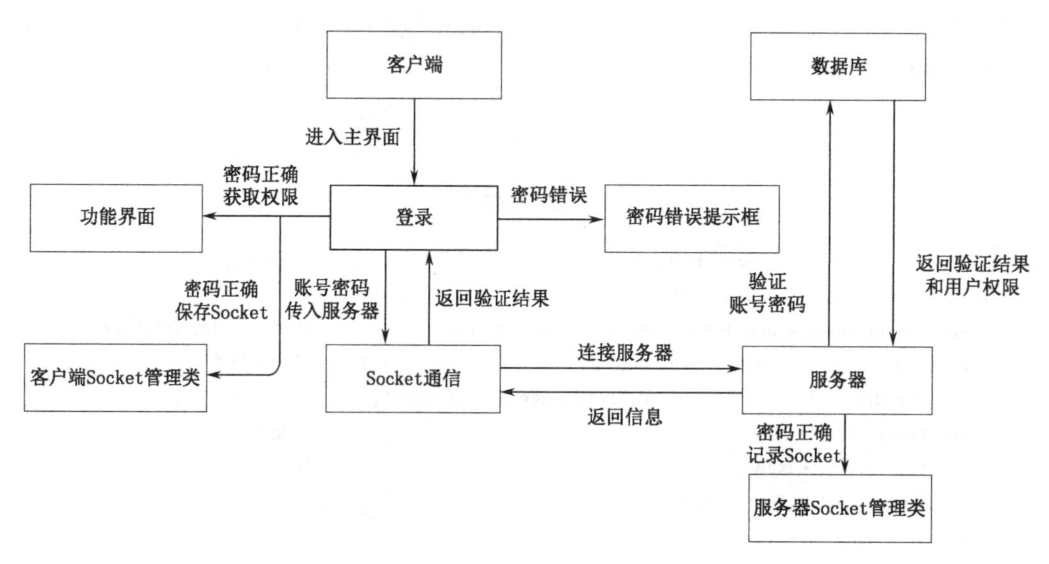

图 7-7　登录过程

7.2.3　管理模块

用户成功登录后，就可以通过管理模块和相应的权限来管理相关信息。普通员工只具有查看个人信息的权限；经理则包含查看个人信息、修改个人信息、注册员工、删除员工和查看员工信息等权限。

1．查看个人信息

用户登录成功后，单击【管理】功能模块的【查看个人信息】按钮，可以查看用户自己的信息。

查看个人信息的流程如图 7-8 所示，当用户单击【查看个人信息】按钮后，客户端会向服务器发出查询请求；服务器根据用户的 ID 从数据库中读取用户信息，并发送回客户端；最后客户端把收到的信息显示在如图 7-9 所示的查看个人信息界面中。

2．修改个人信息

用户成功登录后，单击【管理】功能模块的【修改个人信息】按钮，可以修改用户自己的信息。

修改个人信息的流程如图 7-10 所示。首先，用户单击【修改个人信息】按钮；然后客户端根据不同的用户权限显示不同的界面效果，若是普通员工，则禁止修改，若用户是经理，则可以做相应的修改。进入如图 7-11 所示的个人信息修改界面后，客户端需要从服务器的数据

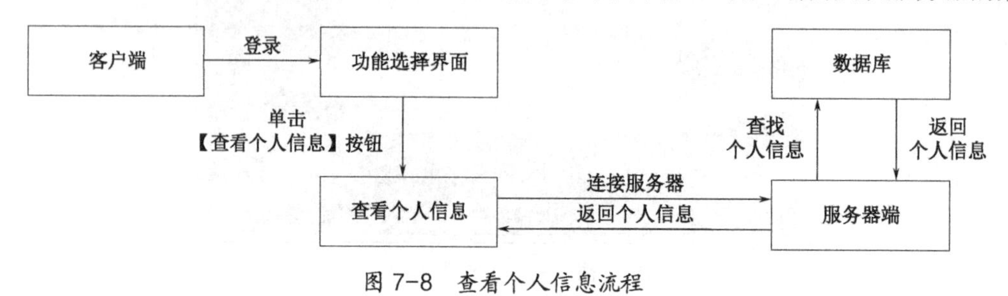

图 7-8　查看个人信息流程

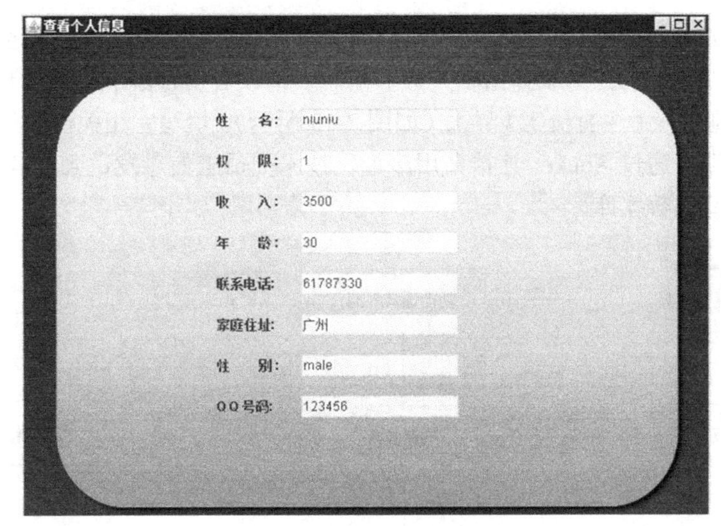

图 7-9　查看个人信息界面

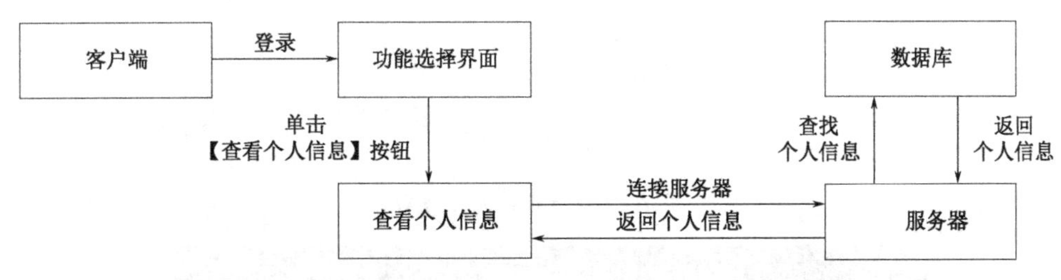

图 7-10　修改个人信息流程

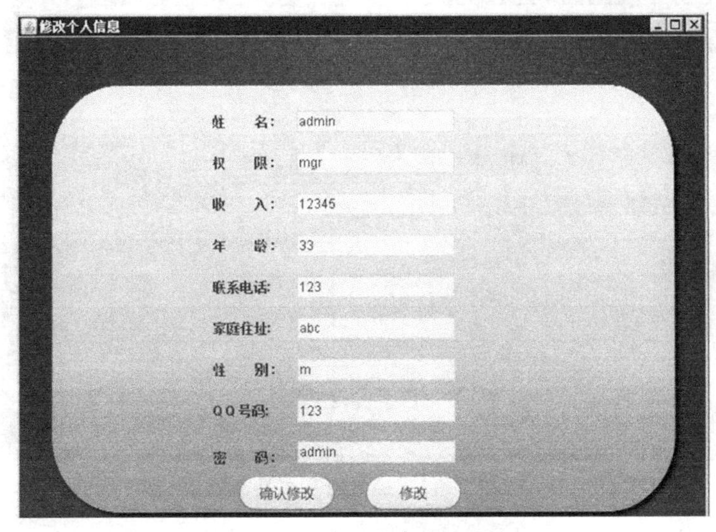

图 7-11　个人信息修改界面

库内读取相应的用户数据，并显示在用户信息界面中，在该界面中用户只需要先单击【修改】按钮并在相应的文本框内输入要修改的信息，再单击【确认修改】按钮即可；这时客户端会把更新的个人信息发送给服务器，服务器负责把新的个人信息更新到数据库。

3. 注册员工

经理用户成功登录后，单击【管理】功能模块的【注册员工】按钮，就可以注册新员工。

注册新员工的流程如图 7-12 所示。单击【注册员工】按钮，然后客户端会判断用户权限，若是普通员工，则不做响应（或弹出相关提示信息，请读者自行添加相关处理模块和代码），若是经理用户，则进入【注册员工】界面（如图 7-13 所示）。填写完相关注册信息后，单击【确定】按钮，客户端会通过 Socket 连接，用序列化技术把员工信息发送到服务器，服务器负责把新员工的信息写入数据库。

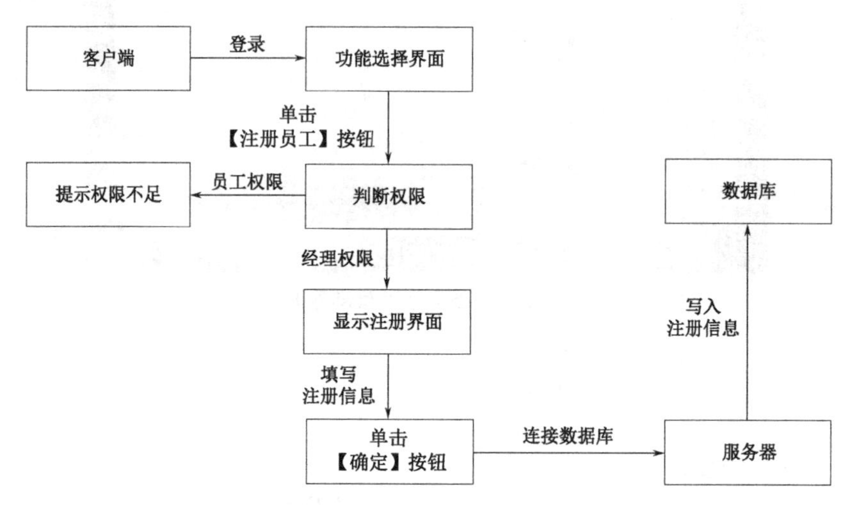

图 7-12　注册新员工流程

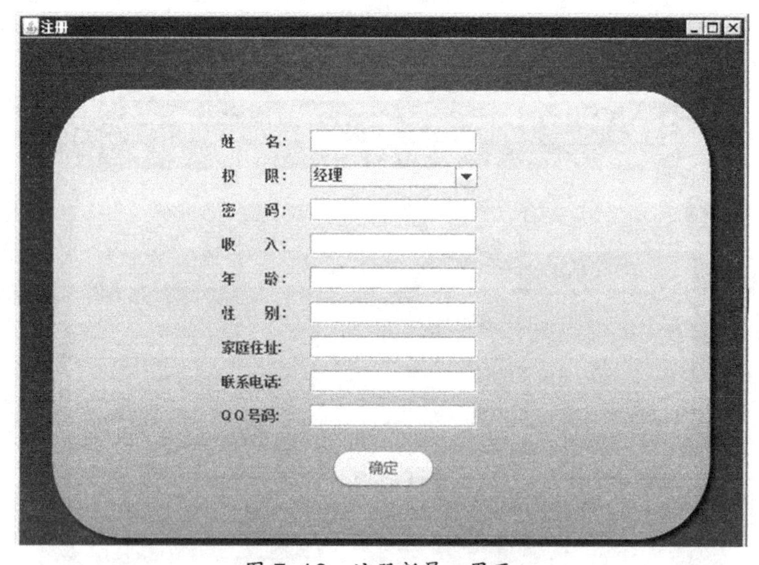

图 7-13　注册新员工界面

4．删除员工

经理用户成功登录后，单击【管理】功能模块的【删除员工】按钮，可以删除员工信息。

删除员工的流程如图 7-14 所示。单击【删除员工】按钮，客户端判断用户权限，若是普通员工，则不做响应（或弹出相关提示信息，请读者自行添加相关处理模块和代码），若是经理用户，则显示删除员工界面（如图 7-15 所示）。在图 7-15 中，选中待删除的员工记录，然后单击【确定】按钮，客户端会通过 Socket 连接和序列化技术把员工信息发送到服务器，服务器负责把该员工的记录从数据库中删除。

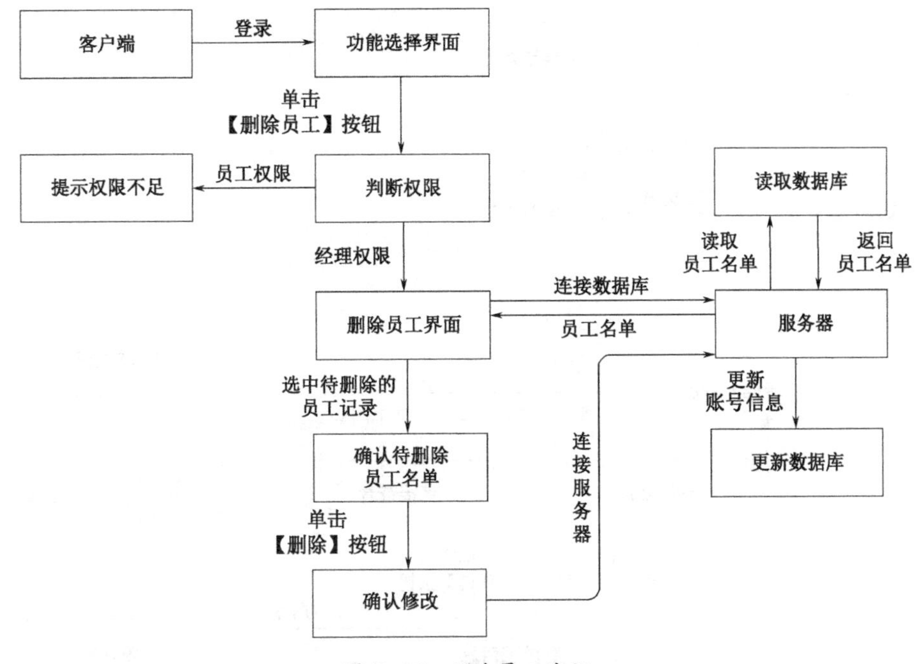

图 7-14　删除员工流程

图 7-15　删除员工界面

5. 查看员工信息

经理登录成功后，单击【管理】功能模块的【查看员工信息】按钮，可以查看员工信息。

查看员工信息的流程如图 7-16 所示。用户单击【查看员工信息】按钮后，客户端判断用户权限，若是普通员工，则不做响应（或弹出相关提示信息，请读者自行添加相关处理模块和代码），若是经理，则显示【查看员工信息】界面（如图 7-17 所示），并在界面上显示员工列表，经理可以通过搜索方式或查看用户记录的方式直接查看员工信息。如果员工比较多，用户

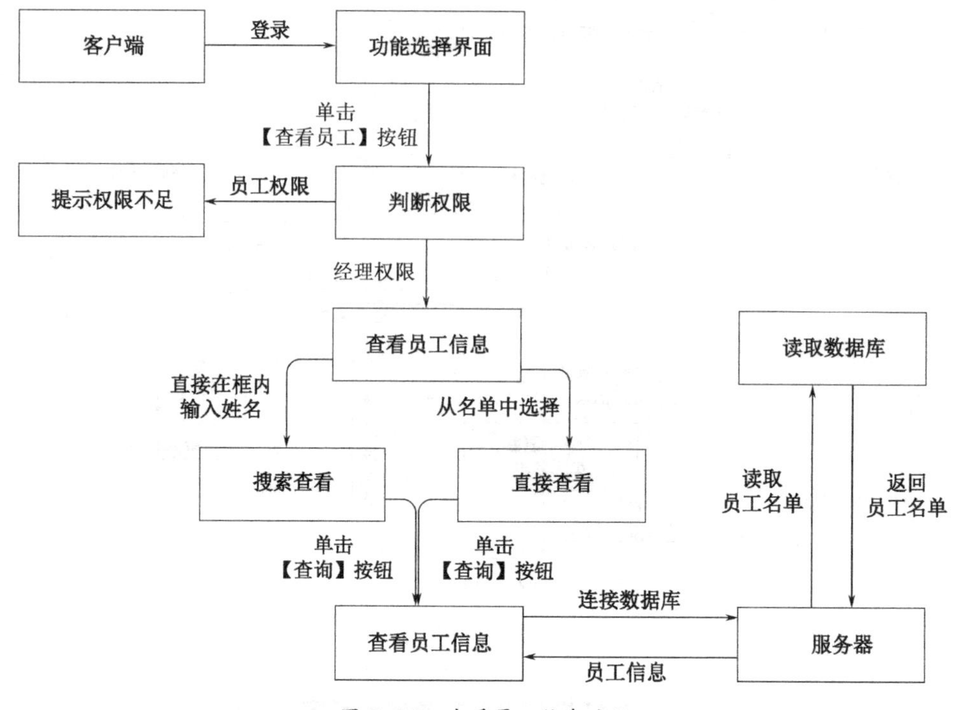

图 7-16　查看员工信息流程

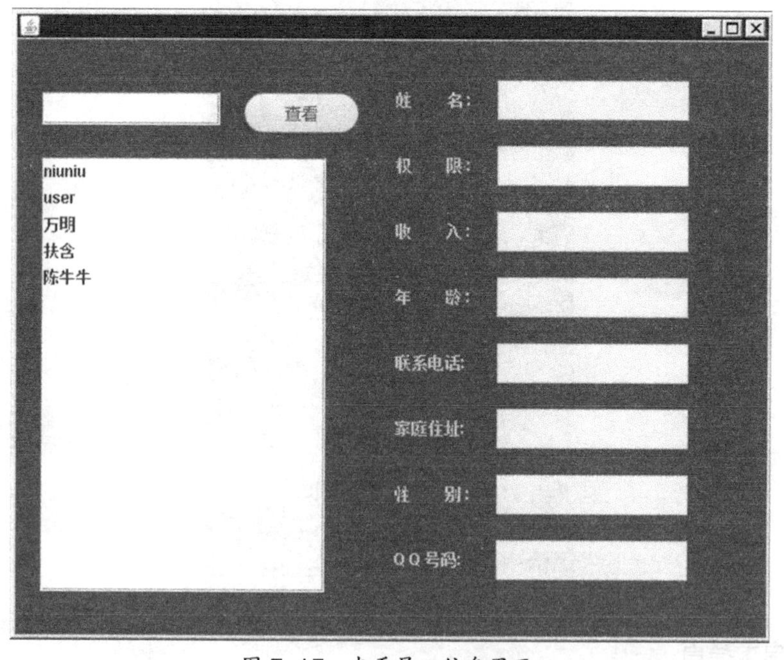

图 7-17　查看员工信息界面

可以在输入框内填写待查看的员工姓名，客户端会自动筛选用户名记录；如果只有一条记录，经理可以单击【查看】按钮，客户端会通过 Socket 连接到服务器并发送一条消息，请求服务器返回对应的员工信息，服务器从数据库中搜索具体员工的信息后并返回给客户端；最后客户端从相应的消息中读出数据，显示在【查看员工信息】界面的右半部分，如图 7-18 所示。经理也可以从员工列表中找到员工记录，双击即可查看员工信息。

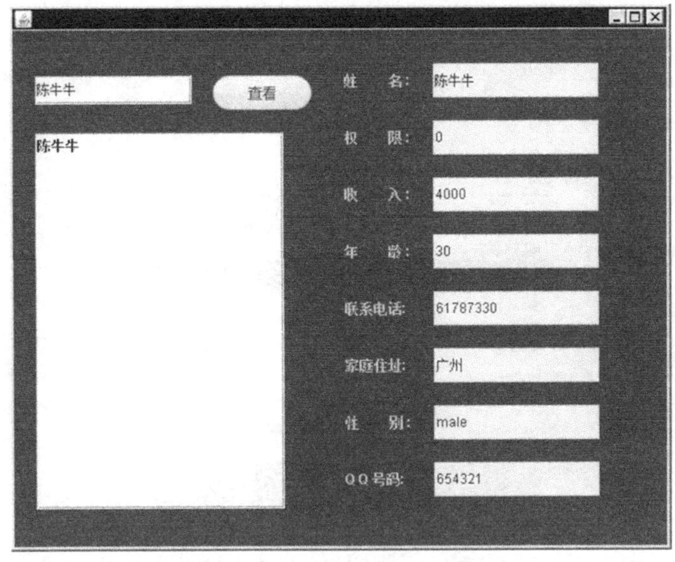

图 7-18　查看员工详细信息示例

7.2.4　考勤模块

考勤模块需要实现客户端主界面（见图 7-1）中的“考勤”功能，包括“签到”和“查看考勤”子功能。

1．签到

用户签到的流程如图 7-19 所示。用户登录成功后，单击【签到】按钮进行签到，客户端会向服务器的数据库验证查看是否已经签到，如果员工是当天第一次签到，客户端会发送给服务器一条签到消息，并且显示【签到成功】对话框（如图 7-20 所示），服务器会在数据库中更新此员工的签到信息；如果该员工当天已经签到，客户端会弹出【今天已签到】对话框（如图 7-21 所示），提示用户“今天已签到”。

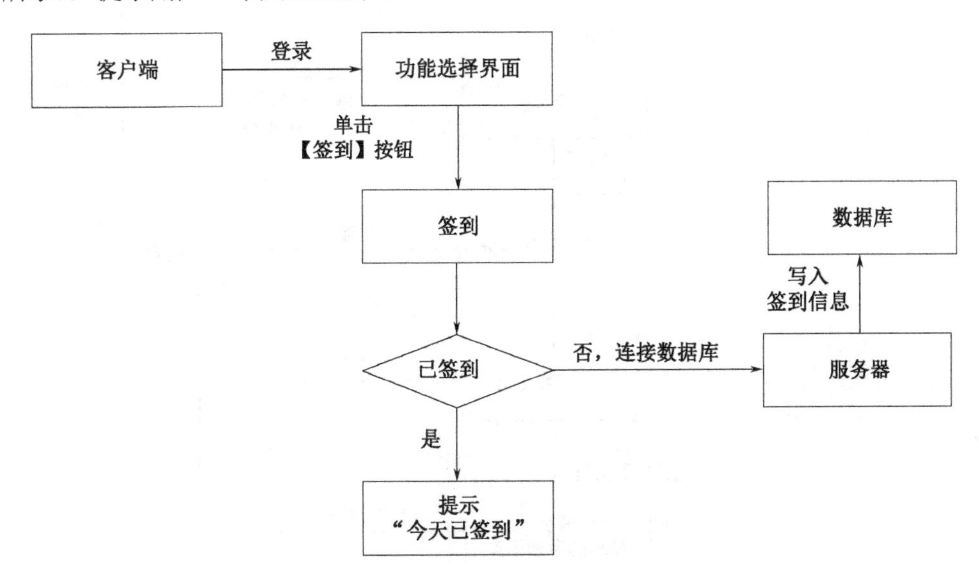

图 7-19　用户签到流程

图 7-20　签到成功

图 7-21　已签到

2. 查看考勤

用户查看考勤的流程如图 7-22 所示。用户单击【查看考勤】按钮后，客户端会判断用户权限，若为普通员工，则提示权限不足，若为经理，则进入【查看考勤】界面（如图 7-23 所示）。用户可以通过选择相应的账号和时间查看考勤信息。用户选择完成后，客户端会向服务器发送查看考勤记录请求，服务器从数据库中读取指定信息后发送给客户端，并在客户端的界面上显示考勤记录。单击【清空记录】按钮，客户端会将指定的员工账号和查询时间发送给服务器，服务器收到消息后将更新数据库。

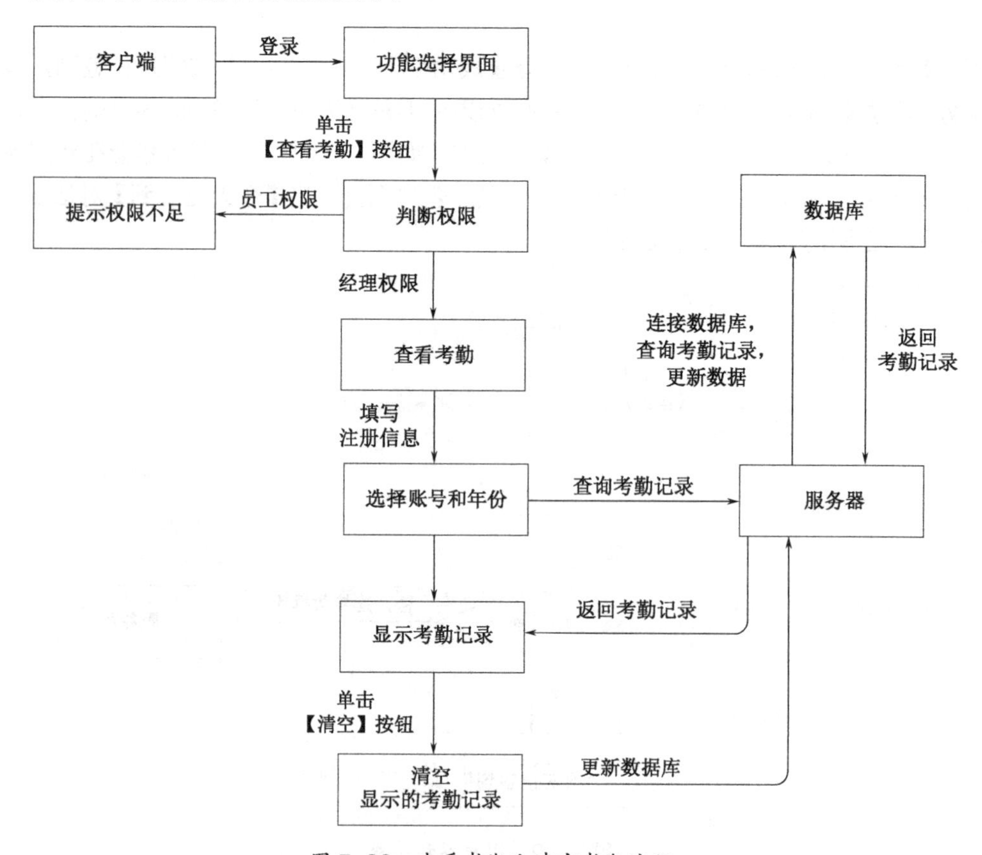

图 7-22　查看考勤和清空考勤流程

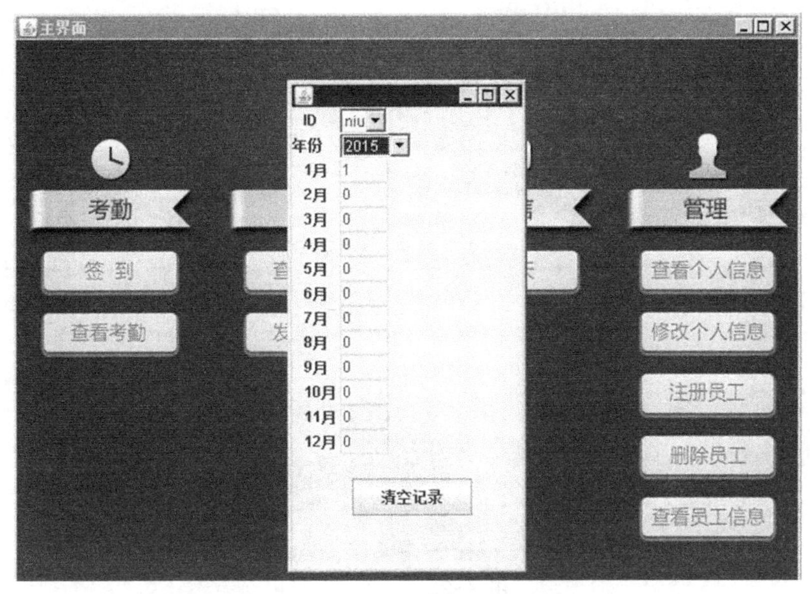

图 7-23　查看考勤界面

7.2.5　公告模块

用户登录成功后，单击【查看公告】按钮可以查看公司的内部公告。经理还可以发布公告和删除公告。

1．查看公告

查看公告和删除公告的软件流程如图 7-24 所示。在客户端，用户单击【查看公告】按钮，可以查看公告，客户端首先向服务器发送查看公告请求消息；服务器从数据库中读取公告标题信息，并返回给客户端；在客户端界面上显示公告列表（如图 7-25 所示），用户单击任一公告标题即可查看公告内容（如图 7-26 所示）。

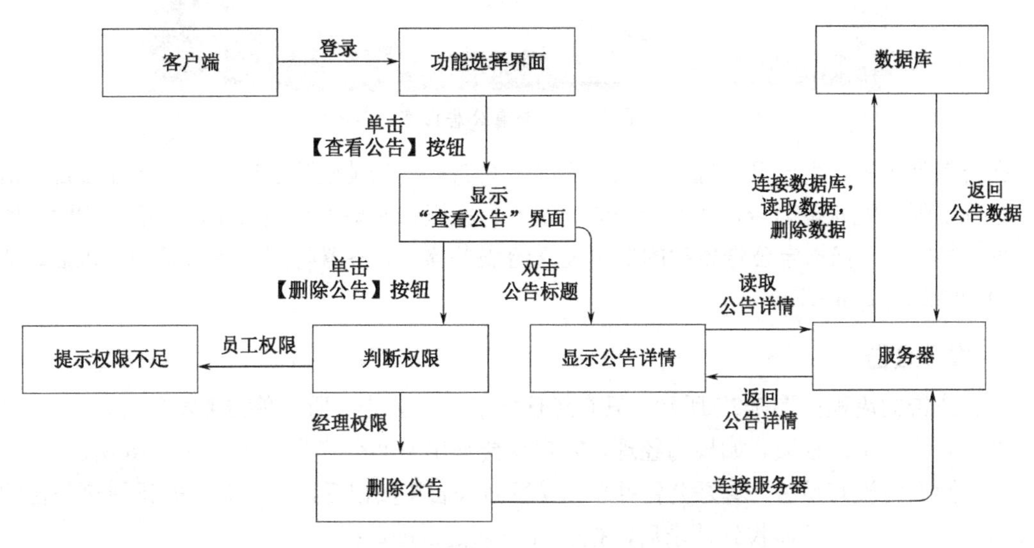

图 7-24　查看公告、删除公告流程

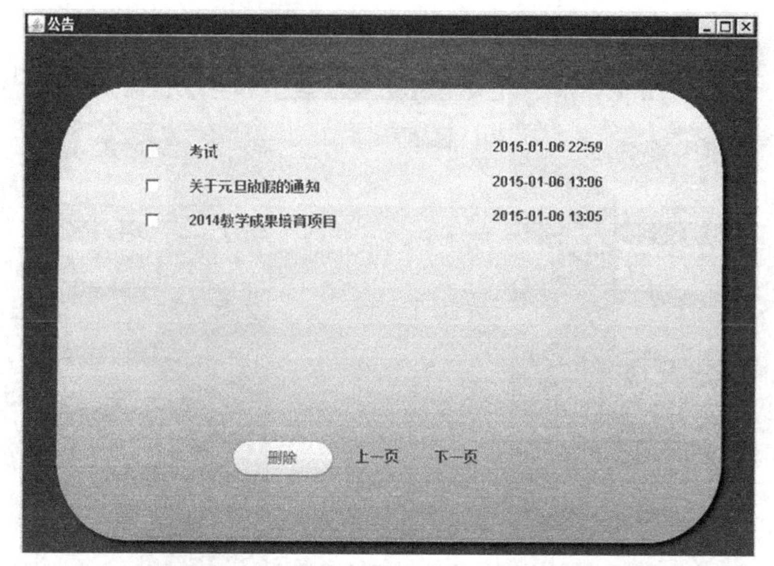

图 7-25　查看公告

图 7-26　查看公告内容

在公告列表中，用户可以选择一条或者多条公告，单击【删除】按钮，可删除公告。由于只有经理权限才能删除公告，客户端先验证用户的权限，如果为普通员工，则不予删除；如果为经理，客户端会把指定公告条款的信息发送给服务器，服务器收到删除信息的请求后，从数据库中删除相应记录即可。

2．发布公告

发布公告的流程如图 7-27 所示。只有经理才能发布公告，所以单击【发布公告】按钮后，客户端会先检查用户权限，如果为经理，客户端会弹出发布公告界面（如图 7-28 所示），否则发布公告操作将没有反映。填好公告并单击【发布公告】按钮后，客户端会把新创建公告的信息发送给服务器，服务器收到请求后，把公告信息更新进数据库。

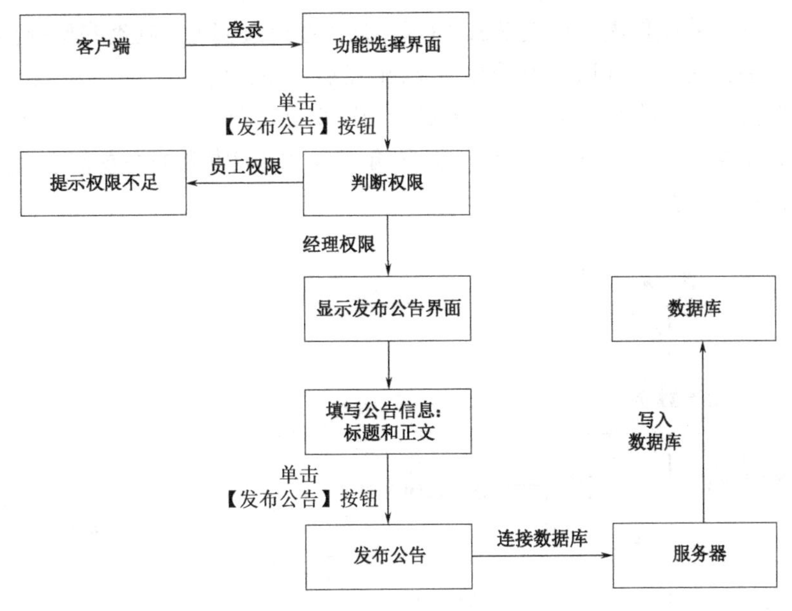

图 7-27　发布公告流程

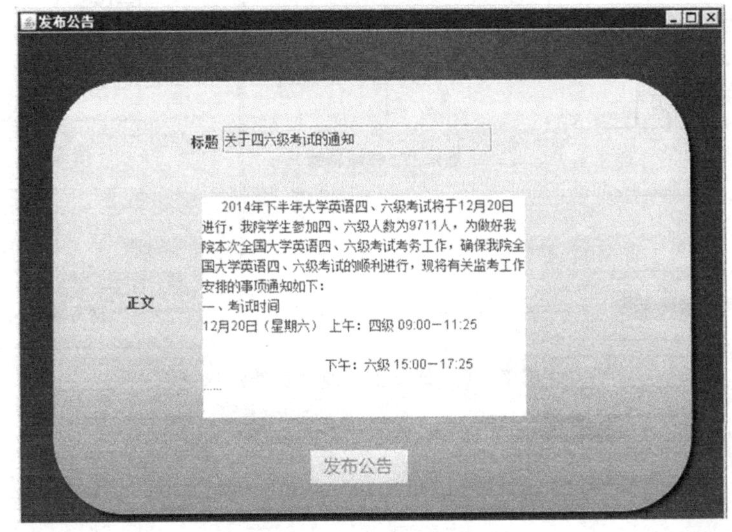

图 7-28　发布公告界面

7.2.6　通信模块

本节仅对通信模块需要实现的功能进行分析，对于功能的具体实现过程，读者可以在增量开发阶段自行实现。

1. 上线、下线通知及界面初始化

单击【通信】模块中的【聊天】按钮，在客户端会弹出如图 7-29 所示的聊天界面。在【好友】列表和【群组】列表中，如果用户名显示为黑色字体，则表示用户处于在线状态；如果用户名显示为灰色字体，则表示用户处于离线状态。如果好友的状态发生变化，【好友】列表和【群组】列表会及时更新。

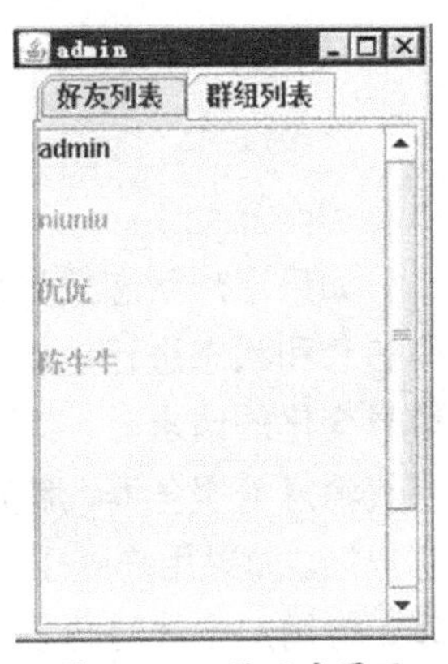

图 7-29　聊天主界面

好友上线、下线的软件流程如图 7-30 所示。具体通信过程为：在客户端弹出如图 7-31 所示的聊天主界面后，客户端向服务器通过 Socket 发送一系列的用户请求，依次为：好友列表信息、群组列表信息和离线好友消息；服务器收到请求后，会根据请求的类型，先到数据库中查询，再把查询结果依次通过 Socket 返给客户端；客户端把收到的好友信息、群组信息和离线好友消息一次性更新到聊天界面中。

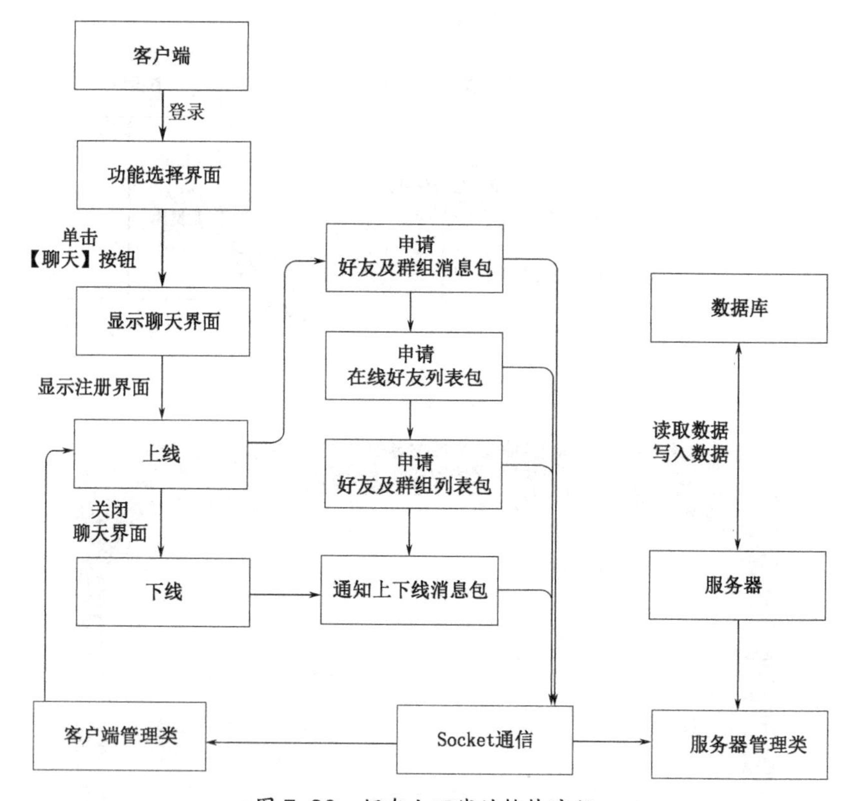

图 7-30　好友上下线的软件流程

图 7-31　单人通信聊天框

如果用户状态发生变化，服务器通过检测到相应 Socket 的开关状态，将用户在数据库中的信息和状态进行更新，并把相应用户及其状态的变化发送给好友和群组。当客户端收到好友信息变化的请求时，就可以在好友列表和群组列表中进行更新。当用户下线时，客户端会发送下线消息给服务器，服务器更新数据库中对应用户的信息，并把下线消息发送给相应在线好友客户端。如果用户处于离线状态，服务器会把相应的离线个人信息和群组聊天信息保存进数据库，等用户上线时再发送给客户端。

2. 单人通信

当用户双击好友（也称为头像），客户端会弹出单人通信聊天框（见图 7-31），若双击好友时好友名为红色，聊天框中会显示未读信息。

好友上线、下线流程如图 7-32 所示。

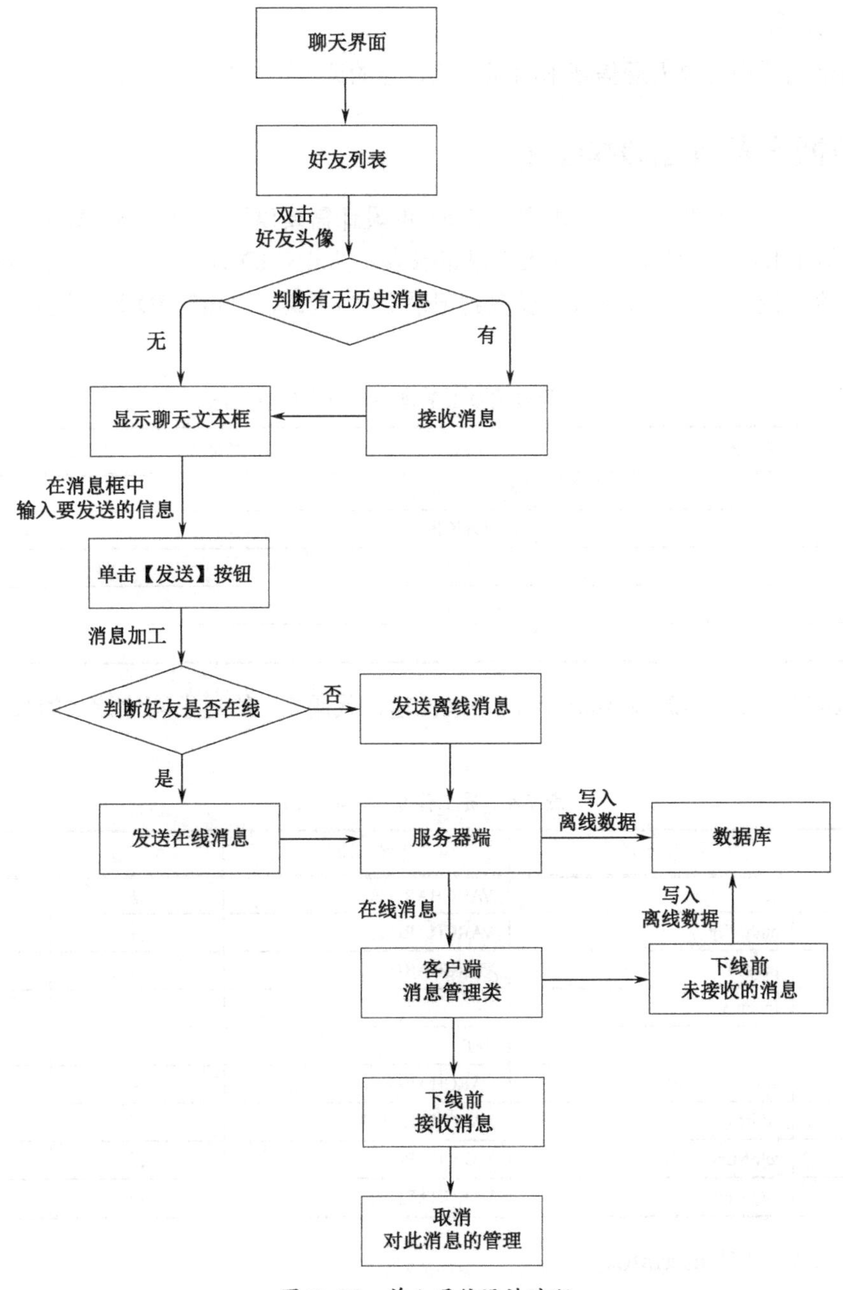

图 7-32 单人通信设计流程

用户先在输入框中输入想要发送的消息，再单击【发送消息】按钮进行消息的发送。客户端在发送消息前会判断好友是否在线，如果好友在线则发送聊天消息给好友的客户端；如果好友离线，则把聊天消息发送给服务器，服务器会把离线消息保存进数据库，等该好友上线时再发给该好友的客户端。如果好友在下线前已经读取了聊天消息，则这些消息不会存入数据库；如果好友在下线前未能读取消息，服务器则把这些消息存进数据库待该用户下次上线时接收。从技术实现上，本部分用到了对象序列化技术，实现消息对象在 Client 端与 Server 端进行聊天消息的通信。

3. 多人通信

多人通信的原理与单人通信基本相同，感兴趣的读者可以参考实现。

7.2.7 数据库表格与脚本设计

局域网办公管理系统数据库（取名 office）的设计需要以用户为中心，数据库表包含员工信息表（以员工 ID 为主键）、用户聊天消息记录表（以员工 ID 为主键）、用户群组表、公告表（以公告 ID 为主键）和员工签到表（以签到记录 ID 为主键，以员工 ID 为外键），所有表格汇总于表 7-3 中。

表 7-3 局域网办公管理系统数据库表汇总

表 名	功能说明
员工信息表	查询、更新员工信息
聊天消息记录表	存放讨论消息
群组表	存放群组
公告表	存放公告
签到表	签到

表 7-4 给出了员工信息表 userinfo 的字段描述，代码 7-2 给出了创建该表的数据库 T-SQL 脚本。

表 7-4 员工信息表 userinfo

字段名称	属性名	类 别	主 键	非 空
用户 ID	id	VARCHAR(16)	是	是
用户权限	authority	VARCHAR(10)	否	是
用户密码	pass	VARCHAR(16)	否	是
薪水	income	INT	否	是
年龄	age	INT	否	是
性别	sex	VARCHAR(4)	否	是
地址	address	VARCHAR(100)	否	是
电话	telpNum	VARCHAR(15)	否	是
QQ 号码	QQNum	VARCHAR(15)	否	是

〖**代码 7-2**〗 创建 userinfo。

```
create table userinfo(
   id VARCHAR(16)  primary key,
   authority VARCHAR(10)  NOT NULL,
   pass VARCHAR(16)  NOT NULL,
   income INT  NOT NULL,
   age INT  NOT NULL,
```

```
    sex VARCHAR(4)  NOT NULL,
    address VARCHAR(100)  NOT NULL,
    telpNum VARCHAR(15)  NOT NULL,
    QQNum VARCHAR(15)  NOT NULL
);
```

表 7-5 是聊天消息记录表 message 的字段描述，代码 7-3 给出了创建该表的数据库 T-SQL 脚本。

表 7-5　聊天消息记录表 message

字段名称	字段名称	类　别	主　键	非　空
发送 ID	SenderID	VARCHAR(16)	否	是
接收者 ID	GetterID	VARCHAR(16)	否	是
信息内容	Cont	VARCHAR(150)	否	是

〖代码 7-3〗　创建 message。

```
create table message(
   SenderID VARCHAR(16) primary key  NOT NULL,
   GetterID VARCHAR(16)  NOT NULL,
   Cont VARCHAR(150)  NOT NULL
);
```

表 7-6 为群组表 groups 的字段描述，代码 7-4 给出了创建该表的数据库 T-SQL 脚本。

表 7-6　群组表 groups

字段名称	字段名称	类　别	主　键	非　空
用户 ID	id	VARCHAR(16)	否	是
组名	groupName	VARCHAR(40)	否	是

〖代码 7-4〗　创建 groups。

```
create table groups(
   id VARCHAR(16) primary key  NOT NULL,
   groupName VARCHAR(40)  NOT NULL
);
```

表 7-7 为群组表的字段描述，代码 7-5 给出了创建该表的数据库 T-SQL 脚本。

表 7-7　publication

字段名称	字段名称	类别	主　键	非　空
标题	title	VARCHAR(40)	否	是
信息内容	message	TEXT	否	是
发布时间	time	timestamp	否	是

〖代码 7-5〗　创建 publication。

```
create table publication(
   title VARCHAR(40) primary key,
   message TEXT  NOT NULL,
   time timestamp default  current_timestamp on update current_timestamp
);
```

表 7-8 为签到表的字段描述，代码 7-6 给出了创建该表的数据库 TSQL 脚本。

表 7-8　签到表 attend

字段名称	字段名称	类　别	主　键	非　空
签到 ID	id	INT	是	是
用户 ID	userid	VARCHAR(16)	否	是
签到时间	time	timestamp	否	是
是否签到	present	VARCHAR(10)	否	是

〖**代码 7-6**〗 创建 attend。

```
create table attend(
   id INT primary key  NOT NULL,
   userid VARCHAR(16)  NOT NULL,
   time timestamp default  current_timestamp on update current_timestamp,
   present VARCHAR(10)  NULL
);
```

7.2.8　增量开发计划

通过上述功能分析，读者已经熟悉了每个功能的实现流程，本节将制订一个开发计划，按照增量开发的方式实现该系统。增量开发计划以功能界面为出发点，通过功能的迭代逐步完成客户端和服务器，如表 7-9 所示。

表 7-9　增量开发计划

增　量	功能实现	对应用例	需求列表	相关技术
增量 7-1：搭建系统主体架构	1. 服务器界面 2. 客户端登录与功能选择界面 3. 服务器与客户端 Socket 连接 4. 实现登录功能，能够验证密码正确性	用例 1 用例 2	Req7-1～Req7-6	GUI 编程 事件处理 多线程技术 序列化技术 对象流技术 Socket 通信
增量 7-2：实现员工管理功能	1. 查看个人信息 2. 修改个人信息 3. 注册员工	用例 11 用例 12 用例 13	Req7-25～Req7-31	GUI 编程 事件处理 Socket 通信 消息包 Message
增量 7-2：实现员工管理功能	4. 删除员工 5. 查看员工信息	用例 14 用例 15 用例 16	Req7-25～Req7-31	对象序列化 对象流操作 多线程
增量 7-3：实现公告	1. 实现公告	用例 5 用例 6	Req7-11～Req7-16	GUI 编程 事件处理 多线程技术 序列化技术 对象流技术 Socket 通信
增量 7-4：实现考勤功能	1. 实现考勤	用例 3 用例 4	Req7-7～Req7-10	GUI 编程 事件处理 多线程技术 序列化技术 对象流技术 Socket 通信

7.3 项目增量开发

本节按照增量开发计划依次实现各增量，按照增量的实现过程最终实现局域网办公管理系统的预定功能。

7.3.1 增量 7-1：搭建系统主体架构

增量 7-1 实现的是用例 1 和用例 2，实现的功能包括服务器界面、客户端登录与功能选择界面、服务器与客户端 Socket 连接和客户登录验证等功能，为后续增量提供一个端到端（客户端到服务器）的开发和测试环境。

参照用户登录流程（见图 7-5），增量 7-1 实现了客户端和服务器的主界面、Socket 的通信过程，具体包括以下步骤，用户身份验证序列如图 7-33 所示。

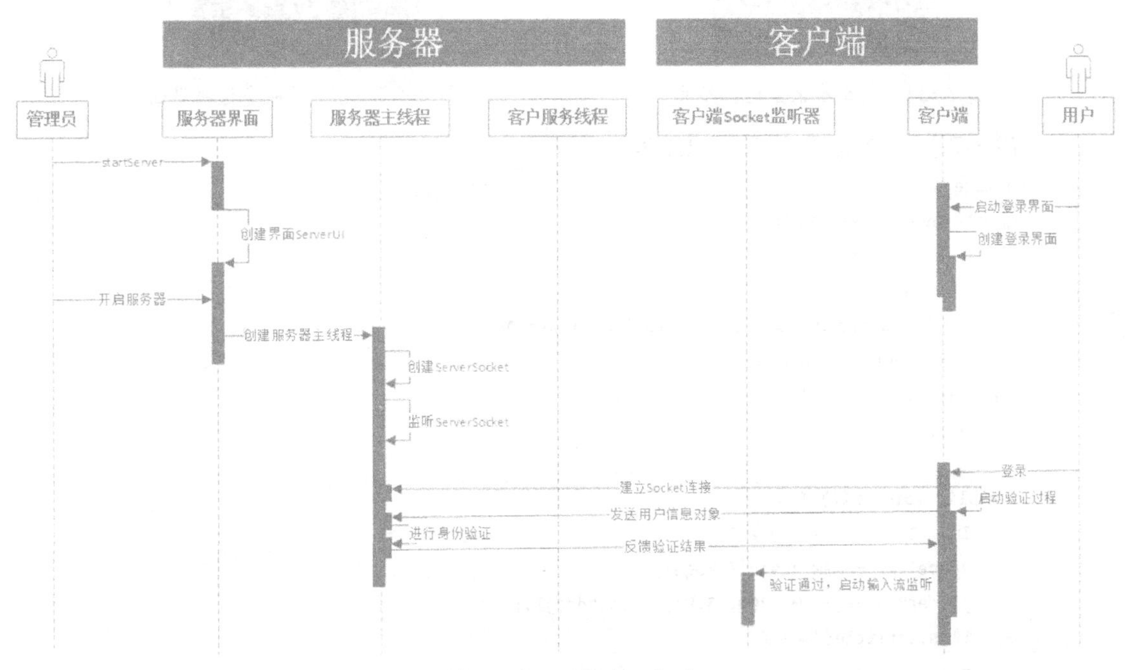

图 7-33　用户验证序列

Step01：服务器界面和事件处理。

Step02：服务器 Socket 处理。

Step03：数据库和数据库编程接口。

Step04：客户端服务线程。

Step05：客户端登录界面、登录过程和功能选择界面。

1. 服务器：实现服务器界面

本节需要实现如图 7-34 和图 7-35 所示的服务器界面，图 7-34 是服务器尚未开启的界面效果，图 7-35 是单击【开启服务器】按钮后的界面效果。开启服务器后，服务器进入服务状态，客户端可以向服务器发送 Socket 连接请求。

下面定义 ServerUI 类（见代码 7-7）实现图 7-34 所示的界面效果和事件处理，定义 StartServer 类（见代码 7-8）作为服务器主程序的入口。ServerUI 的 run( )方法创建了服务器的 ServerSocket 监听进程 ServerMainThread（见代码 7-9），此进程负责创建与客户端的 Socket 连接和用户验证。

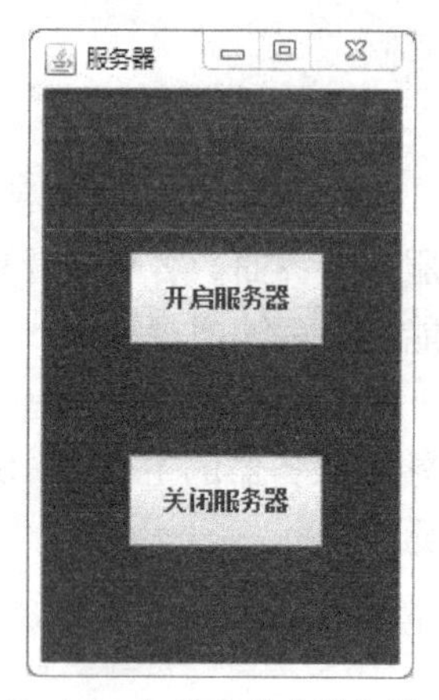

图 7-34　未开启服务进程界面

图 7-35　已开启服务进程界面

〖**代码 7-7**〗 服务器界面 ServerUI 类。

```
package server;
import java.awt.event.*;
import javax.swing.*;
/* 服务器的 GUI */
public class ServerUI extends JFrame implements ActionListener, Runnable {
   private JButton  JB_Open, JB_Close;
   public ServerUI() {
      GUI();
   }
   public void GUI() {
      ImageIcon image = new ImageIcon("src/服务器背景图.jpg");
      JLabel jl = new JLabel(image);
      jl.setBounds(0, 0, 200, 320); this.add(jl);
      this.setTitle("服务器");
      this.setSize(200, 320);   this.setLocation(600, 100);
      this.setLayout(null);
      this.setDefaultCloseOperation(EXIT_ON_CLOSE);
      JB_Open = new JButton("开启服务器");
      JB_Close = new JButton("关闭服务器");
      JB_Open.setBounds(45, 80, 100, 45);
      JB_Close.setBounds(45, 180, 100, 45);
      jl.add(JB_Open);   jl.add(JB_Close);
      JB_Open.addActionListener(this);
      JB_Close.addActionListener(this);
      this.setVisible(true);
   }
   public void actionPerformed(ActionEvent e) {
      if(e.getSource() == JB_Open) {
```

```
            new Thread(ServerUI.this).start();
            JB_Open.setEnabled(false);
        }
        if(e.getSource() == JB_Close) {
            System.exit(0);
        }
    }
    public void run() {
        int  port = Integer.valueOf(1);
        new ServerConnClient(port);
    }
}
```

〖代码 7-8〗 服务器应用程序 StartServer 类（用于启动服务器）。

```
package server;
public class StartServer {                              /* 开始运行 */
    public static void main(String[] agrs) {
        new ServerUI();
    }
}
```

2．服务器：实现服务器的 Socket 通信和密码验证

为了能够同时为多个客户端提供服务，需要采用多线程技术，分别实现服务器主线程和多个客户端服务线程。在服务器主线程与客户端建立连接后，服务器主线程为每个客户端实例建立一个服务线程，由该服务线程处理客户端的数据请求，包括消息处理、消息转发、数据库访问等。

定义 ServerMainThread 类（见代码 7-9），通过 TCP 网络编程技术，开启服务器的 Socket，监听来自客户端的连接请求，并为每个客户端启动一个单独的服务线程 ClientHandler（见代码 7-10）。此线程启动后，服务器与客户端之间的通信均由其处理。

〖代码 7-9〗 ServerMainThread 类。

```
package server;
import java.io.*;
import java.net.*;
import clienthandlers.ClientHandler;
import clienthandlers.ClientHandlerManager;
import common.*;
/* 服务器开启了与客户端连接的端口 */
public class ServerMainThread {
    public ServerMainThread(int port) {
        try {
            ServerSocket ss = new ServerSocket(port);
            while(true) {
                Socket s = ss.accept();
                // 验证用户的合法性
                ObjectInputStream ois = new ObjectInputStream(s.getInputStream());
                User user = (User) ois.readObject();
                boolean result = new JDBC(user.getId(), user.getPass()).judge();
```

```
                ObjectOutputStream oos = new ObjectOutputStream (s.getOutputStream());
                User reUser = new User();
                if(result == true) {
                   reUser.setType(true);
                   String authority = new JDBC().judgeAuthority(user.getId());
                   reUser.setAuthority(authority);
                   oos.writeObject(reUser);
                   // 把 SOCKET 添加管理类
                   ClientHandler clientHandler = new ClientHandler(s);
                   ClientHandlerManager.addClientHandler(user.getId(), clientHandler);
                   Thread thread = new Thread(clientHandler);
                   thread.start();
                }
                else {
                   reUser.setType(false);
                   oos.writeObject(reUser);
                }
             }
          }
          catch(Exception e) {
             e.printStackTrace();
          }
       }
    }
```

〖代码 7-10〗 ClientHandler 类。

```
package clienthandlers;
import java.io.*;
import java.net.*;
import common.Message;
/* 这个类是专门用来接收客户端发来的消息 */
public class ClientHandler implements Runnable {
   private Socket s;
   public Socket getS() {
      return s;
   }
   public ClientHandler(Socket s) {
      this.s = s;
   }
   public void run() {
      while(true) {
         try {
            ObjectInputStream ois = new ObjectInputStream(s.getInputStream());
            Message ms = (Message) ois.readObject();
            …                                          // 后续与客户端通信的代码加在这里
         }
         catch(Exception e) {
            e.printStackTrace();
            break;
```

```
            }
         }
      }
   }
```

ServerMainThread 类先对客户端发送过来的 Socket 进行连接，再使用对象数据流技术读取 User 对象信息（User 类（见代码 7-11）是序列化类，客户端和服务器均包含该类的实现），然后把 User 对象以消息的形式发送给数据库判断账号和密码是否正确，并通过 result 变量返回验证结果。如果账号和密码正确，则从数据库中读取相应权限，通过 User 类记录用户验证结果和权限。最后采用对象数据流返回一个 User 对象给客户端。客户端的验证通过 JDBC 类（见代码 7-12）完成，需要预先在服务器创建数据库 office（用 7.2.7 节的 T-SQL 脚本来创建）。

〖代码 7-11〗 User 类。

User 类是一个实现了对象序列化的用户信息存储类，其中 id 用于存储账号，pass 用于存储密码，authority 用于存储权限，Login_type 用于存储客户验证是否通过。

```
package common;
import java.io.*;
public class User implements java.io.Serializable {
   private String id;
   private String pass;
   private boolean Login_type;
   private String authority;
   public boolean getType() {
      return Login_type;
   }
   public void setType(boolean Login_type) {
      this.Login_type = Login_type;
   }
   public String getId() {
      return id;
   }
   public void setId(String id) {
      this.id = id;
   }
   public String getPass() {
      return pass;
   }
   public void setPass(String pass) {
      this.pass = pass;
   }
   public void setAuthority(String authority) {
      this.authority = authority;
   }
   public String getAuthority() {
      return authority;
   }
}
```

〖代码 7-12〗 数据库接口 JDBC 类。

```
package server;
import java.sql.Connection;
import java.sql.DriverManager;
import java.sql.PreparedStatement;
import java.sql.ResultSet;
import java.sql.SQLException;
import java.sql.Statement;
import java.util.ArrayList;
import java.util.Date;
public class JDBC{
   private String driver = "com.mysql.jdbc.Driver";
   private String url ="jdbc:mysql://localhost:3306/office";
   private String userName="root";
   private String sqlpassword ="root";
   private Connection conn = null;
   private Statement stmt = null;
   private ResultSet rs;
   private String id;
   private String pass;
   public JDBC() { }
   public JDBC(String id , String pass){
      this.id = id;
      this.pass = pass;
   }
   // 登录验证
   public boolean judge() {
      boolean result = false;
      try {
         Class.forName(driver);
         conn = DriverManager.getConnection(url, userName, sqlpassword);
         stmt = conn.createStatement();
         String sqlSelect = "SELECT  id ,pass" + " FROM  userInfo";
         rs = stmt.executeQuery(sqlSelect);
         while(rs.Next()) {
            String DBid = rs.getString(1);
            String DBpass = rs.getString(2);
            if(DBid.equals(id) && DBpass.equals(pass)) {
               result = true;
            }
         }
         rs.close();
         stmt.close();
         conn.close();
      }
      catch(Exception e) {
         e.printStackTrace();
      }
      return result;
```

```
    }
    public String judgeAuthority(String id) {                    // 判断权限
        String authority = null;
        try {
            Class.forName(driver);
            conn = DriverManager.getConnection(url, userName, sqlpassword);
            stmt = conn.createStatement();
            String sqlSelect = "SELECT id, authority" + "FROM  userInfo  WHERE  id = '" + id + "'";
            rs = stmt.executeQuery(sqlSelect);
            while (rs.Next())  {
                authority = rs.getString(2);
            }
            rs.close();
            stmt.close();
            conn.close();
        }
        catch(Exception e)  {
            e.printStackTrace();
        }
        return authority;
    }
}
```

如果用户验证通过，服务器会启动 ClientHandler 线程处理后续的对象数据流通信。同时，服务器把该客户端服务线程加入客户服务线程管理器（ClientHandlerManager 类，见代码 7-13）中，由客户服务线程管理器负责管理客户端的 Socket 信息，这样服务器就可以通过该管理器来简化对用户的管理。

〖代码 7-13〗 ClientHandlerManager 类。

```
package clienthandlers;
import java.util.HashMap;
public class ClientHandlerManager {
    private static HashMap<String, ClientHandler> handlers = new HashMap<String, ClientHandler>();
    public static void addClientHandler(String SenderId, ClientHandler handler) {
        handlers.put(SenderId, handler);
    }
    public static ClientHandler getClientHandlern(String getter) {
        return (ClientHandler)handlers.get(getter);
    }
}
```

客户服务线程 ClientHandler 先从 Socket 对象中读取对象输入流，每次从该对象输入流中读取 Message 类（见代码 7-14）对象，再针对不同消息进行不同处理。

〖代码 7-14〗 Message 类。

```
package common;
import java.util.ArrayList;
import java.util.Date;
public class Message implements java.io.Serializable {
    private String Content;
```

```
    private int Messtype;
    private String Sender, Getter;
    private ArrayList List;
    private Date Time;
    private String Date[];
    private int Sum[];
    public void setTime(Date time) {
      Time = time;
    }
    public Date getTime() {
      return Time;
    }
    public void setDate(String string[]) {
      Date = string;
    }
    public String[] getDate() {
      return Date;
    }
    public int[] getDay() {
      return Sum;
    }
    public void setDay(int sum[]) {
      Sum = sum;
    }
    public ArrayList getList() {
      return List;
    }
    public void setList(ArrayList list) {
      List = list;
    }
    public String getContent() {
      return Content;
    }
    public void setContent(String content) {
      Content = content;
    }
    public int getMesstype() {
      return Messtype;
    }
    public void setMesstype(int messtype) {
      Messtype = messtype;
    }
    public String getSender() {
      return Sender;
    }
    public void setSender(String sender) {
      Sender = sender;
    }
```

```
    public String getGetter() {
        return Getter;
    }
    public void setGetter(String getter) {
        Getter = getter;
    }
}
```

3．服务器：实现数据库 JDBC 的用户验证功能

代码 7-12 中的 JDBC 类通过访问数据库中的用户信息，实现了用户验证和用户权限获取两个功能。其中，judge()方法用于用户登录时的身份验证，如果验证通过，则返回用户权限和登录结果，否则返回验证失败；judgeAuthority()方法用于在数据库中查询用户权限。

4．服务器：建立客户端服务线程 ClientHandler

ClientHandle 类（见代码 7-13）实现了服务器如何处理客户端发出的消息，主要负责与客户端的通信。ClientHandle 类接收来自客户端的消息 Message（见代码 7-14），如果有消息到达，则做出相应处理，如聊天信息的转发、数据库访问结果反馈等。这些消息处理功能是增量 7-1、7-2 和 7-3 要实现的。

用户验证成功后，客户端和服务器的 Socket 以 Message 对象作为数据收发的基本单元，收发数据通过对象数据流技术实现。

服务器同时为多个客户端提供服务，为了便于管理客户线程 ClientHandler，服务器提供了客户服务线程管理器 ClientHandlerManager 类（见代码 7-14）。

ClientHandlerManager 类是静态类，在服务器程序运行过程中只存在一份对象实例，通过 HashMap 容器对象来保存客户服务线程 ClientHandler 对象，在服务器主动与客户端通信的时候，服务器可以通过客户服务线程管理器，根据用户 ID 找到客户服务线程，进而取出对应的 Socket 完成通信过程。ClientHandlerManager 类的 addClientHandler()方法在用户验证成功时使用，用于把客户服务线程加入 HashMap 容器对象，getClientHandler()方法在服务器查找某个客户服务线程时使用。通过 ClientHandlerManager 类，服务器程序可以方便地访问任意一个客户端服务线程。

5．客户端：客户端和客户端登录过程

根据图 7-5 所示的登录流程来实现客户端的登录过程。客户端程序的入口是 StartClient 类（见代码 7-15），用于启动客户端的登录界面 ClientUI（见代码 7-16）。

〖代码 7-15〗 StartClient 类。

```
package StartClientAndjudgeLogin;
public class StartClient {
    public static void main(String[] args) {
        new LoginUI();
    }
}
```

〖代码 7-16〗 LoginUI 类。

```
package StartClientAndjudgeLogin;
import javax.swing.*;
```

```
import java.awt.event.*;
/* 登录界面 */
public class LoginUI extends JFrame implements ActionListener {
   private JFrame frame;
   private JButton enter;
   private JPasswordField jPass;
   private JTextField jt_id;
   public LoginUI() {
      GUI();
   }
   public void GUI() {
      frame = new JFrame();
      // 设置背景图片
      ImageIcon bg = new ImageIcon("src/image/imageStartClientAndjudgeLogin/background.png");
      JLabel label = new JLabel(bg);
      // 背景图大小为654×480
      label.setBounds(0, 0, bg.getIconWidth(), bg.getIconHeight());
      frame.getLayeredPane().add(label, new Integer(Integer.MIN_VALUE));
      JPanel jp = (JPanel) frame.getContentPane();
      jp.setOpaque(false);
      JPanel panel = new JPanel();
      panel.setOpaque(false);
      // 文本输入框
      jt_id = new JTextField();
      jt_id.setBounds(250, 183, 155, 25);
      jPass = new JPasswordField();
      jPass.setBounds(250, 235, 155, 25);
      // 登录按钮
      enter = new JButton();
      // 鼠标经过的时候的图片
      ImageIcon entered = new ImageIcon("src/image/imageStartClientAndjudgeLogin/button1.png");
      // 初始图片
      ImageIcon released = new ImageIcon("src/image/imageStartClientAndjudgeLogin/button2.png");
      // 按下去的图片
      ImageIcon pressed = new ImageIcon("src/image/imageStartClientAndjudgeLogin/button3.png");
      // 透明化
      enter.setOpaque(false);
      enter.setIcon(released);                          // 初始化
      enter.setBorderPainted(false);
      enter.setBorder(null);
      enter.setBounds(267, 290, 90, 32);                // 按钮的大小、位置
      // 按钮透明，这样用圆形按钮的时候也不会出现按钮边框
      enter.setContentAreaFilled(false);
      // 按下按钮时的图片
      enter.setPressedIcon(pressed);
      // 经过时的图片
      enter.setRolloverIcon(entered);
      enter.addActionListener(this);
```

```
        frame.setSize(654, 500);
        panel.setSize(654, 500);
        panel.setLayout(null);
        panel.add(enter);
        panel.add(jt_id);
        panel.add(jPass);
        frame.add(panel);
        frame.setLocationRelativeTo(null);
        frame.setDefaultCloseOperation(JFrame.EXIT_ON_CLOSE);
        frame.setVisible(true);
    }
    public void actionPerformed(ActionEvent e) {
        if(e.getSource() == enter) {
            String pass = new String(jPass.getPassword());
            String id = jt_id.getText();
            try {
                BufferedReader br = new BufferedReader(new InputStreamReader(new
                                                    FileInputStream("./server.cfg")));
                String serverIP = br.readLine();             // 获取服务器 IP 地址
                new ClientAuthenticate(frame, id, pass, serverIP, 12345);
            }
            catch(FileNotFoundException e1) {
                e1.printStackTrace();
            }
            catch(IOException e2) {
                e2.printStackTrace();
            }
        }
    }
}
```

ClientUI 类实现了客户端登录界面（见图 7-4），完成了客户端与服务器的 Socket 连接、客户认证（ClientAuthenticate 类，由代码 7-17 实现）等过程。

〖代码 7-17〗 ClientAuthenticate 类。

```
package StartClientAndjudgeLogin;
import java.io.*;
import java.net.*;
import javax.swing.*;
import selectFunction.ClientMainUI;
import common.*;
/* 判断登录的信息及密码正确后的功能 */
public class ClientAuthenticate {
    public ClientAuthenticate(JFrame frame, String id, String pass, String ip, int port) {
        try {
            // 在软件部署前，必须设置正确的 IP
            Socket s = new Socket(ip, port);
            // 发送 USER 包给服务器来判断登录信息
            ObjectOutputStream oos = new ObjectOutputStream(s.getOutputStream());
```

```
                User user = new User();
                user.setId(id);
                user.setPass(pass);
                oos.writeObject(user);
                // 读取 USER 包看看验证的密码是否正确
                ObjectInputStream ois = new ObjectInputStream(s.getInputStream());
                User reuser = (User) ois.readObject();
                boolean judge_id = reuser.getType();
                if(judge_id == true) {                               // 密码正确
                    frame.dispose();                                 // 登录界面消失
                    String authority = reuser.getAuthority();
                    new ClientMainUI(id, authority);                 // 建立选择功能界面
                    // 作为本客户端所有的输入流（重要）
                    ClientConnServer ccs = new ClientConnServer(s);
                    ccs.start();                                     //开启输入流线程
                    ManageSocket.addClientConnServer(id,ccs);        // 添加 SOCKET
                }
                else if(judge_id == false) {                         // 密码错误
                    JOptionPane.showMessageDialog(null, "密码错误");
                }
            }
            catch(Exception e) {
                e.printStackTrace();
            }
        }
    }
```

如果客户认证通过，那么客户端会弹出办公管理系统的客户端界面 ClientMainUI（见代码 7-18）。

〖**代码 7-18**〗 ClientMainUI 类。

```
package selectFunction;
import java.awt.event.*;
import javax.swing.*;
public class ClientMainUI extends JFrame implements ActionListener  {
    private JFrame frame;
    private JButton Checkannouncement;                    // 查看公告
    private JButton Announcement;                         // 发布公告
    private JButton chat;                                 // 聊天
    private JButton Signin;                               // 签到
    private JButton Checkattendance;                      // 查看考勤
    private JButton Certifiedstaff;                       // 注册员工
    private JButton Deleteemployee;                       // 删除员工
    private JButton Personalinformation;                  // 查看个人信息
    private JButton Viewinginformation;                   // 查看员工信息
    private JButton Editpinfo;                            // 修改个人信息
    private String id,  authority;
    private int flag = 0;                                 // 考勤要用到的
    public ClientMainUI(String id, String authority) {
```

```java
        this.id = id;
        this.authority = authority;
        GUI();
    }
    public void buttonInit(JButton button, int x, int y, int w, int h, String s1, String s2, String s3) {
        // 鼠标经过时的图片
        ImageIcon entered = new ImageIcon("src/image/mainPage/" + s1 + ".png");
        // 初始图片
        ImageIcon released = new ImageIcon("src/image/mainPage/" + s2 + ".png");
        // 按下时的图片
        ImageIcon pressed = new ImageIcon("src/image/mainPage/" + s3 + ".png");
        button.setOpaque(false);                              // 透明化
        button.setIcon(released);                             // 初始化
        button.setBorderPainted(false);
        button.setBorder(null);
        button.setBounds(x, y, w, h);                         // 按钮的大小、位置
        // 按钮透明，这样用圆形按钮的时候也不会出现按钮边框
        button.setContentAreaFilled(false);
        // 按下按钮时的图片
        button.setPressedIcon(pressed);
        // 经过时的图片
        button.setRolloverIcon(entered);
    }
    public void GUI(){                                        // 功能选择界面
        this.setTitle("主界面");
        ImageIcon bg = new ImageIcon("src/image/mainPage/background.png");
        JLabel label = new JLabel(bg);
        this.getLayeredPane().add(label, new Integer(Integer.MIN_VALUE));
        label.setBounds(0, 0, bg.getIconWidth(), bg.getIconHeight());
        this.setVisible(true);
        this.setSize(662, 513);
        // 初始化查看公告按钮
        Checkannouncement = new JButton();
        buttonInit(Checkannouncement, 190, 170, 117, 37, "查看公告 1", "查看公告 2", "查看公告 3");
        Announcement = new JButton();
        buttonInit(Announcement, 190, 220, 117, 37, "发布公告 1", "发布公告 2", "发布公告 3");
        chat = new JButton();
        buttonInit(chat, 355, 170, 117, 37, "聊天 1", "聊天 2", "聊天 3");
        Signin = new JButton();
        buttonInit(Signin, 20, 170, 117, 37, "签到 1", "签到 2", "签到 3");
        Checkattendance = new JButton();
        buttonInit(Checkattendance, 20, 220, 117, 37, "查看考勤 1", "查看考勤 2", "查看考勤 3");
        Certifiedstaff = new JButton();
        buttonInit(Certifiedstaff, 520, 270, 117, 37, "注册员工 1", "注册员工 2", "注册员工 3");
        Deleteemployee = new JButton();
        buttonInit(Deleteemployee, 520, 320, 117, 37, "删除员工 1", "删除员工 2", "删除员工 3");
        Personalinformation = new JButton();
        buttonInit(Personalinformation, 520, 170, 117, 37, "查看个人信息1", "查看个人信息2", "查看个人信息3");
```

```
        Viewinginformation = new JButton();
        buttonInit(Viewinginformation, 520, 370, 117, 37, "查看员工信息1", "查看员工信息2", "查看员工信息3");
        Editpinfo = new JButton();
        buttonInit(Editpinfo, 520, 220, 117, 37, "修改个人信息1", "修改个人信息2", "修改个人信息3");
        // 添加监听器
        Checkannouncement.addActionListener(this);
        Announcement.addActionListener(this);
        chat.addActionListener(this);
        Signin.addActionListener(this);
        Checkattendance.addActionListener(this);
        Certifiedstaff.addActionListener(this);
        Deleteemployee.addActionListener(this);
        Personalinformation.addActionListener(this);
        Viewinginformation.addActionListener(this);
        Editpinfo.addActionListener(this);
        JPanel jp = (JPanel) this.getContentPane();
        jp.setOpaque(false);
        JPanel panel = new JPanel();
        panel.setSize(662, 513);
        panel.setLayout(null);
        panel.setOpaque(false);
        this.add(panel);
        this.setSize(662, 513);
        panel.add(Checkannouncement);
        panel.add(Announcement);
        panel.add(chat);
        panel.add(Signin);
        panel.add(Checkattendance);
        panel.add(Certifiedstaff);
        panel.add(Deleteemployee);
        panel.add(Personalinformation);
        panel.add(Viewinginformation);
        panel.add(Editpinfo);
        this.setLocationRelativeTo(null);
        this.setDefaultCloseOperation(JFrame.EXIT_ON_CLOSE);
        this.setVisible(true);
    }
    public boolean judgeAuthority(String authority) {
        boolean result = false;
        if(authority.equals("经理")){
            result = true;
        }
        else {
            JOptionPane.showMessageDialog(null, "权限不足");
        }
        return result;
    }
    public void actionPerformed(ActionEvent e) {
```

```
if(e.getSource() == Checkannouncement) {                    // 公告的按钮
   // new browser(id,authority);
}
else if(e.getSource() == Announcement) {
   if(judgeAuthority(authority)) {
      // new publicSend(id);
   }
}
else if(e.getSource() == Certifiedstaff)  {
   // 员工信息的按钮
   if judgeAuthority(authority)) {
      // new EnrollUI(id);
      }
}
else if(e.getSource() == Deleteemployee) {
   if(judgeAuthority(authority)) {
      // new deleteStaffUI(id);
   }
}
else if(e.getSource() == Personalinformation) {
   //new FindPersonInformation(id);
}
else if(e.getSource() == Viewinginformation) {
   if(judgeAuthority(authority)) {
      // new findAllStaffInformation(id);
   }
}
else if(e.getSource() == Editpinfo) {
   if(judgeAuthority(authority)) {
      // new ModifyPersonMs(id);
   }
}
else if(e.getSource() == chat) {
   // 聊天的按钮
   // chatFunction chat1 = new chatFunction(id, this);
}
else if(e.getSource() == Signin) {
   // 考勤的按钮
   if(flag == 0) {
      flag = 1;
      // new attendFucation(id).writeIn();
   }
   else if(flag == 1) {
      JOptionPane.showMessageDialog(null, "你今天已经签到");
   }
}
else if(e.getSource() == Checkattendance) {
   if(judgeAuthority(authority)) {
```

```
                // new init(id);
            }
        }
    }
}
```

ClientAuthenticate 类实现了客户端登录过程的身份验证。先创建客户端的 Socket 并连接到服务器，然后使用对象流向服务器发送一个 User 类对象，再读取一个服务器返回的 User 对象。User 类的代码和服务器的相同（见代码 7-10），在服务器和客户端各有一份，并且都放在 common 包中。

从服务器接收到的 User 对象包含用户验证信息和用户权限信息，若用户验证失败，则弹出【密码错误】等对话框，并保持登录界面不变；如果验证通过，则关闭登录界面，弹出办公管理系统的客户端（见图 7-1），并启动客户端的 Socket 输入流监听线程 ClientSocketListener（见代码 7-19）；最后，通过 ClientSocket 类（见代码 7-20）的 addClientConnServer()方法保存用户账号和 ClientConnServer 类对象。这样，当客户端与服务器通信时，只需从 ManageSocket 类中得到 ClientConnServer 类对象，再取得 Socket，就能获取输入流、输出流。至此，客户端已经准备好从 Socket 中读取来自服务器的消息对象。

〖代码 7-19〗 ClientSocketListener 类。

```
package ManageClientConnServer;
import java.io.ObjectInputStream;
import java.net.*;
import common.Message;
/* 专门用来读取客户端 Socket 中的数据 */
public class ClientSocketListener extends Thread {
   private Socket s;
   public ClientSocketListener(Socket s) {  this.s = s;  }
   public Socket getS() {  return s;  }
   public void run() {
      while(true) {
         try {
            ObjectInputStream ois = new ObjectInputStream(s.getInputStream());
            Message ms = (Message) ois.readObject();
            …                                  // 后续与服务器交互信息的代码加在这里
         }
         catch(Exception e) {
            break;
         }
      }
   }
}
```

〖代码 7-20〗 ClientSocket 类。

```
package ManageClientConnServer;
import java.util.HashMap;
public class ClientSocket {
   private static HashMap Socket_Hash = new HashMap<String, ClientSocketListener>();
   public static void addClientConnServer(String id , ClientSocketListener ccs) {
```

```
      Socket_Hash.put(id, ccs);
   }
   public static ClientSocketListener  getClientConnServer(String id) {
      return (ClientSocketListener)Socket_Hash.get(id);
   }
}
```

7.3.2 增量 7-2：信息管理模块

增量 7-2 需要实现用例 11～用例 16，包括查看个人信息、修改个人信息、注册员工、删除员工、查看员工信息 5 个功能，具体流程图见图 7-8、图 7-10、图 7-12、图 7-14 和图 7-16。

1. 查看个人信息

根据图 7-36 所示的序列图实现查看个人信息功能。

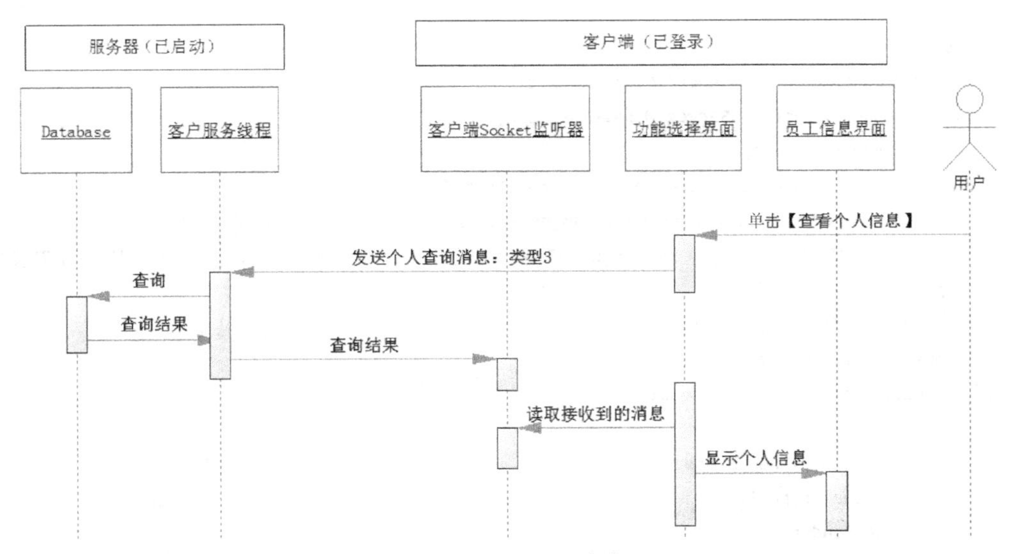

图 7-36　查询个人信息序列图

单击【查询个人信息】按钮，功能选择界面会创建 FindPersonInformation（见代码 7-21）对象，并使用 Socket 向服务器发出个人信息查询 Message，消息类型为 3。因为服务器返回消息需要一段时间才能传回给客户端，所以接下来客户端通过 sleep()方法等待 100 ms。服务器的客户服务线程收到此消息后，通过 JDBC 从数据库中读取用户信息，把信息保存在一个 Message（见代码 7-22）对象中，并返回给客户端；客户端的 Socket 监听器 ClientSocketListener（见代码 7-23）把从服务器收到的消息保存在个人信息管理类 ManageMsPerson（见代码 7-24）中；客户端主线程休眠结束后，从个人信息管理类中读取出信息并显示在 FindPersonInformation 界面上。

〖代码 7-21〗 FindPersonInformation 类。

```
package staffMessFunction;
import javax.swing.ImageIcon;
import javax.swing.JLabel;
public class FindPersonInformation extends FindAndModifyCommonUI {
   private ImageIcon image;
```

```
    private JLabel labelImage;
    public FindPersonInformation(String id) {
       super(id);
       image = new ImageIcon("src/image/staffManage/公告背景.png");
       labelImage = new JLabel(image);
       this.getLayeredPane().add(labelImage, new Integer(Integer.MIN_VALUE));
       labelImage.setBounds(0, 0, image.getIconWidth(), image.getIconHeight());
       this.setTitle("查看个人信息");
    }
 }
```

〖代码 7-22〗 FindAndModifyCommonUI 类。

```
package staffMessFunction;
import java.io.IOException;
import java.io.ObjectOutputStream;
import java.util.ArrayList;
import javax.swing.*;
import ManageClientConnServer.ClientSocket;
import ManageClientConnServer.ManageMsPerson;
import common.Message;
public class FindAndModifyCommonUI extends JFrame{
   private JButton JB_confirmEnroll, JB_deleteMess;
   protected JTextField JT_income, JT_id, JT_authority, JT_age, JT_telNum, JT_Address, JT_sex, JT_QQnum;
   protected String id;
   protected ArrayList msList;
   private JPanel root;
   public FindAndModifyCommonUI(String id) {
      this.id = id;
      Message ms = new Message();                    // 消息类型 3 表示个人信息查询消息
      ms.setMesstype(3);
      ms.setSender(id);
      ms.setGetter(id);
      try {
         ObjectOutputStream oos = new ObjectOutputStream(new
                                ClientSocket().getClientConnServer(id).getS().getOutputStream());
         oos.writeObject(ms);
         Thread.sleep(100);                          // 等待服务器查询结果
      }
      catch(IOException e) {
           e.printStackTrace();
      }
      catch(InterruptedException e) {
         e.printStackTrace();
      }
      msList = ManageMsPerson.getArrayList(id);
      if(msList != null)
         GUI(msList);
      }
      public void GUI(ArrayList msList) {
```

```
this.setLayout(null);
root = (JPanel) this.getContentPane();
root.setOpaque(false);
JT_id = new JTextField(msList.get(0) + "");
JT_authority = new JTextField(msList.get(1) + "");
JT_income = new JTextField(msList.get(3) + "");
JT_age = new JTextField(msList.get(4) + "");
JT_sex = new JTextField(msList.get(5) + "");
JT_Address = new JTextField(msList.get(6) + "");
JT_telNum = new JTextField(msList.get(7) + "");
JT_QQnum = new JTextField(msList.get(8) + "");
JT_id.setEditable(false);
JT_authority.setEditable(false);
JT_income.setEditable(false);
JT_age.setEditable(false);
JT_telNum.setEditable(false);
JT_Address.setEditable(false);
JT_sex.setEditable(false);
JT_QQnum.setEditable(false);
JLabel JL_id = new JLabel("姓    名: ");
JLabel JL_authority = new JLabel("权    限: ");
JLabel JL_income = new JLabel("收    入: ");
JLabel JL_age = new JLabel("年    龄: ");
JLabel JL_sex = new JLabel("性    别: ");
JLabel JL_telNum = new JLabel("联系电话: ");
JLabel JL_Address = new JLabel("家庭住址:");
JLabel JL_QQnum = new JLabel("QQ 号码: ");
JB_confirmEnroll = new JButton("确定");
JB_deleteMess = new JButton("清空信息");
int x = 265, y = 38;
JT_id.setBounds(x, y + 30, 150, 20);
JT_authority.setBounds(x, 2 * y + 30, 150, 20);
JT_income.setBounds(x, 3 * y + 30, 150, 20);
JT_age.setBounds(x, 4 * y + 30, 150, 20);
JT_telNum.setBounds(x, 5 * y + 30, 150, 20);
JT_Address.setBounds(x, 6 * y + 30, 150, 20);
JT_sex.setBounds(x, 7 * y + 30, 150, 20);
JT_QQnum.setBounds(x, 8 * y + 30, 150, 20);
JB_confirmEnroll.setBounds(150, 380, 100, 25);
JB_deleteMess.setBounds(270, 380, 100, 25);
this.add(JT_id);
this.add(JT_authority);
this.add(JT_income);
this.add(JT_age);
this.add(JT_telNum);
this.add(JT_Address);
this.add(JT_sex);
this.add(JT_QQnum);
```

```
            this.add(JL_id);
            this.add(JL_authority);
            this.add(JL_income);
            this.add(JL_age);
            this.add(JL_telNum);
            this.add(JL_Address);
            this.add(JL_sex);
            this.add(JL_QQnum);
            this.setSize(662, 513);
            this.setLocation(450, 150);
            this.setVisible(true);
        }
    }
```

〖代码 7-23〗 修改 ClientSocketListener 类，增加对接收的用户信息的处理。

```
    …
    public void run() {
        …
        // 后续与服务器交互信息的代码加在这里;
        if(ms.getMesstype() == 3) {                    // 员工信息
            String id = ms.getGetter();
            ArrayList list = ms.getList();
            ManageMsPerson.addArrayList(id, list);
        }
        …
    }
```

〖代码 7-24〗 ManageMsPerson 类。

```
    package ManageClientConnServer;
    import java.util.ArrayList;
    import java.util.HashMap;
    public class ManageMsPerson {
        private static HashMap msPerson_Hash = new HashMap<String , ArrayList >();
        public static void addArrayList(String id,ArrayList msPersonList) {
            msPerson_Hash.put( id, msPersonList);
        }
        public static ArrayList  getArrayList(String id){
            return  (ArrayList)msPerson_Hash.get(id);
        }
    }
```

ManageMsPerson 类用于在客户端保存用户个人信息。用户个人信息被存储在 HashMap 集合对象中，访问者可以通过用户 ID 读取相应的用户信息（可采用 ArrayList 方式存储）。

根据图 7-35 所示的序列图，依次实现以下两个步骤。

（1）客户端：实现功能选择界面对【查看个人信息】按钮的事件处理

先为客户端功能选择界面（ClientMainUI，见代码 7-18）增加【查看个人信息】按钮的事件处理代码（见代码 7-25），当【查看个人信息】按钮事件触发时，创建并显示员工信息界面。员工信息界面 FindPersonInformation 类（见代码 7-21）继承自 FindAndModifyCommonUI 类（见代码 7-22），员工个人信息界面见图 7-7。

〖代码 7-25〗 修改 ClientMainUI 类，增加“查看个人信息”的事件处理。

```
public void actionPerformed(ActionEvent e) {
   …
   if(e.getSource() == Personalinformation) {
      new FindPersonInformation(id);
   }
   …
}
```

（2）服务器：实现功能选择界面对【查看个人信息】按钮的事件处理

客户服务线程 ClientHandler 每收到一个消息，先判断消息类型。如果收到的是个人信息查询消息（Message 类型 3），则通过 JDBC 编程接口从数据库中查询指定用户 ID 的信息，并以消息的形式返回给客户端 Socket 监听器。代码 7-26 实现了上述处理过程，代码 7-27 是 JDBC 查询功能的实现。

〖代码 7-26〗 修改 ClientHandler 类，实现对消息类型 3 的处理。

```
public void run() {
   …
   ObjectInputStream ois = new ObjectInputStream(s.getInputStream());
   Message ms = (Message) ois.readObject();
   …                                                     // 后续与客户端通信的代码加在这里
   if(ms.getMesstype() == 3) {                           // 申请员工信息
      String id = ms.getSender();
      ArrayList personMs = new JDBC().back_StaffPersonMessage(id);
      ObjectOutputStream oos = new ObjectOutputStream
              (ClientHandlerManager.getClientHandler(ms.getGetter()).getS().getOutputStream());
      Message three_backMs = new Message();
      hree_backMs.setSender(id);
      three_backMs.setGetter(ms.getGetter());
      three_backMs.setMesstype(3);
       three_backMs.setList(personMs);
      oos.writeObject(three_backMs);
   }
   …
}
```

〖代码 7-27〗 修改 JDBC 类，增加个人信息查询方法。

```
public ArrayList back_StaffPersonMessage(String id) {          // 返回员工信息
   ArrayList PersonMs = new ArrayList();
   try {
      Class.forName(driver);
      conn = DriverManager.getConnection(url, userName, sqlpassword);
      stmt = conn.createStatement();
      String sqlSelect = "SELECT  id, authority, pass, income, age, sex, address, telpNum, QQNum"
                                 + "  FROM  userInfo" + "  WHERE  id ='" + id + "'";
      rs = stmt.executeQuery(sqlSelect);
      while(rs.Next()) {
         PersonMs.add(rs.getString(1));
         PersonMs.add(rs.getString(2));
```

```
            PersonMs.add(rs.getString(3));
            PersonMs.add(rs.getInt(4));
            PersonMs.add(rs.getInt(5));
            PersonMs.add(rs.getString(6));
            PersonMs.add(rs.getString(7));
            PersonMs.add(rs.getString(8));
            PersonMs.add(rs.getString(9));
         }
         rs.close();
         stmt.close();
         conn.close();
      }
      catch(ClassNotFoundException e) {
         e.printStackTrace();
      }
      catch(SQLException e) {
         e.printStackTrace();
      }
      return PersonMs;
   }
```

2．修改个人信息

修改个人信息与查看个人信息的思路是相同的，都是先从服务器的数据库读取员工名单，单击【修改】按钮（个人信息修改界面请参见图 7-9）后，可在相应位置对个人信息进行修改；单击【确认修改】后，客户端会对前后信息进行比对，若不同，则向服务器发送类型为 4 的消息，服务器收到消息后通过 JDBC 访问数据库完成用户信息的更新。

（1）客户端：实现功能选择界面对【修改个人信息】按钮的事件处理

单击【修改个人信息】按钮（见代码 7-28）后，功能选择界面会检查用户权限，如果是经理权限（mgr），则弹出用户信息修改界面（见代码 7-29），否则提示用户权限不足。

〖代码 7-28〗 修改 ClientMainUI 类，增加【修改个人信息】按钮的事件处理。

```
   public void actionPerformed(ActionEvent e) {
      …
      else if(e.getSource() == Editpinfo) {
         if(judgeAuthority(authority)) {
            new ModifyPersonMs(id);
         }
      }
      …
   }
```

〖代码 7-29〗 ModifyPersonInformation 类。

```
   package staffMessFunction;
   import java.awt.event.ActionEvent;
   import java.awt.event.ActionListener;
   import java.io.IOException;
   import java.io.ObjectOutputStream;
   import java.util.ArrayList;
```

```
import javax.swing.*;
import ManageClientConnServer.ClientSocket;
import common.Message;
public class ModifyPersonInformation extends FindAndModifyCommonUI implements ActionListener {
   private JTextField JT_pass;
   private String id;
   private JButton jbModify;
   private JButton jbConfirm;
   private ImageIcon image;
   private JLabel labelImage;
   public ModifyPersonInformation(String id) {
      super(id);
      this.id = id;
      this.setTitle("修改个人信息");
      GUI();
   }
   public void ModifyMsgSent(ArrayList list) {              // 发送修改信息
      Message ms = new Message();
      ms.setList(list);
      ms.setMesstype(4);
      ms.setSender(id);
      try {
         ObjectOutputStream oos = new ObjectOutputStream(new
                        ClientSocket().getClientConnServer(id).getS().getOutputStream());
         oos.writeObject(ms);
      }
      catch(IOException e1) {
         e1.printStackTrace();
      }
   }
   public void GUI(){
      image = new ImageIcon("src/image/staffManage/公告背景.png");
      labelImage = new JLabel(image);
      this.getLayeredPane().add(labelImage, new Integer(Integer.MIN_VALUE));
      labelImage.setBounds(0, 0, image.getIconWidth(), image.getIconHeight());
      JT_pass = new JTextField();
      JLabel JL_pass = new JLabel("密    码: ");
      JT_pass.setBounds(200 + 65, 9 * 38 + 30, 150, 20);
      JL_pass.setBounds(185, 9 * 38 + 30, 150, 30);
      JT_pass.setEditable(false);
      JT_pass.setText(msList.get(2) + "");
      this.add(JT_pass);
      this.add(JL_pass);
      jbModify = new JButton("修改信息");
      jbModify.setBounds(325, 405, 100, 30);
      // 鼠标经过时的图片
      ImageIcon entered = new ImageIcon("src/image/staffManage/修改 2.png");
      // 初始图片
```

```
        ImageIcon released = new ImageIcon("src/image/staffManage/修改 3.png");
        // 按下时的图片
        ImageIcon pressed = new ImageIcon("src/image/staffManage/修改 1.png");
        jbModify.setOpaque(false);                               // 透明化
        jbModify.setIcon(released);                              // 初始化
        jbModify.setBorderPainted(false);
        jbModify.setBorder(null);
        jbModify.setBounds(325, 405, 100, 30);                   // 按钮的大小、位置
        // 按钮透明，这样用圆形按钮的时候也不会出现按钮边框
        jbModify.setContentAreaFilled(false);
        jbModify.setPressedIcon(pressed);                        // 按下按钮时的图片
        jbModify.setRolloverIcon(entered);                       // 经过时的图片
        jbConfirm = new JButton("确认修改");
        jbConfirm.setBounds(205, 405, 100, 30);
        ImageIcon entered2 = new ImageIcon("src/image/staffManage/确认修改 2.png");
        ImageIcon released2 = new ImageIcon("src/image/staffManage/确认修改 3.png");
        ImageIcon pressed2 = new ImageIcon("src/image/staffManage/确认修改 1.png");
        jbConfirm.setOpaque(false);                              // 透明化
        jbConfirm.setIcon(released2);                            // 初始化
        jbConfirm.setBorderPainted(false);
        jbConfirm.setBorder(null);
        jbConfirm.setBounds(205, 405, 100, 30);                  // 按钮的大小、位置
        jbConfirm.setContentAreaFilled(false);
        jbConfirm.setPressedIcon(pressed2);
        jbConfirm.setRolloverIcon(entered2);
        this.add(jbModify);
        this.add(jbConfirm);
        jbModify.addActionListener(this);
        jbConfirm.addActionListener(this);
    }
    @Override
    public void actionPerformed(ActionEvent e) {
        JTextField[] jts = {JT_id, JT_authority, JT_pass, JT_income, JT_age, JT_sex, JT_Address, JT_telNum, JT_QQnum};
        String[] jt_labels ={"id", "authority", "pass", "income", "age", "sex", "address", "telpNum", "QQNum"};
        if(e.getSource() == jbModify) {
            for(int i = 0; i < jts.length; i++)
                jts[i].setEditable(true);
        }
        else if(e.getSource() == jbConfirm) {
            for(int i = 0; i < jts.length; i++)
                jts[i].setEditable(false);
            for(int i = 0; i < jts.length; i++) {
                if((i == 3 || i == 4) && (msList.get(i) + "").equals(jts[i].getText())) {
                    ArrayList list = new ArrayList();
                    list.add(jt_labels[i]);
                    list.add(jts[i].getText());
                    ModifyMsgSent(list);
                }
```

```
            else if(!((msList.get(i) + "").equals(jts[i].getText()))) {
               ArrayList list = new ArrayList();
               list.add(jt_labels[i]);
               list.add(jts[i].getText());
               ModifyMsgSent(list);
            }
            System.out.println(msList.get(i) + " " + jts[i].getText());
         }
      }
   }
}
```

用户信息修改界面在初始化后，允许用户更改用户的各项信息，如果用户确认修改，则把被修改的用户信息以消息（消息类型为 4）对象的方式发送到服务器进行修改。

（2）客户端：实现【修改个人信息】界面和事件处理

（3）服务器：实现个人信息修改

先在客户端服务线程中实现对 Message 类型为 4 的消息对象的处理（见代码 7-30），然后实现数据库编程接口 JDBC 类对数据库中用户信息更新的功能，这需要在 JDBC 类中增加 ModifyPersonInfo()方法（见代码 7-31）。

〖**代码 7-30**〗 修改 ClientHandler 类，增加对消息类型 4 的处理。

```
public void run(){
   ...
   else if(ms.getMesstype() == 4) {                    // 接收修改信息
      ArrayList list = ms.getList();
      String id = ms.getSender();
      new JDBC().modifyPersonMS(list, id);
   }
   ...
}
```

〖**代码 7-31**〗 修改 JDBC 类，增加用户个人信息更新的 modifyPersonInfo()方法。

```
...
public void modifyPersonInfo(ArrayList list, String id) {       // 修改个人信息
   try {
      Class.forName(driver);
      conn = DriverManager.getConnection(url, userName, sqlpassword);
      stmt = conn.createStatement();
      String sql = "UPDATE  userInfo " + " SET " + list.get(0) + "=" + "'"
                                    + list.get(1) + "'" + "  WHERE  id ='" + id + "'";
      stmt.executeUpdate(sql);
   }
   catch(ClassNotFoundException e) {
      e.printStackTrace();
   }
   catch(SQLException e) {
      e.printStackTrace();
   }
}
```

3．注册新员工

注册新员工的功能比较简单，先创建注册界面（如图 7-11 所示），再把要注册的信息录入输入框，以 Message 对象（使用消息类型 1）记录待注册员工信息，然后把此消息对象发送给服务器。服务器收到类型为 1 的 Message 对象后，在数据库增加员工记录即可。

（1）客户端：实现注册新员工界面

先在功能选择界面（ClientMainUI）中增加对【注册员工】按钮的事件处理（见代码 7-32），然后创建注册员工界面（见代码 7-33），当经理输入员工信息后并单击【注册】按钮后，注册新员工界面会发送一个类型为 1 的 Message 对象给服务器的客户服务线程。此消息中包含了待注册员工的信息。

〖代码 7-32〗 修改 ClientMainUI 类，增加【注册员工】按钮的事件处理。

```
public void actionPerformed(ActionEvent e) {
   …
   else if(e.getSource() == Certifiedstaff) {              // 注册员工
      if(judgeAuthority(authority)){
         new EnrollUI(id);
      }
   }
   …
}
```

〖代码 7-33〗 EnrollGUI 类。

```
package staffMessFunction;
import java.awt.event.*
import java.io.IOException;
import java.io.ObjectOutputStream;
import java.net.Socket;
import javax.swing.*;
import ManageClientConnServer.ClientSocket;
import common.Message;
public class EnrollGUI extends JFrame implements ActionListener {
   private JButton JB_confirmEnroll, JB_deleteMess;
   private JComboBox JT_authority;
   private JTextField JT_income, JT_id, JT_age, JT_telNum;
   private JTextField JT_Address, JT_sex, JT_QQnum;
   private JPasswordField JP_pass;
   private String id;
   private ImageIcon image;
   private JLabel labelImage;
   private JPanel root;
   public EnrollGUI(String id) {
      image = new ImageIcon("src/image/staffManage/公告背景.png");
      labelImage = new JLabel(image);
      this.getLayeredPane().add(labelImage, new Integer(Integer.MIN_VALUE));
      labelImage.setBounds(0, 0, image.getIconWidth(), image.getIconHeight());
      root = (JPanel) this.getContentPane();
      root.setOpaque(false);
```

```
this.id = id;
this.setLayout(null);
this.setSize(662, 513);
this.setTitle("注册");
this.setLocation(400, 140);
JT_id = new JTextField("");
String[] authority =  { "mgr", "user" };
JT_authority = new JComboBox(authority);
JP_pass = new JPasswordField("");
JT_income = new JTextField("");
JT_age = new JTextField("");
JT_telNum = new JTextField("");
JT_Address = new JTextField("");
JT_sex = new JTextField("");
JT_QQnum = new JTextField("");
JLabel JL_id = new JLabel("姓    名: ");
JLabel JL_authority = new JLabel("权    限: ");
JLabel JL_pass = new JLabel("密    码: ");
JLabel JL_income = new JLabel("收    入: ");
JLabel JL_age = new JLabel("年    龄: ");
JLabel JL_sex = new JLabel("性    别: ");
JLabel JL_telNum = new JLabel("联系电话: ");
JLabel JL_Address = new JLabel("家庭住址: ");
JLabel JL_QQnum = new JLabel("QQ号码: ");
JB_confirmEnroll = new JButton();
// 鼠标经过时的图片
ImageIcon entered = new ImageIcon("src/image/staffManage/确定xz.png");
// 初始图片
  ImageIcon released = new ImageIcon("src/image/staffManage/确定yx.png");
// 按下时的图片
ImageIcon pressed = new ImageIcon("src/image/staffManage/确定ax.png");
JB_confirmEnroll.setOpaque(false);                    // 透明化
JB_confirmEnroll.setIcon(released);                   // 初始化
JB_confirmEnroll.setBorderPainted(false);
JB_confirmEnroll.setBorder(null);
JB_confirmEnroll.setBounds(285, 360, 92, 33);         // 按钮的大小、位置
JB_confirmEnroll.setContentAreaFilled(false);         // 按钮透明
JB_confirmEnroll.setPressedIcon(pressed);             // 单击按钮时的图片
JB_confirmEnroll.setRolloverIcon(entered);            // 鼠标指针经过时的图片
JB_confirmEnroll.addActionListener(this);
JT_id.setBounds(200 + 65, 60 + 20, 150, 20);
JT_authority.setBounds(200 + 65, 90 + 20, 150, 20);
JP_pass.setBounds(200 + 65, 120 + 20, 150, 20);
JT_income.setBounds(200 + 65, 150 + 20, 150, 20);
JT_age.setBounds(200 + 65, 180 + 20, 150, 20);
JT_sex.setBounds(200 + 65, 210 + 20, 150, 20);
JT_Address.setBounds(200 + 65, 240 + 20, 150, 20);
JT_telNum.setBounds(200 + 65, 270 + 20, 150, 20);
```

```
    JT_QQnum.setBounds(200 + 65, 300 + 20, 150, 20);
    JL_id.setBounds(120 + 65, 80, 150, 20);
    JL_authority.setBounds(120 + 65, 110, 150, 20);
    JL_pass.setBounds(120 + 65, 140, 150, 20);
    JL_income.setBounds(120 + 65, 170, 150, 20);
    JL_age.setBounds(120 + 65, 200, 150, 20);
    JL_sex.setBounds(120 + 65, 230, 150, 20);
    JL_Address.setBounds(120 + 65, 260, 150, 20);
    JL_telNum.setBounds(120 + 65, 290, 150, 20);
    JL_QQnum.setBounds(120 + 65, 320, 150, 20);
    This.add(JB_confirmEnroll);
    this.add(JT_id);
    this.add(JT_authority);
    this.add(JP_pass);
    this.add(JT_income);
    this.add(JT_age);
    this.add(JT_telNum);
    this.add(JT_Address);
    this.add(JT_sex);
    this.add(JT_QQnum);
    this.add(JL_id);
    this.add(JL_authority);
    this.add(JL_pass);
    this.add(JL_income);
    this.add(JL_age);
    this.add(JL_telNum);
    this.add(JL_Address);
    this.add(JL_sex);
    this.add(JL_QQnum);
    JB_confirmEnroll.addActionListener(this);
    this.setVisible(true);
}
@Override
public void actionPerformed(ActionEvent e) {
    if(e.getSource() == JB_confirmEnroll){
        Message ms = new Message();
        ms.setMesstype(1);
        String content = JT_id.getText() + " " + JT_authority.getSelectedItem()
                                  + " " + new String(JP_pass.getPassword()) + " "
                                  + JT_income.getText() + " " + JT_age.getText() + " "
                                  + JT_sex.getText() + " " + JT_Address.getText() + " "
                                  + JT_telNum.getText() + " " + JT_QQnum.getText();
        ms.setContent(content);
        Socket s = ClientSocket.getClientConnServer(id).getS();
        try {
            ObjectOutputStream oos = new ObjectOutputStream(s.getOutputStream());
            oos.writeObject(ms);
        }
```

```
            catch(IOException e1) {
                e1.printStackTrace();
            }
            this.dispose();
        }
    }
}
```

（2）服务器：增加新用户记录

客户服务线程 ClientHandler 在接收到类型为 1 的 Message 消息对象（见代码 7-34）时，调用 JDBC 类的 enroll( )方法（需要在 JDBC 类中增加，见代码 7-35）。enroll( )的功能是通过向数据库的用户表中插入一个新的员工记录，来完成新用户注册过程。

〖代码 7-34〗 修改 ClientHandler 类，增加对类型为 1 的 Message 处理。

```
public void run(){
    …
    if(ms.getMesstype() == 1) {                        // 接收修改信息
        String [] cont = ms.getContent().split(" ");
        new JDBC().enroll(cont);
    }
    else if(ms.getMesstype() = = 3)                     // 申请员工信息
        …
}
```

〖代码 7-35〗 修改 JDBC 类，增加新用户注册的 enroll()方法。

```
public void enroll(String[] cont) {
    try {
        Class.forName(driver);
        conn = DriverManager.getConnection(url, userName, sqlpassword);
        stmt = conn.createStatement();
        String sql = "INSERT into userinfo " + " VALUES(" + "'" + cont[0] + "','"
                        + cont[1] + "','" + cont[2] + "'," + Integer.parseInt(cont[3]) + ","
                        + Integer.parseInt(cont[4]) + ",'" + cont[5] + "','"
                        + cont[6] + "','" + cont[7] + "','" + cont[8] + "')";
        stmt.executeUpdate(sql);
    }
    catch(ClassNotFoundException e) {
        e.printStackTrace();
    }
    catch(SQLException e) {
        e.printStackTrace();
    }
}
```

4. 删除员工

具有经理权限的用户先向服务器发起读取员工名单请求的消息（Message 类型为 2）。服务器从数据库中查找用户列表后，将类型为 2 的 Message 消息对象反馈给客户端，每个用户信息发送一个 Message 对象。客户端收到这些消息后，把用户信息显示在员工列表界面（见图 7-15）中。在删除员工界面中，经理用户可以通过单击【员工名单】中的用户名来删除用户。单击后，待删除的用户名就出现在界面右侧的【删除名单】中，再单击【删除】按钮即可完成删除操作。

（1）客户端：实现删除员工界面和事件处理

先实现客户端功能选择界面中【删除员工】按钮的事件处理功能（见代码 7-36）。

〖代码 7-36〗 修改 ClientMainUI 类，增加对【删除员工】按钮的事件处理。

```
public void actionPerformed(ActionEvent e) {
   …
   else if(e.getSource() == Deleteemployee) {
      if(judgeAuthority(authority)) {
         new DeleteStaffUI(id);
      }
   }
   …
}
```

然后实现员工删除界面（DeleteStaffUI 类，见代码 7-37）和事件处理。如果用户数较多，则 DeleteStaffUI 使用分页技术分页显示用户列表。

分页做法：使用 Page 变量和 MaxPage 变量来实现分页效果，Page 变量是当前页数，MaxPage 变量是最大页数，每页有 5 个 JLabel，用于显示 5 个员工信息，单击【下一页】时，需从 ArrayList 中读取相应位置的数据并对 JLabel 赋值，同时更新当前页数 Page 变量。同理，【上一页】的功能可类似实现。

选中某条员工记录后，单击【删除员工】按钮，可以删除服务器中选定的员工记录。当 DeleteStaffUI 监听到来自【删除员工】按钮的事件（DeleteStaffUI 类的 actionPerformed()方法）时，发送一个删除员工的 Message 对象（Message 类型为 5）给服务器。如果经理用户同时选中了多个员工记录，则只需将删除员工的 Message 对象发给服务器即可，通过 DeleteStaffUI 类更新删除界面上的员工列表。

最后，客户端 Socket 通过监听器 ClientSocketListener 对消息类型为 2 的用户列表进行处理（见代码 7-38）。

〖代码 7-37〗 DeleteStaffUI 类。

```
package staffMessFunction;
import java.awt.*;
import java.io.IOException;
import java.io.ObjectOutputStream;
import java.util.ArrayList;
import javax.swing.*;
import ManageClientConnServer.ClientSocket;
import ManageClientConnServer.ManageStaffList;
import common.Message;
public class DeleteStaffUI extends JFrame implements MouseListener, ActionListener {
   private JButton JB_delete;
   private JLabel[] label;
   private String id;
   private ArrayList<String> nameList;
   private int page = 1, maxPage;
   private JLabel JL_nextPage, JL_prePage;
```

```
public DeleteStaffUI(String id) {
   nameList = new ArrayList();
   this.id = id;
   this.getContentPane().setBackground(new Color(1, 100, 124));
   try {
      Message ms = new Message();
      ms.setMesstype(2);
      ms.setSender(id);
      ObjectOutputStream oos = new
          ObjectOutputStream(ClientSocket.getClientConnServer(id).getS().getOutputStream());
      oos.writeObject(ms);
      Thread.sleep(100);                          // 等待服务器返回用户列表
      String[] list = ManageStaffList.getStringList(id);
      for(int i = 0; i < list.length; i++) {
         nameList.add(list[i]);
      }
      UpdateMaxPage();
      GUI(nameList);
   }
   catch(Exception e) {
      e.printStackTrace();
   }
}
public void GUI(ArrayList list) {
   this.setLayout(null);
   this.setTitle("删除员工列表");
   label = new JLabel[list.size()];
   JLabel JL_nameList = new JLabel("员工名单");
   JLabel JL_Label = new JLabel("删除名单");
   JL_prePage = new JLabel("上一页");
   JL_prePage.setBounds(120, 300, 50, 30);
   JL_nextPage = new JLabel("下一页");
   JL_nextPage.setBounds(180, 300, 50, 30);
   JL_prePage.addMouseListener(this);
   JL_nextPage.addMouseListener(this);
   JL_nameList.setForeground(new Color(187, 187, 187));
   JL_Label.setForeground(new Color(187, 187, 187));
   JL_nameList.setBounds(30, 20, 80, 20);
   JL_Label.setBounds(150, 20, 80, 20);
   this.add(JL_nameList);
   this.add(JL_Label);
   this.add(JL_prePage);
   this.add(JL_nextPage);
   for(int i = (page - 1) * 5; i < (page - 1) * 5 + 5; i++) {
      if(i < nameList.size()){
         int k = i % 5;
         label[k] = new JLabel(nameList.get(i).toString());
         label[k].setBounds(30, 50 + k * 30, 80, 20);
```

```
            label[k].setForeground(new Color(187, 187, 187));
            label[k].addMouseListener(this);
            this.add(label[k]);
        }
        else
            break;
    }
    JB_delete = new JButton();
    ImageIcon entered = new ImageIcon("src/image/staffManage/删除2.png");
    ImageIcon released = new ImageIcon("src/image/staffManage/删除3.png");
    ImageIcon pressed = new ImageIcon("src/image/staffManage/删除1.png");
    JB_delete.setOpaque(false);                          // 透明化
    JB_delete.setIcon(released);                         // 初始化
    JB_delete.setBorderPainted(false);
    JB_delete.setBorder(null);
    JB_delete.setBounds(20, 300, 92, 33);                // 按钮的大小、位置
    JB_delete.setContentAreaFilled(false);               // 按钮透明
    JB_delete.setPressedIcon(pressed);                   // 单击按钮时的图片
    JB_delete.setRolloverIcon(entered);                  // 鼠标指针经过时的图片
    JB_delete.addActionListener(this);
    this.add(JB_delete);
    this.setSize(250, 400);
    this.setLocation(500, 300);
    this.setVisible(true);
}
@Override
public void actionPerformed(ActionEvent e) {
    if(e.getSource() == JB_delete){
        ArrayList deleteID = new ArrayList();
        ArrayList<Integer> deleteLocation = new ArrayList();
        for(int i = 0; i < 5; i++) {
            if(i < nameList.size()) {
                if(label[i].getForeground().equals(Color.BLUE)) {
                    deleteID.add(label[i].getText());
                    deleteLocation.add((page - 1) * 5 + i);
                    label[i].setForeground(new Color(187, 187, 187));
                    Rectangle rs = label[i].getBounds();
                    rs.x -= 130;
                    label[i].setBounds(rs);
                    label[i].setText("");
                }
            }
            else
                break;
        }
        int deleteNum = deleteLocation.size();
        for(int k = 0; k < deleteNum; k++) {
            int i = deleteLocation.get(deleteLocation.size() - 1);
```

```
                nameList.remove(i);
                UpdateMaxPage();
                deleteLocation.remove(deleteLocation.size() - 1);
            }
            this.repaint();
            try {                                               // 发送删除名单
                ObjectOutputStream oos = new
                  ObjectOutputStream(ClientSocket.getClientConnServer(id).getS().getOutputStream());
                Message deleteMs = new Message();
                deleteMs.setSender(id);
                deleteMs.setList(deleteID);
                deleteMs.setMesstype(5);
                oos.writeObject(deleteMs);
            }
            catch(IOException e1) {
                e1.printStackTrace();
            }
        }
    }
    @Override
    public void mouseClicked(MouseEvent e) {
        if(e.getSource() == JL_prePage) {
            if(page != 1){
                page--;
                for(int i = (page - 1) * 5; i < (page - 1) * 5 + 5; i++) {
                    int k = i % 5;
                    if(i < nameList.size()) {
                        label[k].setText(nameList.get(i).toString());
                        label[k].setForeground(new Color(187, 187, 187));
                        this.repaint();
                    }
                    Rectangle rs = label[k].getBounds();
                    if(rs.x != 30) {
                        rs.x -= 130;
                        label[k].setBounds(rs);
                    }
                }
            }
            else {
                JOptionPane.showMessageDialog(null, "已经是第一页了");
            }
        }
        else if(e.getSource() = = JL_nextPage) {
            if(page != maxPage){
                page++;
                for(int i = (page - 1) * 5; i < (page - 1) * 5 + 5; i++){
                    int k = i % 5;
                    if(i < nameList.size()) {
```

```
                label[k].setText(nameList.get(i));
                label[k].setForeground(new Color(187, 187, 187));
                this.repaint();
            }
            else
                label[k].setText("");
            Rectangle rs = label[k].getBounds();
            if(rs.x != 30) {
                rs.x -= 130;
                label[k].setBounds(rs);
            }
        }
    }
    else
        JOptionPane.showMessageDialog(null, "已经是最后一页了");
}
else if(e.getClickCount() = = 1) {                    // 选中某条员工信息
    JLabel jlClick = (JLabel) e.getSource();
    if(jlClick.getForeground().equals(Color.blue)){
        jlClick.setForeground(new Color(187, 187, 187));
        Rectangle rs = jlClick.getBounds();
        rs.x -= 130;
        jlClick.setBounds(rs);
    }
    else {
        jlClick.setForeground(Color.blue);
        Rectangle rs = jlClick.getBounds();
        rs.x += 130;
        jlClick.setBounds(rs);
    }
}
}
public void UpdateMaxPage() {
    maxPage = (nameList.size() % 5 == 0)?nameList.size() / 5: nameList.size() / 5 + 1;
}
@Override
public void mouseEntered(MouseEvent e) {
    …                                         // TODO Auto-generated method stub
}
@Override
public void mouseExited(MouseEvent e) {
    …                                         // TODO Auto-generated method stub
}
@Override
public void mousePressed(MouseEvent e) {
    …                                         // TODO Auto-generated method stub
}
@Override
```

```
        public void mouseReleased(MouseEvent e) {
            …                                       // TODO Auto-generated method stub
        }
    }
```

〖代码 7-38〗 修改 ClientSocketListener 类，增加对用户列表消息接收的处理。

```
    public void run() {
        …
        …                                           // 后续与服务器交互信息的代码加在这里
        if(ms.getMesstype() == 2) {
            String id = ms.getSender();
            String[] list = ms.getContent().split(" ");
            ManageStaffList.addList(id, list);
        }
        else if(ms.getMesstype() == 3)
            …
    }
```

（2）服务器：实现删除员工功能

增加客户服务进程 ClientHandler 对消息类型为 5 的消息对象的处理过程（见代码 7-39），实现相应的数据库接口以删除指定的员工信息（见代码 7-40）。

〖代码 7-39〗 修改 ClientHandler 类，增加对删除消息的处理。

```
    public void run(){
        …
        else if(ms.getMesstype() == 2) {
            ObjectOutputStream oos = new ObjectOutputStream(
            ClientHandlerManager.getFunction(ms.getSender()).getS().getOutputStream());
            Message backMs = new Message();
            backMs.setMesstype(2);
            backMs.setSender(ms.getSender());
            backMs.setContent(new JDBC().applyStaffList());
            oos.writeObject(backMs);
        }
        else if(ms.getMesstype() == 5) {                    // 删除员工
            ArrayList list = ms.getList();
            new JDBC().deleteStaff(list);
        }
        …
    }
```

〖代码 7-40〗 修改 JDBC 类，增加删除员工的 deleteStaff()方法，其中 applyStaffList()返回员工名单。

```
    public String applyStaffList() {                        // 返回员工名单
        String staffNameList = null;
        try {
            Class.forName(driver);
            conn = DriverManager.getConnection(url, userName, sqlpassword);
            stmt = conn.createStatement();
            String sqlSelect = "SELECT  id " + "  FROM  userInfo";
```

```
        rs = stmt.executeQuery(sqlSelect);
        while(rs.Next()) {
          if(rs.isFirst()) {
            staffNameList = rs.getString(1);
          }
          else {
            staffNameList += rs.getString(1);
          }
          if(rs.isLast() != true) {
            staffNameList += " ";
          }
        }
        rs.close();
        stmt.close();
        conn.close();
      }
      catch(ClassNotFoundException e) {
        e.printStackTrace();
      }
      catch(SQLException e) {
        e.printStackTrace();
      }
      return staffNameList;
    }
    public void deleteStaff(ArrayList list) {                          // 删除员工
      System.out.println("运行");
      try {
          Class.forName(driver);
          conn = DriverManager.getConnection(url, userName, sqlpassword);
          stmt = conn.createStatement();
          for(int i = 0; i < list.size(); i++) {
            String sql = "DELETE FROM  userInfo " + "  WHERE  id ='" + list.get(i) + "'";
            stmt.executeUpdate(sql);
          }
      }
      catch(ClassNotFoundException e) {
        e.printStackTrace();
      }
      catch(SQLException e) {
        e.printStackTrace();
      }
    }
```

5．查看员工信息功能

下面实现如图 7-37 所示的查看员工详细信息界面，界面的左侧是用户查询和用户名单，员工名单由 JList 技术实现；界面右侧是选中的员工信息。查看员工信息的步骤如下。

Step01：在查询界面中向服务器查询所有员工名单，将名单显示在界面左侧的名单列表中。

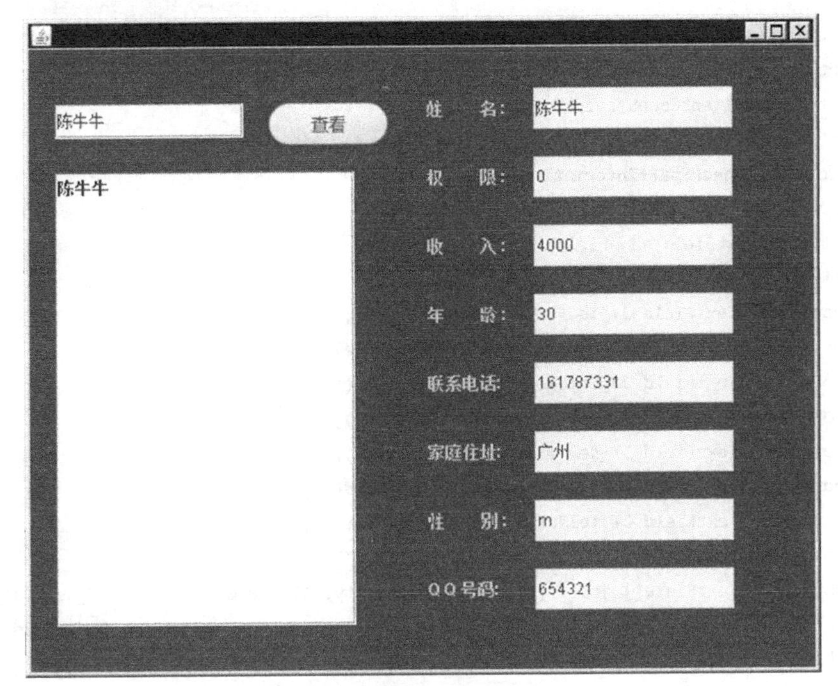

图 7-37　查看员工详细信息界面

Step02：经理在查询栏中填写用户名关键字，查询界面通过监听查询栏中的用户输入，从员工名单中查询出只含有用户名关键字的用户名列表。

Step03：（经理）双击【员工列表】中的员工名（ID），被选中的用户名被更新在查询栏内。

Step04：（经理）单击【查看】按钮，会向服务器请求显示选中用户的所有信息（不包括密码）；等服务器接收请求后，所选中的员工信息即可显示在界面的右侧。

实现查看员工详细信息功能的步骤如下。

（1）客户端：实现【查看员工信息】按钮的事件处理

〖代码 7-41〗 修改 ClientMainUI 类，增加【查看员工信息】按钮的事件处理。

```
public void actionPerformed(ActionEvent e) {
  …
  else if(e.getSource() == Deleteemployee) {
    if(judgeAuthority(authority)) {
      new DeleteStaffUI(id);
    }
  }
  …
}
```

（2）客户端：实现查看员工信息界面的事件处理

〖代码 7-42〗 CheckStaffInformation 类。

```
package staffMessFunction;
import java.awt.Color;
import java.awt.event.*;
import java.io.IOException;
import java.io.ObjectOutputStream;
import java.util.ArrayList;
```

```
import javax.swing.*;
import javax.swing.event.DocumentEvent;
import ManageClientConnServer.*;
import common.Message;
public class CheckStaffInformation extends JFrame {
   private JButton find;
   private JTextField nameField;
   private String id;
   protected JTextField JT_id = new JTextField("");
   protected JTextField JT_authority = new JTextField("");
   protected JTextField JT_income = new JTextField("");
   protected JTextField JT_age = new JTextField("");
   protected JTextField JT_sex = new JTextField("");
   protected JTextField JT_Address = new JTextField("");
   protected JTextField JT_telNum = new JTextField("");
   protected JTextField JT_QQnum = new JTextField("");
   protected JTextField[] jts = {JT_id, JT_authority, JT_income, JT_age, JT_sex, JT_Address,
                                                                          JT_telNum, JT_QQnum};
   public CheckStaffInformation(String id) {
      this.id = id;
      this.setSize(600, 480);
      this.setLocation(300, 120);
      try {
         Message ms = new Message();
         ms.setMesstype(2);
         ms.setSender(id);
         ms.setGetter(id);
         ObjectOutputStream oos = new
              ObjectOutputStream(ClientSocket.getClientConnServer(id).getS().getOutputStream());
         oos.writeObject(ms);
         Thread.sleep(100);
      }
      catch(IOException e) {
         e.printStackTrace();
      }
      catch(InterruptedException e) {
         e.printStackTrace();
      }
      String[] list = ManageStaffList.getStringList(id);
      this.add(new GUI(list));
      this.setVisible(true);
   }
   // 内部类GUI实现了查看员工信息界面及员工列表的事件处理
   class GUI extends JPanel implements MouseListener, ActionListener {
      private JList lst;
      private String[] str;
      final DefaultListModel iItems = new DefaultListModel();
      public GUI(final String[] str){
```

```
this.str = str;
this.setLayout(null);
this.setBackground(new Color(1, 100, 124));
this.setSize(520, 500);
this.setLocation(450, 150);
JT_id.setBounds(380, 30, 150, 30);
JT_authority.setBounds(380, 80, 150, 30);
JT_income.setBounds(380, 130, 150, 30);
JT_age.setBounds(380, 180, 150, 30);
JT_telNum.setBounds(380, 230, 150, 30);
JT_Address.setBounds(380, 280, 150, 30);
JT_sex.setBounds(380, 330, 150, 30);
JT_QQnum.setBounds(380, 380, 150, 30);
JLabel[] jt_labels ={new JLabel("姓    名: "), new JLabel("权    限: "),
                     new JLabel("收    入: "), new JLabel("年    龄: "),
                     new JLabel("性    别: "), new JLabel("联系电话: "),
                     new JLabel("家庭住址: "), new JLabel("QQ号码: ") };
jt_labels[0].setBounds(300, 30, 150, 30);
jt_labels[1].setBounds(300, 80, 150, 30);
jt_labels[2].setBounds(300, 130, 150, 30);
jt_labels[3].setBounds(300, 180, 150, 30);
jt_labels[4].setBounds(300, 330, 150, 30);
jt_labels[5].setBounds(300, 280, 150, 30);
jt_labels[6].setBounds(300, 230, 150, 30);
jt_labels[7].setBounds(300, 380, 150, 30);
for(int i = 0; i < jts.length; i++) {
   jts[i].setEditable(false);
   jt_labels[i].setForeground(new Color(187, 187, 187));
   this.add(jt_labels[i]);
   this.add(jts[i]);
}
nameField = new JTextField();
nameField.setBounds(20, 40, 142, 25);
nameField.getDocument().addDocumentListener(new javax.swing.event.DocumentListener() {
   public void changedUpdate(DocumentEvent e) {
      …                                            // Do nothing
   }
   @Override
   public void insertUpdate(DocumentEvent e) {
      String s = nameField.getText().trim();
      iItems.removeAllElements();
      for(int i = 0; i < str.length; i++) {
         if(str[i].indexOf(s) > -1) {
            iItems.addElement(str[i]);
         }
      }
      lst.setModel(iItems);
   }
```

```
        @Override
        public void removeUpdate(DocumentEvent e) {
            if(nameField.getText().equals("")) {
                iItems.removeAllElements();
                lst.setModel(iItems);                    // DefaultListModel
                for(int i = 0; i < str.length; i++) {
                    iItems.addElement(str[i]);
                }
            }
            else {
                iItems.removeAllElements();
                String s = nameField.getText().trim();
                lst.setModel(iItems);                    // DefaultListModel
                for(int i = 0; i < str.length; i++) {
                    if(str[i].indexOf(s) > -1) {
                        iItems.addElement(str[i]);
                    }
                }
            }
        }
    });
    this.add(nameField);
    ImageIcon entered = new ImageIcon("src/image/staffManage/查看 2.png");
    ImageIcon released = new ImageIcon("src/image/staffManage/查看 3.png");
    ImageIcon pressed = new ImageIcon("src/image/staffManage/查看 1.png");
    find = new JButton();
    find.setOpaque(false);                               // 透明化
    find.setBorderPainted(false);
    find.setBorder(null);
    find.setBounds(180, 40, 92, 33);                     // 按钮的大小、位置
    find.setContentAreaFilled(false);                    // 按钮透明
    find.setPressedIcon(pressed);                        // 单击按钮时的图片
    find.setRolloverIcon(entered);                       // 鼠标指针经过时的图片
    find.setIcon(released);                              // 初始化
    find.addActionListener(this);
    this.add(find);
    lst = new JList();
    lst.setModel(iItems);
        for(int i = 0; i < str.length; i++){
            iItems.addElement(str[i]);
        }
        JScrollPane scroll = new JScrollPane(lst);
        scroll.setBounds(20, 90, 225, 330);
        lst.addMouseListener(this);
        this.add(scroll);
        this.setVisible(true);
    }
    @Override
```

```
public void actionPerformed(ActionEvent e) {
   if(e.getSource() == find) {
      try {
         ObjectOutputStream oos = new ObjectOutputStream(ClientSocket.
                                              getClientConnServer(id).getS().getOutputStream());
         Message ms = new Message();
         ms.setMesstype(3);
         ms.setSender(nameField.getText());
         ms.setGetter(id);
         oos.writeObject(ms);
         Thread.sleep(200);
      }
      catch(IOException e1) {
         e1.printStackTrace();
      }
      catch(InterruptedException e1) {
         e1.printStackTrace();
      }
      ArrayList msList = ManageMsPerson.getArrayList(id);
         for(int i = 0; i < msList.size(); i++) {
            JT_id.setText(msList.get(0) + "");
            JT_authority.setText(msList.get(1) + "");
            JT_income.setText(msList.get(3) + "");
            JT_age.setText(msList.get(4) + "");
            JT_sex.setText(msList.get(5) + "");
            JT_Address.setText(msList.get(6) + "");
            JT_telNum.setText(msList.get(7) + "");
            JT_QQnum.setText(msList.get(8) + "");
         }
      }
   }
   @Override
   public void mouseClicked(MouseEvent e) {
      int index = lst.locationToIndex(e.getPoint());
      nameField.setText((String) iItems.get(index));
   }
   @Override
   public void mouseEntered(MouseEvent e) {
      …                                          // TODO Auto-generated method stub
   }
   @Override
   public void mouseExited(MouseEvent e) {
      …                                          // TODO Auto-generated method stub
   }
   @Override
   public void mousePressed(MouseEvent e) {
      …                                          // TODO Auto-generated method stub
   }
```

```
            @Override
            public void mouseReleased(MouseEvent e) {
              …                                          // TODO Auto-generated method stub
            }
          }
        }
      }
```

7.3.3 增量 7-3：实现公告

增量 7-3 旨在实现办公管理系统的公告功能，需要实现以下界面。

① 实现查看公告首页（见图 7-31），支持分页显示，每页可显示多条（如 8 条）公告，通过界面的【上一页】和【下一页】按钮可以浏览更多的公告。每条公告的信息包含公告标题、发布日期和时间。当鼠标指针移到公告标题时，鼠标指针会变成手状，双击鼠标即可查看公告的详细内容。同时，公告首页中有【删除】按钮，具有经理权限的用户可以删除选中的公告。

② 实现查看公告详细信息界面（见图 7-26），其中包含公告标题和公告内容。

③ 实现对选中的公告（见图 7-25）进行删除，具有经理权限的用户可以删除公告，在删除前系统会提醒用户是否“确认删除”，以避免用户的误操作。

④ 实现发布公告界面（见图 7-28），具有经理权限的用户可以发布新的公告，通过客户端功能选择界面的【发布公告】按钮实现。

1．公告功能：查看和删除公告

查看和删除公告的功能可通过以下步骤实现。

（1）客户端：实现功能选择界面对【查看公告】和【删除公告】按钮的事件处理

〖代码 7-43〗 修改 ClientMainUI 类，增加公告功能事件处理。

```
public void actionPerformed(ActionEvent e) {
  …
  // 公告的按钮
  if(e.getSource() == Checkannouncement) {
    new PublicationBrowser(id, authority);
  }
  else if(e.getSource() == Announcement) {
    if(judgeAuthority(authority)) {
      new PublicationSend(id);
    }
  }
  …
}
```

（2）客户端：实现公告首页、查看公告详细信息和删除公告界面

PublicationBrowser 类（见代码 7-44）实现了查看公告首页、查看公告详细信息和删除公告界面。其中，构造方法 PublicationBrowser(String id, String authority)先通过消息（消息类型为 11）从服务器获取公告列表，如果暂时没有公告，则弹出【无公告】对话框，否则调用 GUI()方法显示公告首页。PublicationBrowser 类的 GUI2()方法实现查看详细公告界面的效果，GUI3()方法实现删除公告界面的效果，nextPage()和 PPage()方法分别实现【下一页】和【上一页】的

翻页功能。

〖代码 7-44〗 PublicationBrowser 类。

```
package publication;
import java.awt.Checkbox;
import java.awt.Cursor;
import java.awt.Font;
import java.awt.event.*;
import java.io.IOException;
import java.io.ObjectOutputStream;
import java.util.ArrayList;
import javax.swing.*;
import ManageClientConnServer.ClientSocket;
import ManageClientConnServer.ManagePublic;
import common.Message;
public class PublicationBrowser extends JFrame implements ActionListener, MouseListener,
                                                                            ItemListener {
   private String id;
   private ArrayList publication;
   private int length;
   private Boolean num[];
   private JLabel label[];
   private JLabel labelDate[];
   private JButton buttonDelete;
   private int index;
   private JLabel labelT;
   private JLabel pageNext;
   private JLabel pageP;
   private JTextArea textM;
   private Cursor cursor;
   private Checkbox check[];
   private int pages = 1;               // 页数标志
   private final int pageNum = 8;       // 每页 8 个公告
   private int number = 0;              // 从 0 开始
   private ImageIcon image;
   private JLabel labelImage;
   private int flag = 0;                // 为 0 则代表没有公告被选中，单击【删除】按钮则没有反应
   private JPanel root;
   private String authority;
   public PublicationBrowser(String id, String authority) {
      this.id = id;
      this.authority = authority;
      publication = new ArrayList();
      Message ms = new Message();
      ms.setMesstype(11);
      ms.setSender(id);
      ms.setGetter(id);
      try {
```

```
            ObjectOutputStream oos = new ObjectOutputStream(ClientSocket.
                                                getClientConnServer(id).getS().getOutputStream());
            oos.writeObject(ms);
            Thread.sleep(200);
        }
        catch(IOException e1) {
            e1.printStackTrace();
        }
        catch(InterruptedException e) {
            e.printStackTrace();
        }
        publication = ManagePublic.getArrayList(id);
        if(publication != null) {
            length = publication.size();
            if(length <= 0) {
                JOptionPane.showMessageDialog(null, "暂时没有公告");
            }
            else{
                GUI();
            }
        }
    }
    private void GUI() {                                        // 公告首页
        this.setSize(662, 513);
        this.setTitle("公告");
        this.setLocationRelativeTo(null);
        this.setLayout(null);
        image = new ImageIcon("src/image/publicTell/公告背景.png");
        labelImage = new JLabel(image);
        this.getLayeredPane().add(labelImage, new Integer(Integer.MIN_VALUE));
        labelImage.setBounds(0, 0, image.getIconWidth(), image.getIconHeight());
        root = (JPanel) this.getContentPane();
        root.setOpaque(false);
        num = new Boolean[length / 3];
        for(int i = 0; i < length / 3; i++) {
            num[i] = false;
        }
       label = new JLabel[length / 3];
        labelDate = new JLabel[length / 3];
        check = new Checkbox[length / 3];
        // 按钮美化
        ImageIcon entered = new ImageIcon("src/image/publicTell/删除xz.png");
        ImageIcon released = new ImageIcon("src/image/publicTell/删除yx.png");
        ImageIcon pressed = new ImageIcon("src/image/publicTell/删除ax.png");
        buttonDelete = new JButton();
        buttonDelete.setOpaque(false);                          // 透明化
        buttonDelete.setIcon(released);                         // 初始化
        buttonDelete.setBorderPainted(false);
```

```
    buttonDelete.setBorder(null);
    buttonDelete.setBounds(190, 350, 90, 32);                // 按钮的大小、位置
    buttonDelete.setContentAreaFilled(false);                // 按钮透明
    buttonDelete.setPressedIcon(pressed);                    // 单击按钮时的图片
    buttonDelete.setRolloverIcon(entered);                   // 鼠标指针经过时的图片
    buttonDelete.addActionListener(this);
    pageNext = new JLabel("下一页");
    pageNext.setBounds(370, 350, 40, 26);
    pageNext.addMouseListener(this);
    pageP = new JLabel("上一页");
    pageP.setBounds(300, 350, 40, 26);
    pageP.addMouseListener(this);
    for(int i = 0, j = 0, m = 2, n = 80; j < length / 3 && j < pages * pageNum;
                                          i += 3, j++, m += 3, n += 30) {
        label[j] = new JLabel(publication.get(i) + "");
        label[j].setSize(200, 40);
        label[j].setLocation(150, n);
        label[j].setHorizontalAlignment(SwingConstants.LEFT);
        label[j].addMouseListener(this);
        labelDate[j] = new JLabel((publication.get(m) + "").substring(0,
                                              (publication.get(m) + "").indexOf(":") + 3));
        labelDate[j].setBounds(420, n, 150, 30);
        check[j] = new Checkbox();
        check[j].setLocation(110, n + 14);
        check[j].setSize(12, 12);
        check[j].addItemListener(this);
        this.add(label[j]);
        this.add(labelDate[j]);
        this.add(check[j]);
        this.add(buttonDelete);
    }
    cursor = new Cursor(HAND_CURSOR);
    this.add(buttonDelete);
    this.add(pageNext);
    this.add(pageP);
    this.setVisible(true);
}
@Override
public void actionPerformed(ActionEvent e) {
    if(authority.equals("mgr")) {
        if(e.getSource() == buttonDelete) {
            if(flag == 1) {
                GUI3();
            }
            else {
                JOptionPane.showMessageDialog(null, "没选中公告");
            }
        }
```

```
        }
        else {
            JOptionPane.showMessageDialog(null, "权限不足");
        }
    }
    public void GUI2() {                                    // 查看详细公告窗口
        JFrame frameBrowser = new JFrame("查看公告");
        ImageIcon bg = new ImageIcon("src/image/publicTell/公告背景.png");
        frameBrowser = new JFrame("主界面");
        frameBrowser.setSize(662, 513);
        frameBrowser.setLocation(300, 200);
        frameBrowser.setLayout(null);
        frameBrowser.getLayeredPane().add(label, new Integer(Integer.MIN_VALUE));
        JLabel label = new JLabel(bg);
        label.setBounds(0, 0, bg.getIconWidth(), bg.getIconHeight());
        JPanel jp = (JPanel) frameBrowser.getContentPane();
        jp.setOpaque(false);
        labelT = new JLabel(publication.get(3 * index) + "");
        labelT.setFont(new Font("黑体", 1, 20));
        labelT.setBounds(getWidth() / 2 - labelT.getWidth() / 2 - 37, 80, 100, 40);
        frameBrowser.add(labelT);
        textM = new JTextArea(20, 10);
        textM.setLineWrap(true);
        textM.setEditable(false);
        textM.setText(publication.get(3 * index + 1) + "");
        textM.setEditable(false);
        textM.setBounds(200, 150, 300, 200);
        textM.setOpaque(false);
        frameBrowser.add(textM);
        frameBrowser.setVisible(true);
    }
    public void GUI3() {                                         // 删除公告确认窗口
        int select = JOptionPane.showConfirmDialog(null, "是否删除？", "确认窗口",
                                                              JOptionPane.YES_NO_OPTION);
        if(select == JOptionPane.YES_OPTION) {
            ArrayList list = new ArrayList();
            Message ms = new Message();
            ms.setMesstype(12);
            ms.setSender(id);
            ms.setGetter(id);
            for(int i = 0; i < check.length; i++) {
                if(num[i] == true) {
                    list.add(publication.get(i * 3));
                    this.remove(label[i]);
                    this.remove(check[i]);
                    this.remove(labelDate[i]);
                }
            }
```

```
        ms.setList(list);
        try{
            ObjectOutputStream oos = new ObjectOutputStream(ClientSocket.
                                                getClientConnServer(id).getS().getOutputStream());
            oos.writeObject(ms);
            this.repaint();
            Thread.sleep(100);
        }
        catch(IOException e1) {
            e1.printStackTrace();
        }
        catch(InterruptedException e) {
            e.printStackTrace();
        }
        JOptionPane.showMessageDialog(null, "删除成功");
        validate();
    }
}
@Override
public void mouseEntered(MouseEvent e) {
    for(int i = 0; i < length / 3; i++) {
        if(e.getSource() == label[i]) {
            label[i].setCursor(cursor);
        }
    }
    if(e.getSource() == pageNext) {
        pageNext.setCursor(cursor);
    }
    else if(e.getSource() == pageP) {
        pageP.setCursor(cursor);
    }
}
@Override
public void mousePressed(MouseEvent e) {
    for(int i = 0; i < length / 3; i++) {
        if(e.getSource() == label[i]) {
            index = i;
            GUI2();
        }
    }
    if(e.getSource() == pageNext) {
        nextPage();
    }
    else if(e.getSource() == pageP) {
        PPage();
    }
}
private void nextPage() {
```

```
        if(sum() % 8 != 0) {
            JOptionPane.showMessageDialog(null, "已经是最后一页");
        }
        else if(length / 3 <= pageNum * pages) {
            JOptionPane.showMessageDialog(null, "已经是最后一页");
        }
        else {
            pages++;
            number += 8;
            root.removeAll();
            repaint();
            updateNext();
        }
    }
    private int sum() {
        int sum = 0;
        for(int i = 0; i < num.length; i++) {
            if(num[i] == true)
                ++sum;
        }
        return sum;
    }
    private void updateP() {
        System.out.println(pages * pageNum);
        for(int i = 3 * number, k = number, m = number * 3 + 2, n = 80;
                    k < pages * pageNum && k < length / 3; i += 3, m += 3, k++, n += 30) {
            if(num[k] == true)
                continue;
            label[k] = new JLabel(publication.get(i) + "");
            label[k].setHorizontalAlignment(SwingConstants.LEFT);
            label[k].setSize(200, 40);
            label[k].setLocation(150, n);
            label[k].addMouseListener(this);
            labelDate[k] = new JLabel((publication.get(m) + "").substring(0,
                                    (publication.get(m) + "").indexOf(":") + 3));
            labelDate[k].setBounds(420, n, 150, 30);
            check[k] = new Checkbox();
            check[k].setLocation(110, n + 14);
            check[k].setSize(12, 12);
            check[k].addItemListener(this);
            this.add(label[k]);
            this.add(labelDate[k]);
            this.add(check[k]);
        }
        this.add(buttonDelete);
        this.add(pageNext);
        this.add(pageP);
        validate();
```

```
}
private void updateNext() {
    for(int i = 3 * number, k = number, m = number * 3 + 2, n = 80;
                    k < length / 3 && k < pages * pageNum; i += 3, m += 3, k++, n += 30) {
        if(num[k] == true)
            continue;
        label[k] = new JLabel(publication.get(i) + "");
        label[k].setHorizontalAlignment(SwingConstants.LEFT);
        label[k].setSize(200, 40);
        label[k].setLocation(150, n);
        label[k].addMouseListener(this);
        labelDate[k] = new JLabel((publication.get(m) + "").substring(0,
                                        (publication.get(m) + "").indexOf(":") + 3));
        labelDate[k].setBounds(420, n, 150, 30);
        check[k] = new Checkbox();
        check[k].addItemListener(this);
        check[k].setLocation(110, n + 14);
        check[k].setSize(12, 12);
        this.add(label[k]);
        this.add(labelDate[k]);
        this.add(check[k]);
    }
    this.add(buttonDelete);
    this.add(pageNext);
    this.add(pageP);
    validate();
}
@Override
public void itemStateChanged(ItemEvent e) {
    int stateChange;
    Object source = e.getItemSelectable();
    for(int i = 0; i < check.length; i++) {
        if(source == check[i]) {
            stateChange = e.getStateChange();
            if(stateChange == ItemEvent.SELECTED) {
                flag = 1;
                num[i] = true;
            }
            else if(stateChange == ItemEvent.DESELECTED) {
                flag = 0;
                num[i] = false;
            }
        }
    }
}
@Override
public void mouseReleased(MouseEvent e) {
    ...                                         // TODO Auto-generated method stub
```

```
    }
    @Override
    public void mouseClicked(MouseEvent e) {
      …                                                // TODO Auto-generated method stub
    }
    @Override
    public void mouseExited(MouseEvent e) {
      …                                                // TODO Auto-generated method stub
    }
}
```

PublicationBrowser 类通过扩展 MouseListener 接口实现了界面对鼠标操作的响应。当鼠标移动到【公告标题】、【上一页】和【下一页】时，mouseEntered()方法可以捕获此鼠标并进入该组件事件，同时鼠标指针会变成手状，这时单击鼠标即可查看公告详细内容，或者实现界面跳转；单击左键，mousePressed()方法可以捕获到该单击事件，可以实现查看公告详细内容或者界面上下页跳转的效果。

PublicationBrowser 类通过扩展 ActionListener 接口实现了对事件的处理，当用户单击【删除】按钮时，该事件的处理将由 actionPerformed()方法执行。如果是经理用户，则弹出【确认删除】对话框，否则弹出【用户权限不足】对话框；如果单击【确认继续】，PublicationBrowser 会调用 GUI3()方法，提示用户是否确认删除，如果确定删除公告，GUI3()方法将向服务器发送一个公告删除消息（消息类型为 12），服务器收到后会删除此公告，然后 GUI3()方法会更新查看公告界面显示的内容。

PublicationBrowser 类通过扩展 ItemListener 接口实现了对复选框 CheckBox 的事件处理，用于统计用户选择了哪条公告。在单击【删除】按钮时，GUI3()方法会根据用户的选择删除相应的公告信息。

（3）客户端：通过 Socket 监听器实现对接收公告列表的处理

客户端 Socket 监听器线程接收到类型为 11 的查看公告列表消息后，从中取出消息列表（见代码 7-45），存入 MessagePublicationList 类（见代码 7-46）中，这样查看公告界面就可以从中读取公告信息。

〖代码 7-45〗 修改 ClientSocketListener 类，增加处理公告列表代码。

```
public void run() {
   …
   // 后续与服务器交互信息的代码加在这里;
   else if (ms.getMesstype() == 11) {                   // 查看公告类型为 11
      String id = ms.getSender();
      ArrayList list = ms.getList();
      MessagePublicationList.addArrayList(id, list);
   }
   …
}
```

〖代码 7-46〗 ManagePublicationList 类。

```
package ManageClientConnServer;
import java.util.ArrayList;
import java.util.HashMap;
```

```
public class ManagePublicationList {
   private static HashMap Public_Hash = new HashMap<String , ArrayList>();
   public static void addArrayList(String id , ArrayList msPersonList ) {
      Public_Hash.put( id, msPersonList);
   }
   public static ArrayList  getArrayList(String id) {
      return (ArrayList)Public_Hash.get(id);
   }
   public static void addArray(String id,int day[]) {
      Public_Hash.put(id, day);
   }
   public static int[] getArray(String id) {
      return (int[])Public_Hash.get(id);
   }
}
```

（4）服务器：对查看/删除公告的消息进行处理

客户服务线程 ClientHandler 在接收到类型为 11 的 Message 对象（见代码 7-47）时，先调用 JDBC 类的 getPublicationList()方法（需要在 JDBC 类中增加，见代码 7-48），再从数据库的公告表中读取公告信息列表，再把此列表放在类型为 11 的 Message 对象中，反馈给客户端。客户端的 Socket 监听器线程负责接收该消息列表，并存入 MessagePublicationList 中。

客户服务线程 ClientHandler 在接收到类型为 12 的 Message 对象（见代码 7-47）时，调用 JDBC 类的 deletePublicationItem()方法（需要在 JDBC 类中增加，见代码 7-48），把指定的公告从数据库中删除。

〖代码 7-47〗 修改 ClientHandler 类，增加对类型为 11、12 的 Message 的处理。

```
public void run()   {
   …
   else if(ms.getMesstype() = = 11) {                    // 接收查看公告申请
      String id = ms.getSender();
      ArrayList publication = new JDBC().getPublicationList();
      ObjectOutputStream oos = new ObjectOutputStream(s.getOutputStream());
      Message publicMs = new Message();
      publicMs.setSender(id);
      publicMs.setMesstype(11);
      publicMs.setList(publication);
      oos.writeObject(publicMs);
   }
   else if(ms.getMesstype() == 12) {                          // 接收删除公告的申请
       ArrayList list = ms.getList();
       new JDBC().deletePublicationItem(list);
   }
   …
}
```

〖代码 7-48〗 修改 JDBC 类，增加查看公告列表的 getPublicationList( )方法和删除公告的 deletePublicationItem( )方法。

```
public ArrayList getPublicationList(){                   // 申请查看公告列表
```

```
        ArrayList publication = new ArrayList();
        try {
            Class.forName(driver);
            conn = DriverManager.getConnection(url, userName, sqlpassword);
            stmt = conn.createStatement();
            String sql = "SELECT  title, message, time  FROM  publication  ORDER BY  time desc";
            rs = stmt.executeQuery(sql);
            while(rs.Next()) {
                publication.add(rs.getString(1));
                publication.add(rs.getString(2));
                publication.add(rs.getTimestamp(3));
            }
            rs.close();
            stmt.close();
            conn.close();
        }
        catch(ClassNotFoundException e) {
            e.printStackTrace();
        }
        catch(SQLException e) {
            e.printStackTrace();
        }
        return publication;
    }
    public void deletePublicationItem(ArrayList list) {                    // 删除公告
        try {
            Class.forName(driver);
            conn = DriverManager.getConnection(url, userName, sqlpassword);
            PreparedStatement pstmt = null;
            String sql = "delete from publication  where title = ? ";
            pstmt = conn.prepareStatement(sql);
            for(int i = 0; i < list.size(); i++) {
                pstmt.setString(1, list.get(i).toString());
                pstmt.addBatch();
            }
            int trmp[] = pstmt.executeBatch();
            pstmt.close();
            conn.close();
        }
        catch(ClassNotFoundException e) {
            e.printStackTrace();
        }
        catch(SQLException e) {
            e.printStackTrace();
        }
    }
```

2. 发布公告功能

经理用户单击【发布公告】按钮后，会弹出发布公告界面（见图 7-26）。单击界面的【发布公告】按钮，客户端会发送一个发布公告消息（消息类型为 10）对象给服务器。服务器收到此消息后，把公告信息插入数据库的 publication 数据表中，成功发布公告。其他用户不可以发布公告。

发布公告具体的实现步骤如下。

（1）客户端：实现发布公告

在功能选择界面的 ClientMainUI 类中增加对【发布公告】按钮的事件处理（见代码 7-49），在实现发布公告界面中增加【发布公告】按钮的事件处理的具体实现（见代码 7-50），同时将发布的公告消息发送给服务器（见代码 7-51）。

〖代码 7-49〗 修改 ClientMainUI 类，增加公告功能事件处理。

```
public void actionPerformed(ActionEvent e) {
   …
   // 增加公告的按钮
   else if(e.getSource() == Announcement) {
      if(judgeAuthority(authority)) {
         new PublicationSend(id);
      }
   }
   …
}
```

〖代码 7-50〗 NewPublication 类。

```
public class PublicationSend extends JFrame implements ActionListener {
   private JLabel labelT, labelM;
   private JTextField textT;
   private JTextArea textM;
   private JButton buttonSend;
   private String title, message, id;
   private JFrame frame;
   public publicSend(String id) {
      this.id = id;
      frame = new JFrame("发布公告");
      frame.setLocationRelativeTo(null);
      frame.setSize(662,513);
      frame.setLocation(300, 200);
      frame.setLayout(null);
      ImageIcon bg = new ImageIcon("src/image/publicTell/公告背景.png");
      JLabel label = newJLabel(bg);
      jp.setOpaque(false);
      labelT = new JLabel("标题");
      labelT.setBounds(160,80,100,40);
      labelM = new JLabel("正文");
      labelM.setBounds(100,220,50,50);
      textT = new JTextField(10);
      textT.setBounds(190,86,250,25);
      textT.setOpaque(false);
```

```
        textM = new JTextArea(20,20);
        textM.setLineWrap(true);
        textM.setBounds(170,150,300,200);
        ImageIcon entered = new ImageIcon("src/image/publicTell/发布1.png");
        ImageIcon released = new ImageIcon("src/image/publicTell/发布2.png");
        ImageIcon pressed = new ImageIcon("src/image/publicTell/发布3.png");
        buttonSend = new JButton();
        buttonSend.setOpaque(false);                    // 透明化
        buttonSend.setIcon(released);                   // 初始化
        buttonSend.setBorderPainted(false);
        buttonSend.setBorder(null);
        setBounds(190,170, 117, 37);                    // 按钮的大小、位置
        buttonSend.setContentAreaFilled(false);         // 按钮透明
        buttonSend.setPressedIcon(pressed);
        buttonSend.setRolloverIcon(entered);            // 鼠标指针经过时的图片
        buttonSend.setBounds(270,380,90,30);
        buttonSend.addActionListener(this);
        frame.add(labelT);
        frame.add(labelM);
        frame.add(textT);
        frame.add(textM);
        frame.add(buttonSend);
        frame.setVisible(true);
    }
    @Override
    public void actionPerformed(ActionEvent e) {
        title = textT.getText();
        message = textM.getText();
        new SendNewPublicationToServer (id, title, message, frame);
        JOptionPane.showMessageDialog(null, "发布成功");
    }
}
```

〖代码 7-51〗 SendNewPublicationToServer 类。

```
package publication;
import java.io.IOException;
import java.io.ObjectOutputStream;
import javax.swing.JFrame;
import ManageClientConnServer.ClientSocket;
import common.Message;
public class SendNewPublicationToServer {
    private String title;
    private String message;
    private String id;
    private static JFrame frame;
    public SendNewPublicationToServer(String id, String title, String message, JFrame frame) {
        this.id = id;
        this.title = title;
```

```
        this.message = message;
        this.frame = frame;
        Message ms = new Message();
        ms.setContent(title + "Fl_Ag" + message);
        ms.setMesstype(10);
        try {
            ObjectOutputStream oos = new ObjectOutputStream(ClientSocket.getClientConnServer(id).
                                                   getS().getOutputStream());
            oos.writeObject(ms);
        }
        catch(IOException e1) {
            e1.printStackTrace();
        }
    }
}
```

（2）服务器：处理发布公告消息

客户服务线程 ClientHandler 在接收到类型为 10 的 Message 对象（见代码 7-52）时，会调用 JDBC 类的 addPublicationItem( )方法（需要在 JDBC 类中增加，见代码 7-53），通过 addPublicationItem( )方法向数据库的公告表插入一个新的公告记录，这样即可完成公告发布过程。

〖代码 7-52〗 修改 ClientHandler 类，增加对类型为 10 的 Message 消息的处理。

```
public void run(){
    …
    else if(ms.getMesstype() == 10) {                           //发布公告
        String content = ms.getContent();
        String title = content.substring(0, content.indexOf("Fl_Ag"));
        String message = content.substring(content.indexOf("Fl_Ag") + 5, content.length());
        String returnValue = new JDBC().addPublicationItem(title, message);
    }
    …
}
```

〖代码 7-53〗 修改 JDBC 类，增加插入公告的 addPublicationItem()方法。

```
// 添加公告
public String addPublicationItem (String title, String message){
    try {
        Class.forName(driver);
        conn = DriverManager.getConnection(url, userName, sqlpassword);
        stmt = conn.createStatement();
        String sql = "INSERT INTO publication(title,message) " +
                                    "  VALUES('" + title + "','" + message + "')";
          stmt.executeUpdate(sql);
          return "true";
    }
    catch(ClassNotFoundException e) {
        e.printStackTrace();
    }
    catch(SQLException e) {
```

```
            e.printStackTrace();
        }
        return "false";
    }
```

7.3.4 增量7-4：实现考勤

增量 7-4 旨在实现办公管理系统的考勤功能。

1. 考勤签到

单击客户端功能选择界面中的【签到】按钮，会发送签到消息（消息类型为 50）给服务器，并显示【签到成功】对话框（见图 7-20）。如果用户当天已经签到，则弹出【今天已签到】对话框（见图 7-21）。

下面依次实现考勤功能。

（1）客户端：实现功能选择界面中对【签到】按钮的事件处理

〖代码 7-54〗 修改 ClientMainUI 类，增加签到事件处理。

```
public void actionPerformed(ActionEvent e) {
    …
    else if(e.getSource() == Signin) {
        if(flag == 0) {                                    // 用户还没有签到
            flag = 1;
            new RegisterAttendance(id).writeIn();
            JOptionPane.showMessageDialog(null, "签到成功");
        }
        else if(flag == 1) {
             JOptionPane.showMessageDialog(null, "你今天已经签到");
        }
    }
    …
}
```

（2）客户端：实现签到功能的 RegisterAttendance 类

〖代码 7-55〗 RegisterAttendance 类。

```
package attendance;
import java.io.IOException;
import java.io.ObjectOutputStream;
import javax.swing.JFrame;
import ManageClientConnServer.ClientSocket;
import common.Message;
public class RegisterAttendance extends JFrame {
    private String id;
    public RegisterAttendance(String id) {
        this.id = id;
    }
    public void writeIn() {                                   // 设置签到的消息类型为 50
        Message ms = new Message();
        ms.setMesstype(50);
```

```
        ms.setSender(id);
        ms.setGetter(id);
        try {
            ObjectOutputStream oos = new ObjectOutputStream(new ClientSocket().
                                        getClientConnServer(id).getS().getOutputStream());
            oos.writeObject(ms);
            Thread.sleep(100);
        }
        catch(IOException e1) {
            e1.printStackTrace();
        }
        catch(InterruptedException e) {
            e.printStackTrace();
        }
    }
}
```

（3）服务器：实现签到功能

服务器先增加客户服务线程对签到消息的处理（见代码 7-56），修改 JDBC 类，实现签到功能（见代码 7-57）。

〖代码 7-56〗 修改 ClientHandler 类，增加插入签到记录的处理。

```
public void run(){
    …
    // 处理签到
    else if(ms.getMesstype() == 50) {
        String id = ms.getSender();
        String content = new JDBC().addAttendance(id);
    }
    …
}
```

〖代码 7-57〗 修改 JDBC 类，增加签到功能处理方法。

```
public String addAttendance(String id) {                    // 处理签到功能
    String res = "Yes";
    try {
        Class.forName(driver);
        conn = DriverManager.getConnection(url, userName, sqlpassword);
        System.out.println("数据库连接成功");
        stmt = conn.createStatement();
        Date time = new Date();
        String sql = "INSERT INTO  attend(id, present)  VALUES('" + id + "','"+ res + "')";
        stmt.executeUpdate(sql);
        stmt.close();
        conn.close();
    }
    catch(ClassNotFoundException e) {
        e.printStackTrace();
    }
    catch(SQLException e) {
```

```
            e.printStackTrace();
        }
        return res;
    }
```

2. 查看考勤

经理用户可以查看员工的出勤记录，在查看考勤记录界面（如图 7-38 所示）中，可以通过下拉菜单选择员工 ID 和考勤记录年份，从而从服务器读取相应的考勤记录，并把结果显示在界面上（如图 7-39 所示的记录）。

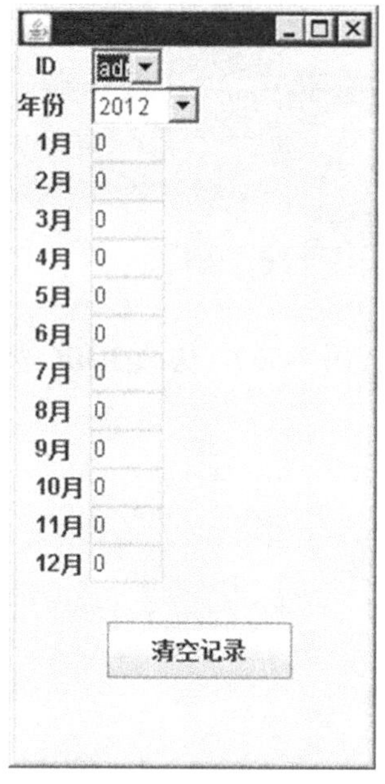

图 7-38 查看考勤界面

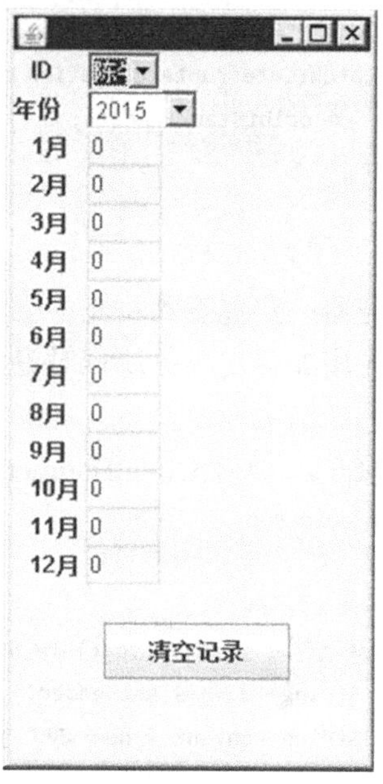

图 7-39 考勤记录

下面依次实现考勤功能。

（1）客户端：实现功能选择界面对【查看考勤】按钮的事件处理

【代码 7-58】 修改 ClientMainUI 类，增加【查看考勤】按钮事件处理。

```
public void actionPerformed(ActionEvent e) {
    …
    else if(e.getSource() == Checkattendance) {
        if(judgeAuthority(authority)) {
            new RequestAttendanceData(id);
        }
    }
    …
}
```

（2）客户端：实现“查看考勤”功能的 RequestAttendanceData 类和 CheckAttendance 类

RequestAttendaceData 类实现向服务器发送类型为 32 的消息对象（见代码 7-59），用于获取当前用户当前年度的出勤数据。服务器从数据库中读取相应记录后，返回类型为 32 的消息对象给客户端，客户端 Socket 监听器收到这个消息后，把收到的数据作为 CheckAttendance() 构造函数的参数，启动查看员工出勤界面。CheckAttendance 类（见代码 7-60）用于显示查看考勤界面以及根据用户的选择更新界面上的数据。其中代码 7-61 实现了在 ClientSocketListener 类中增加对员工出勤数据的处理方法。

〖代码 7-59〗 RequestAttendanceData 类。

```
package attendance;
import java.io.IOException;
import java.io.ObjectOutputStream;
import java.util.Calendar;
import ManageClientConnServer.ClientSocket;
import common.Message;
public class RequestAttendanceData {
   private String id;
   private String date[];
   public RequestAttendanceData(String id) {
      this.id = id;
      Calendar cal = Calendar.getInstance();
      Integer year = cal.get(Calendar.YEAR);
      String yearS = year.toString();
      date = new String[24];
      for(int i = 0, k = 1; i < 24; i += 2, k++) {
         date[i] = new String(yearS + "-" + ("" + k) + "-" + "1");
         if(k == 2 || k == 4 || k == 6 || k == 9 || k == 11) {
            date[i + 1] = new String(yearS + "-" + ("" + k) + "-" + "30");
         }
         else{
            date[i + 1] = new String(yearS + "-" + ("" + k) + "-" + "31");
         }
      }
      Message ms = new Message();
      ms.setMesstype(32);
      ms.setSender(id);
      ms.setGetter(id);
      ms.setDate(date);
      try {
         ObjectOutputStream oos = new ObjectOutputStream(new ClientSocket().
                                          getClientConnServer(id).getS().getOutputStream());
         oos.writeObject(ms);
         Thread.sleep(100);
      }
      catch(IOException e1) {
         e1.printStackTrace();
      }
      catch(InterruptedException e) {
         e.printStackTrace();
      }
   }
}
```

〖代码 7-60〗 CheckAttendance 类。

```
package attendance;
import java.awt.Choice;
import java.awt.event.*;
import java.io.IOException;
import java.io.ObjectOutputStream;
import java.util.ArrayList;
import java.util.Calendar;
import javax.swing.*;
import ManageClientConnServer.ClientSocket;
import ManageClientConnServer.ManageAttendance;
import common.Message;
public class CheckAttendance extends JFrame implements ActionListener, ItemListener {
  private String id;
  private JLabel label[];
  private Choice ID;
  private JTextField field[];
  private JLabel labelId;
  private JLabel labelY;
  private Choice year;
  private JButton buttonD;
  private Calendar calendar;
  private int thisY;
  private String selected;
  public CheckAttendance(String id, int n[], ArrayList List) {
    this.id = id;
    int sum[] = n;
    this.setSize(200, 400);
    this.setLayout(null);
    calendar = Calendar.getInstance();
    thisY = calendar.get(Calendar.YEAR);
    labelId = new JLabel("ID");
    labelId.setSize(30, 20);
    labelId.setLocation(10, 0);
    ID = new Choice();
    ID.setSize(40, 20);
    ID.setLocation(40, 0);
    ID.addItemListener(this);
    for (int i = 0; i < List.size(); i++){
      ID.add(List.get(i) + "");
    }
    ID.select(0);
    selected = ID.getItem(ID.getSelectedIndex());
    this.add(labelId);
    this.add(ID);
    labelY = new JLabel("年份");
    labelY.setSize(30, 20);
    labelY.setLocation(0, 20);
    year = new Choice();
```

```
        year.setSize(60, 20);
        year.setLocation(40, 20);
        year.addItemListener(this);
        for(int i = 0, k = 2012; i < 10; i++, k++) {
            year.add(k + "");
        }
        year.select(0);
        this.add(labelY);
        this.add(year);
        label = new JLabel[12];
        for(int i = 0; i < 12; i++) {
            label[i] = new JLabel("" + (i + 1) + "月");
            label[i].setSize(30, 20);
        }
        field = new JTextField[12];
        for(int i = 0; i < 12; i++) {
            field[i] = new JTextField("" + sum[i]);
            field[i].setSize(40, 20);
            field[i].setEditable(false);
        }
        for(int i = 0, k = 1, j = 2; i < 12; i++, j++) {
            label[i].setLocation(k * 10, j * 20);
        }
        for(int i = 0, k = 1, j = 2; i < 12; i++, j++) {
            field[i].setLocation(k * 40, j * 20);
        }
        for(int k = 0; k < 12; k++) {
            this.add(label[k]);
            this.add(field[k]);
        }
        buttonD = new JButton("清空记录");
        buttonD.setSize(100, 30);
        buttonD.setLocation(50, 300);
        buttonD.addActionListener(this);
        this.add(buttonD);
        this.setLocationRelativeTo(null);
        this.setVisible(true);
    }
    @Override
    public void actionPerformed(ActionEvent e) {                    // 删除考勤记录
      int select = JOptionPane.showConfirmDialog(null, "是否删除？", "确认窗口",
                                                        JOptionPane.YES_NO_OPTION);
        if(select == JOptionPane.YES_OPTION) {
            int select2 = JOptionPane.showConfirmDialog(null, "重新确认，是否删除？", "确认窗口",
                                                        JOptionPane.YES_NO_OPTION);
            if(select2 == JOptionPane.YES_OPTION) {
                Message ms = new Message();
                ms.setMesstype(101);
```

```
            ms.setSender(selected);
            ms.setGetter(selected);
            try{
               ObjectOutputStream oos = new ObjectOutputStream(new ClientSocket().
                                             getClientConnServer(id).getS().getOutputStream());
               oos.writeObject(ms);
               Thread.sleep(100);
            }
            catch(IOException e1) {
               e1.printStackTrace();
            }
            catch(InterruptedException er) {
               e1.printStackTrace();
            }
            for(int i = 0; i < field.length; i++) {
               field[i].setText("0");
            }
         }
      }
   }
   @Override
   public void itemStateChanged(ItemEvent e) {
      Message ms = new Message();
      if(e.getSource() == ID) {
         selected = e.getItem().toString();
         ms.setMesstype(102);                                    // 选择其他 ID 时
      }
      else {
         int y = Integer.parseInt(e.getItem() + "");
         if(y > thisY) {
            for(int i = 0; i < field.length; i++) {
               field[i].setText("0");
            }
         }
         else {
            ms.setMesstype(100);                              // 选择其他年份时
         }
      }
      String date[] = new String[24];
      String yearS = (thisY + "");
      for(int i = 0, k = 1; i < 24; i += 2, k++) {
         date[i] = new String(yearS + "-" + ("" + k) + "-" + "1");
         if(k == 2 || k == 4 || k == 6 || k == 9 || k == 11) {
            date[i + 1] = new String(yearS + "-" + ("" + k) + "-" + "30");
         }
         else {
            date[i + 1] = new String(yearS + "-" + ("" + k) + "-" + "31");
         }
```

```
        }
        ms.setSender(selected);
        ms.setGetter(selected);
        ms.setDate(date);
        try {
            ObjectOutputStream oos = new ObjectOutputStream(new ClientSocket().
                                        getClientConnServer(id).getS().getOutputStream());
            oos.writeObject(ms);
            Thread.sleep(100);
        }
        catch(IOException e1) {
            e1.printStackTrace();
        }
        catch(InterruptedException er) {
            er.printStackTrace();
        }
        int day[] = ManageAttendance.getArray(selected);
        for(int i = 0; i < field.length; i++){
            field[i].setText(day[i] + "");
        }
        validate();
    }
}
```

〖代码 7-61〗 修改 ClientSocketListener 类，增加对员工出勤数据的处理。

```
public void run() {
    …
    // 后续与服务器交互信息的代码加在这里
    else if(ms.getMesstype() == 32) {                    // 各月份签到天数数据
        String id = ms.getSender();
        int sum[] = ms.getDay();
        ArrayList List = ms.getList();
        new CheckAttendance(id, sum, List);
    }
    else if(ms.getMesstype() == 100) {                   // 按员工 ID 查询出勤数据
        String id = ms.getSender();
        int date[] = ms.getDay();
        ManageAttendance.addArray(id, date);
    }
    else if(ms.getMesstype() == 102) {                   // 按年份查询出勤数据
        String id = ms.getSender();
        int date[] = ms.getDay();
        ManageAttendance.addArray(id, date);
    }
    …
}
```

（3）服务器：实现查看、删除考勤数据的功能

当收到客户端查看员工出勤记录时，根据指定的用户和指定的年份/月份（见代码 7-62），

客户服务线程 ClientHandler 从数据库中读取所需数据，并返回给客户端（见代码 7-63）；当收到清空出勤记录时，客户服务线程 ClientHandler 删除指定用户和指定年份的出勤数据（见代码 7-64）。

〖**代码 7-62**〗 修改 ClientHandler 类，增加对类型为 32、100、101、102 消息的处理。

```
public void run() {
    …
    else if(ms.getMesstype() == 32 || ms.getMesstype() == 102) {      // 各月份考勤情况
        String id = ms.getSender();
        String date[] = ms.getDate();
        int sum[] = new JDBC().attendState(id, date);
        System.out.println(sum.length);
        ArrayList List = new JDBC().IDSearch();
        Message mA = new Message();
        mA.setMesstype(ms.getMesstype());
        mA.setSender(id);
        mA.setDay(sum);
        mA.setList(List);
        ObjectOutputStream oos = new ObjectOutputStream(s.getOutputStream());
        oos.writeObject(mA);
    }
    else if(ms.getMesstype() == 100) {          // 选择其他月份
        String id = ms.getSender();
        String date[] = ms.getDate();
        int sum[] = new JDBC().attendState(id, date);
        Message mA = new Message();
        mA.setMesstype(100);
        mA.setSender(id);
        mA.setDay(sum);
        ObjectOutputStream oos = new ObjectOutputStream(s.getOutputStream());
        oos.writeObject(mA);
    }
    else if(ms.getMesstype() == 101) {                         // 删除某 ID 全部记录
        String id = ms.getSender();
        String result = new JDBC().deleteAllAttend(id);
        Message m = new Message();
        m.setMesstype(101);
        m.setContent(result);
        ObjectOutputStream oos = new ObjectOutputStream(s.getOutputStream());
        oos.writeObject(m);
    }
    …
}
```

〖**代码 7-63**〗 修改 JDBC 类，增加按 ID 和年份查看出勤情况的 attendState()方法。

```
public int[] attendState(String id1, String string[]){
    String id = id1;
    String date[] = string;
    int number = 0;
```

```
        int sum[] = new int[12];
        String string1 = new String();
        try {
            Class.forName(driver);
            conn = DriverManager.getConnection(url, userName, sqlpassword);
            System.out.println("数据库连接成功");
            for(int i = 0, k = 0; i < 12; i++, k += 2) {
                stmt = conn.createStatement();
                number = 0;
                String sql = "SELECT  *   FROM  attend   WHERE  time between'" + date[k]
                                                        + "' AND '" + date[k + 1] + "' ";
                rs = stmt.executeQuery(sql);
                while(rs.Next()) {
                    string1 = rs.getString(1);
                    if(string1.equals(id)){
                        number++;
                    }
                }
                sum[i] = number;
            }
            rs.close();
            stmt.close();
            conn.close();
        }
        catch(ClassNotFoundException e) {
            e.printStackTrace();
        }
        catch(SQLException e) {
            e.printStackTrace();
        }
        return sum;                                         // 返回今天是否签到了
    }
```

〖代码 7-64〗修改 JDBC 类，增加查询 ID 和删除出勤记录的 IDSearch()和 deleteAllAttend()方法。

```
    public ArrayList IDSearch(){                            // 得到各 ID
        ArrayList<String> List = new ArrayList<String>();
        try {
            Class.forName(driver);
            conn = DriverManager.getConnection(url, userName, sqlpassword);
            System.out.println("数据库连接成功");
            stmt = conn.createStatement();
            String sql = "select id from userInfo";
            rs = stmt.executeQuery(sql);
            while(rs.Next()){
                List.add(rs.getString(1));
            }
            rs.close();
```

```java
            stmt.close();
            conn.close();
        }
        catch(ClassNotFoundException e) {
            e.printStackTrace();
        }
        catch(SQLException e) {
            e.printStackTrace();
        }
        return List;                                    // 返回各 ID
    }

    public String deleteAllAttend(String id) {          // 删除考勤记录
        try {
            Class.forName(driver);
            conn = DriverManager.getConnection(url, userName, sqlpassword);
            stmt = conn.createStatement();
            String sql = "delete from attend where id = '" + id + "' ";
            stmt.executeUpdate(sql);
        }
        catch(ClassNotFoundException e) {
            e.printStackTrace();
        }
        catch(SQLException e) {
            e.printStackTrace();
        }
        return "Yes";
    }
```

7.3.5 小结和回顾

通过以上增量项目开发，我们最终实现了办公管理系统的预定项目目标。本章实现的 C/S 结构的办公管理系统可方便地在局域网中使用，具有较好的使用性能和一定的应用价值。然而，本系统在代码的实现上需要改进以下问题，由于篇幅有限，本章不进行详细分析和实现，读者可根据自身情况对以上实现的办公管理系统进行修订，以期更好地满足用户的实际需求。

① 客户端在向服务器发送信息请求后需要 sleep 一段时间，才能收到数据。然而实际应用中，我们并不清楚服务器需要多长时间才能返回信息，该问题在用户量比较大、用户访问比较频繁的情况下更为突出。解决方法：使用线程间的互斥技术解决该问题，具体实现方法可参考主教材中局域网聊天器客户端的实现过程。

② 系统对用户的权限判断放在了客户端，这样的权限管理存在安全漏洞，恶意程序可以利用这些漏洞执行一些非法操作。解决方法：将用户是否具有执行某个操作的判定放在服务器中执行，这样不管客户端有没有被恶意使用，都尽可能保证了系统的安全性。

③ 系统没有考虑对各种异常的处理，将导致出现异常后，系统没有办法恢复，系统的可靠性较差。解决方法：在出现异常后，应考虑如何进行异常的恢复。

④ 相对于服务器来说，客户端执行了大量的业务操作，导致客户端代码比较多，使得本

末倒置。解决方法：从系统架构上重新设计服务器和客户端的功能分布。

通过解决以上问题可以提高办公管理系统的软件质量和可靠性。由此可见，在软件项目的开发过程中一定要做好项目需求、考虑软件的可靠性、设计比较合理的软件架构，最终达到好的用户体验。

7.4 软件使用说明

1. 开发环境

Java 集成开发环境：MyEclipse 8.5。

数据库管理系统：MySQL。

数据库配置步骤如下。

Step01：在 MySQL 中创建 office 数据库。

Step02：依次创建 userinfo、publication、message、groups 和 attend 等 5 张数据表。

Step03：在用户表 uerinfo 中创建经理用户（经理用户权限为 mgr，一般用户权限为 user）。也可以直接使用代码 7-65 中的 T-SQL 脚本完成数据库配置。

〖**代码 7-65**〗 office 数据库脚本。

```
create database office;
use office;
create table userinfo(
   id VARCHAR(16)  primary key,
   authority VARCHAR(10)  NOT NULL,
   pass VARCHAR(16) NOT NULL,
   income int NOT NULL,
   age int NOT NULL,
   sex VARCHAR(4) NOT NULL,
   address VARCHAR(100) NOT NULL,
   telpNum VARCHAR(15) NOT NULL,
   QQNum VARCHAR(15) NOT NULL
);

insert into userinfo values('admin', 'mgr', 'admin', 5000, 33, 'm', '广州', '61787330', '123456');
insert into userinfo values('niuniu', 'mgr', 'user', 3500, 20, 'm', '广州', '61787331', '234567');
insert into userinfo values('陈牛牛', '0', '******', 4000, 30, 'm', '广州', '161787331', '654321');
insert into userinfo values('优优', '0', '******', 4000, 30, 'm', '广州', '161787331', '654321');
create table message(
  SenderID VARCHAR(16) primary key  NOT NULL,
  GetterID VARCHAR(16) NOT NULL,
  Cont VARCHAR(150) NOT NULL
);

create table groups(
   id VARCHAR(16) primary key not null,
   groupName VARCHAR(40) not null
);
```

```
create table publication(
   title VARCHAR(40) primary key,
   message TEXT not null,
   time timestamp default  current_timestamp on update current_timestamp
);

create table attend(
   id INT primary key not null,
   userid VARCHAR(16) not null,
   time timestamp default  current_timestamp on update current_timestamp,
   present VARCHAR(10) null
);
```

2. 软件使用方法

软件运行环境：服务器和客户端已经安装 JDK。

软件部署：

- ❖ 服务器——运行（由 MyEclipse 导出的）可执行文件 officeServer.jar。
- ❖ 客户端——在与客户端程序 officeClient.jar 同目录下创建一个文件 server.cfg，文件中填写服务器的 IP 地址，然后运行 officeClient.jar 即可。

本章小结

本章设计并实现了一个 C/S 结构的办公管理系统。本章先对办公管理系统进行需求分析，确定系统的目标；再进行功能分析和软件设计，确定系统的增量开发计划；最后按照增量开发的方法，按照设计的增量分阶段实现每个增量要求的目标。

办公管理系统实现了 4 个增量：搭建系统主体架构、实现员工管理功能、实现公告、实现考勤功能。每个增量使用的技术和案例模版可参考专项实训部分。

本章没有详细介绍功能分析和软件设计部分的通信功能，有兴趣的读者可参考本书案例资源包。

第 8 章　Web 考勤系统

与以往单纯的 Java 项目不同，本章的实训项目将采用 JavaScript 技术，结合服务器 Tomcat 和 MySQL 数据库，实现一个基于 Web 的考勤系统，使读者对 Java 技术的应用有更深入了解。

本系统主要面向学校教务管理人员、教师等用户，是一个为学校各用户提供服务的综合管理系统，重点对考勤系统中的在线记录考勤状态、在线打印考勤状态、自动获得上课时间表、自动获得学生名单、多方面应用共享登录信息等功能进行设计和实现。本系统可以取代传统的手工考勤和统计方式，教务管理人员、教师等用户可以方便地完成学生考勤和考勤统计工作。

8.1　需求分析与项目目标

8.1.1　用例分析

Web 考勤系统需要实现的功能包括：在线记录考勤状态、在线打印考勤状态、自动获得上课时间表、自动获得学生名单、共享登录信息等，其主要用户有管理员、教师和学生。管理员拥有系统中的所有权限，教师则可以对所负责的课程进行考勤、考勤修改、课程考勤情况统计等，而学生则可以查看自己的考勤记录。本系统的使用场景如图 8-1 所示。

所有用户必须登录后才能获取相应用户权限，进而使用考勤系统的相应功能。不同用户在考勤系统中所拥有的权限如下。

❖ 所有用户共享的权限：登录，查看个人基本信息，修改密码。

❖ 学生：查看个人考勤情况。

❖ 教师：增加授课，修改授课，删除授课，获取班级信息，获取学生信息，查看考勤信息，修改考勤信息，查看学生考勤记录，输入规则获取成绩。

❖ 管理员：添加用户，批量添加用户，删除用户，查看用户信息，修改用户信息，添加单元，修改单元，删除单元，添加课程，修改课程，删除课程。

下面用表 8-1 来详细概括图 8-1 中的用例，并对每个用例进行具体描述。

8.1.2　业务流分析

在用户登录前，用户为未认证用户，未认证用户必须登录后才能使用 Web 考勤系统。未认证的用户访问系统时，系统会默认显示登录页，用户必须通过自己的账号和密码来登录。登录界面采用 Ajax 技术进行登录验证，对用户的用户名和密码进行验证，验证后在登录界面通过提示信息，对用户进行提醒。

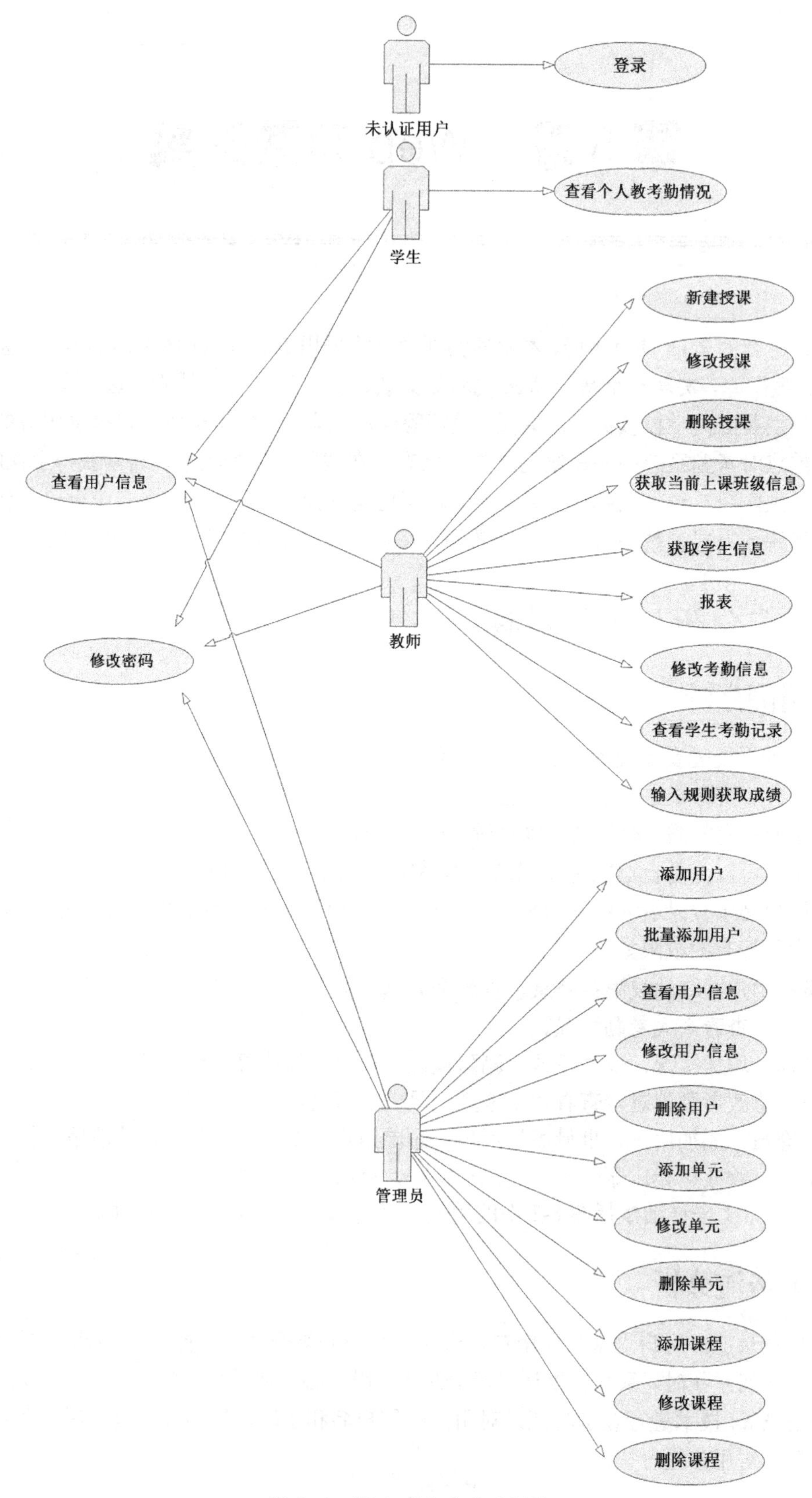

图 8-1　Web 考勤系统用例图

表 8-1　Web 考勤系统用例表

用例编号	用例名称	用例描述
用例 1	登录	共同权限：登录，判断用户是否存在，获得用户头像，验证用户密码是否正确
用例 2	查看用户信息	共同权限：查看用户详细信息
用例 3	修改密码	共同权限：修改当前用户密码
用例 4	获得课程表	共同权限：通过课程的周数、星期数、上课时间、下课时间、相关班级、授课地点等，按照时间安排统计并显示当前用户所有绑定的课程，同时能智能显示即将到来的课程
用例 5	查看班级信息	教师权限：查看某个班级的学生信息
用例 6	修改考勤信息	教师权限：修改考勤信息
用例 7	查看考勤信息	教师权限：查看考勤信息
用例 8	新建授课	教师权限：选择相应的时间、地点和班级
用例 9	修改授课	教师权限：修改相应的时间、地点和班级
用例 10	删除授课	教师权限：判断是否存在数据关联
用例 11	获得学生名单	教师/管理员权限：获得当前课程绑定的班级的所有学生名单，并且根据学生数目生成快捷链接
用例 12	新建用户	管理员权限：新建用户，判断用户名是否重复，用户信息是否正确，班级是否重复，用户角色是否重复
用例 13	修改用户	管理员权限：判断用户名是否重复，用户信息是否正确，班级是否重复用户角色是否重复
用例 14	删除用户	管理员权限：判断用户是否有其他记录
用例 15	新建课程	管理员权限
用例 16	修改课程	管理员权限
用例 17	删除课程	管理员权限
用例 18	批量增加用户	管理员权限
用例 19	新建节	管理员权限：新建一节课
用例 20	修改节	管理员权限：修改一节课的信息

如果用户登录超时，则提示用户登录超时；如果用户名或者密码错误，则提示用户名或密码错误；如果登录成功，考勤系统则对该用户进行记录，并根据用户的类型（学生、教师、管理员），分别显示学生界面、教师界面、管理员界面。图 8-2 是 Web 考勤系统总体业务流。

管理员可以对用户、单元、课程进行操作。管理员登录后，出现管理员首页，管理员可以获取所有的基础数据，包括班级、学生、状态、节、课程名称等。管理员拥有对所有基础数据的修改权限。

以教师身份登录后，系统将进入教师首页，教师可以获得相应的班级信息，获得其授课班级的所有学生的信息，获得各种基础信息，如课程、课程表、班级。教师用户拥有的权限包括：获取上课的学生名单，创建、修改上课时间安排，进行考勤，读取任课班级的相应课程考勤信息等。

以学生身份登录后，进入学生首页，只会获取学生用户的数据，如个人课程表、个人考勤记录、个人请假记录等。学生用户只能查询个人的数据，无法查看其他数据，如其他班级、其他学生的数据。

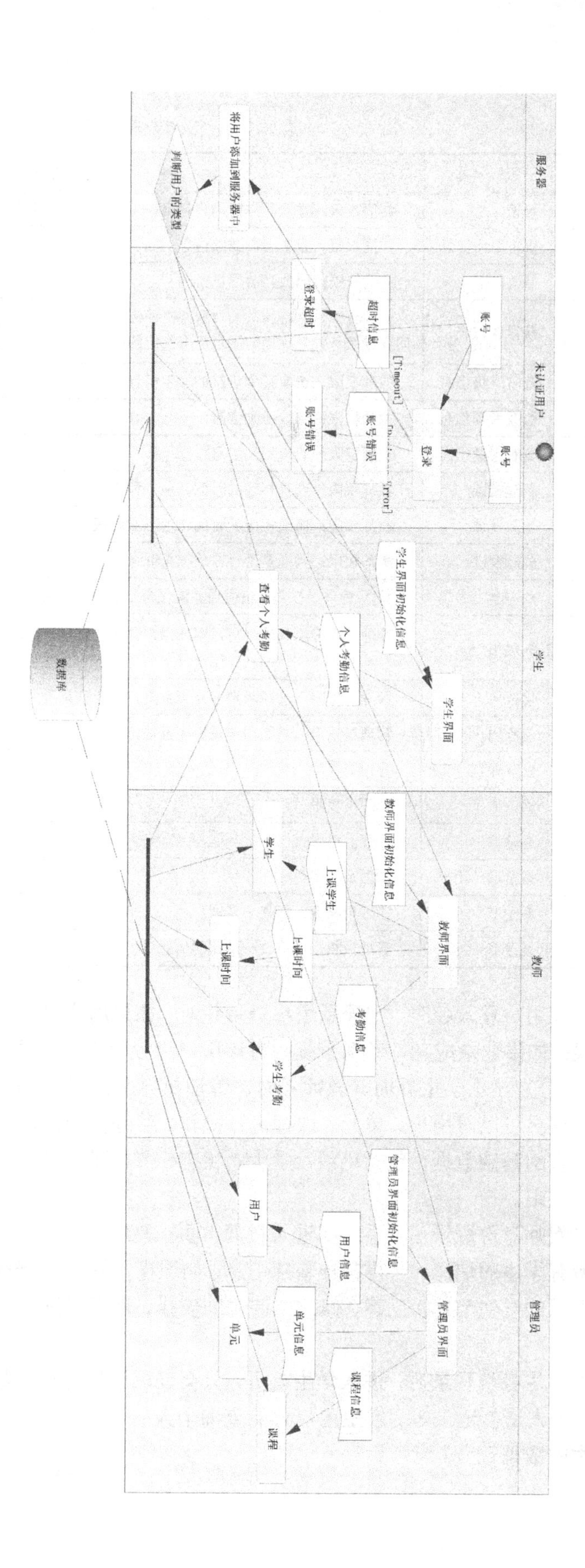

图 8-2 Web 考勤系统业务流

8.2 界面设计

8.2.1 用户登录界面

实现用户登录界面采用的技术是单点登录（Single Sign On，SSO），是目前比较流行的企业业务整合的解决方案之一。SSO 的定义是在多个应用系统中，用户只需登录一次就可以访问所有相互信任的应用系统。

1．技术实现机制

当用户第一次登录系统中任何一个子系统时，系统会根据用户提供的信息进行认证。通过认证后，用户可以继续访问相应权限的功能，同时服务器将该用户的认证信息存储到相应的位置。当用户访问其他子系统时，如果通过浏览器发送的信息和服务器的认证信息相匹配，即可实现统一登录。

2．技术实现优势

用户只需一次登录即可访问系统中所有的子系统，这样不仅减少了用户在使用系统过程中浪费的时间，对于开发人员来说，也可以降低系统开发的难度。各子系统分别进行开发，再进行系统整合，这样方便系统的横向拓展，也方便开发人员进行功能的添加和删除。

考勤系统首页——系统统一登录界面如图 8-3 所示。

图 8-3　用户登录界面

用户在图 8-4 所示界面的账号输入框中输入用户名，系统会自动判断输入是否正确。如果用户什么都不输入或者输入不合法字符，则跳向密码输入框时会提醒用户没有输入或输入错误。这只是本地验证，没有向服务器进行数据验证。用户只需重新激活输入框，便可以取消错误提示，重新输入正确的数据即可。

当界面存在错误提示框时，【登录】按钮不会执行登录操作，必须填写正确的信息方可进行登录操作。

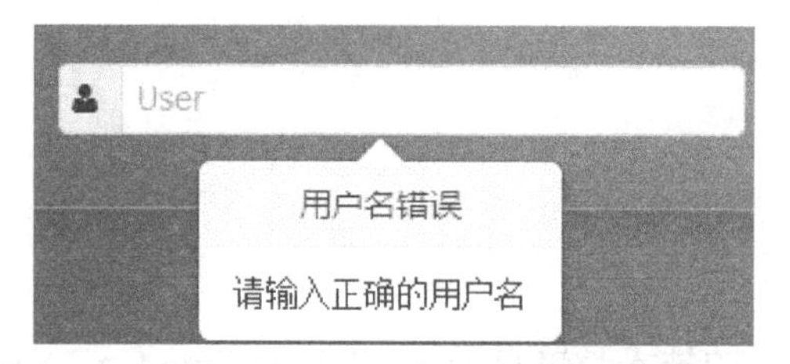

图 8-4　登录界面的用户名输入框：初始界面

如果用户输入可以使用的字符后，则会跳到密码框，界面会发送用户名到服务器进行验证，验证的过程中并不影响用户的其他操作，如输入密码等。

验证完毕，界面会进行提示，如果该用户名并不存在，将弹出用户名不存在（如图 8-5 所示）的提示，如果用户名已经存在，则会动态修改个人头像。

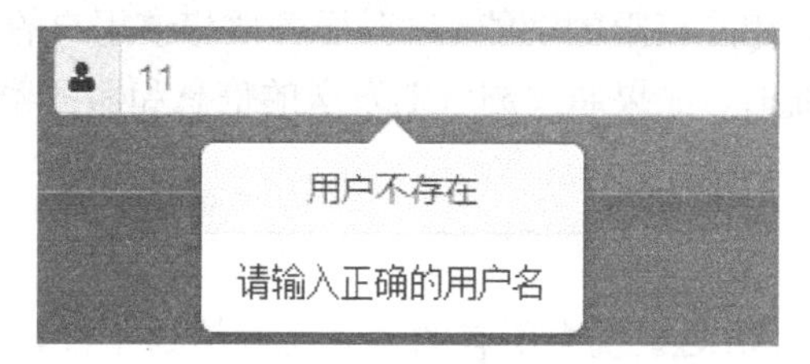

图 8-5　用户不存在的提示

用户名输入完成后，接着输入密码，然后进行登录。在单击【登录】按钮后，系统会向服务器验证用户名和密码的正确性。因为在用户名输入框中已经确定了用户名的正确性，所以在这里只需对该用户的密码进行验证，验证结果会在界面中显示。

如果密码错误，则会在界面上提示密码出错（如图 8-6 所示），必须重新激活密码输入框并重新输入密码。如果再次错误输入，将继续进行提示。如果输入正确，则后台会判断相应的权限并跳转到相应的界面。

图 8-6　密码错误的提示

8.2.2　学生界面

学生用户界面包括 3 个功能模块。

1．查看个人信息

查看个人信息功能可以让学生核对个人信息并随时修改自己的密码，如果信息出现问题，可以提出修改信息的请求。

2．查看课程表

课程设置功能可以自动将课程转换成课程表，学生可以查看自己的课程表。系统主要以班级为单位提供课程表。

3．查看考勤记录

登录后，学生可以查看自己的考勤记录，可以通过选择课程和第几周来准确获得考勤记录，也可以获得自己的所有考勤记录列表。

8.2.3 教师界面

教师用户界面包括 4 个功能模块。

1．查看个人信息

查看个人信息功能可以让教师核对个人信息并修改自己的密码。如果教师信息出现错误，可以向学校提出修改信息的请求。

2．课程表管理模块

教师必须设置个人的课程表，包括：课程名、上课时间、上课地点和相应的班级。设置完成后，自动生成个人的课程表。教师对自己的课程表也可以进行修改。

3．考勤模块

教师在上课时间可以进行课堂考勤，考勤时只需对学生的考勤状态进行标记即可。教师还可以查看考勤记录，包括整个班级的考勤记录、每个学生的考勤记录、请假列表等。

4．下载模块

教师端可以下载 Excel 格式的考勤记录表，还可以通过设置单项分数自动计算课堂考勤总分数。

8.2.4 管理员界面

管理员用户界面包括 6 个功能。

1．查看个人信息

查看个人信息功能可以让管理员核对个人信息并修改自己的密码。如果信息出现错误，可以进行修改。

2．角色管理

角色管理模块可以区分各种用户角色，本系统提供三种角色，分别为管理员、教师和学生，不同的角色将有不同的用户界面和功能。

3．用户管理

管理员对用户拥有完整的管理权限，包括增加、修改和删除等操作。

4．班级管理

管理员对班级拥有完整的管理权限，包括增加、修改和删除等操作。

5．课程名称管理

管理员对课程名称拥有完整的管理权限，包括增加、修改和删除等操作。

6．查看操作记录

管理员可以查看自己的操作记录。

8.2.5 界面效果

1．个人信息界面

学生、教师和管理员都可以查看个人信息，但只有管理员具有修改权限（如图 8-7 所示）。

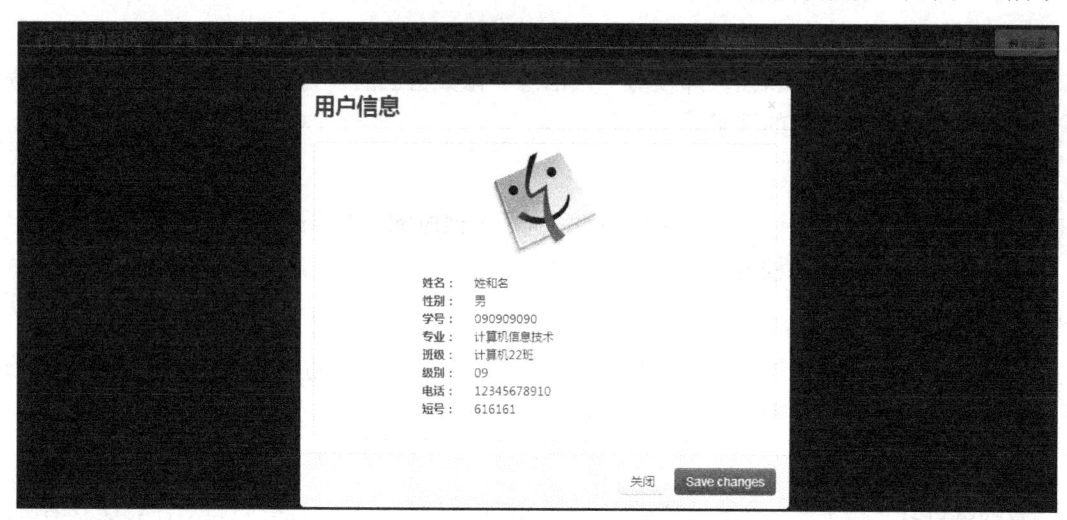

图 8-7 个人信息界面

2．管理员界面

管理员界面（如图 8-8 所示）包括用户管理、单元管理、课程管理、权限管理、状态管理，每个子模块都包括相应的增、删、查、改功能。

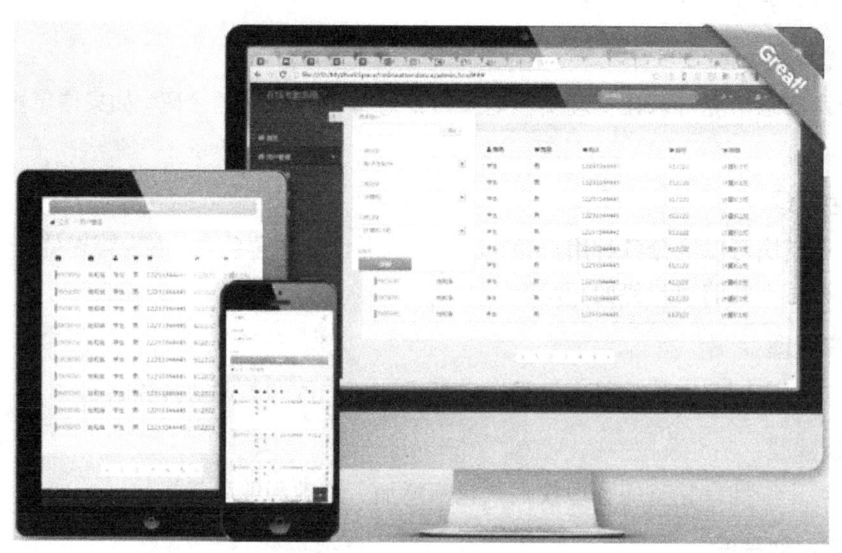

图 8-8 管理员界面

在管理员界面左侧是菜单栏（如图 8-9 所示），管理员可以进行用户管理、单元管理、课程管理、权限管理、状态管理等操作。

（1）用户管理

用户管理是对相应用户的添加、修改、删除操作。单击【用户管理】，弹出“用户选择筛选”面板（如图 8-10 所示），其中提供了根据角色和班级进行选择的两种筛选器。

图 8-9　管理员菜单栏

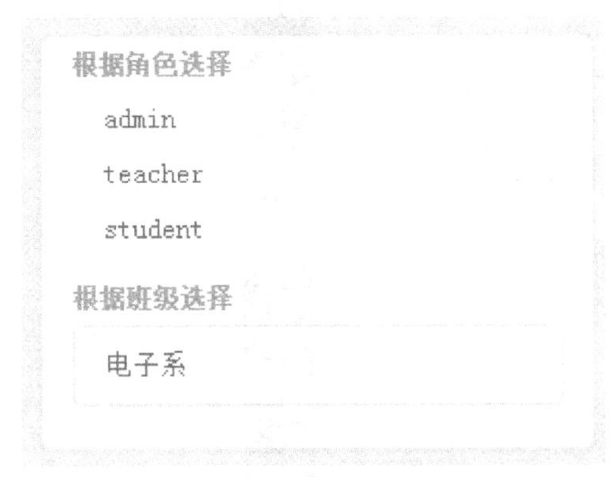

图 8-10　“用户选择筛选”面板

“角色选择”会对符合类型的列表项进行显示，不符合的项进行隐藏，这样可以方便地对用户进行管理。

“班级选择”会向服务器发送请求，以获取相关用户数据，班级是以无限级数的数据结构形式设计的，所以理论上，界面会显示一个无限级的菜单。但是根据实际的条件，任何单位都不会有一个无限级的部门列表，所以用“多级抽屉”来显示班级之间的关系，顶级班级是最大的抽屉，然后形成一棵班级树。

假设系统运行在一个由系、专业、班级组成的组织部门中，这样菜单会有三级，即系别、专业、班级，人员均会存放在底层的单位中，所以系下面没有相应的人员，专业下面也没有相应的人员显示，只有班级下面会绑定相应的人员。

单击“电子系”后，电子系的抽屉打开，下面会有“电子系”包含的所有下级菜单，也就是该系的所有专业，同样在专业下会包含相应的班级（如图 8-11 所示）。

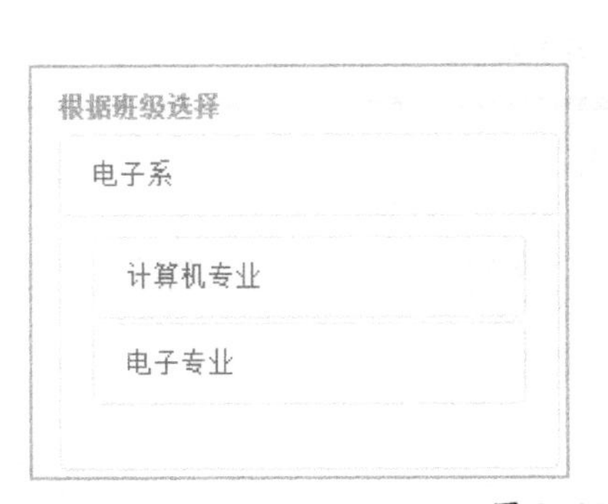

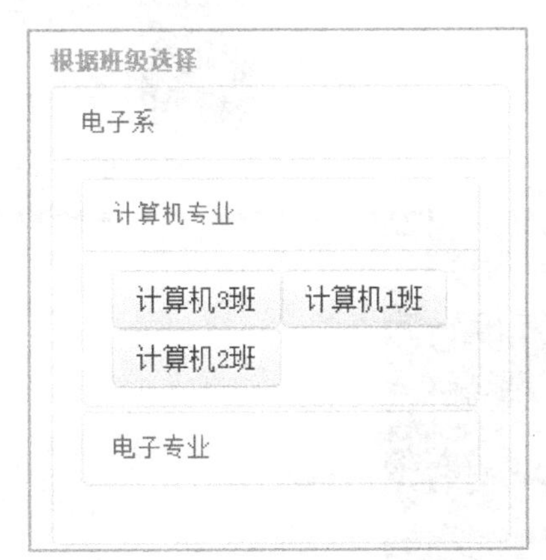

图 8-11　根据班级筛选

由于菜单始终置顶并且固定于相对位置，因此菜单采用的策略是只显示“单一抽屉”，即不能同时打开两个专业的班级列表，当打开另一个专业时，之前打开的班级列表抽屉会自动闭合，这样既节省空间，又能明显地显示相关信息（如图 8-12 所示）。菜单使用了置顶并且固定位置，所以我们通过功能按钮来打开、关闭菜单，这样能最大程度地使用空间，方便用户操作。

主页
用户管理
根据角色选择
admin
teacher
student
根据班级选择
电子系
计算机专业
电子专业
电子1班
电子2班
电子3班

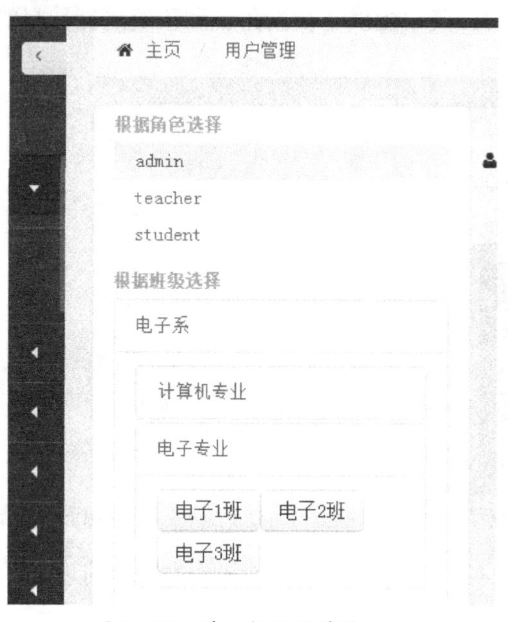

图 8-12　单一抽屉式筛选面板

单击按钮会隐藏菜单，这时按钮指针指向外侧，提示操作人员可以向外展示更多功能。同样，打开菜单后，按钮的指针指向内侧，提示操作人员可以对菜单进行闭合操作（见图 8-16）。

单击任意一个班级后，系统将显示如图 8-13 所示的班级管理筛选界面；隐藏筛选栏，即可看到整个用户列表（如图 8-14 所示）。

线考勤系统
主页
用户管理
序号
学号

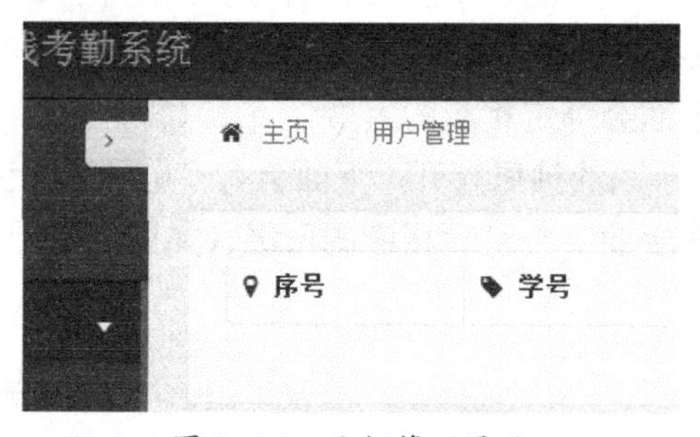

图 8-13　班级管理界面

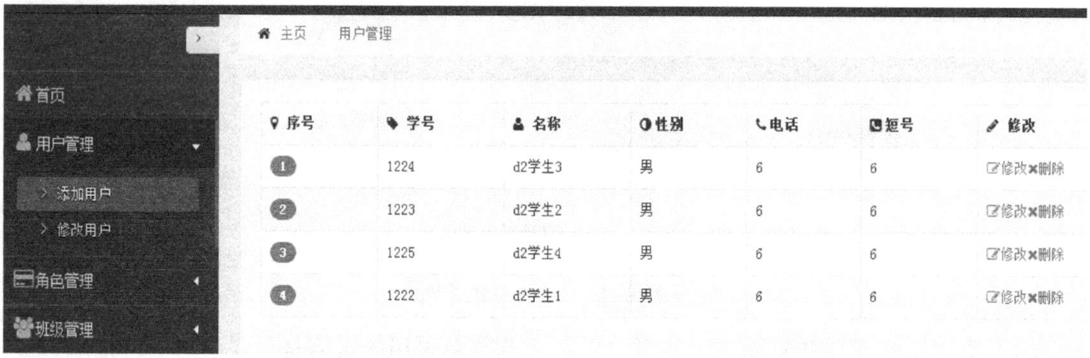

主页
用户管理
首页
用户管理
添加用户
修改用户
角色管理
班级管理
序号
学号
名称
性别
电话
短号
修改
1
1224
d2学生3
男
6
6
修改
删除
2
1223
d2学生2
男
6
6
修改
删除
3
1225
d2学生4
男
6
6
修改
删除
4
1222
d2学生1
男
6
6
修改
删除

图 8-14　人员列表

① 添加用户

单击管理员菜单栏的“添加用户”选项，弹出“添加用户”对话框（如图 8-15 所示），提供的用户信息分别为头像、学号、姓名、性别、班级、电话、短号、用户角色等。其中，学号不允许重复；姓名必须是 2～4 个中文字符；性别必须选择，默认为男；班级必须选择，而且不能重复选择，班级可以多个，但是每个班级只能选一次；电话为 11 位手机号码，短号为 5～6 位手机号码；用户角色必须选择，且不能重复选择，角色可以多个，但是每个只能选择一次。

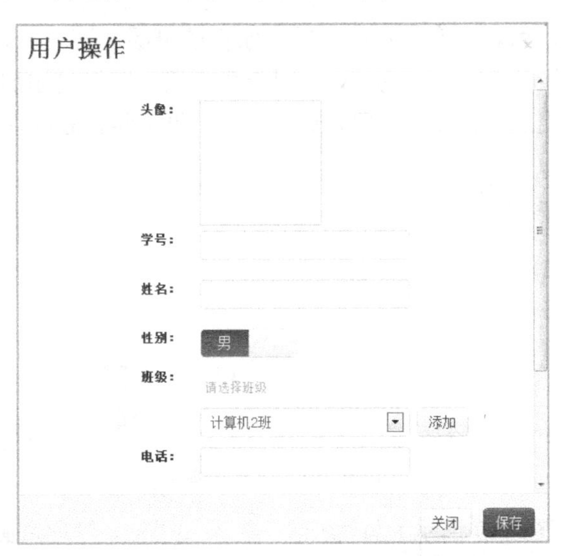

图 8-15 “添加用户”对话框

当操作焦点（闪烁光标）离开学号框时，会自动进行验证，判断学号的正确性。如果用户学号格式正确，系统会验证学号是否存在。当学号格式不正确或者已经存在时，输入框会显示红边以提醒管理员，此红边在用户选择学号框时会自动消失，表示可以修改学号。学号修改完成后，系统会重新进行判断（如图 8-16 所示）。

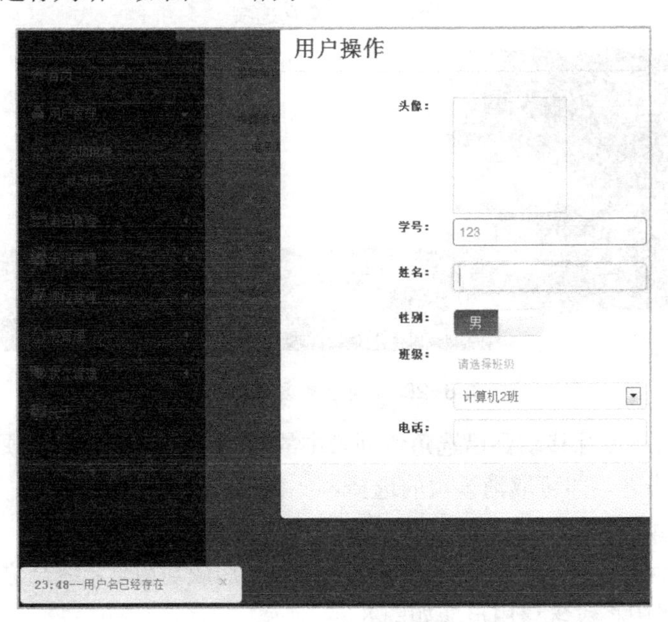

图 8-16 用户学号出错

输入正确的学号后，系统会为学号框添加绿色边框，表示学号输入正确。

“性别”选项是一个开关按钮，单击或者拖动该按钮，即可实现选择（如图 8-17 所示），蓝色的表示已选中，白色的表示没有选中。

性别：男　　　　性别：女

图 8-17　性别选项

在选择“班级”时，列表中会显示所有符合条件的班级，管理员只需选择后单击【添加】按钮，即可添加所属班级（如图 8-18 所示），同一个班级不能重复添加。每添加一个班级，系统都会判断班级是否重复选取，如果重复，则出现警告框提示，提示管理员选择其他班级或者退选。

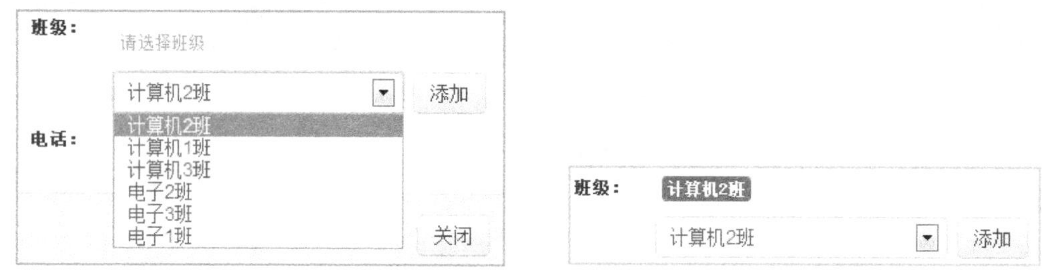

图 8-18　班级选项

“角色”的添加（如图 8-19 所示）与“班级”的添加类似，管理员必须按照规则选择角色，然后单击【添加】按钮，即可添加到角色列表里面。当添加的角色已经选取时，系统会通过弹出提示框和警告框（如图 8-20 所示）来提示管理员选择其他班级或者退选。

角色：请选择角色

teacher　添加

图 8-19　角色选项

图 8-20　角色重复选择提示

“角色”退选：将鼠标移动到已选角色列表中的角色上，选中的角色项将变为灰白色（如图 8-21 所示），单击之，即可取消该项的选择。

上述信息填写或者选择完成后，如果所有项都填写完整并且检验合格（如图 8-22 所示），管理员通过单击【保存】按钮来完成用户添加。用户添加成功后，系统会进行提示（如图 8-23 所示），在相应班级中将包含该用户（如图 8-24 所示）。

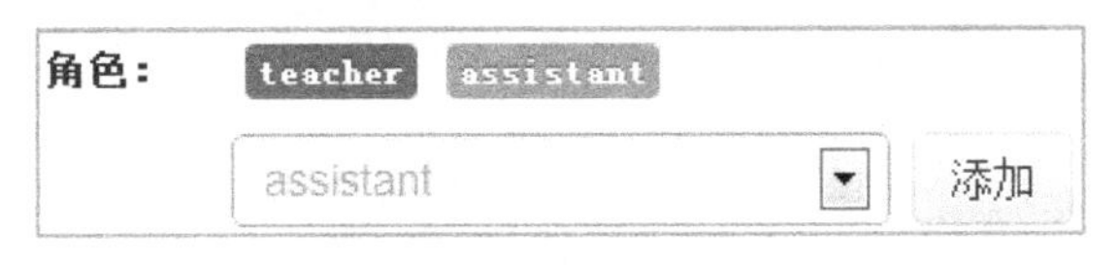

图 8-21　角色退选

图 8-22　完成用户添加

23:24--添加用户成功!

图 8-23　用户添加成功

图 8-24　新添加的用户

② 修改用户信息

管理员选中某个用户后，单击“修改”选项，会在添加框中先预填该用户的基础信息（如图 8-25 所示），此时可以根据这些基础信息进行修改。预填的信息为用户的基本信息，对其修改后单击【保存】按钮来保存，或者单击【关闭】按钮取消保存。

（2）班级管理

班级管理是对相应班级的添加、修改、删除操作。单击“班级管理”后，显示如图 8-26 所示的班级管理界面。选择班级后，将向服务器请求相应的人员数据。人员数据包括序号、学号、姓名、性别、电话、短号和修改等数据项。

在“班级管理”界面中，班级出现在一棵树的叶子节点上（如图 8-27 所示），以缩进的方式显示根和子节点。每个节点单元都可以进行添加和修改。

（3）课程管理

课程管理是对相应课程的添加、修改、删除操作。“课程管理”界面中列出了课程名称、是否启用等项（如图 8-28 所示），可对课程名进行修改。

添加课程界面（如图 8-29 所示）中可以添加课程的名称，设置课程是否启用。

图 8-25　用户信息修改

根据角色选择

根据班级选择

电子系

计算机专业

计算机3班

计算机1班

计算机2班

电子专业

名称	性别	电话	短号	修改
3学生3	男	6	6	修改 删除
3学生2	男	6	6	修改 删除
3学生4	男	6	6	修改 删除
3学生1	男	6	6	修改 删除

图 8-26　班级管理

图 8-27　班级

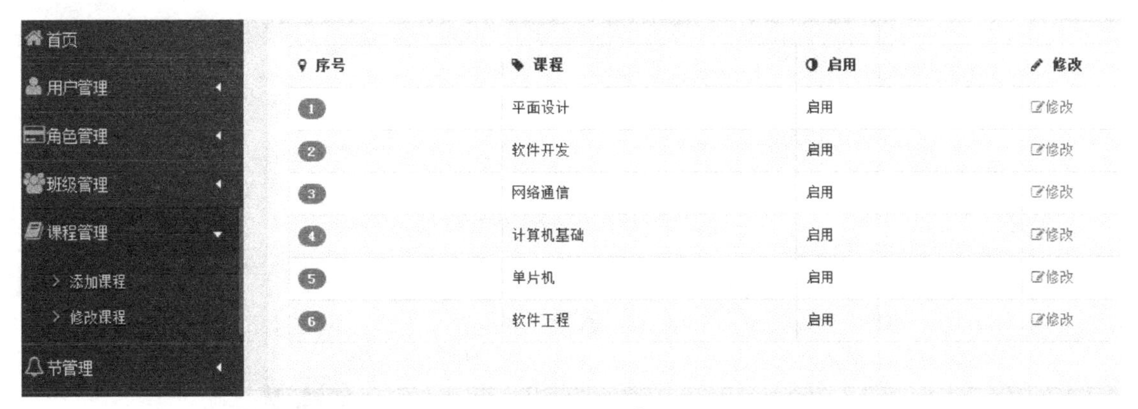

图 8-28　课程管理

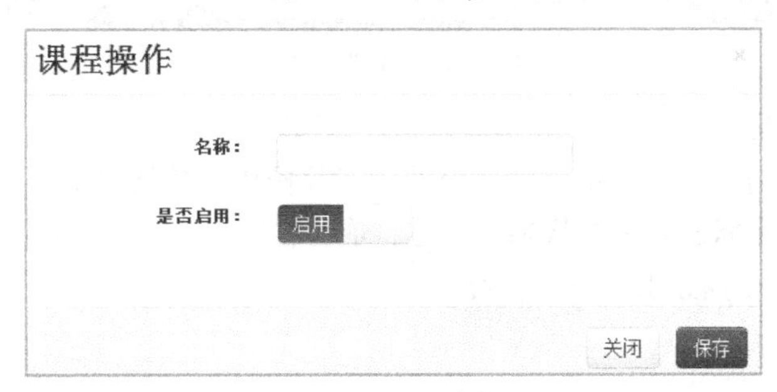

图 8-29　添加课程

（4）节管理

节管理是对相应一节课的添加、修改、删除操作。管理员可以从中创建一节课、修改一节课的信息。每节课的信息有“名称”、“开始”时间、“结束”时间等项（如图 8-30 所示）。

首页
用户管理
角色管理
班级管理
课程管理
节管理
添加节
修改节
状态管理
关于

序号	名称	开始	结束	启用	修改
1	1	13:00	13:45	启用	修改
2	1	12:00	12:45	启用	修改
3	1	14:00	14:45	启用	修改
4	1	15:00	15:45	启用	修改
5	1	09:00	09:45	启用	修改
6	1	16:00	16:45	启用	修改
7	1	17:00	17:45	启用	修改
8	1	08:00	08:45	启用	修改
9	1	10:00	10:45	启用	修改
10	1	18:00	18:45	启用	修改
11	1	11:00	11:45	启用	修改

图 8-30　节管理

“添加节”界面（如图 8-31 所示）中可以设置一节课的“名称”“开始时间”“结束时间”和“是否启用”。

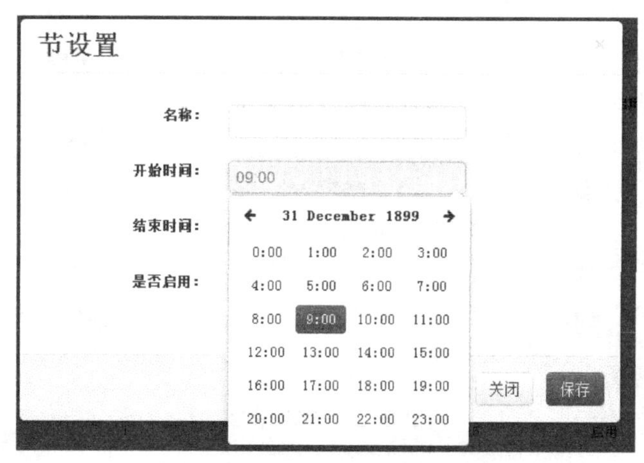

图 8-31　添加一节课

（5）出勤状态管理

出勤状态管理是对相应状态的添加、修改、删除操作，默认包括“早退”“缺勤”“已到”“请假”和“迟到”5 个状态。每个状态有名称、是否启用等信息，管理员可以通过“修改”选项进行修改（如图 8-32 所示）。

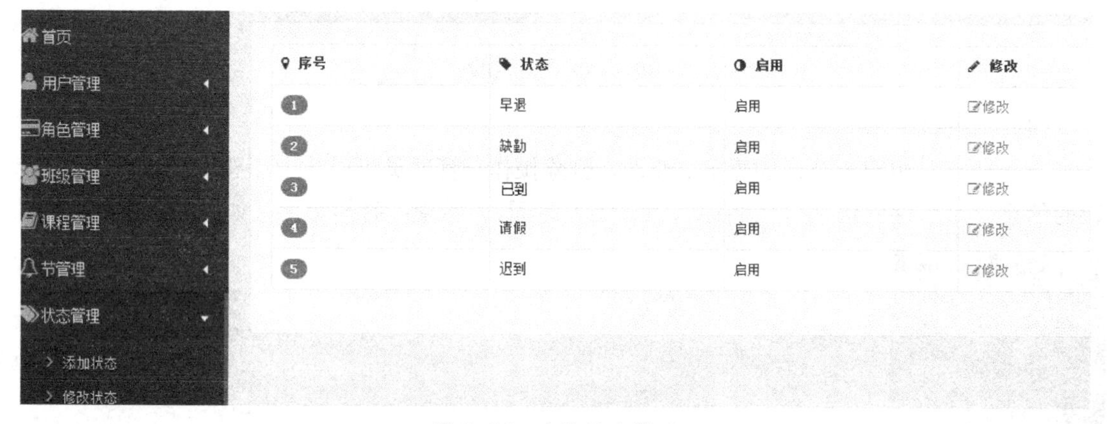

图 8-32　出勤状态管理

“状态操作”界面（如图 8-33 所示）中可以设置状态“名称”和“是否启用”等。

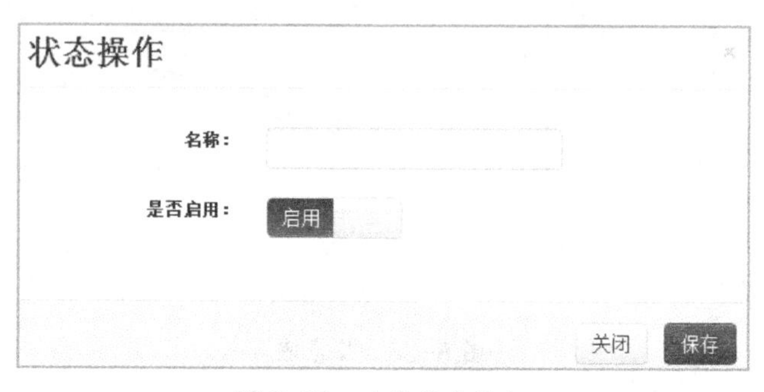

图 8-33　出勤状态添加

（6）角色管理

角色管理是对相应角色的添加、修改、删除操作（如图 8-34 所示），包括角色的“名称”“权限”和“是否启用”的设置。

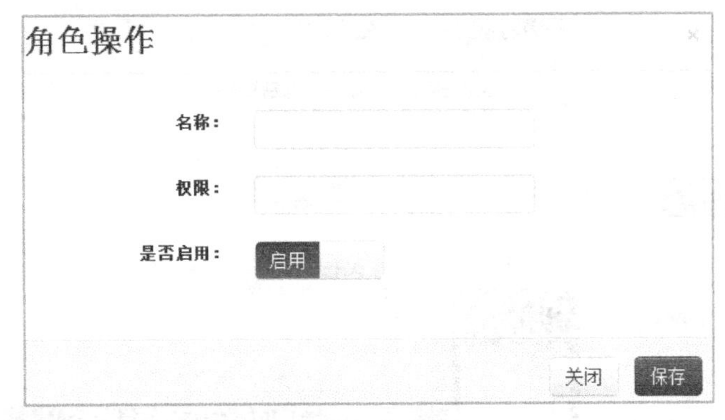

图 8-34　角色管理

（7）系统设置界面

系统设置界面中可以设置考勤系统的相关信息（如图 8-35 所示）。

（8）系统连接界面

系统连接界面中可以快速访问其他角色（如图 8-36 所示）。

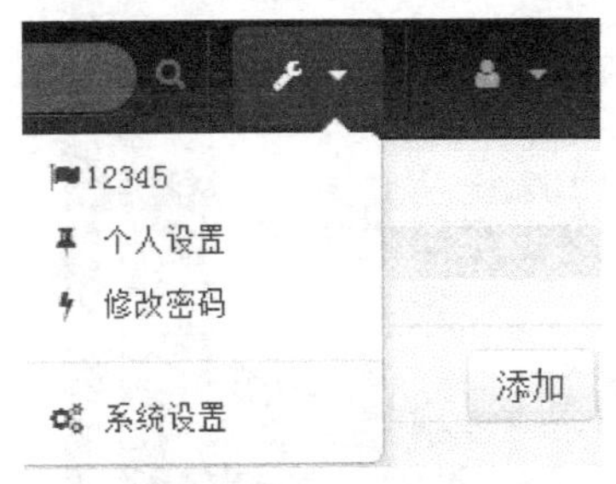

图 8-35　系统设置

图 8-36　系统连接

3．教师导航条

教师可以通过导航条（如图 8-37 所示）使用相关功能，包括查看课程表、查看学生列表、考勤、查看考勤记录等。

图 8-37　导航条

4．课程表界面

课程表界面（如图 8-38 所示）分为教师和学生两种，分别显示不同的课程表数据。

5．考勤界面

本系统提供两种考勤界面，供教师使用。考勤界面 1（如图 8-39 所示）以比较大的字体显示单个学生的信息，其中的 5 个按钮对应不同的出勤状态。考勤界面 2（如图 8-40 所示）显示学生列表，并在每个学生名字下显示 5 个按钮，对应不同的出勤状态。

6．查看考勤记录界面

教师可以通过选择课程和时间来查看考勤记录（如图 8-41 所示），既可以查询班级的记录（如图 8-42 所示），也可以查看单个学生的出勤记录，还可以对班级考勤记录进行统计和以 Excel 表格形式下载。学生只能查看自己的考勤记录。

图 8-38　课程表界面

图 8-39　考勤界面 1

图 8-40　考勤界面 2

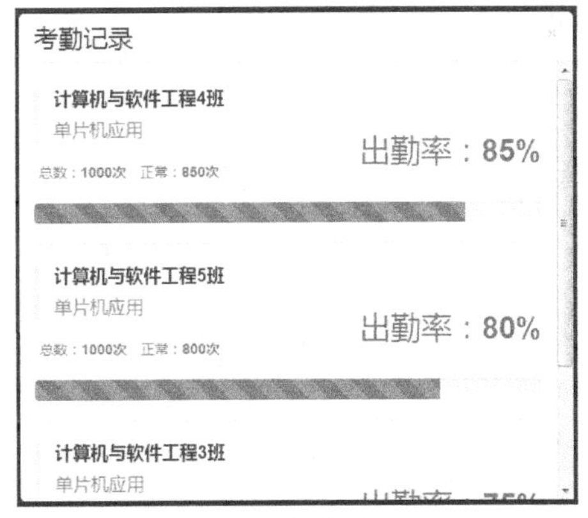

图 8-41 班级考勤记录界面

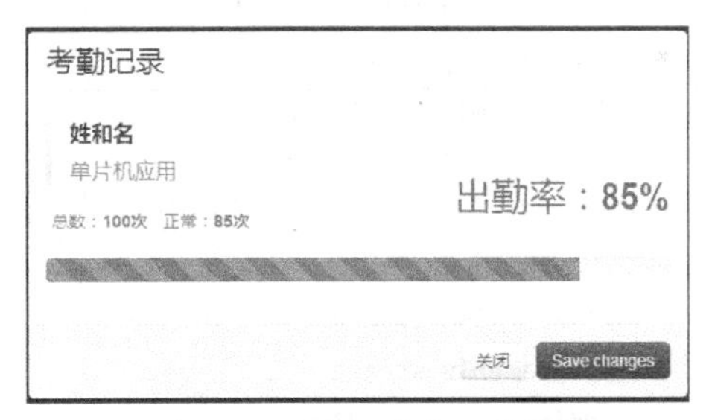

图 8-42 个人考勤记录界面

8.2.6 界面设计技术——响应式设计

响应式 Web 设计（Responsive Web Design）的理念是，界面的设计和开发应当根据用户行为、设备环境（系统平台、屏幕尺寸、屏幕定向等）进行相应的响应和调整。具体的实现方式由多种元素组成，包括弹性网格和布局、图片、CSS Media Query 的使用等。无论用户使用的是笔记本还是 iPad，我们的界面都能够自动切换分辨率、图片尺寸及相关脚本功能等，以适应不同设备；换句话说，界面应该有能力去自动响应用户的设备环境。这样，我们就可以不必为每种新设备进行专门的版本设计和开发。

1. 响应式设计方法

响应式网站的设计使用 CSS Media Query，即对@media 规则的扩展和基于比例的流式网格和自适应大小的图像的支持，以适应不同大小的设备。

Media Query 允许网页根据访问站点设备的特点而使用不同 CSS 样式规则，最常用的规则是浏览器的宽度。

流式网格要求界面元素使用相对单位如百分比或 EM 调整大小，而不是绝对的单位，如像素或点。

CSS3 支持 CSS2.1 所支持的所有媒体类型，如 screen、print、handheld 等，同时添加了很多涉及媒体类型的功能属性，包括 max-width（最大宽度）、device-width（设备宽度）、orientation（屏幕定向，横屏或竖屏）和 color。在 CSS3 发布之后出现的新产品，如 iPad 或 Android 等相关设备，都可以完美支持这些属性。所以，Media Query 可以为新设备设置独特的样式，而忽略那些不支持 CSS3 的台式机中的旧浏览器。

CSS3 专有的 Media Query 可以创建响应式 Web 设计（见代码 8-1），可以更快、更方便地实现功能，如 min-width 和 max-width 属性。在浏览器窗口或设备屏幕宽度高于某个值的情况下，min-width 可以为界面指定一个特定的样式表，max-width 则反之。

程序源代码

〖代码 8-1〗 Media Query 设计。

```
/* -----Smartphones(portrait and landscape)----- */
@media only screen
and(min-device-width : 320px)
and(max-device-width : 480px) {
```

```
    …                                /* Styles */
}

/* -----Smartphones(landscape)----- */
@media only screen
and(min-width : 321px) {
    …                                /* Styles */
}

/* -----Smartphones(portrait)----- */
@media only screen
and(max-width : 320px) {
    …                                /* Styles */
}
```

代码 8-2 通过对各种设备进行判断，以得到最佳的样式。从大屏幕（分辨率大于 1200px）、普通屏幕（分辨率小于 1200px 大于 980px）、横放的平板电脑（分辨率小于 980px 大于 768px）到普通手机和平板电脑（分辨率小于 768 px 大于 480px）、普通手机（分辨率小于 480px），界面中的每个元素可以通过条件判断进行自定义，这样在界面载入的时候会自动根据分辨率的大小选择相应的样式。

〖**代码 8-2**〗 根据不同设备设置分辨率。

```
@media (min-width: 1200px) {  }
@media (min-width: 980px) and (max-width: 1199px) {  }
@media (min-width: 768px) and (max-width: 979px) {  }
@media (min-width: 481px) and (max-width: 767px) {  }
@media (max-width: 480px) {  }
```

8.3 软件设计

8.3.1 系统架构设计

本系统采用四层结构来构建（如图 8-43 所示），由下到上分别为用户接口（Interface）层、应用（Application）层、领域（Domain）层和基础设施（Infrastructure）层。

用户接口层包含与其他系统进行交互的接口和通信设施，是与其他系统发生信息交互的接口，其主要技术方法有 Servlet、Java 远程方法调用（RMI）等。该层主要由 Façade、DTO、Assembler 三类组件构成。

应用层主要的组件是 Service，所有的 Service 只负责协调并委派业务逻辑给领域对象进行处理，其本身并未真正实现业务逻辑，绝大部分的业务逻辑都由领域对象承载和实现。应用层会与许多其他组件进行交互，包括其他 Service、领域对象、Repository（仓储）。

领域层是整个系统的核心层，实现大部分业务逻辑。领域层包含 Entity（实体）、Value Object（值对象）和 Repository（仓储）等重要的领域组件。

基础设施层为用户接口层、应用层和领域层提供支撑。所有与具体平台、框架相关的实现会放在 Infrastructure 中，避免其他三层特别是领域层掺杂进这些实现，从而“污染”领域模型。Infrastructure 中最常见的一类设施是对象持久化。

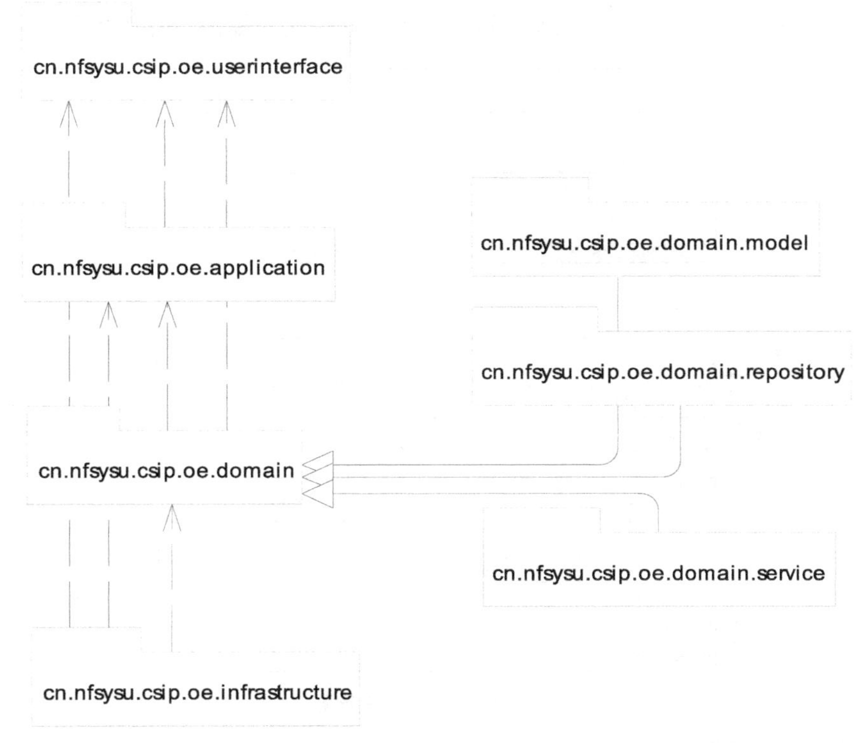

图 8-43　Web 考勤系统架构

8.3.2　基础设施层

1．主要的类

① 数据库连接辅助类（如图 8-44 所示）的主要作用是获取数据库连接并保持有一定量的数据库连接池，从而达到快速连接数据库的需要。其中，连接池使用了 C3P0 类库，可以在配置文件中对相应的参数进行设置，也可以选择是否使用连接池。getConnection()方法可以获得 Connection 实例。

② 配置文件辅助类（如图 8-45 所示）主要提供了读取配置文件的功能，包括数据库连接的配置信息，如 C3P0 连接池的配置信息。

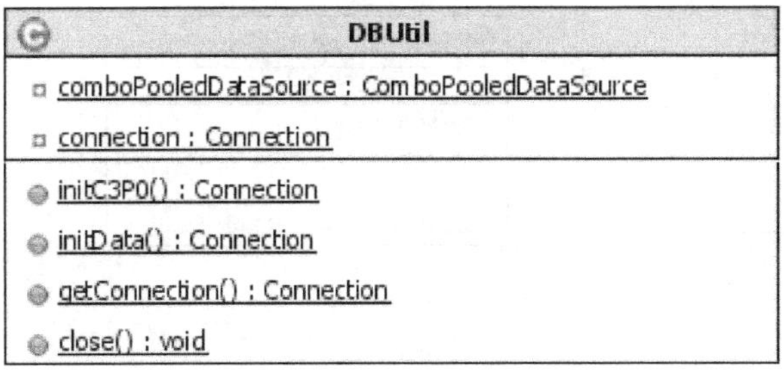

DBUtil
comboPooledDataSource : ComboPooledDataSource
connection : Connection
initC3P0() : Connection
initData() : Connection
getConnection() : Connection
close() : void

图 8-44　数据库连接辅助类

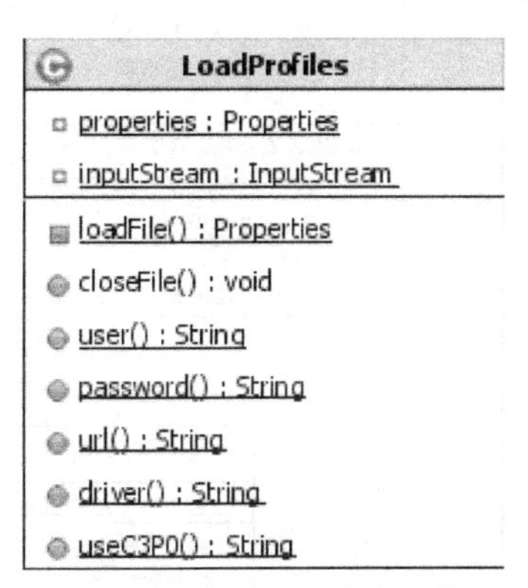

图 8-45　配置文件辅助类

③ 序列化辅助类（如图 8-46 所示）可以将内存中的对象序列化到硬盘，再从硬盘反序列

化到内存中，这样可以保持对象的状态。该功能可以通过接口提供的方法使用。

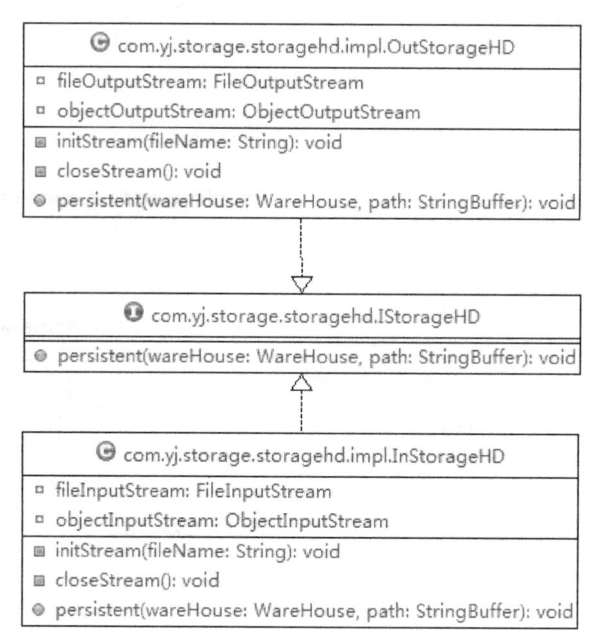

图 8-46　序列化辅助类

④ 持久化辅助类（如图 8-47 所示）是通过对 Model 的操作将其持久化到数据库中。通过接口中的 doModel()方法来实现，子类必须实现超类中声明的 initExportSql()方法来获得 SQL 语句，并且用 doModel()方法将数据保存到数据库。

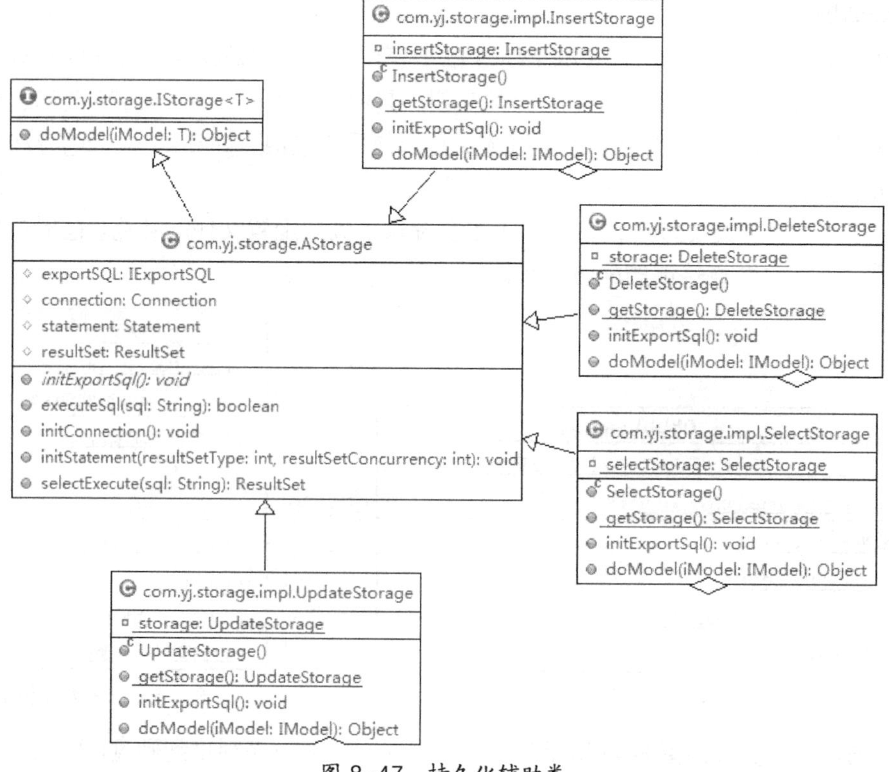

图 8-47　持久化辅助类

⑤ 资源库管理类（如图 8-48 所示）通过持有一个资源库的 Map 容器来对资源库进行管理。该 Map 容器使用了 JDK1.5 中新的 API，在多线程的环境下可以保证对资源库的操作是同步的，可以通过方法 putIfAbsent()、remove()、replace()的原子性来保证。

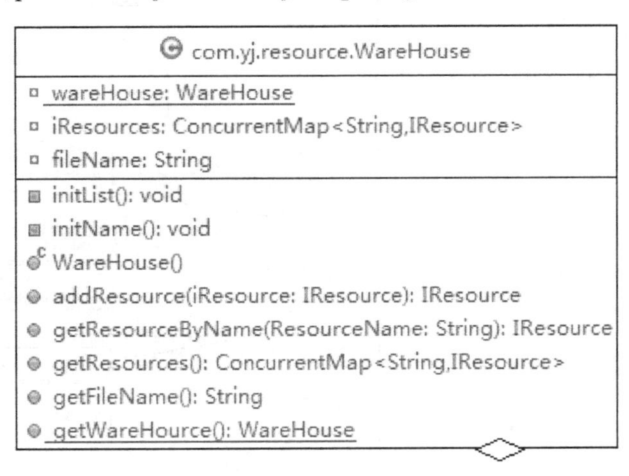

图 8-48　资源库管理类

ConcurrentMap 常用的方法如下。

① putIfAbsent(K key, V value)：如果 key 已经不再与某个值相关联，则将它与 value 关联，该操作是原子的。

② remove(Object key, Object value)：只有 key 的条目映射到给定值时，才移除该键的条目，该操作是原子的。

③ replace(K key, V value)：只有目前 key 的条目映射到某一值时，才替换该键的条目为 value，该操作是原子的。

④ replace(K key, V oldValue, V newValue)：只有目前 key 的条目映射到 oldValue 时，才替换该键的条目为 newValue，该操作是原子的。

⑤ 通过对 SQL 语句的封装类（如图 8-49 所示），可以获取每个操作的 SQL 语句，从而方便数据库存取。

⑥ 通过一个事件队列（如图 8-50 所示）持有用户所有请求的事件，队列使用了 BlockingQueue，在获取元素时等待队列变为非空，以及存储元素时等待空间变得可用。BlockingQueue 实现是线程安全的。所有排队方法都可以使用内部锁或其他形式的并发控制来自动达到它们的目的。

BlockingQueue 常用操作方法如下。

① add(anObject)：把 anObject 加到 BlockingQueue 中，如果 BlockingQueue 可以容纳，则返回 true，否则抛出异常。

② offer(anObject)：将 anObject 加到 BlockingQueue 中，如果 BlockingQueue 可以容纳，则返回 true，否则返回 false。

③ put(anObject)：把 anObject 加到 BlockingQueue 中，如果 BlockingQueue 没有空间，则调用此方法的线程被阻断，直到 BlockingQueue 中有空间再继续。

④ poll(time)：取走 BlockingQueue 中排在首位的对象，若不能立即取出，则可以等待 time 参数规定的时间，取不到则返回 null。

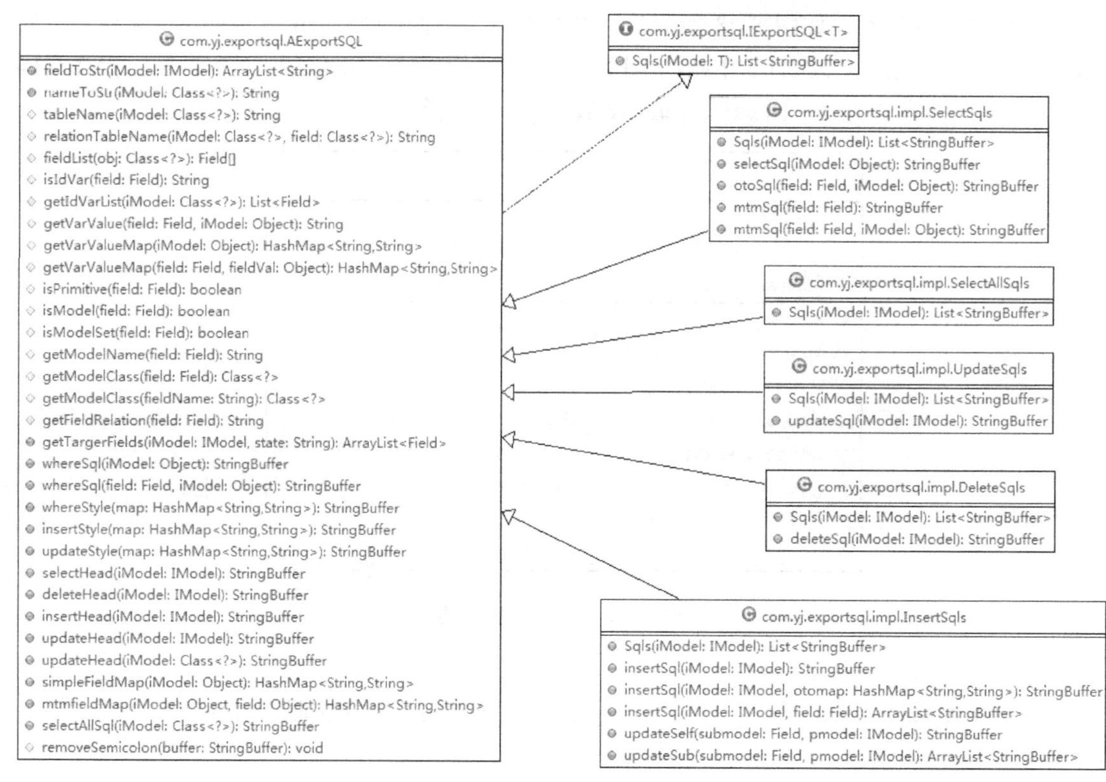

图 8-49　SQL 语句封装类

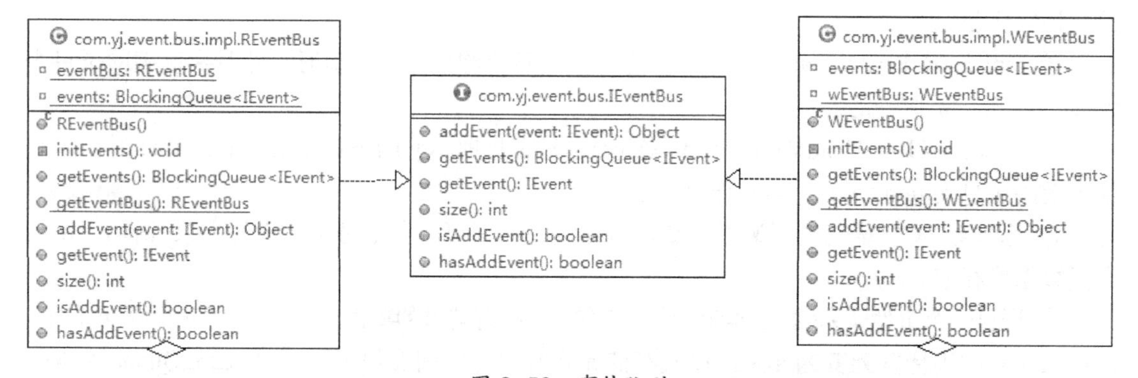

图 8-50　事件队列

⑤ take()：取走 BlockingQueue 中排在首位的对象，若 BlockingQueue 为空，则阻塞并进入等待状态，直到 BlockingQueue 有新的对象被加入为止。

通过事件（如图 8-51 所示）进行数据传递，事件接口提供了 doThings()和 notifyResource()方法，分别是事件的执行和回调接口。事件组件可以降低系统的耦合，各松散耦合的组件和服务之间可以通过事件来进行数据传递。

2．方法思想

（1）单例模式

Warehouse 仓库类（见代码 8-3）和 EventBus 事件队列在系统中都只能有一个实例，所有的服务都会使用到同一个实例。单例模式有两种：懒汉模式、饿汉模式。懒汉模式是时间换空间，用到了才进行实例化；而饿汉模式是采用空间换取时间，一开始就直接实例化。对于项目

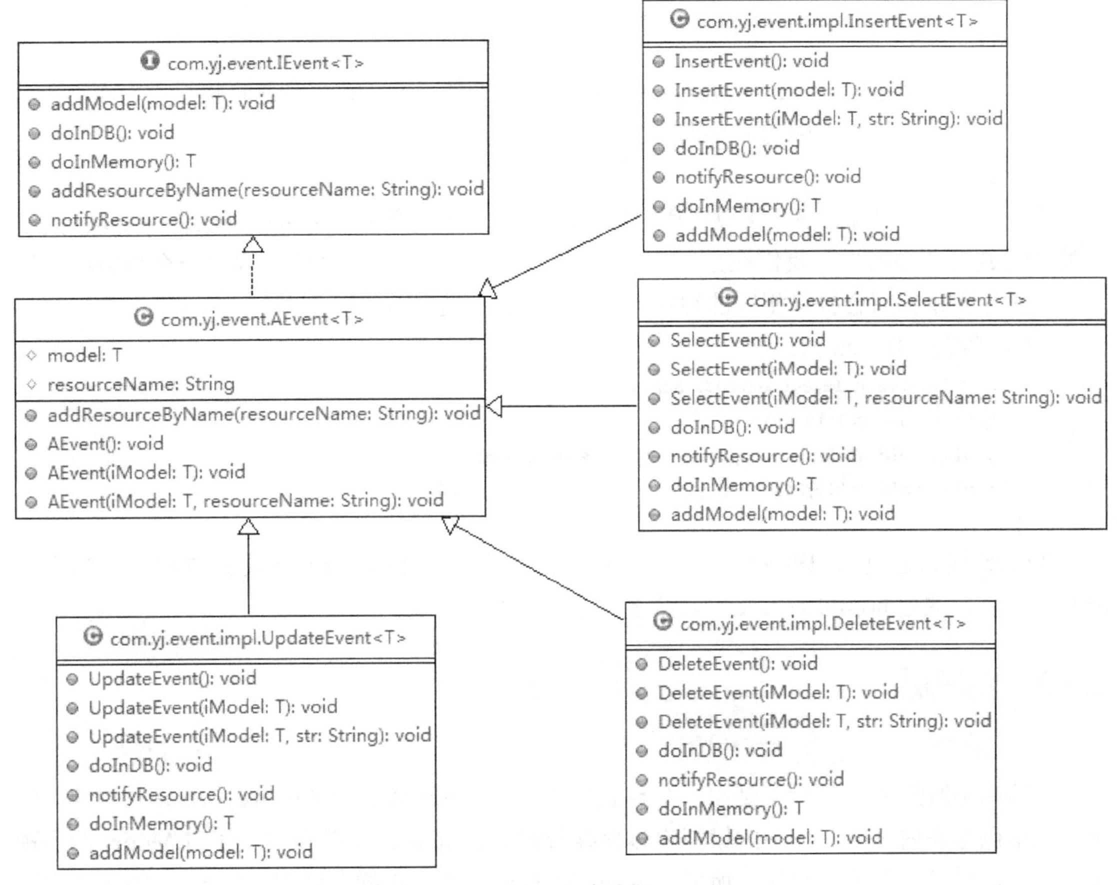

图 8-51　事件类

来说，这两个类都是必需的，也就是说，两个类都会被实例化。本系统使用饿汉模式，这样可以避免懒汉模式的缺点，解决高并发时可能出现多次实例化的情况。

〖代码 8-3〗 WareHouse 类。

```
public class WareHouse {
private static WareHouse wareHouse = new WareHouse();
  ......
}
```

（2）面向接口编程

接口是一组规则，规定了下面的实现必须基于该原则。在设计的过程中，由于处理业务逻辑时会有不同的实现，因此统一接口（见代码 8-4 和代码 8-5）。

〖代码 8-4〗 IEventBus 接口。

```
public interface IEventBus {
  public void addEvent(IEvent event);
  public BlockingQueue<IEvent> getEvents();
  public IEvent getEvent() throws InterruptedException;
}
```

〖代码 8-5〗 REventBus 类。

```
public class REventBus implements IEventBus{
  private static REventBus eventBus = new REventBus();
```

```
    ...
}
```

这样在处理相应的 Event 的时候，可以通过接口中的 getEvents()方法直接返回，而不用理会返回的是哪个事件列表中的 Event。

（3）观察者模式

系统是基于事件驱动的，所以在用户的请求过程中会发送事件到事件列表进行处理。为了在处理完成后通知用户，我们在系统中引入了回调机制，每个事件都会绑定一个相应的观察者，在执行完事件后会执行相应的观察者绑定的方法（见代码 8-6）。

〖**代码 8-6**〗 IEvent 接口。

```
public interface IEvent extends Serializable {
    public void doThings();
    public void addResourceByName(String resourceName);
    public void notifyResource ();
}
```

IEvent 接口通过 addResourceByName()方法将相应的 Resource 注册到事件中，当完成 doThings 后，通过 notifyResource()方法通知相应的 Resource。

8.3.3 领域层

1．主要类图

资源库（如图 8-52 所示）是由一个封装过的 ConcurrentMap 形成的 Key-Value 数据库，整个对象都保存在内存中，其中的模型实体保存着数据。IResource 接口定义了对 Model 的各种操作方法。系统是并发访问的，所以需要保证数据的同步，这样方法都是封装了 Map 的原子操作方法。

模型类（如图 8-53 和图 8-54 所示）是系统中的实体，主要保存信息和对其他实体的引用。模型都实现了 Serializable，这样可以保证序列化。

Domain 的服务类（如图 8-55 所示）是返回多个实体组成的数据的方法。

2．方法思想

（1）领域驱动设计（Domain Driven Design，DDD）

领域驱动设计是一种软件开发方法，目的是在实现软件系统时，能准确地对真实的业务过程建模，并可根据真实的业务过程的调整而调整。

传统的开发工作趋向于一种以技术为先导的过程，需求从业务方传递到开发团队，开发人员依据需求的描述创造出最有可能的假想。

随着软件系统的开发和发展，用户对各种问题的理解也会更深刻。领域驱动设计是通过深入的理解问题来找到问题的解决方案。

领域驱动设计真正的不同之处是，它可以把软件系统当作业务过程的一个映射，是使能动，而不是驱动。领域驱动设计需要用户深入到业务过程中，了解业务术语和实践方法。

领域驱动设计最大的好处是：接触到需求后的第一步是考虑领域模型，而不是将其切割成数据和行为，然后数据使用数据库实现，行为使用服务实现，最后造成需求的首肢分离。领域驱动设计首先考虑的是业务语言，而不是数据。考虑的重点不同会导致编程世界观不同。

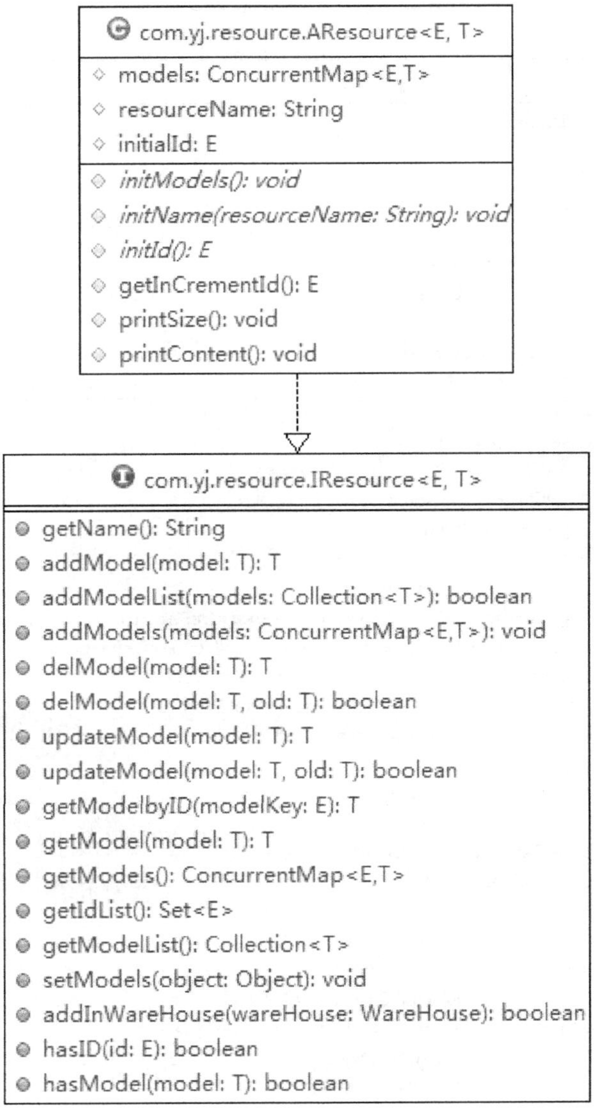

com.yj.resource.AResource<E, T>

- models: ConcurrentMap<E,T>
- resourceName: String
- initialId: E

- *initModels(): void*
- *initName(resourceName: String): void*
- *initId(): E*
- getInCrementId(): E
- printSize(): void
- printContent(): void

com.yj.resource.IResource<E, T>

- getName(): String
- addModel(model: T): T
- addModelList(models: Collection<T>): boolean
- addModels(models: ConcurrentMap<E,T>): void
- delModel(model: T): T
- delModel(model: T, old: T): boolean
- updateModel(model: T): T
- updateModel(model: T, old: T): boolean
- getModelbyID(modelKey: E): T
- getModel(model: T): T
- getModels(): ConcurrentMap<E,T>
- getIdList(): Set<E>
- getModelList(): Collection<T>
- setModels(object: Object): void
- addInWareHouse(wareHouse: WareHouse): boolean
- hasID(id: E): boolean
- hasModel(model: T): boolean

图 8-52　资源库接口

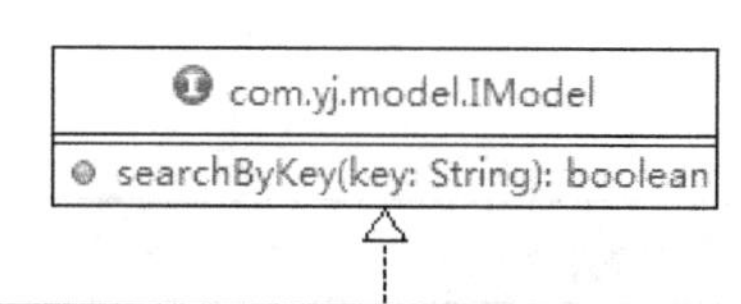

cn.nfsysu.csip.oe.domain.model.OeClass

serialVersionUID: long
clid: int
clweek: int
clsite: String
oeRecord: java.util.Collection<OeRecord>
oeSection: OeSection
oeSection2: OeSection
oeUser: OeUser
oeCourse: OeCourse
oeUnit: java.util.Collection<OeUnit>

getClid(): int
setClid(clid: int): void
getClweek(): int
setClweek(clweek: int): void
getClsite(): String
setClsite(clsite: String): void
getOeRecord(): java.util.Collection<OeRecord>
getIteratorOeRecord(): java.util.Iterator<OeRecord>
setOeRecord(newOeRecord: java.util.Collection<OeRecord>): void
addOeRecord(newOeRecord: OeRecord): void
removeOeRecord(oldOeRecord: OeRecord): void
removeAllOeRecord(): void
getOeSection(): OeSection
setOeSection(newOeSection: OeSection): void
getOeSection2(): OeSection
setOeSection2(newOeSection: OeSection): void
getOeUser(): OeUser
setOeUser(newOeUser: OeUser): void
getOeCourse(): OeCourse
setOeCourse(newOeCourse: OeCourse): void
getOeUnit(): java.util.Collection<OeUnit>
getIteratorOeUnit(): java.util.Iterator<OeUnit>
setOeUnit(newOeUnit: java.util.Collection<OeUnit>): void
addOeUnit(newOeUnit: OeUnit): void
removeOeUnit(oldOeUnit: OeUnit): void
removeAllOeUnit(): void
searchByKey(key: String): boolean

图 8-53　模型类（一）

```
cn.nfsysu.csip.oe.domain.model.OeUser
---------------------------------------------------
serialVersionUID: long
uName: String
passWord: java.lang.String
rName: java.lang.String
usPath: String
usPhone: String
usSphone: String
usSex: char
oeRoles: java.util.Collection<OeRoles>
oeRecord: java.util.Collection<OeRecord>
oeClass: java.util.Collection<OeClass>
oeUnit: java.util.Collection<OeUnit>
---------------------------------------------------
getuName(): String
setuName(uName: String): void
getPassWord(): java.lang.String
setPassWord(passWord: java.lang.String): void
getrName(): java.lang.String
setrName(rName: java.lang.String): void
getUsPath(): String
setUsPath(usPath: String): void
getUsPhone(): String
setUsPhone(usPhone: String): void
getUsSphone(): String
setUsSphone(usSphone: String): void
getUsSex(): char
setUsSex(usSex: char): void
getOeRoles(): java.util.Collection<OeRoles>
getIteratorOeRoles(): java.util.Iterator<OeRoles>
setOeRoles(newOeRoles: java.util.Collection<OeRoles>): void
addOeRoles(newOeRoles: OeRoles): void
removeOeRoles(oldOeRoles: OeRoles): void
removeAllOeRoles(): void
getOeRecord(): java.util.Collection<OeRecord>
getIteratorOeRecord(): java.util.Iterator<OeRecord>
setOeRecord(newOeRecord: java.util.Collection<OeRecord>): void
addOeRecord(newOeRecord: OeRecord): void
removeOeRecord(oldOeRecord: OeRecord): void
removeAllOeRecord(): void
getOeClass(): java.util.Collection<OeClass>
getIteratorOeClass(): java.util.Iterator<OeClass>
setOeClass(newOeClass: java.util.Collection<OeClass>): void
addOeClass(newOeClass: OeClass): void
removeOeClass(oldOeClass: OeClass): void
removeAllOeClass(): void
getOeUnit(): java.util.Collection<OeUnit>
getIteratorOeUnit(): java.util.Iterator<OeUnit>
setOeUnit(newOeUnit: java.util.Collection<OeUnit>): void
addOeUnit(newOeUnit: OeUnit): void
removeOeUnit(oldOeUnit: OeUnit): void
removeAllOeUnit(): void
searchByKey(key: String): boolean
```

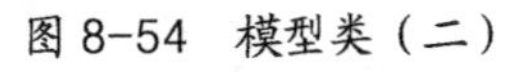

图 8-54　模型类（二）

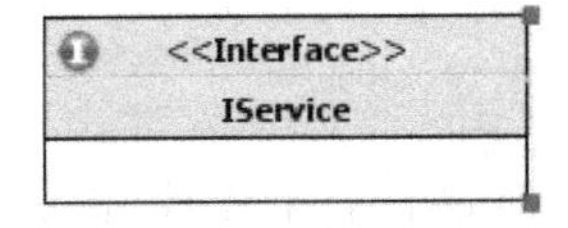

图 8-55　服务类

领域驱动设计划分聚合（如图 8-56 所示）的依据是根据实体之间的关系。每个聚合将会由一个 Resource 来进行管理。和其他聚合有关系的称为聚合根，聚合根会保持对其他实体对象的引用，通过聚合根的相应操作可以实现对所有实体的操作。

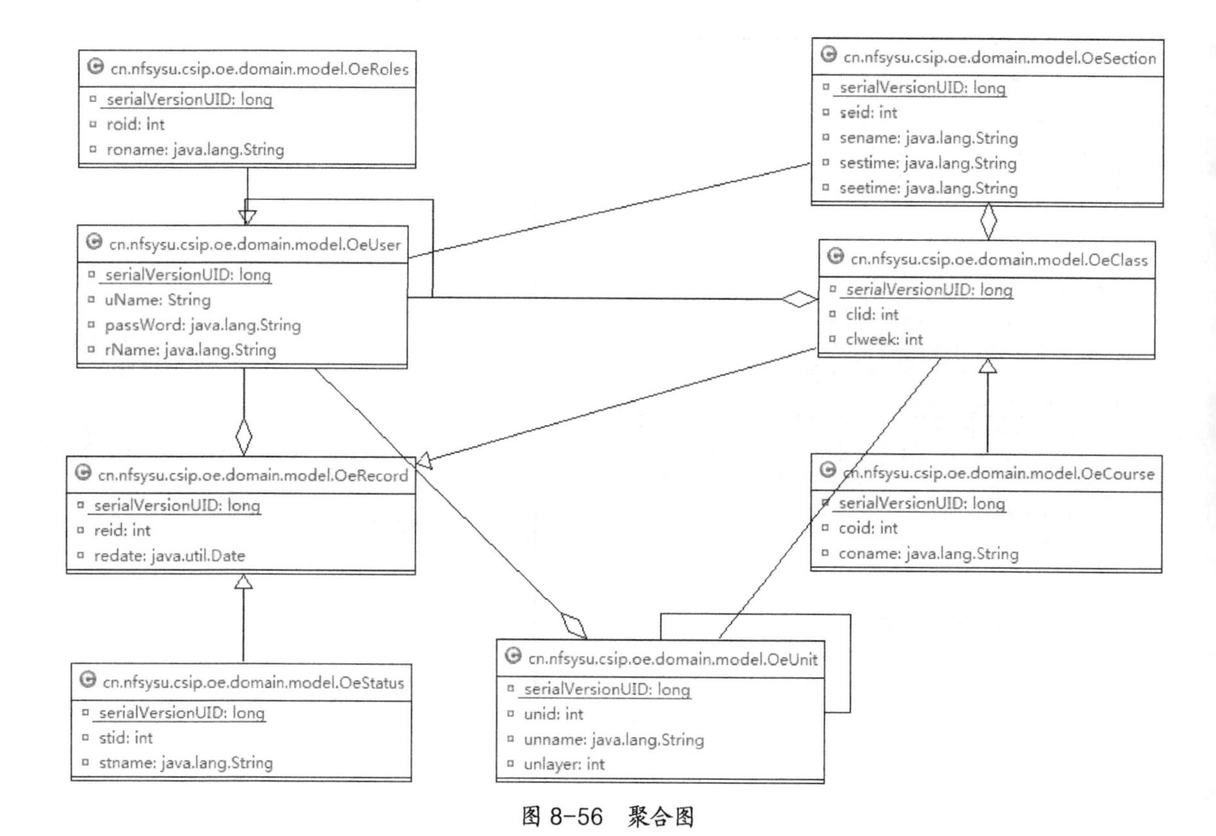

图 8-56 聚合图

Oe_Section 和 Oe_Course 只与实体 Oe_Class 有关系，所以可以将这 3 个实体划分成一个聚合（如图 8-57 所示），其聚合根为 Oe_Class，从而可以为这个聚合分配一个 Repository。

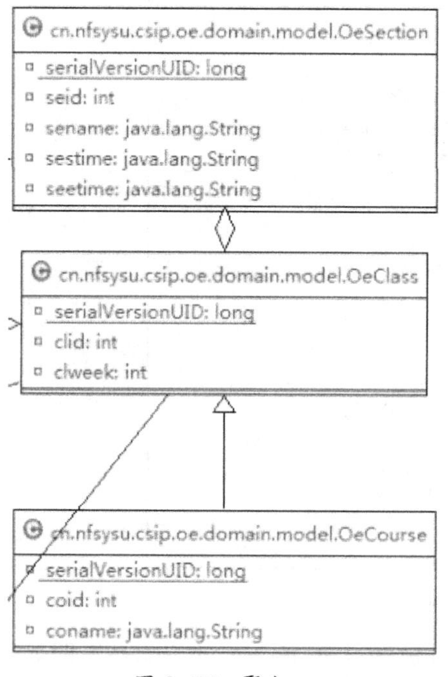

图 8-57 聚合一

〖代码 8-7〗 聚合类 ClassRepository。

```
public class ClassRepository extends AResource<Integer, OeClass> {
    private static ClassRepository classRepository = new ClassRepository();
    ...
}
```

ClassRepository（见代码 8-7）继承自 AResource 并且持有自己的静态实例，Oe_Section 和 Oe_Course 的实例则通过 Oe_Class 的方法返回。Oe_Record 聚合、Oe_Status 实体只与 Oe_Record 实体有关，所以这两个实体为一个聚合（如图 8-58 所示），还可以为这个聚合分配一个 Repository。其中，Oe_Record 是聚合根，从而可以找到 Oe_Status 的实例。

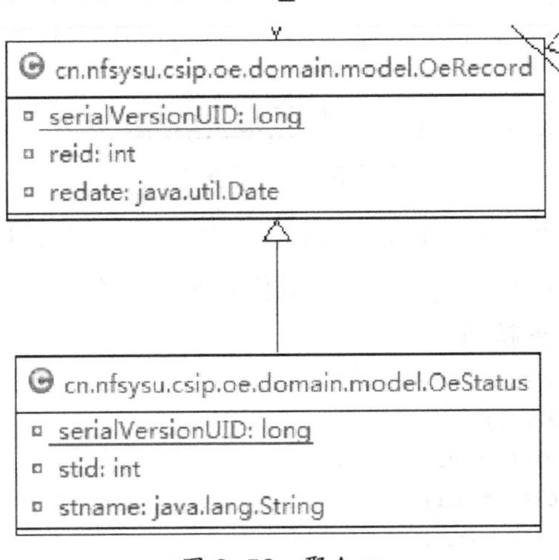

图 8-58　聚合二

〖代码 8-8〗　聚合类 ClassRepository2。

```
public class RecordRepository extends AResource<UUID, OeRecord>{
    private static RecordRepository recordRepository = new RecordRepository();
    ...
}
```

RecordRepository（见代码 8-8）继承自 AResource 并拥有自己的一个静态实例，Repository 保存着一个 Oe_Record 的 Map，Oe_Status 实例可以通过 Oe_Record 的方法获得。

Oe_User 聚合、Oe_Roles 实体只与 Oe_User 实体有关系，所有这 3 个实体可以划分成一个聚合（如图 8-59 所示），可以为这个聚合分配一个 Repository。Oe_User 是聚合根，保存着 Oe_Roles 的实例。

UserRepository（见代码 8-9）通过继承 AResource 并持有自己的一个静态实例，保存着 OeUser 的一个 Map。

〖代码 8-9〗　聚合类 ClassRepository3。

```
public class UserRepository extends AResource<Integer, OeUser>{
    private static UserRepository repository = new UserRepository();
    ...
}
```

（2）泛型

泛型是 Java SE 1.5 的新特性，泛型的本质是参数化类型，也就是说，所操作的数据类型被指定为一个参数。泛型可以为开发带来方便。

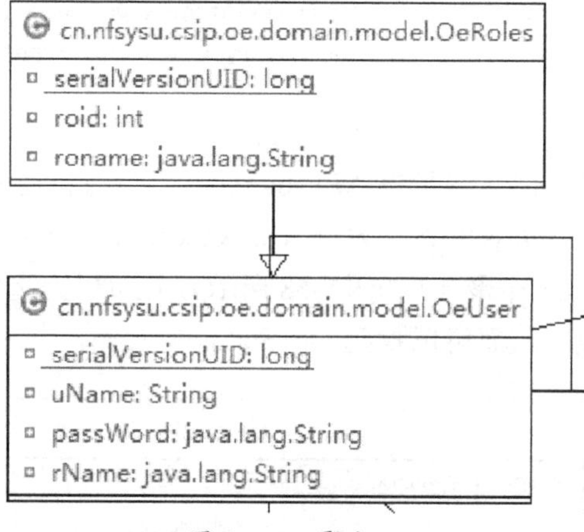

图 8-59　聚合三

IResource（见代码 8-10）是一个泛型接口，分别实例化 E 和 T 即可。方法会将参数 E 和 T 替换成相应的实例。泛型 UserRepository（见代码 8-11）类似。

〖代码 8-10〗 IResource 接口。

```
public interface IResource<E, T> {
    public String getName();
    public void addModel(T model);
    public void delModel(T model);
    public void delModel(T model, T old);
    public void updateModel(T model);
    public void updateModel(T model, T old);
    public IModel getModel(E modelKey);
    public ConcurrentMap<E, T> getModels();
    public void setModels(Object object);
    public void addInWareHouse(WareHouse wareHouse);
}
```

〖代码 8-11〗 泛型 UserRepository。

```
public class UserRepository extends AResource<Integer, Oe_User> {
    private static UserRepository repository = new UserRepository();
    public UserRepository() {
        // TODO Auto-generated constructor stub
        initModels();
        initName();
        addInWareHouse(WareHouse.getWareHource());
    }
    @Override
    public String getName() {
        …                                       // 详细实现
        return null;
    }
    @Override
    public void addModel(OeUser model) {
        …                                       // 详细实现
    }
```

```
    @Override
    public void delModel(OeUser model) {
        …                                    // 详细实现
    }
    @Override
    public void delModel(OeUser model, OeUser old) {
        …                                    // 详细实现
    }
    @Override
    public void updateModel(OeUser model) {
        …                                    // 详细实现
    }
    @Override
    public void updateModel(OeUser model, OeUser old) {
        …                                    // 详细实现
    }
    @Override
    public IModel getModel(Integer modelKey) {
        …                                    // 详细实现
        return null;
    }
  @Override
    public ConcurrentMap<Integer, OeUser> getModels() {
        …                                    // 详细实现
        return null;
    }
    @Override
    public void setModels(Object object) {
        …                                    // 详细实现
    }
    @Override
    public void addInWareHouse(WareHouse wareHouse) {
        …                                  // TODO Auto-generated method stub
    }
    @Override
    protected void initModels() {
        …                                    // 详细实现
    }
    @Override
    protected void initName() {
        …                                    // 详细实现
    }
}
```

（3）内存 Key-Value 数据缓存

基于 In-memory 的思想，系统需要快速命中目标而不需要太多耗时的 I/O 操作，所以我们会把数据都保存在内存中，读写就只发生在内存，这样对内存数据缓存的要求是能够快速定位到元素。因为需要存储大量的数据，如果查找和插入所耗费的时间更多，就失去了意义。内存还必须能够自动扩充容量，否则容易出现 OOM 错误。

快速定位元素属于算法和数据结构的范畴，哈希（Hash）算法是一种简单可行的算法。哈希算法是将任意长度的二进制值映射为固定长度的较小二进制值，即哈希值。哈希值是一段数据唯一且极其紧凑的数值表示形式。如果散列一段明文且只更改该段落的一个字母，随后的哈希都将产生不同的值。要找到散列为同一个值的两个不同的输入，在计算上是不可能的，所以数据的哈希值可以检验数据的完整性。

Hash 算法可以将一个元素映射到某个位置，一旦扩充容量，就意味着元素映射的位置需要变化，这时需要重新计算映射路径，就是 rehash 过程。

我们实现的数据缓存是以 HashMap 为基础的数据缓存。HashMap 首先由一个对象数组 table 组成，修饰符 transient 在表示序列号的时候不被存储。size 描述的是 Map 中元素的大小，threshold 描述的是达到指定元素个数后需要扩容，loadFactor 是扩容因子（loadFactor>0），就是计算 threshold。元素的容量是 table.length，即数组的大小。换句话说，如果存取的元素大小达到了整个容量（table.length）的 loadFactor 倍（即 table.length*loadFactor），就需要扩充容量。在 HashMap 中，每次扩容是扩大数组的 1 倍，使数组大小变为原来的 2 倍。

HashMap 扩容的过程非常耗时，将导致所有的数据重新进行 hash 计算，所以容器初始化大小必须设置得比较合理，避免 HashMap 多次扩容，而且容量越大，reHash 的过程所耗费的时间就越多。

数据缓存在内存中只有一个实例，所以必须保证数据的同步，这里采用 ConcurrentHashMap。默认情况下，ConcurrentHashMap 是用了 16 个类似 HashMap 的结构，其中每个 HashMap 拥有一个独占锁。最终的效果是通过某种 Hash 算法，将任何一个元素均匀地映射到某个 HashMap 的 Map.Entry 上，而对某个元素的操作集中在其分布的 HashMap 上，与其他 HashMap 无关。这样支持最多 16 个并发的写操作。而且，通过 ConcurrentHashMap 的原子方法可以实现线程安全。

数据缓存的实现都是封装自 ConcurrentHashMap 的同步方法，这样可以保持数据同步。

8.3.4 应用层

1. 主要的类

系统初始数据（如图 8-60 所示）可以从硬盘序列化文件上获取，该线程可以设置为自启动。启动时，系统通过路径 Path 找到相应的序列化数据并将其反序列化，再保存在内存中。

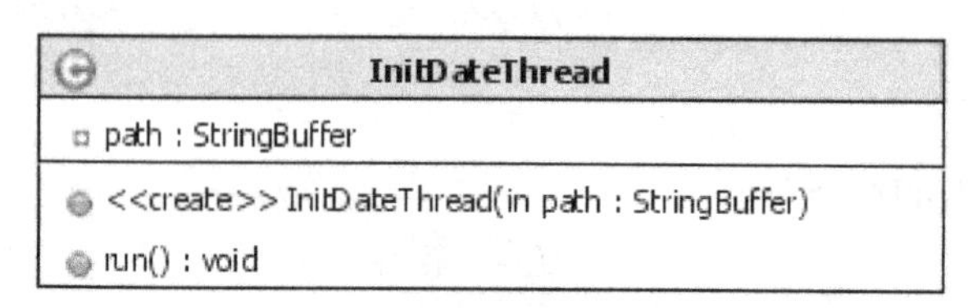

图 8-60 初始化数据线程

图 8-61 为将数据缓存中的数据序列化到硬盘上，图 8-62 为工作线程。

执行 Event 的 doThings()方法，并且调用 Event 的 notifyResource()方法，再通知 Resource 对数据进行更新。TaskThread 线程池（如图 8-63 所示）通过 ThreadPoolExecutor 保存一定的线程池，并在需要的时候添加更多的 TaskThread。

WriteDateThread
isWork : boolean
path : StringBuffer
sleepTime : int
<<create>> WriteDateThread(in path : StringBuffer)
setWork(in isWork : boolean) : void
run() : void
setSleepTime(in time : int) : void
isNeedPersistent() : boolean

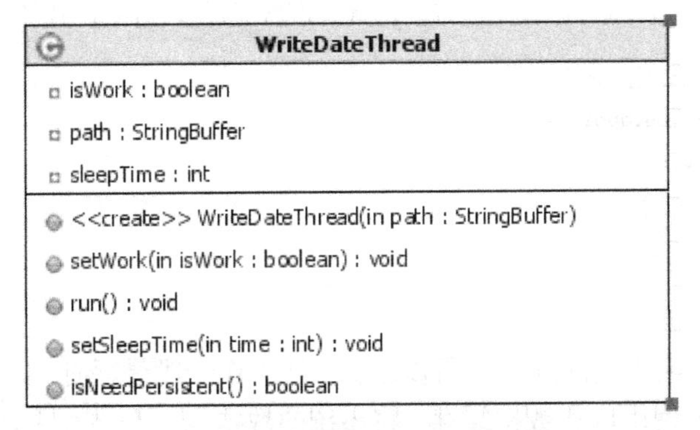

图 8-61　序列化数据线程

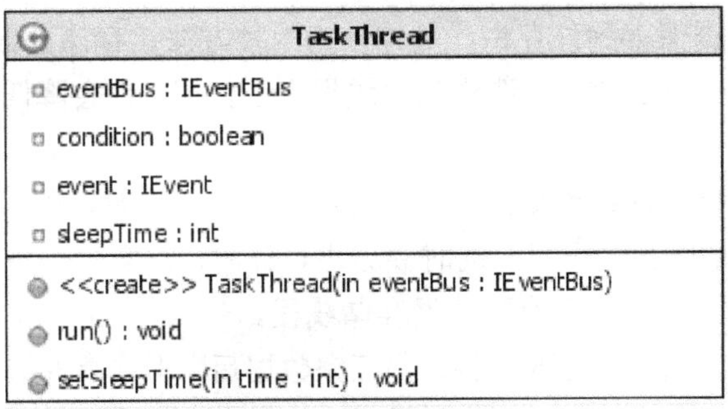

TaskThread
eventBus : IEventBus
condition : boolean
event : IEvent
sleepTime : int
<<create>> TaskThread(in eventBus : IEventBus)
run() : void
setSleepTime(in time : int) : void

图 8-62　工作线程

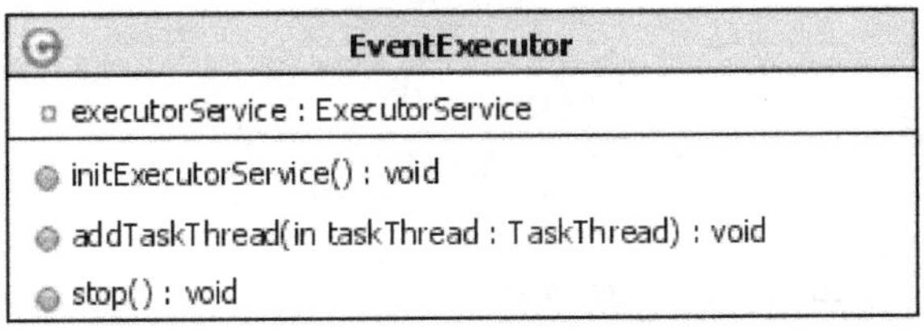

EventExecutor
executorService : ExecutorService
initExecutorService() : void
addTaskThread(in taskThread : TaskThread) : void
stop() : void

图 8-63　工作线程池

线程池可以解决两个问题：由于减少了每个任务调用的开销，因此可以增强在执行大量异步任务时的性能，可以提供绑定和管理资源（包括执行任务集时使用的线程）的方法。

ThreadFactory 用于创建新线程。实现 ServletContextListener 并且在 web.xml 中配置成监听器可以达到自启动（如图 8-64 所示）的效果，启动时会调用 contextInitialized()方法，启动一些配置上的线程。在销毁时调用 contextDestroyed()方法，同时停止所有线程（见代码 8-12）。

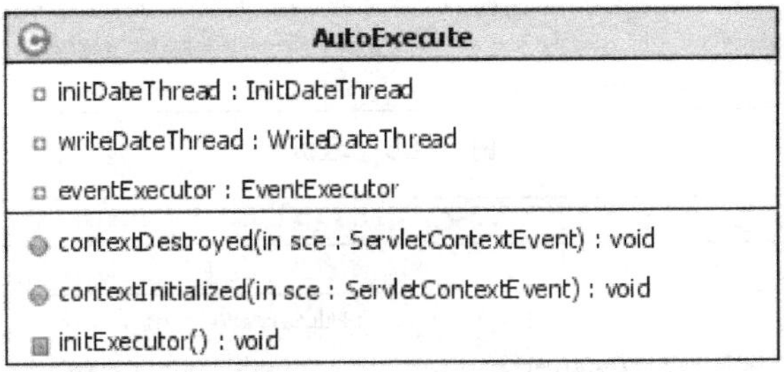

AutoExecute
initDateThread : InitDateThread
writeDateThread : WriteDateThread
eventExecutor : EventExecutor
contextDestroyed(in sce : ServletContextEvent) : void
contextInitialized(in sce : ServletContextEvent) : void
initExecutor() : void

图 8-64　自启动任务

〖**代码 8-12**〗 listener 类。

```
<listener>
   <listener-class>
   cn.nfsysu.csip.oe.application.AutoExecute
   </listener-class>
</listener>
```

2. 方法思想

（1）优化存储

因为数据必须从内存传输到外存，所以进行 I/O 操作一般最耗时。由于数据传递、持久化、都比较耗时，因此我们使用内存数据缓存，将系统的数据保存在内存中，这样存取速度将大大提高。但是，因为保存在内存中的数据是没有持久化的，如果内存断电，就会导致数据的丢失，所以必须将内存中的数据保存到外存中，具体分为两种方法：存储到数据库、序列化到硬盘。持续的存储必定导致容器被占用，而造成其他线程无法使用，也会降低响应速度，如果长时间不进行存储，也容易造成数据的丢失。

本项目设计一个存储算法：当没有进行任何数据写入操作时，数据存储线程是挂起的，也就是不会执行任何操作；当有数据写入的时候会进行计时，如果在一个时间段没有继续的写入操作，则视为已经完成业务，然后唤醒数据存储线程。

同时考虑数据安全，先保存写入事件，保存完数据后，再将事件清除，如果服务器出现宕机，启动时会检查是否存在没有及时保存的数据，如果有，就重新执行相应的事件，保存完再自动删除事件。

8.3.5 用户接口层

1. 主要的类

图 8-65～图 8-88 为用户接口层主要的类。

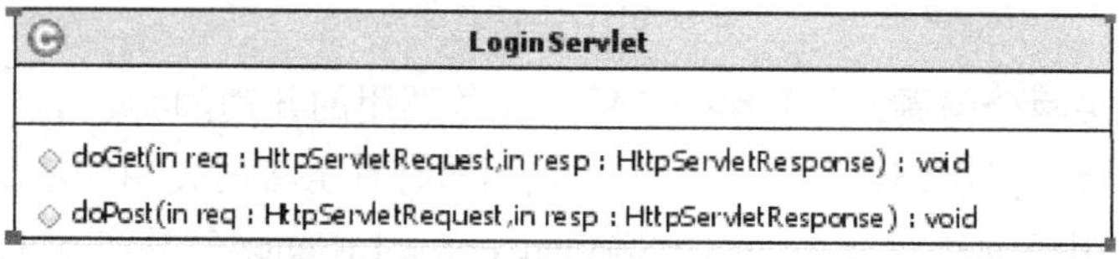

LoginServlet

doGet(in req : HttpServletRequest,in resp : HttpServletResponse) : void
doPost(in req : HttpServletRequest,in resp : HttpServletResponse) : void

图 8-65　登录

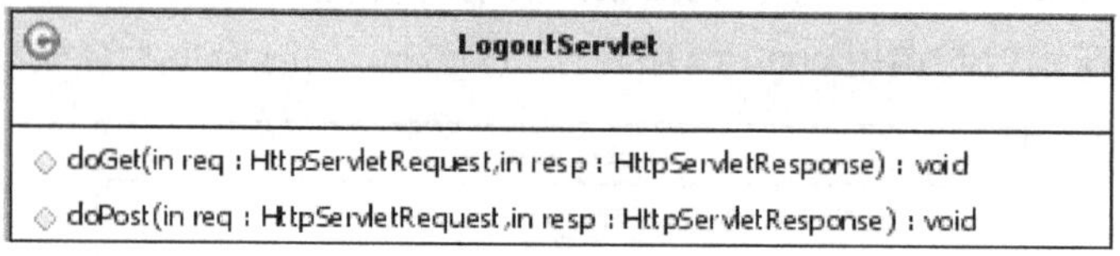

LogoutServlet

doGet(in req : HttpServletRequest,in resp : HttpServletResponse) : void
doPost(in req : HttpServletRequest,in resp : HttpServletResponse) : void

图 8-66　退出

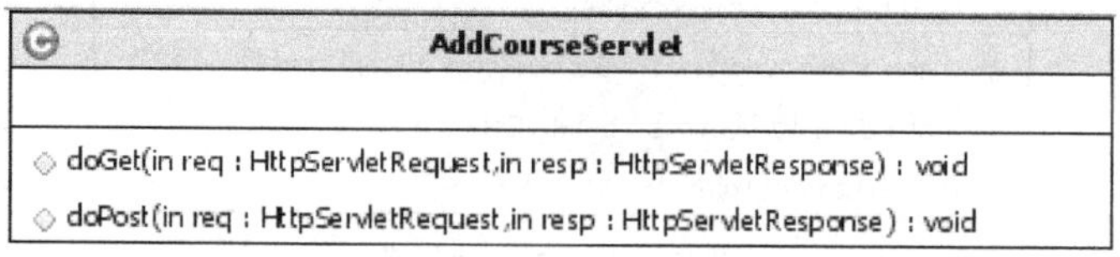

AddCourseServlet

doGet(in req : HttpServletRequest,in resp : HttpServletResponse) : void
doPost(in req : HttpServletRequest,in resp : HttpServletResponse) : void

图 8-67　添加课程

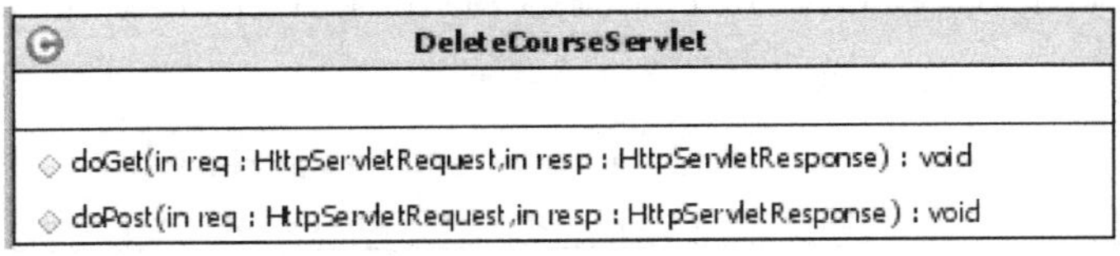

DeleteCourseServlet

doGet(in req : HttpServletRequest,in resp : HttpServletResponse) : void
doPost(in req : HttpServletRequest,in resp : HttpServletResponse) : void

图 8-68　删除课程

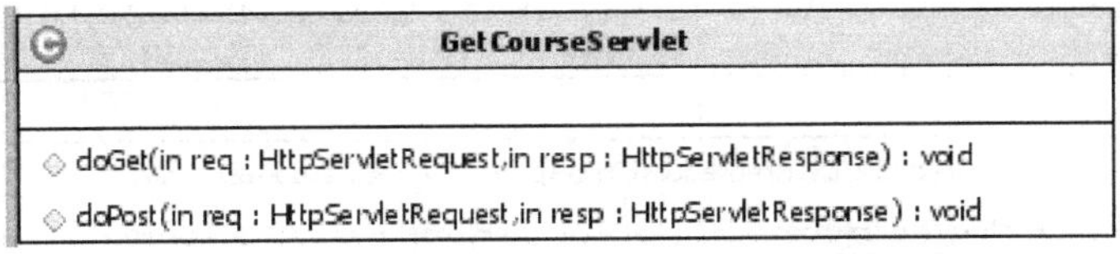

GetCourseServlet

doGet(in req : HttpServletRequest,in resp : HttpServletResponse) : void
doPost(in req : HttpServletRequest,in resp : HttpServletResponse) : void

图 8-69　获得课程

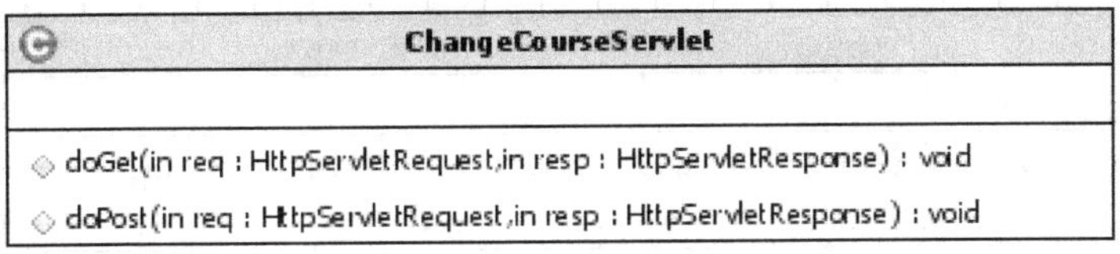

ChangeCourseServlet

doGet(in req : HttpServletRequest,in resp : HttpServletResponse) : void
doPost(in req : HttpServletRequest,in resp : HttpServletResponse) : void

图 8-70　修改课程

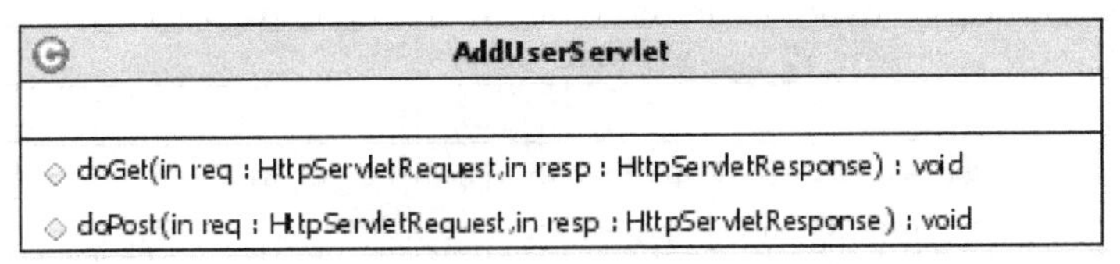

图 8-71　添加用户

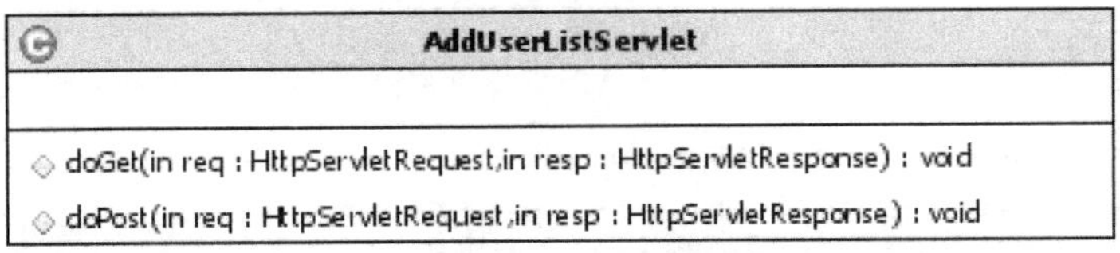

AddUserListServlet

doGet(in req : HttpServletRequest,in resp : HttpServletResponse) : void
doPost(in req : HttpServletRequest,in resp : HttpServletResponse) : void

图 8-72　批量添加用户

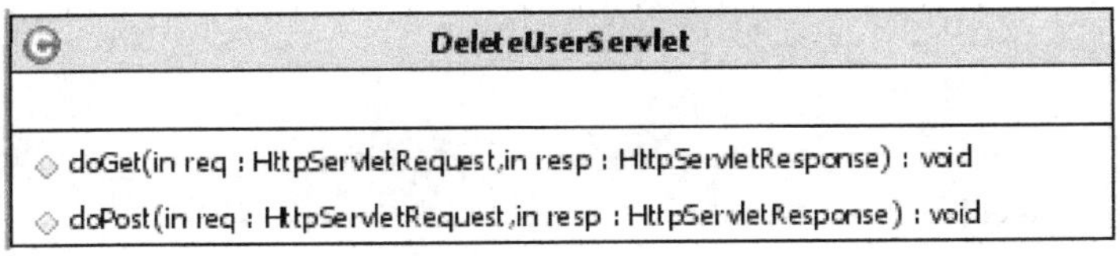

DeleteUserServlet

doGet(in req : HttpServletRequest,in resp : HttpServletResponse) : void
doPost(in req : HttpServletRequest,in resp : HttpServletResponse) : void

图 8-73　删除用户

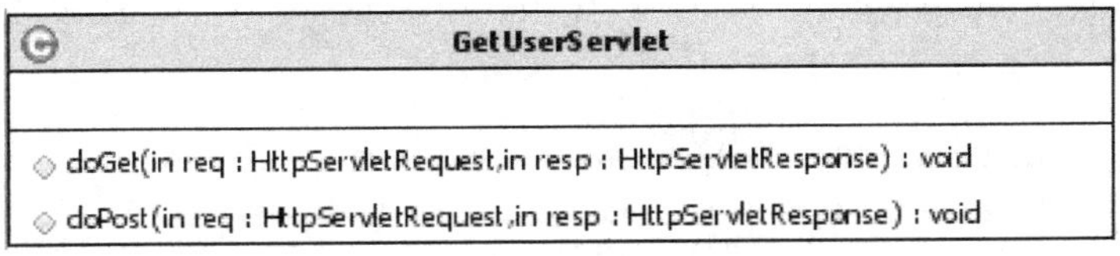

GetUserServlet

doGet(in req : HttpServletRequest,in resp : HttpServletResponse) : void
doPost(in req : HttpServletRequest,in resp : HttpServletResponse) : void

图 8-74　获得用户

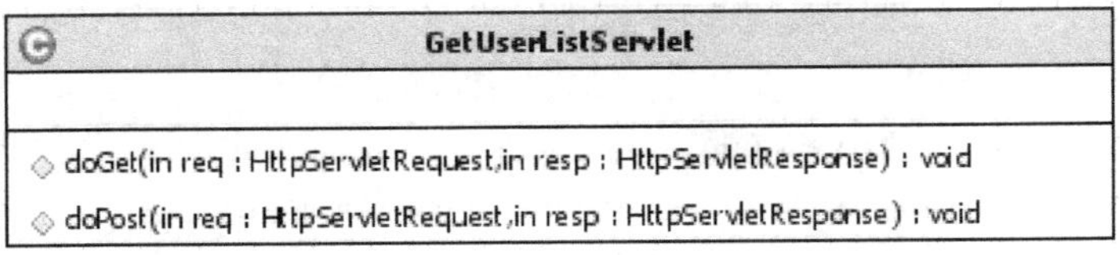

GetUserListServlet

doGet(in req : HttpServletRequest,in resp : HttpServletResponse) : void
doPost(in req : HttpServletRequest,in resp : HttpServletResponse) : void

图 8-75　获得用户列表

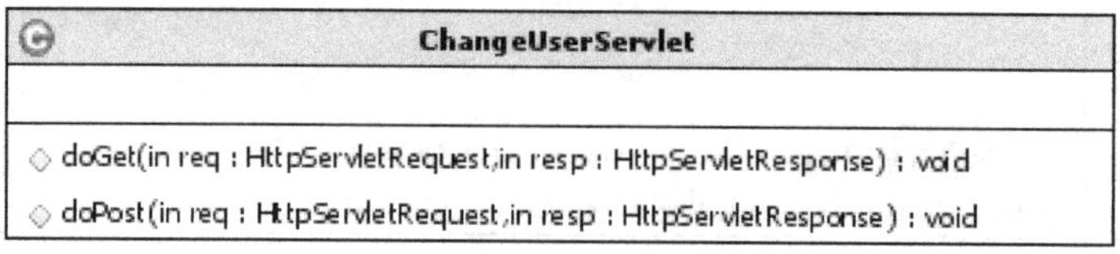

ChangeUserServlet

◇ doGet(in req : HttpServletRequest,in resp : HttpServletResponse) : void

◇ doPost(in req : HttpServletRequest,in resp : HttpServletResponse) : void

图 8-76 修改用户

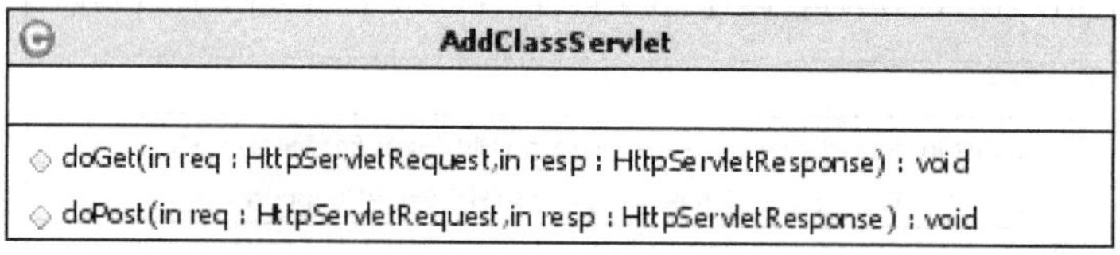

AddClassServlet

◇ doGet(in req : HttpServletRequest,in resp : HttpServletResponse) : void

◇ doPost(in req : HttpServletRequest,in resp : HttpServletResponse) : void

图 8-77 添加上课时间

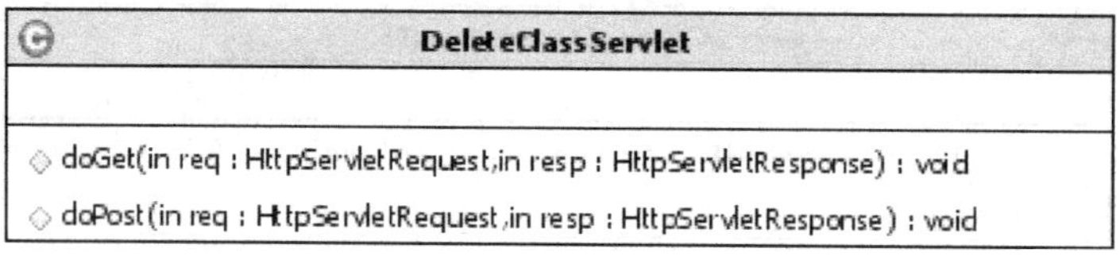

DeleteClassServlet

◇ doGet(in req : HttpServletRequest,in resp : HttpServletResponse) : void

◇ doPost(in req : HttpServletRequest,in resp : HttpServletResponse) : void

图 8-78 删除上课时间

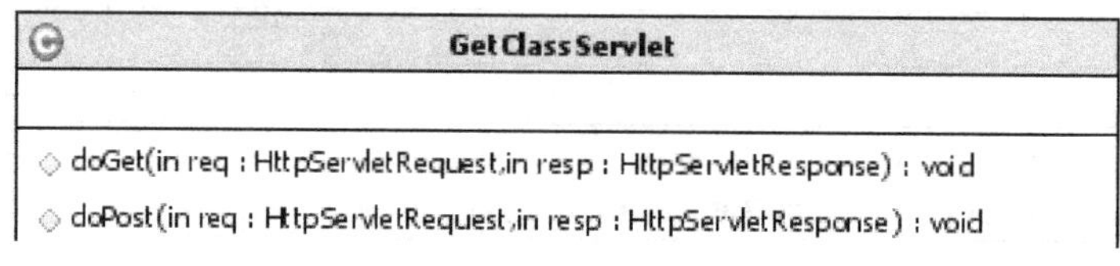

图 8-79 获得上课时间

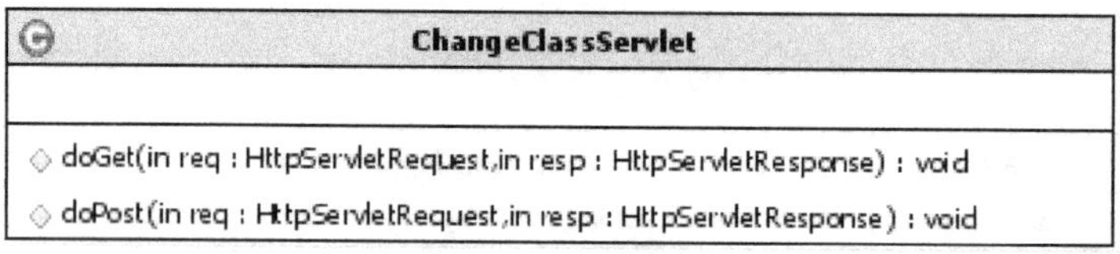

ChangeClassServlet

◇ doGet(in req : HttpServletRequest,in resp : HttpServletResponse) : void

◇ doPost(in req : HttpServletRequest,in resp : HttpServletResponse) : void

图 8-80 修改上课时间

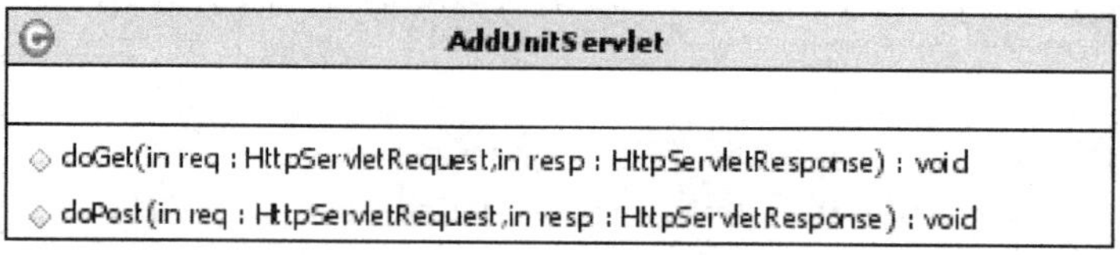

AddUnitServlet

◇ doGet(in req : HttpServletRequest,in resp : HttpServletResponse) : void

◇ doPost(in req : HttpServletRequest,in resp : HttpServletResponse) : void

图 8-81 添加单元

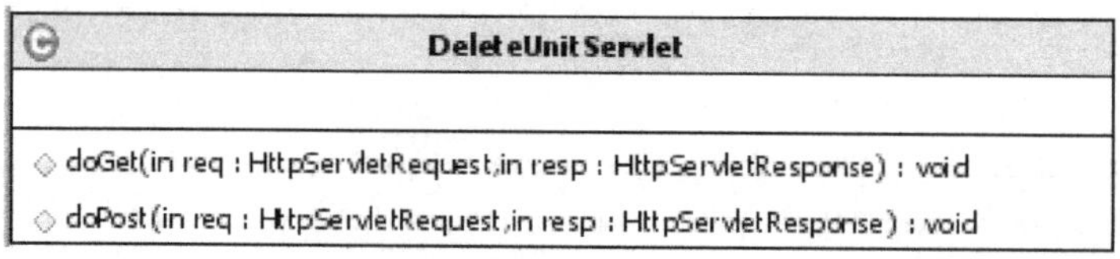

DeleteUnitServlet

◇ doGet(in req : HttpServletRequest,in resp : HttpServletResponse) : void

◇ doPost(in req : HttpServletRequest,in resp : HttpServletResponse) : void

图 8-82 删除单元

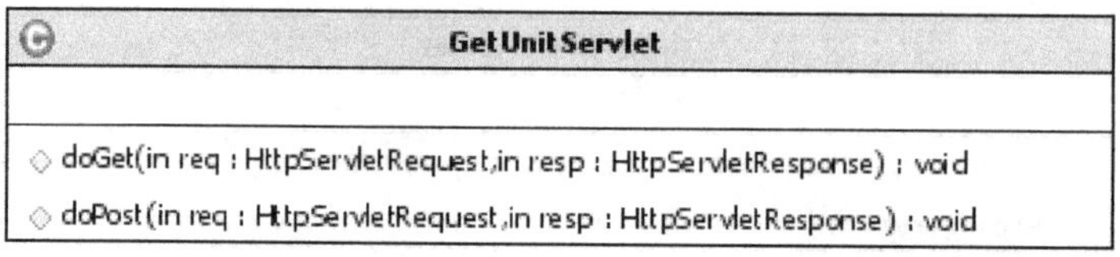

GetUnitServlet

◇ doGet(in req : HttpServletRequest,in resp : HttpServletResponse) : void

◇ doPost(in req : HttpServletRequest,in resp : HttpServletResponse) : void

图 8-83 获得单元

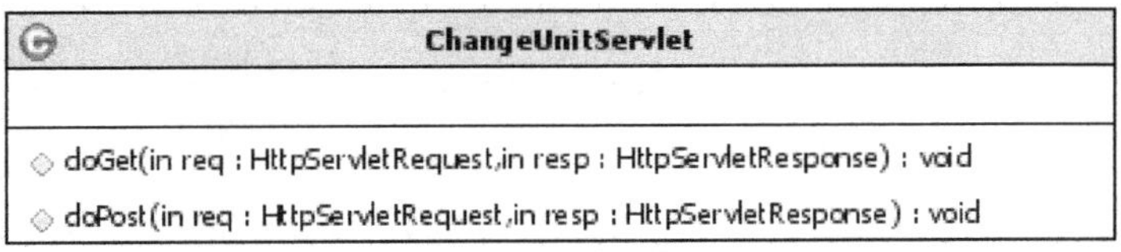

ChangeUnitServlet

◇ doGet(in req : HttpServletRequest,in resp : HttpServletResponse) : void
◇ doPost(in req : HttpServletRequest,in resp : HttpServletResponse) : void

图 8-84　修改单元

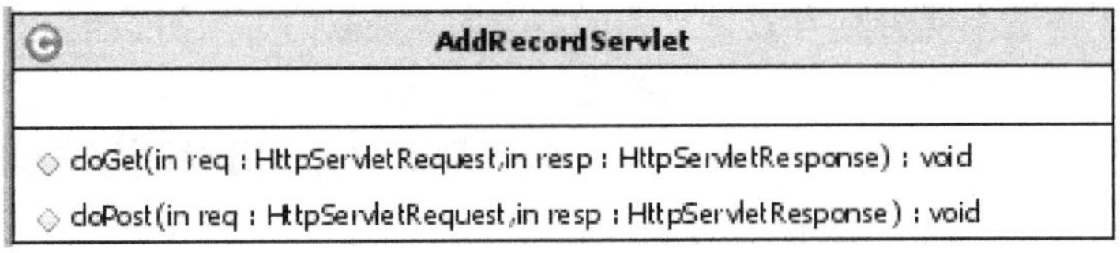

AddRecordServlet

◇ doGet(in req : HttpServletRequest,in resp : HttpServletResponse) : void
◇ doPost(in req : HttpServletRequest,in resp : HttpServletResponse) : void

图 8-85　添加记录

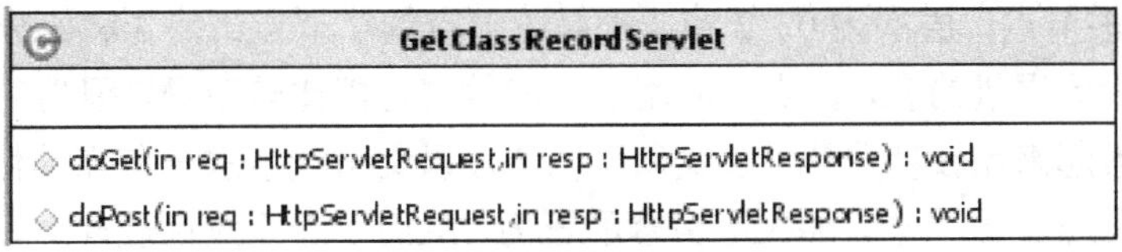

GetClassRecordServlet

◇ doGet(in req : HttpServletRequest,in resp : HttpServletResponse) : void
◇ doPost(in req : HttpServletRequest,in resp : HttpServletResponse) : void

图 8-86　获得班级记录

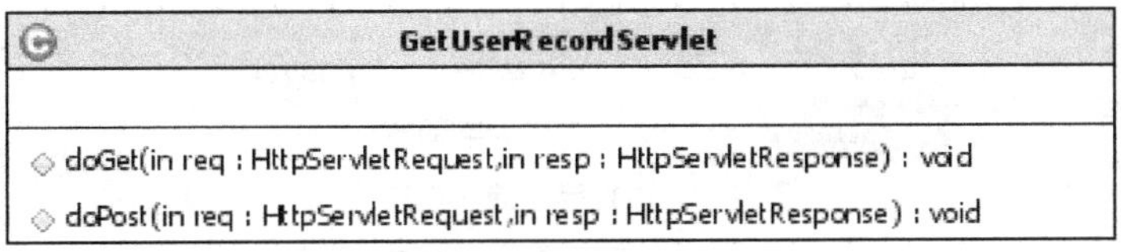

GetUserRecordServlet

◇ doGet(in req : HttpServletRequest,in resp : HttpServletResponse) : void
◇ doPost(in req : HttpServletRequest,in resp : HttpServletResponse) : void

图 8-87　获得用户记录

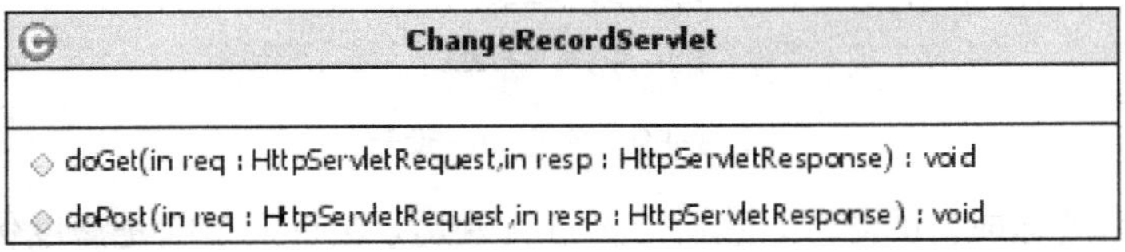

ChangeRecordServlet

◇ doGet(in req : HttpServletRequest,in resp : HttpServletResponse) : void
◇ doPost(in req : HttpServletRequest,in resp : HttpServletResponse) : void

图 8-88　修改记录

2．方法思想

（1）不重复抽取（见代码 8-13）

系统需要实现一个可以随机抽取名单的功能，这样既能减少考勤所占用的时间，还可以保证公平性。具体的算法思想是：假设数组长度为 n，每次随机抽取一个数字，数字的范围为 0～n-1；抽取完成后，将命中的数组元素赋值给数组的第 n-1 个元素，再将 n 进行减 1 运算；这样循环运算，直到 n<0，算法停止。该算法是扑克牌发牌算法的简化版，因为只需要对一个用户，也就是教师发牌，所以可以将目标容器减少到只有 1 个。

〖**代码 8-13**〗 不重复抽取的例子。

```
…
int  n = oeUsers.length;
for(int i = 0; i < oeUsers.length; i++) {
    int  index = (int) (Math.random() * n);
    // 目标值
    oeUser = oeUsers[index];
    // 覆盖掉被选中的值，并且将指标减少 1
    oeUsers[index] = oeUsers[n-1];
```

```
        n--;
    }
    …
```

（2）回溯思想

回溯法采用试错的思想，尝试分步解决一个问题。在分步解决问题的过程中，当它通过尝试发现现有的分步答案不能得到有效且正确的解答时，将取消上一步甚至上几步的计算，通过其他可能的分步解答再次尝试寻找问题的答案。

要得到问题的解，可以先从其中某种情况进行试探，在试探过程中，一旦发现原来的选择是错误的，就退回上一步重新选择。

在关于 unit 的设计中使用了一个无穷层级表，也就是一棵树，如图 8-89 所示。图 8-89 以 unid=1 的元素为根节点，层次为 0。2 和 4 都是 1 节点的子节点，而 3 和 5 分别是 2 和 4 的子节点，这是一个无穷层级的表，在实际应用上获取数据可能比较麻烦，因为父节点和子节点都是同一个表，搜索起来比较耗费资源。我们可以通过以父节点请求子节点的做法，但这样做的弊端是会多出对服务器的请求，加大服务器的压力，从而引起系统性能问题，所以必须在客户端进行处理。

unid	unfid	unname	unlayer
1	(Null)	中山大学南方	0
2	1	电子通讯与软	1
3	2	计算机科学与	2
4	1	外语系	1
5	4	英语专业	2

图 8-89　单元 unit 设计

本项目将数据处理成树的结果，然后对树进行遍历，这里采用的是深度优先算法，见代码 8-14。

〖**代码 8-14**〗　深度优先算法。

```
// 深度优先算法
function GetNodes(result) {
    for(var i = 0; i < result.length; i++) {
        html += "<li>" + result[i].name;
        if(result[i].childs != undefined) {
            html += "<ul>";
            GetNodes(result[i].childs);
            html += "</ul>";
        }
        html += "</li>";
    }
    return html;
}
// setting 的格式：[ID, Name, PID]。id 子节点，pid 父节点
function ToForest(sNodes, setting) {
```

```
        var  i, l,
        // 主键 ID
        key = setting[0];
        // parentID
        parentKey = setting[1];
        // childs
        childsKey = "childs";
        // 参数检查
        if(!key || key == "" || !sNodes)
           return [];
        if($.isArray(sNodes)) {
           // 存放树形式的数据模型
           var r = [];
           // 存放以 ID 为 key，ID 对应的实体为 value
           var tmpMap = [];
           // 赋值操作
           for(i = 0; i < sNodes.length; i++) {
              // 获取当前的 id
              var id = sNodes[i][key];
              tmpMap[id] = sNodes[i];
           }
           // 对 JSON 逐层遍历确定层级关系
           for(i = 0; i < sNodes.length; i++) {
              // 获取当前的 pid
              var pid = sNodes[i][parentKey];
              // 判断是否是顶级节点
              if(tmpMap[pid]) {
              // 判断该节点是否有孩子节点
                 if(!tmpMap[pid][childsKey])
                    tmpMap[pid][childsKey] = [];
                    // 将此节点放在该节点的孩子中
                    tmpMap[pid][childsKey].push(sNodes[i]);
                 }
                 else {                                // 如果是顶级节点，直接存放
                    r.push(sNodes[i]);
                 }
              }
              return r;
           }
        else {
           return [sNodes];
        }
     }
```

（3）Java 远程方法调用

Java 远程方法调用，即 Java RMI（Java Remote Method Invocation），是 Java 语言中实现远程过程调用的应用程序编程接口，可以使客户机上运行的程序调用远程服务器上的对象。Java 远程方法调用可以使 Java 编程人员在网络环境中分布操作。Java RMI 的宗旨是尽可能简化远

程接口对象的使用。

Java RMI 依赖接口。在需要创建一个远程对象的时候，程序员通过传递一个接口来隐藏底层的实现细节。客户端得到远程对象句柄后，与本地的根代码连接，由后者负责网络通信。这样，程序员只需关心如何通过自己的接口句柄发送消息即可。

接口的两种常见实现方式是：使用 JRMP（Java Remote Message Protocol，Java 远程消息交换协议）实现；还可以通过与 CORBA 兼容的方法实现。RMI 一般指的是编程接口，有时同时包括 JRMP 和 API（应用程序编程接口），而 RMI-IIOP 一般指支持 CORBA 的实现的 RMI 接口。

Java RMI 所使用的 Java 包的名字是 java.rmi。

Java RMI 是一种机制，能够让某个 Java 虚拟机中的对象调用另一个 Java 虚拟机中的对象的方法，调用的任何对象必须实现该远程接口。调用这样一个对象时，其参数为 marshalled，并将其从本地虚拟机发送到远程虚拟机（参数为 unmarshalled）上。该方法终止时，会获取来自远程机的结果，并将结果发送到调用方的虚拟机。如果方法调用导致抛出异常，则将该异常发送给调用方。

Java RMI 使用到的接口如下。

① Remote 接口用于标识可以从非本地虚拟机上调用的接口。任何远程对象都必须直接或间接实现此接口。只有在"远程接口"（扩展 java.rmi.Remote 的接口）中的方法才可远程使用。

② UnicastRemoteObject 用于导出带 JRMP 的远程对象和获得与该远程对象通信的 stub。实现类可以实现任意数量的远程接口，并且可以扩展其他远程实现类。RMI 提供一些远程对象实现可以扩展的有用类，便于远程对象创建，即 java.rmi.server.UnicastRemoteObject 和 java.rmi.activation.Activatable。

代码 8-15 为 RMI 端口设置代码，代码 8-16 为 UserChangeInterface 类。

〖代码 8-15〗 RMI 端口设置。

```
UserChangeInterfaceImpl changeInterfaceImpl = new UserChangeInterfaceImpl();
UserChangeInterface changeInterface =
            (UserChangeInterface) UnicastRemoteObject.exportObject(changeInterfaceImpl, 0);
Registry registry = LocateRegistry.createRegistry(2001);        // 监听 2001 端口
registry.rebind("UserChangeInterface", changeInterface);        // 注册远程接口
```

〖代码 8-16〗 UserChangeInterface 类。

```
public interface UserChangeInterface extends Remote {
   public OeUser addUser() throws RemoteException;
   public List<OeUser> addUserList() throws RemoteException;
   public OeUser delUser() throws RemoteException;
   public OeUser changeUser() throws RemoteException;
}
```

这样当用户信息被修改时，其他系统可以通过调用远程接口来返回相应的用户信息并进行更新，从而实现多子系统信息共享。

8.3.6 数据库设计

数据库设计是信息系统开发的核心技术。为了支持相关程序的正常运行，同时由于数据库

应用系统的复杂性，数据库设计变得异常复杂，因此数据库设计是一种“反复探寻、逐步求精”的过程。

1．数据库面向对象模型

Web 考勤系统中的主要对象有课程、用户、角色、考勤记录、节和单元等，各对象之间的关系如图 8-90 所示。

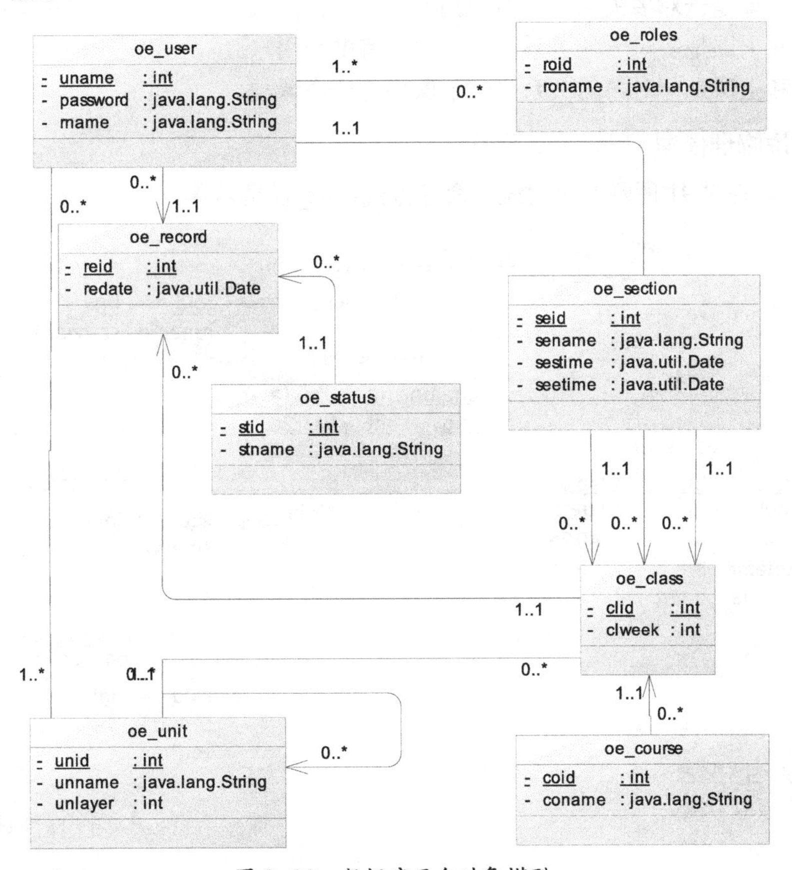

图 8-90　数据库面向对象模型

在该模型中，各模块的含义及联系如下。

- oe_class：上课模型，代表每周的课程安排，按周重复；如果是临时课程，则在 clweek 属性列设置相应的数值。
- oe_course：课程模型，保存课程的名称。
- oe_record：考勤记录模型，保存某学生对于某节课的记录。
- oe_roles：角色模型，将权限作为一个对象。
- oe_section：节模型，保存每天的节数及时间安排。
- oe_status：考勤状态模型，自定义考勤状态，如已到、迟到、缺勤等。
- oe_unit：单元模型，通过一个对自身的引用来保存一个树形结构，可以添加无穷层的结构，适合组织比较庞大的系统。例如，学校分为学院、系、专业、班级，可以自由规划。
- oe_user：用户模型，保存用户的基本信息。

❖ 用户和权限之间是多对多关系，用户拥有 1～n 个权限，权限不对用户持有引用。
❖ 单元自身是一对多的关系，一个单元可以对应多个子单元。
❖ 用户和记录是一对多关系，一个记录拥有一个用户。
❖ 上课和记录是一对多关系，一个记录拥有一个上课。
❖ 记录和状态是多对一关系，一个记录拥有一个状态。
❖ 节和上课是一对多关系，一节课拥有一个节。
❖ 用户和上课是多对一的关系，一节课拥有多个用户。
❖ 课程和上课是一对一的关系，一节课拥有一个课程。

2．数据库物理模型

本模型（如图 8-91 所示）采用统一命名方式：oe_模型名称。

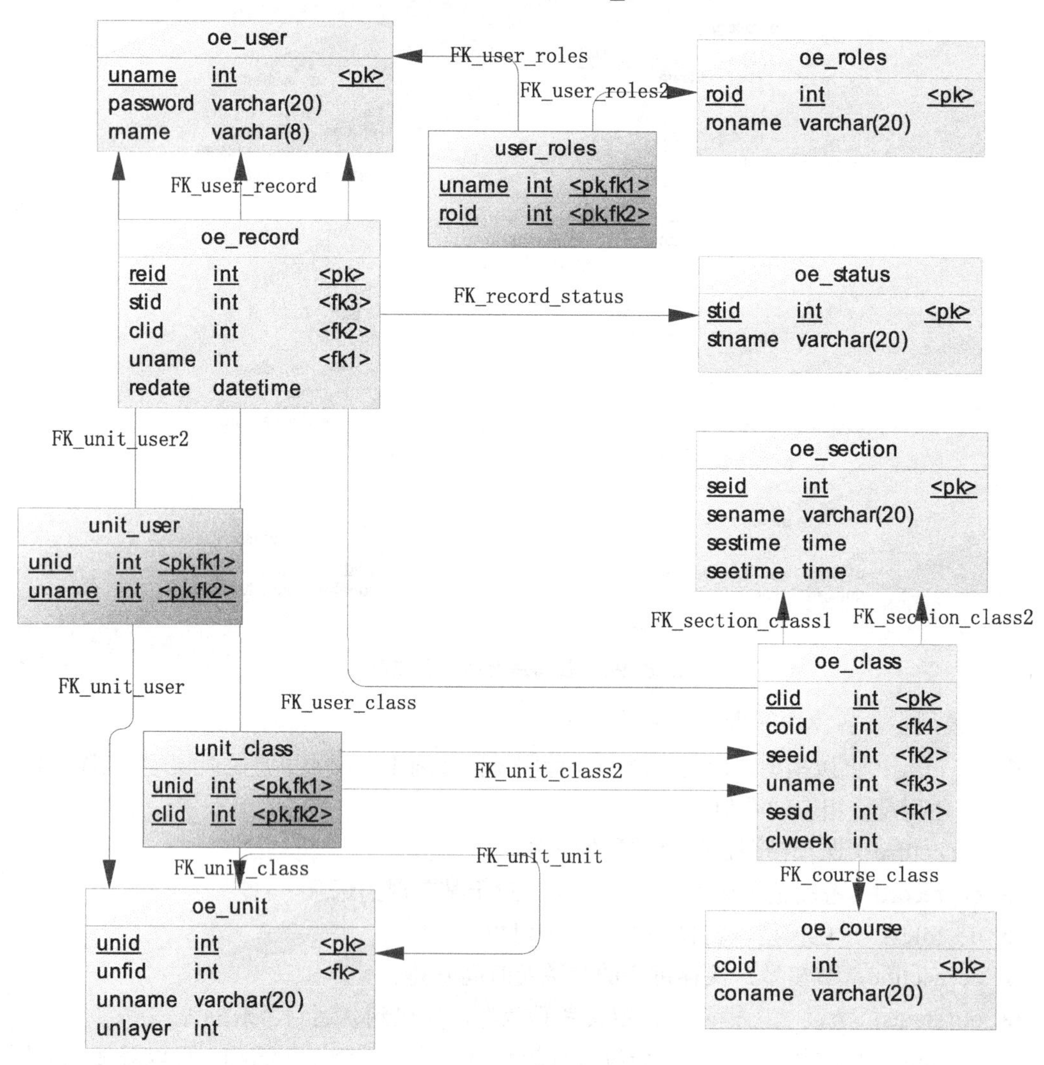

图 8-91　数据库物理模型

在该模型中，各模块的含义如下。

❖ oe_class：上课模型，代表每周的课程安排，以周重复；如果是临时课程，则在周的位置设置相应的数值。

❖ oe_course：课程模型，保存课程的名称。
❖ oe_record：考勤记录模型，保存某个学生对于某节课的记录。
❖ oe_roles：角色模型，将权限作为一个对象。
❖ oe_section：节模型，保存每天课程的时间安排。
❖ oe_status：考勤状态模型，自定义考勤状态，如已到、迟到、缺勤等。
❖ oe_unit：单元模型，通过一个对自身的引用来保存一个树形结构，可以添加无穷层的结构，适合组织比较庞大的系统。例如，学校分为学院、系、专业、班级，可以自由规划。
❖ oe_user：用户模型，保存用户的基本信息。

3．数据表设计和 SQL 脚本实现

本系统涉及的数据表分别如表 8-2～表 8-12 所示，相应的 SQL 脚本实现见代码 8-17～代码 8-28 所示。

表 8-2　上课表 oe_class

名　称	类　型	是否为空	主　键	外　键	说　明
clid	int	not null	Pk		ID
coid	int	not null		Fk	课程 ID
seeid	int	not null		Fk	结束节 ID
uname	int	not null		Fk	用户 ID
sesid	int	not null		Fk	开始节 ID
clweek	int	not null			周几的课

〖代码 8-17〗　上课表 oe_class。

```
create table oe_class(
  clid  int not null,
  coid  int not null,
  seeid  int not null,
  uname  int not null,
  sesid  int not null,
  clweek  int not null,
  primary key  (clid)
);
```

表 8-3　课程表 oe_course

名　称	类　型	是否为空	主　键	外　键	说　明
coid	int	not null	Pk		ID
coname	varchar(20)	not null			课程名称

〖代码 8-18〗　课程表 oe_course。

```
create table oe_course(
  coid  int not null,
  coname  varchar(20) not null,
  primary key  (coid)
);
```

表 8-4　考勤记录表 oe_record

名　称	类　型	是否为空	主　键	外　键	说　明
reid	int	not null	Pk		ID
stid	int	not null		Fk	状态 ID
clid	int	not null		Fk	上课 ID
uname	int	not null		Fk	用户 ID
redate	datetime	not null			记录时间
releave	int				请假标志
recontent	varchar(50)				请假内容
reapprove	int				批准请假

〖代码 8-19〗 考勤记录表 oe_record 类。

```
create table oe_record(
   reid  int not null,
   stid  int not null,
   clid  int not null,
   uname  int not null,
   redate  datetime not null,
   primary key  (reid)
);
```

表 8-5　角色表 oe_roles

名　称	类　型	是否为空	主　键	外　键	说　明
roid	int	not null	Pk		ID
roname	varchar(20)	not null			权限名称

〖代码 8-20〗 角色表 oe_roles 类。

```
create table oe_roles(
   roid  int not null,
   roname  varchar(20) not null,
   primary key  (roid)
);
```

表 8-6　节表 oe_section

名　称	类　型	是否为空	主　键	外　键	说　明
seid	int	not null	Pk		ID
sename	varchar(20)	not null			节名称
sestime	time	not null			开始时间
seetime	time	not null			结束时间

〖代码 8-21〗 节表 oe_section。

```
create table oe_section(
   seid  int not null,
   sename  varchar(20) not null,
   sestime  time not null,
   seetime  time not null,
   primary key  (seid)
);
```

表 8-7　考勤状态表 oe_status

名　称	类　型	是否为空	主　键	外　键	说　明
stid	int	not null	Pk		ID
stname	varchar(20)	not null			状态名称

〖代码 8-22〗　考勤状态表 oe_status。

```
create table oe_status(
   stid  int not null,
   stname  varchar(20) not null,
   primary key  (stid)
);
```

表 8-8　单元表 oe_unit

名　称	类　型	是否为空	主　键	外　键	说　明
unid	int	not null	Pk		ID
unfid	int			Fk	父单元 ID
unnamed	varchar(20)	not null			单元名称
unlayer	int	not null			单元层次

〖代码 8-23〗　单元表 oe_unit。

```
create table oe_unit(
   unid  int not null,
   unfid  int,
   unname  varchar(20) not null,
   unlayer  int not null,
   primary key  (unid)
);
```

表 8-9　用户表 oe_user

名　称	类　型	是否为空	主　键	外　键	说　明
uname	int	not null	Pk		ID
unid	int	not null		Fk	单元 ID
password	varchar(20)	not null			密码
rname	varchar(8)	not null			真实姓名
usphoto	varchar(50)				相片
usphone	char(11)				手机
ussphone	varchar(6)				短号
ussex	char(1)				性别

〖代码 8-24〗　用户表 oe_user。

```
create table oe_user(
   uname  int not null,
   unid  int not null,
   password  varchar(20) not null,
   rname  varchar(8) not null,
   primary key  (uname)
);
```

表 8-10　用户权限表 user_roles

名　称	类　型	是否为空	主　键	外　键	说　明
uname	int	not null	Pk		用户 ID
roid	int	not null	Pk		权限 ID

〖代码 8-25〗 用户权限表 user_roles。

```
create table user_roles(
  uname  int not null,
  roid  int not null,
  primary key  (uname, roid)
);
```

表 8-11　用户单元关联表 unit_user

名　称	类　型	是否为空	主　键	外　键	说　明
uname	int	not null	Pk		用户 ID
unid	int	not null	Pk		单元 ID

〖代码 8-26〗 用户单元关联表 unit_user。

```
create table unit_user(
  Uname  int not null,
  unid  int not null,
  primary key  (uname, unid)
);
```

表 8-12　课和单元关联表 class_unit

名　称	类　型	是否为空	主　键	外　键	说　明
clid	int	not null	Pk		课 ID
unid	int	not null	Pk		单元 ID

〖代码 8-27〗 课和单元关联表 class_unit。

```
create table class_unit(
  clid  int not null,
  unid  int not null,
  primary key  (clid, unid)
);
```

〖代码 8-28〗 关联表的 MySQL 脚本。

```
alter table oe_class add constraint FK_course_class foreign key (coid)
references oe_course (coid) on delete restrict on update restrict;

alter table oe_class add constraint FK_section_class1 foreign key (sesid)
references oe_section (seid) on delete restrict on update restrict;

alter table oe_class add constraint FK_section_class2 foreign key (seeid)
references oe_section (seid) on delete restrict on update restrict;

alter table oe_class add constraint FK_user_class foreign key (uname)
references oe_user (uname) on delete restrict on update restrict;

alter table oe_record add constraint FK_class_record foreign key (clid)
references oe_class (clid) on delete restrict on update restrict;
```

```
alter table oe_record add constraint FK_record_status foreign key (stid)
references oe_status (stid) on delete restrict on update restrict;

alter table oe_record add constraint FK_user_record foreign key (uname)
references oe_user (uname) on delete restrict on update restrict;

alter table oe_unit add constraint FK_unit_unit foreign key (unfid)
references oe_unit (unid) on delete restrict on update restrict;

alter table oe_user add constraint FK_unit_user foreign key (unid)
references oe_unit (unid) on delete restrict on update restrict;

alter table user_roles add constraint FK_user_roles foreign key (uname)
references oe_user (uname) on delete restrict on update restrict;

alter table user_roles add constraint FK_user_roles2 foreign key (roid)
references oe_roles (roid) on delete restrict on update restrict;
```

8.4 系统实现

下面着重介绍 Web 考勤系统中主要功能的实现。

8.4.1 用户界面关键算法实现

在考勤功能中需要实现一个可以随机抽取名单的功能，具体的算法思想是：假设数组长度为 n，每次随机抽取一个数字，数字的范围为 $0\sim n-1$；抽取完成后，以此数字为下标访问数组对应的元素。此算法是扑克牌发牌算法的简化版，见代码 8-29。

〖代码 8-29〗 学生考勤名单生成算法。

```
Function changeAttendanceName() {
   if(n > 0) {
      var index = parseInt(Math.random() * n);
      user = studentsArry[index];
      $('#attendance_name').attr("data-userid", user.userName).html(user.realName);
      studentsArry[index] = studentsArry[n-1];
      n--;
   }
   else {
      $('#attendance_name').removeAttr("data-userid").html("无");
   }
}
```

教师提交考勤数据时可以使用 post 方法提交考勤数据（见代码 8-30）。

〖代码 8-30〗 提交考勤数据的 post 方法。

```
Function sumbitAttendanceList(userid, statusid) {
   alert(user.userName);
   $.post("/OnlineAttendance/attendance/oneAttendance.do",
         {"userId":userid,"statusId":statusid},
         function(data) {
            varobj = new Function('return '+data)();
```

```
                if(obj.result) {
                    createSuccessAlert(obj.message);
                }
            });
    }
```

代码 8-31 实现了检查对话框中内容是否为合法字符的功能。

〖代码 8-31〗 检查对话框中内容是否为合法字符。

```
    Function IsChar(s) {
        var Number = "0123456789.abcdefghijklmnopqrstuvwxyz-\/ABCDEFGHIJKLMNOPQRSTUVWXYZ`~!@#$%^&*()_";
        for(i = 0; i <s.length; i++) {
            // 检查目前的字符是否为合法字符
            var c = s.charAt(i);
            if(Number.indexOf(c) == -1)
                return false;
        }
        return true;
    }
```

代码 8-32 实现了创建警告信息窗的功能。

〖代码 8-32〗 创建警告信息窗。

```
    Function createAlert(content, type) {
        type = type || "";
        var  date = new Date();
        $(document.createElement('div'))
          .addClass("alert " + type)
          .addClass('fade')
          .addClass('in')
          .addClass('fixed_alert')
          .addClass('is_used_alert')
          .html("<button type=\"button\" class=\"close\" data-dismiss=\"alert\">&times;</button>")
          .append("<p><strong>"+date.getHours()+":"+date.getMinutes()+"--"+"</strong>"+content+"</p>")
                .click(function(){
                    $(this).alert('close');
                })
          .appendTo($('#alert_cotent'))
          .delay(10000).fadeOut(500,function() {
             $(this).removeClass("is_used_alert");
             $(this).attr("style","");
             destroyAlert();
        });
    }
```

代码 8-33 实现了不同功能的警告框。

〖代码 8-33〗 警告框。

```
    functioncreateSuccessAlert(content) {
        createAlert(content,"alert-success");
    }
    functioncreateErrorAlert(content) {
        createAlert(content,"alert-error");
```

```
}
functioncreateInfoAlert(content) {
   createAlert(content,"alert-info");
}
```

代码 8-34 实现了生成删除警告信息框的功能。

〖代码 8-34〗 生成删除警告信息框。

```
functiondestroyAlert() {
   $('#alert_cotentdiv.alert').each(function() {
      if(!$(this).hasClass("is_used_alert")) {
         $(this).delay(1000).alert('close');
      }
   });
}
```

8.4.2 领域层实现

本节详细介绍资源库 IResource、上课类 OeClass 和用户类 OeUser 类的实现，其他实现请查看系统源代码。

1. 资源库接口 IResource 的实现

资源库 IResource（如图 8-92 所示）是由一个封装过的 ConcurrentMap 形成的 Key-Value 数据库，整个对象都保存在内存中，保存带数据的模型实体。IResource 接口（见代码 8-35）定义了对 Model 的各种操作方法。系统中多个任务并发访问资源库，为了保证数据的同步，资源库的方法都封装了 Map 的原子操作方法。

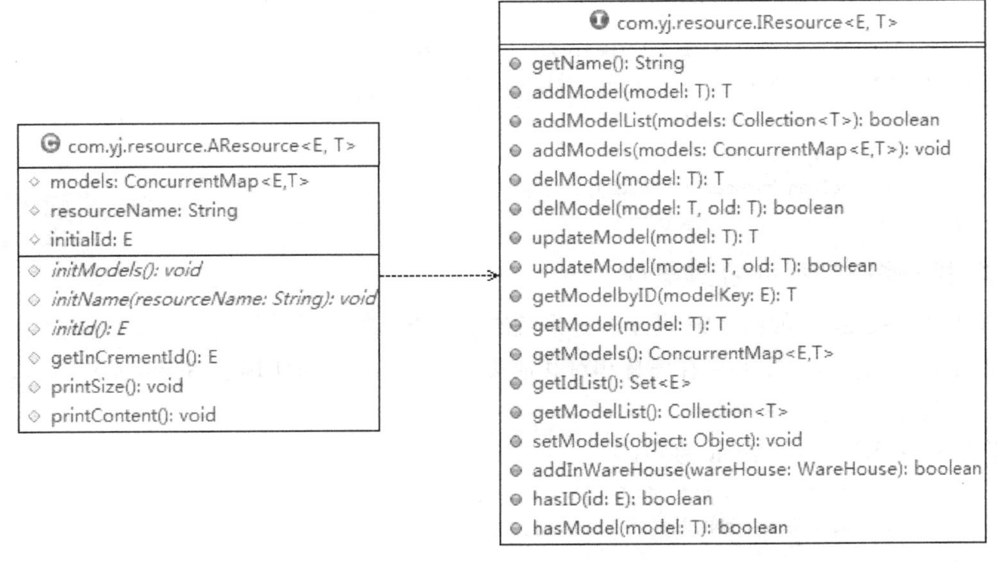

图 8-92 资源库接口 IResource

〖代码 8-35〗 IResource 接口。

```
public interface IResource<E, T> {
   /* 获得资源库的名称 */
   public String getName();
```

```
    /* 添加 model */
    public T addModel(T model);
    /* 添加 model 列表 */
    public boolean addModelList(Collection<T> models);
    /* 添加现有的 model 键值对 */
    public void addModels(ConcurrentMap<E, T> models);
    /* 删除 model */
    public T delModel(T model);
    /* 删除 model，如果 model 不等于 old，则不删除 */
    public boolean delModel(T model, T old);
    /* 更新 model */
    public T updateModel(T model);
    /* 更新 model，如果 model 不等于 old，则不更新 */
    public boolean updateModel(T model, T old);
    /* 根据 id 获取 model */
    public T getModelbyID(E modelKey);
    /* 获取 model */
    public T getModel(T model);
    /* 获得资源库 */
    public ConcurrentMap<E, T> getModels();
    /* 获得 id 列表 */
    public Set<E> getIdList();
    /** 获得 model 列表 */
    public Collection<T> getModelList();
    /* 设置资源库 */
    public void setModels(Object object);
    /* 将资源库添加到仓库中进行管理 */
    public boolean addInWareHouse(WareHouse wareHouse);
    /* 是否存在传入的 id */
    public boolean hasID(E id);
    /* 是否存在传入的 model */
    public boolean hasModel(T model);
}
```

2. 模型类的实现——上课类 OeClass

模型类 OeClass（如图 8-93 所示）是系统的基础类，封装了对其他相关联的模型的操作。模型类是系统的实体，主要保存信息和对其他实体的引用，并且实现了 Serializable 接口，从而保证序列化（见代码 8-36）。

〖代码 8-36〗 Serializable 接口。

```
public interface IModel extends Serializable {
    public boolean searchByKey(String key);
}
```

上课类 OeClass（见代码 8-37）实现了针对与上课相关的各种操作，包括增减课程、修改课程信息、管理课程教师和学生、考勤记录等。

〖代码 8-37〗 上课类 OeClass。

com.yj.model.IModel

searchByKey(key: String): boolean

cn.nfsysu.csip.oe.domain.model.OeClass

serialVersionUID: long
clid: int
clweek: int
clsite: String
oeRecord: java.util.Collection<OeRecord>
oeSection: OeSection
oeSection2: OeSection
oeUser: OeUser
oeCourse: OeCourse
oeUnit: java.util.Collection<OeUnit>

getClid(): int
setClid(clid: int): void
getClweek(): int
setClweek(clweek: int): void
getClsite(): String
setClsite(clsite: String): void
getOeRecord(): java.util.Collection<OeRecord>
getIteratorOeRecord(): java.util.Iterator<OeRecord>
setOeRecord(newOeRecord: java.util.Collection<OeRecord>): void
addOeRecord(newOeRecord: OeRecord): void
removeOeRecord(oldOeRecord: OeRecord): void
removeAllOeRecord(): void
getOeSection(): OeSection
setOeSection(newOeSection: OeSection): void
getOeSection2(): OeSection
setOeSection2(newOeSection: OeSection): void
getOeUser(): OeUser
setOeUser(newOeUser: OeUser): void
getOeCourse(): OeCourse
setOeCourse(newOeCourse: OeCourse): void
getOeUnit(): java.util.Collection<OeUnit>
getIteratorOeUnit(): java.util.Iterator<OeUnit>
setOeUnit(newOeUnit: java.util.Collection<OeUnit>): void
addOeUnit(newOeUnit: OeUnit): void
removeOeUnit(oldOeUnit: OeUnit): void
removeAllOeUnit(): void
searchByKey(key: String): boolean

图 8-93 模型类 OeClass

```
public class OeClass implements IModel {
   private static final long serialVersionUID = -1267215707705809643L;
   /* 课程 id */
   private int clid;
   /* 每周星期几 */
   private int clweek;
   /* 上课地点 */
   private String clsite;
   public int getClid() {  return clid;  }
   public void setClid(int clid) {  this.clid = clid;  }
   public int getClweek() {  return clweek;  }
```

```
public void setClweek(int clweek) {  this.clweek = clweek;  }
public String getClsite() {  return clsite;  }
public void setClsite(String clsite) {  this.clsite = clsite;  }
/* 该课的记录，一对多 */
private java.util.Collection<OeRecord> oeRecord;
/* 该课开课时间，多对一 */
private OeSection oeSection;
/* 该课下课时间，多对一 */
private OeSection oeSection2;
/* 任课教师，多对一 */
private OeUser oeUser;
/* 课的名称，多对一 */
private OeCourse oeCourse;
/* 获得对应的班级，多对多 */
private java.util.Collection<OeUnit> oeUnit;
/* 获得该课的记录列表 */
public java.util.Collection<OeRecord> getOeRecord() {
   if(oeRecord == null)
      oeRecord = new java.util.HashSet<OeRecord>();
   return oeRecord;
}
/* 获得记录列表的迭代项 */
public java.util.Iterator<OeRecord> getIteratorOeRecord() {
   if(oeRecord == null)
      oeRecord = new java.util.HashSet<OeRecord>();
   return oeRecord.iterator();
}
 /* 设置记录列表
  *   @param newOeRecord
  */
public void setOeRecord(java.util.Collection<OeRecord> newOeRecord) {
   removeAllOeRecord();
   for(java.util.Iterator<OeRecord> iter = newOeRecord.iterator(); iter.hasNext();)
      addOeRecord(iter.Next());
}
/* 添加新纪录
 *   @param newOeRecord
 */
public void addOeRecord(OeRecord newOeRecord) {
   if(newOeRecord == null)
      return;
   if(this.oeRecord == null)
      this.oeRecord = new java.util.HashSet<OeRecord>();
   if(!this.oeRecord.contains(newOeRecord)) {
      this.oeRecord.add(newOeRecord);
      newOeRecord.setOeClass(this);
   }
}
```

```
/*  删除相应的记录
 *   @param oldOeRecord
 */
public void removeOeRecord(OeRecord oldOeRecord) {
   if(oldOeRecord == null)
      return;
   if(this.oeRecord != null) if (this.oeRecord.contains(oldOeRecord)) {
      this.oeRecord.remove(oldOeRecord);
      oldOeRecord.setOeClass((OeClass) null);
   }
}
/** 删除所有记录 */
public void removeAllOeRecord() {
   if(oeRecord != null) {
      OeRecord oldOeRecord;
      for(java.util.Iterator<OeRecord> iter = getIteratorOeRecord(); iter.hasNext();) {
         oldOeRecord = iter.Next();
         iter.remove();
         oldOeRecord.setOeClass((OeClass) null);
      }
   }
}
/* 获得上课开始的节数 */
public OeSection getOeSection() {
   return oeSection;
}
/* 设置上课开始的节
 *    @param newOeSection
 */
public void setOeSection(OeSection newOeSection) {
   if(this.oeSection == null || !this.oeSection.equals(newOeSection)) {
      if(newOeSection != null) {
         this.oeSection = newOeSection;
      }
   }
}
/* 获得下课的节数 */
public OeSection getOeSection2() {
   return oeSection2;
}
/* 设置下课的节数
 *   @param newOeSection
 */
public void setOeSection2(OeSection newOeSection) {
   if(this.oeSection2 == null || !this.oeSection2.equals(newOeSection)) {
      if(newOeSection != null) {
         this.oeSection2 = newOeSection;
      }
```

```
    }
}
/* 获得该课的任课教师 */
public OeUser getOeUser() {
   return oeUser;
}
/* 设置该课的任课教师
 *  @param newOeUser
 */
public void setOeUser(OeUser newOeUser) {
   if(this.oeUser == null || !this.oeUser.equals(newOeUser)) {
      if(this.oeUser != null) {
         OeUser oldOeUser = this.oeUser;
         this.oeUser = null;
         oldOeUser.removeOeClass(this);
      }
      if(newOeUser != null) {
         this.oeUser = newOeUser;
         this.oeUser.addOeClass(this);
      }
   }
}
/* 获得该课的名称 */
public OeCourse getOeCourse() {    return oeCourse;  }
/* 设置该课的名称
  *  @param newOeCourse
  */
public void setOeCourse(OeCourse newOeCourse) {
   if(this.oeCourse == null || !this.oeCourse.equals(newOeCourse)) {
      if(newOeCourse != null) {
         this.oeCourse = newOeCourse;
      }
   }
}
/* 获得该课的单元列表 */
public java.util.Collection<OeUnit> getOeUnit() {
   if(oeUnit == null)
      oeUnit = new java.util.HashSet<OeUnit>();
   return oeUnit;
}
/* 获得该课单元列表的迭代 */
public java.util.Iterator<OeUnit> getIteratorOeUnit() {
   if(oeUnit == null)
      oeUnit = new java.util.HashSet<OeUnit>();
   return oeUnit.iterator();
}
/* 设置该课的单元列表
 *   @param newOeUnit
```

```
    */
   public void setOeUnit(java.util.Collection<OeUnit> newOeUnit) {
      removeAllOeUnit();
      for(java.util.Iterator<OeUnit> iter = newOeUnit.iterator(); iter.hasNext();)
         addOeUnit(iter.Next());
   }
   /* 添加课的单元
    *  @param newOeUnit
    */
   public void addOeUnit(OeUnit newOeUnit) {
      if(newOeUnit == null)
         return;
      if(this.oeUnit == null)
         this.oeUnit = new java.util.HashSet<OeUnit>();
      if(!this.oeUnit.contains(newOeUnit)) {
          this.oeUnit.add(newOeUnit);
          newOeUnit.addOeClass(this);
      }
   }
   /* 删除课的单元
    *   @param oldOeUnit
    */
   public void removeOeUnit(OeUnit oldOeUnit) {
      if(oldOeUnit == null)
         return;
      if(this.oeUnit != null) if (this.oeUnit.contains(oldOeUnit)) {
         this.oeUnit.remove(oldOeUnit);
         oldOeUnit.removeOeClass(this);
      }
   }
   /* 删除用户单元列表 */
   public void removeAllOeUnit() {
      if(oeUnit != null) {
         OeUnit oldOeUnit;
         for(java.util.Iterator<OeUnit> iter = getIteratorOeUnit(); iter.hasNext();) {
            oldOeUnit = iter.Next();
            iter.remove();
            oldOeUnit.removeOeClass(this);
         }
      }
   }
   @Override
   public boolean searchByKey(String key) {
       // TODO Auto-generated method stub
       return false;
   }
}
```

课程比较类 ClassComparator（见代码 8-38）通过实现 Comparator 接口，根据 OeClass 的 OeSection 按时间进行排序，所以在进行比较时，会在类中获得 OeClass 类的 OeSection 对象，并且根据该对象的 getSestime()方法进行排序，这样在方法中得到的 OeClass 列表就可以是以 OeSection 为对象来排序的列表。

〖**代码 8-38**〗 课程比较类 ClassComparator。

```
public class  ClassComparator  implements  Comparator<OeClass> {
   @Override
   public int compare(OeClass o1, OeClass o2) {
      if(o1.getClweek() > o2.getClweek()) {
         return 1;
      }
      else if(o1.getClweek() < o2.getClweek()) {
          return -1;
      }
      else {
         String time1 = o1.getOeSection().getSestime();
         String time2 = o2.getOeSection().getSestime();
         int  i = 3;
         i = time1.compareTo(time2);
         System.out.println(i);
         if(i <= 0) {
            return  i;
         }
         else {
            return 1;
         }
      }
   }
}
```

我们根据 Collections.sort 就可以得到自定义排序的序列（见代码 8-39）。

〖**代码 8-39**〗 自定义排序的序列。

```
…
// 根据上课时间进行排序
Comparator<OeClass>classComparator = newClassComparator();
Collections.sort(oeClasses, classComparator);
…
```

3．模型类的实现——用户类 OeUser

模型 OeUser 类（如图 8-94 所示）是系统的基础类，封装了对其他相关联的模型的操作。模型类是系统中的实体，主要保存信息和对其他实体的引用，并且实现 Serializable 接口，从而保证序列化。

OeUser 类实现了用户的各种操作，包括对用户类别、用户权限、考勤记录等各种功能（见代码 8-40）。

〖**代码 8-40**〗 OeUser 类的实现。

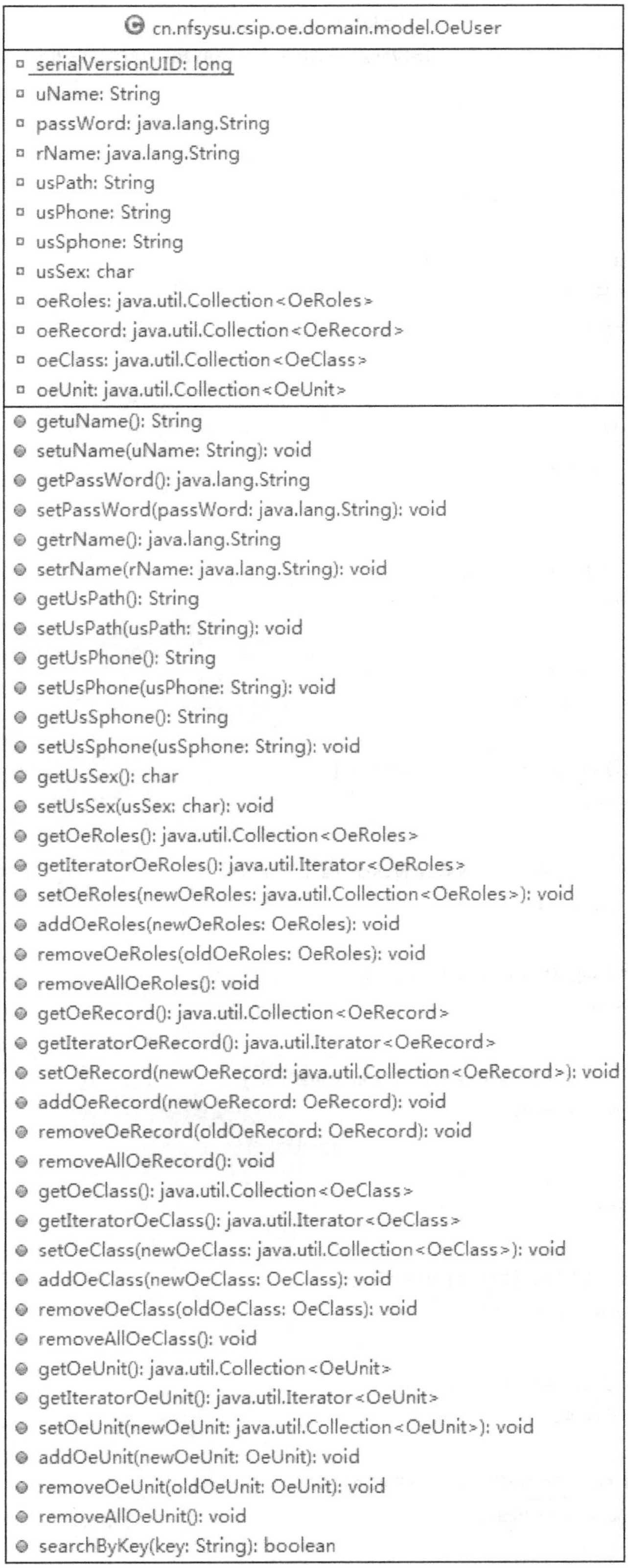

cn.nfsysu.csip.oe.domain.model.OeUser

serialVersionUID: long
uName: String
passWord: java.lang.String
rName: java.lang.String
usPath: String
usPhone: String
usSphone: String
usSex: char
oeRoles: java.util.Collection<OeRoles>
oeRecord: java.util.Collection<OeRecord>
oeClass: java.util.Collection<OeClass>
oeUnit: java.util.Collection<OeUnit>

getuName(): String
setuName(uName: String): void
getPassWord(): java.lang.String
setPassWord(passWord: java.lang.String): void
getrName(): java.lang.String
setrName(rName: java.lang.String): void
getUsPath(): String
setUsPath(usPath: String): void
getUsPhone(): String
setUsPhone(usPhone: String): void
getUsSphone(): String
setUsSphone(usSphone: String): void
getUsSex(): char
setUsSex(usSex: char): void
getOeRoles(): java.util.Collection<OeRoles>
getIteratorOeRoles(): java.util.Iterator<OeRoles>
setOeRoles(newOeRoles: java.util.Collection<OeRoles>): void
addOeRoles(newOeRoles: OeRoles): void
removeOeRoles(oldOeRoles: OeRoles): void
removeAllOeRoles(): void
getOeRecord(): java.util.Collection<OeRecord>
getIteratorOeRecord(): java.util.Iterator<OeRecord>
setOeRecord(newOeRecord: java.util.Collection<OeRecord>): void
addOeRecord(newOeRecord: OeRecord): void
removeOeRecord(oldOeRecord: OeRecord): void
removeAllOeRecord(): void
getOeClass(): java.util.Collection<OeClass>
getIteratorOeClass(): java.util.Iterator<OeClass>
setOeClass(newOeClass: java.util.Collection<OeClass>): void
addOeClass(newOeClass: OeClass): void
removeOeClass(oldOeClass: OeClass): void
removeAllOeClass(): void
getOeUnit(): java.util.Collection<OeUnit>
getIteratorOeUnit(): java.util.Iterator<OeUnit>
setOeUnit(newOeUnit: java.util.Collection<OeUnit>): void
addOeUnit(newOeUnit: OeUnit): void
removeOeUnit(oldOeUnit: OeUnit): void
removeAllOeUnit(): void
searchByKey(key: String): boolean

图 8-98　模型类 OeUser

```
public class OeUser implements IModel {
    private static final long serialVersionUID = -4825852053272948958L;
    /* 用户 id */
    private String uName;
    /* 用户密码 */
    private java.lang.String passWord;
    /* 用户名称 */
    private java.lang.String rName;
    /* 用户图片路径 */
    private String usPath;
    /* 用户手机 */
    private String usPhone;
    /* 用户短号 */
    private String usSphone;
    /* 用户性别 */
    private char usSex;
    public String getuName() {
        return uName;
    }
    public void setuName(String uName) {
        this.uName = uName;
    }
    public java.lang.String getPassWord() {
        return passWord;
    }
    public void setPassWord(java.lang.String passWord) {
        this.passWord = passWord;
    }
    public java.lang.String getrName() {
        return rName;
    }
    public void setrName(java.lang.String rName) {
        this.rName = rName;
    }
    public String getUsPath() {
        return usPath;
    }
    public void setUsPath(String usPath) {
        this.usPath = usPath;
    }
    public String getUsPhone() {
        return usPhone;
    }
    public void setUsPhone(String usPhone) {
        this.usPhone = usPhone;
    }
    public String getUsSphone() {
        return usSphone;
```

```
}
public void setUsSphone(String usSphone) {
   this.usSphone = usSphone;
}
public char getUsSex() {
   return usSex;
}
public void setUsSex(char usSex) {
   this.usSex = usSex;
}
/* 用户角色列表,多对多 */
private java.util.Collection<OeRoles>  oeRoles;
/* 用户记录列表,一对多 */
private java.util.Collection<OeRecord> oeRecord;
/* 用户任课列表,一对多 */
private java.util.Collection<OeClass>  oeClass;
/* 用户对应单元列表,多 */
private java.util.Collection<OeUnit>   oeUnit;
/* 获得用户角色列表 */
public java.util.Collection<OeRoles> getOeRoles() {
   if(oeRoles == null)
      oeRoles = new java.util.HashSet<OeRoles>();
   return oeRoles;
}
/* 获得用户角色列表的迭代 */
public java.util.Iterator<OeRoles> getIteratorOeRoles() {
   if(oeRoles == null)
      oeRoles = new java.util.HashSet<OeRoles>();
   return oeRoles.iterator();
}
/* 设置用户角色列表
 *    @param newOeRoles
 */
public void setOeRoles(java.util.Collection<OeRoles> newOeRoles) {
   removeAllOeRoles();
   for(java.util.Iterator<OeRoles> iter = newOeRoles.iterator(); iter.hasNext();)
      addOeRoles(iter.Next());
}
/* 添加用户角色
 *   @param newOeRoles
 */
public void addOeRoles(OeRoles newOeRoles) {
   if(newOeRoles == null)
      return;
   if(this.oeRoles == null)
      this.oeRoles = new java.util.HashSet<OeRoles>();
   if(!this.oeRoles.contains(newOeRoles)) {
      this.oeRoles.add(newOeRoles);
```

```
        // newOeRoles.addOeUsers(this);
      }
   }
   /* 删除用户角色
    *    @param oldOeRoles
    */
   public void removeOeRoles(OeRoles oldOeRoles) {
      if(oldOeRoles == null)
         return;
      if(this.oeRoles != null) {
         if(this.oeRoles.contains(oldOeRoles)) {
            this.oeRoles.remove(oldOeRoles);
         }
      }
   }
   /* 删除用户角色列表 */
   public void removeAllOeRoles() {
      if(oeRoles != null) {
         for(java.util.Iterator<OeRoles> iter = getIteratorOeRoles(); iter.hasNext();) {
            iter.remove();
         }
      }
   }
   /* 获得用户记录列表 */
   public java.util.Collection<OeRecord> getOeRecord() {
      if(oeRecord == null)
         oeRecord = new java.util.HashSet<OeRecord>();
      return oeRecord;
   }
   /* 获得用户记录列表的迭代 */
   public java.util.Iterator<OeRecord> getIteratorOeRecord() {
      if(oeRecord == null)
         oeRecord = new java.util.HashSet<OeRecord>();
      return oeRecord.iterator();
   }
   /* 设置用户记录列表
    *  @param newOeRecord
    */
   public void setOeRecord(java.util.Collection<OeRecord> newOeRecord) {
      removeAllOeRecord();
      for(java.util.Iterator<OeRecord> iter = newOeRecord.iterator(); iter.hasNext();)
         addOeRecord(iter.Next());
   }
   /* 添加用户记录
    *  @param newOeRecord
    */
   public void addOeRecord(OeRecord newOeRecord) {
      if(newOeRecord == null)
```

```
        return;
    if(this.oeRecord == null)
        this.oeRecord = new java.util.HashSet<OeRecord>();
    if(!this.oeRecord.contains(newOeRecord)) {
        this.oeRecord.add(newOeRecord);
        newOeRecord.setOeUser(this);
    }
}
/* 删除用户记录
 *  @param oldOeRecord
 */
public void removeOeRecord(OeRecord oldOeRecord) {
    if(oldOeRecord == null)
        return;
    if(this.oeRecord != null)
        return;
        if(this.oeRecord.contains(oldOeRecord)) {
            this.oeRecord.remove(oldOeRecord);
            oldOeRecord.setOeUser((OeUser) null);
        }
}
/* 删除用户所有记录 */
public void removeAllOeRecord() {
    if(oeRecord != null) {
        OeRecord oldOeRecord;
        for(java.util.Iterator<OeRecord> iter = getIteratorOeRecord(); iter.hasNext();) {
            oldOeRecord = iter.Next();
            iter.remove();
            oldOeRecord.setOeUser((OeUser) null);
        }
    }
}
/* 获得用户的任课列表 */
public java.util.Collection<OeClass> getOeClass() {
    if(oeClass == null)
        oeClass = new java.util.HashSet<OeClass>();
    return oeClass;
}
/* 获得用户任课列表的迭代 */
public java.util.Iterator<OeClass> getIteratorOeClass() {
    if(oeClass == null)
        oeClass = new java.util.HashSet<OeClass>();
    return oeClass.iterator();
}
/* 设置用户的任课列表
 *  @param newOeClass
 */
public void setOeClass(java.util.Collection<OeClass> newOeClass) {
```

```
        removeAllOeClass();
        for(java.util.Iterator<OeClass> iter = newOeClass.iterator(); iter.hasNext();)
            addOeClass(iter.Next());
    }
    /* 添加用户任课
     * @param newOeClass
     */
    public void addOeClass(OeClass newOeClass) {
        if(newOeClass == null)
            return;
        if(this.oeClass == null)
            this.oeClass = new java.util.HashSet<OeClass>();
        if(!this.oeClass.contains(newOeClass)) {
            this.oeClass.add(newOeClass);
            newOeClass.setOeUser(this);
        }
    }
    /* 删除用户任课
     * @param oldOeClass
     */
    public void removeOeClass(OeClass oldOeClass) {
        if(oldOeClass == null)
            return;
        if(this.oeClass != null) {
            if(this.oeClass.contains(oldOeClass)) {
                this.oeClass.remove(oldOeClass);
                oldOeClass.setOeUser((OeUser) null);
            }
        }
    }
    /* 删除用户任课列表 */
    public void removeAllOeClass() {
        if(oeClass != null) {
            OeClass oldOeClass;
            for(java.util.Iterator<OeClass> iter = getIteratorOeClass(); iter.hasNext();) {
                oldOeClass = iter.Next();
                iter.remove();
                oldOeClass.setOeUser((OeUser) null);
            }
        }
    }
    /* 获得用户的单元列表 */
    public java.util.Collection<OeUnit> getOeUnit() {
        if(oeUnit == null)
            oeUnit = new java.util.HashSet<OeUnit>();
        return oeUnit;
    }
    /* 获得用户单元列表的迭代 */
```

```
public java.util.Iterator<OeUnit> getIteratorOeUnit() {
   if(oeUnit == null)
      oeUnit = new java.util.HashSet<OeUnit>();
   return oeUnit.iterator();
}
/* 设置用户的单元列表
 *  @param newOeUnit
 */
public void setOeUnit(java.util.Collection<OeUnit> newOeUnit) {
   removeAllOeUnit();
   for(java.util.Iterator<OeUnit> iter = newOeUnit.iterator(); iter.hasNext();)
      addOeUnit(iter.Next());
}
/* 添加用户单元
 *  @param newOeUnit
 */
public void addOeUnit(OeUnit newOeUnit) {
   if(newOeUnit == null)
      return;
   if(this.oeUnit == null)
      this.oeUnit = new java.util.HashSet<OeUnit>();
   if(!this.oeUnit.contains(newOeUnit)) {
      this.oeUnit.add(newOeUnit);
      newOeUnit.addOeUser(this);
   }
}
/* 删除用户单元
 *  @param oldOeUnit
 */
public void removeOeUnit(OeUnit oldOeUnit) {
   if(oldOeUnit == null)
      return;
   if(this.oeUnit != null) {
     if(this.oeUnit.contains(oldOeUnit)) {
        this.oeUnit.remove(oldOeUnit);
        oldOeUnit.removeOeUser(this);
     }
   }
}
/* 删除用户单元列表 */
public void removeAllOeUnit() {
   if(oeUnit != null) {
      OeUnit oldOeUnit;
      for(java.util.Iterator<OeUnit> iter = getIteratorOeUnit(); iter.hasNext();) {
         oldOeUnit = iter.Next();
         iter.remove();
         oldOeUnit.removeOeUser(this);
      }
```

```
        }
    }
    @Override
    public boolean searchByKey(String key) {
        return false;
    }
}
```

用户模型的排序类：在系统的实现过程中需要为自己的模型进行自定义排序，这时 Java 提供的 unit 工具已经不能满足需求，所以必须扩展 Java 提供的接口，为复杂的模型类提供自定义的排序方法。

UserComparator 类（见代码 8-41）实现了 Comparator 接口，主要提供 OeUser 比较的方法，为 OeUser 模型类提供排序的功能。这里需要对用户的名称进行排序，通过对两个用户名的比较，返回特定的标志，1 代表大于，即“o1”的名称的默认排序比“o2”的高，所以在该排序规则的影响下，获得的列表会是以用户名为排序方式的列表，0 代表等于，-1 代表小于。

〖代码 8-41〗 UserComparator 类。

```
public class UserComparator implements Comparator<OeUser> {
        @Override
    public int compare(OeUser o1, OeUser o2) {
        int i = o1.getrName().compareTo(o2.getrName());
        if(i <= 0) {
            return i;
        }
        else {
            return 1;
        }
    }
}
```

8.4.3 用户接口层实现

用户接口层提供了一个基类，通过封装领域层的方法，为应用层提供各接口的调用方法。

1. 获取用户动作 API

代码 8-42 实现了 Web 界面上用于获取用户请求的（与 Domain 层的）接口，如通过“/log/login.do”判断用户是否进行 login 请求。

〖代码 4-42〗 动作请求获取 API。

```
/* 获得请求的动作
 * @param request
 * @param response
 * @return
 */
protected String requestAction(HttpServletRequest request, HttpServletResponse response) {
    StringBuffer path = request.getRequestURL();
    String action = path.substring(path.lastIndexOf("/") + 1, path.lastIndexOf("."));
    return action;
}
```

2. 获取出勤状态列表 API

代码 8-43 实现了获取出勤状态列表的方法。应用层不需要进行多余的实例化操作，只需调用该接口，即可获取完整的出勤状态列表。

〖**代码 8-43**〗 获取出勤状态列表 API。

```
/*
 * 获得状态列表
 * @param status 是否启用判断
 * @return
 */
protected Collection<OeStatus>getStatuss(char status) {
   Collection<OeStatus>oeStatuss = getStatuss();
   Iterator<OeStatus> iterator = oeStatuss.iterator();
   while(iterator.hasNext()) {
      OeStatusoeStatus = iterator.Next();
      if(oeStatus.getStstatus() == status) {
         iterator.remove();
      }
   }
   return oeStatuss;
}
```

3. 发送字符串到前台的 API

代码 8-44 实现了把一个字符串发送到前台的编程接口（API）。

〖**代码 8-44**〗 发送字符串到前台的 API。

```
/*
 * 发送字符串数据到前台
 * @param response
 * @paramjsonStr
 */
protected void printJson(ServletResponse response, String jsonStr) {
   try {
      PrintWriter out = response.getWriter();
      out.print(jsonStr);
      out.flush();
      out.close();
   }
   catch(IOException e) {
      e.printStackTrace();
   }
}
```

4. 用户访问权限检验 API

代码 8-45 实现了两种判断用户是否具有访问权限的接口：一是根据用户等级进行判断，二是根据用户角色进行判断。这两种方法返回 true 时，表示用户有操作权限，返回 false 时表示用户没有操作权限。

〖**代码 8-45**〗 校验用户权限的两个编程接口。

```
/*
 * 根据等级判断是否拥有相应等级的角色
 *  @param level
 *  @param request
 *  @return
 */
protected Boolean hasPermission(int level, HttpServletRequest request) {
   OeUseroeUser = (OeUser) request.getSession().getAttribute(getUserSessionKey());
   for(OeRolesoeRoles : oeUser.getOeRoles()) {
      if(oeRoles.getRoright() <= level) {
         return true;
      }
   }
   return false;
}
/*
 * 根据名称判断是否拥有相应等级的角色
 *  @paramrolesName
 *  @param request
 *  @return
 */
protected Boolean hasPermission(String rolesName, HttpServletRequest request) {
   OeUseroeUser = (OeUser) request.getSession().getAttribute(getUserSessionKey());
   for(OeRolesoeRoles : oeUser.getOeRoles()) {
      if(oeRoles.getRoname().equals(rolesName)) {
         return true;
      }
   }
   return false;
}
```

5. 获取用户角色列表 API

代码 8-46 提供了获取用户权限角色列表的编程接口。

〖**代码 8-46**〗 获取用户角色列表 API。

```
/*
 * 获得用户相应的空间
 *  @paramoeUser
 *  @return
 */
protected String getDomainUrl(OeUser oeUser) {
   int right = 99999;
   String permission = "";
   Iterator<OeRoles>rolesIter = oeUser.getIteratorOeRoles();
   while(rolesIter.hasNext()) {
      OeRolesoeRoles = rolesIter.Next();
      if(oeRoles.getRoright() < right) {
         right = oeRoles.getRoright();
         permission = oeRoles.getRoname();
      }
```

```
    }
    return permission;
}
```

6．字符串筛选 API

代码 8-47 对生成的字符串进行筛选，可以去掉不必要的数据或者陷入 OOM。

〖代码 8-47〗 字符串筛选 API。

```
/*
 * 设置 jsonlib 的过滤列表
 *  @param prams
 *  @return
 */
protectedJsonConfigsetJsonConfig(String... prams) {
    JsonConfigconfig = newJsonConfig();
    // 只要设置这个数组，指定过滤哪些字段
    config.setExcludes(prams);
    return config;
}
```

7．文件上传 API

代码 8-48 实现了文件上传 API。

〖代码 8-48〗 文件上传 API。

```
protected String upLoadFile(HttpServletRequest request, HttpServletResponse response,
                            String upLoadPath, String temp) throws Exception {
    // 在解析请求之前先判断请求类型是否为文件上传类型
    booleanisMultipart = ServletFileUpload.isMultipartContent(request);
    if(isMultipart) {
        // 文件上传处理工厂
        FileItemFactory factory = newDiskFileItemFactory();
        // 创建临时文件目录
        File tempFile = newFile(request.getSession().getServletContext().getRealPath(temp));
        // 设置缓存大小
        ((DiskFileItemFactory) factory).setSizeThreshold(1024 * 1024);
        // 设置临时文件存放地点
        ((DiskFileItemFactory) factory).setRepository(tempFile);
        // 创建文件上传处理器
        ServletFileUpload upload = newServletFileUpload(factory);
        // 将界面请求传递信息最大值设置为 50M
        upload.setSizeMax(1024 * 1024 * 50);
        // 将单个上传文件信息最大值设置为 6M
        upload.setFileSizeMax(1024 * 1024 * 6);
        // 开始解析请求信息
        List items = null;
        items = upload.parseRequest(request);
        String fileName = null;
        // 对所有请求信息进行判断
        Iteratoriter = items.iterator();
```

```
        while(iter.hasNext()) {
            FileItem item = (FileItem) iter.Next();
            // 信息为普通的格式
            if(item.isFormField()) {
                String fieldName = item.getFieldName();
                String value = item.getString();
                request.setAttribute(fieldName, value);
            }
            // 信息为文件格式
            else {
                fileName = item.getName();
                int index = fileName.lastIndexOf("\\");
                fileName = fileName.substring(index + 1);
                request.setAttribute("realFileName", fileName);
                // 将文件写入
                String basePath = request.getSession().getServletContext().getRealPath(upLoadPath);
                File file = newFile(basePath, fileName);
                item.write(file);
            }
            request.getRequestDispatcher("/uploadsuccess.jsp").forward(request, response);
            return fileName;
        }
        return null;
    }
}
```

8．用户登录接口 LoginServlet

根据图 8-95，代码 8-49 实现了用户登录接口 Login。用户登录接口通过用户名判断用户权限，并自动导向相应的界面；同时，对用户信息进行判断，如果正确，则发送相应的信息，并返回前台。

cn.nfsysu.csip.oe.userinterface.log.LoginServlet
doGet(req: HttpServletRequest, resp: HttpServletResponse): void
doPost(req: HttpServletRequest, resp: HttpServletResponse): void
init(): void
destroy(): void

图 8-95　用户登录接口

〖代码 8-49〗　用户登录接口 Login。

```
…
PrintWriter out = resp.getWriter();
OeUsercheckUser = newOeUser();
checkUser.setuName(req.getParameter(this.getInitParameter("user_name")));
checkUser.setPassWord(req.getParameter(this.getInitParameter("pass_word")));
OeUser user = getUser(checkUser);
    if(user != null) {
        // 只有用户名
```

```
        if(checkUser.getPassWord() == null) {
            if(user != null&&user.getUsPath() != null&& !user.getUsPath().equals("")) {
                out.print(user.getUsPath());
            }
            else {
                out.print(MyConstants.ERROR);
            }
        }
        else {
            if(checkUser.getPassWord().equals(user.getPassWord())) {
                // 将用户信息保存到 session
                req.getSession().setAttribute(getUserSessionKey(), user);
                // 跳转到配置文件设置好的角色首页
                String url = "";
                System.out.println(getDomainUrl(user));
                if(getDomainUrl(user).equals("admin")) {
                    url = "/OnlineAttendance/admin/admin.html";
                }
                else if(getDomainUrl(user).equals("teacher")) {
                    url = "/OnlineAttendance/teacher/index.html";
                }
                else if(getDomainUrl(user).equals("student")) {
                    url = "/OnlineAttendance/student/index.html";
                }
                out.print(url);
            }
            else {
                out.print(MyConstants.ERROR);
            }
        }
    }
    else {
        out.print(MyConstants.ERROR);
    }
...
```

9. 用户登出接口 LogoutServlet

根据图 8-96，代码 8-50 实现了用户退出接口 Logout。用户退出时，清除界面缓存、清除 session，并且向前台发送信息，返回登录界面。

cn.nfsysu.csip.oe.userinterface.log.LogoutServlet
redirectURL: String
doGet(req: HttpServletRequest, resp: HttpServletResponse): void doPost(req: HttpServletRequest, resp: HttpServletResponse): void init(): void

图 8-96 用户退出接口

〖代码 8-50〗 用户退出接口 Logout。

```
…
PrintWriterprintWriter = resp.getWriter();
// 设置界面无缓存
resp.setHeader("Cache-Control", "no-cache, no-store");
resp.setHeader("Pragma", "no-cache");
req.getSession().invalidate();
printWriter.print(redirectURL);
…
```

10. 增加课程接口 AddCourseServlet

根据图 8-97，代码 8-51 实现了添加课程接口，通过前台 post 请求，获得课程基础数据并保持到系统中。

cn.nfsysu.csip.oe.userinterface.course.AddCourseServlet
◇ doGet(req: HttpServletRequest, resp: HttpServletResponse): void ◇ doPost(req: HttpServletRequest, resp: HttpServletResponse): void

图 8-97 添加课程

〖代码 8-51〗 添加课程接口。

```
…
setBaseData(request, oeCourse);
isSuccess = (WEventBus.getEventBus().addEvent(newInsertEvent<OeCourse>(oeCourse,
                                        OeConstants.CourseRepository)) == null) ? true : false;
   if(isSuccess) {
      message = "添加课程成功！";
   }
   else {
      message = "添加课程失败！";
   }
   …
```

11. 获取课程接口 GetCourseServlet

根据图 8-98，代码 8-52 实现获取课程的接口，通过前台 post 请求，获得相应课程。

cn.nfsysu.csip.oe.userinterface.course.GetCourseServlet
◇ doGet(req: HttpServletRequest, resp: HttpServletResponse): void ◇ doPost(req: HttpServletRequest, resp: HttpServletResponse): void

图 8-98 获得课程

〖代码 8-52〗 获取课程的接口。

```
…
jsonArray = JSONArray.fromObject(getCourses());
jsonObject.put("courses", jsonArray);
…
```

12．修改课程接口 ChangeCourseServlet

根据图 8-99，代码 8-53 实现修改课程接口，通过前台 post 请求，获得相应的数据并进行课程修改。

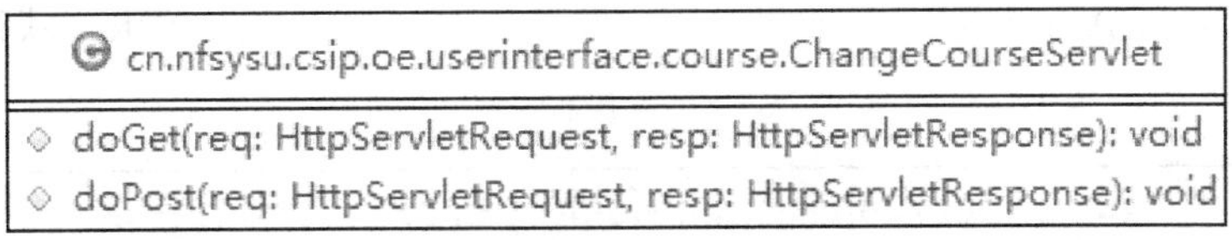

cn.nfsysu.csip.oe.userinterface.course.ChangeCourseServlet
◇ doGet(req: HttpServletRequest, resp: HttpServletResponse): void
◇ doPost(req: HttpServletRequest, resp: HttpServletResponse): void

图 8-99　修改课程

〖**代码 8-53**〗 修改课程接口。

```
...
oeCourse.setCoid(Integer.parseInt(request.getParameter("courseId")));
oeCourse = getCourse(oeCourse);
setBaseData(request, oeCourse);
isSuccess = true;
message = "修改课程成功! ";
...
```

13．增加用户接口 AddUserServlet

根据图 8-100，代码 8-54 实现增加用户接口，通过前台 post 请求，获得相应的数据并进行用户添加。

cn.nfsysu.csip.oe.userinterface.user.AddUserServlet
◇ doGet(req: HttpServletRequest, resp: HttpServletResponse): void
◇ doPost(req: HttpServletRequest, resp: HttpServletResponse): void
● init(): void
■ addUser(req: HttpServletRequest, resp: HttpServletResponse, oeUser: OeUser): boolean

图 8-100　增加用户

〖**代码 8-54**〗 增加用户接口。

```
...
try {
      oeUser.setuName(request.getParameter("userId"));
      if(getUser(oeUser) == null) {
         isSuccess = addUser(request, response, oeUser);
      }
      System.out.println(isSuccess);
   }
   catch(Exception e) {                         // TODO Auto-generated catch block
      e.printStackTrace();
   }
   if(isSuccess) {
      message = "添加用户成功! ";
   }
   else {
      message = "添加用户失败! ";
```

```
    }
...
```

14．删除用户接口 DeleteUserServlet

根据图 8-101，DAIMA 8-55 实现删除用户接口，通过前台 post 请求，获得相应的数据并进行用户添加。

cn.nfsysu.csip.oe.userinterface.user.DeleteUserServlet
◇ doGet(req: HttpServletRequest, resp: HttpServletResponse): void
◇ doPost(req: HttpServletRequest, resp: HttpServletResponse): void

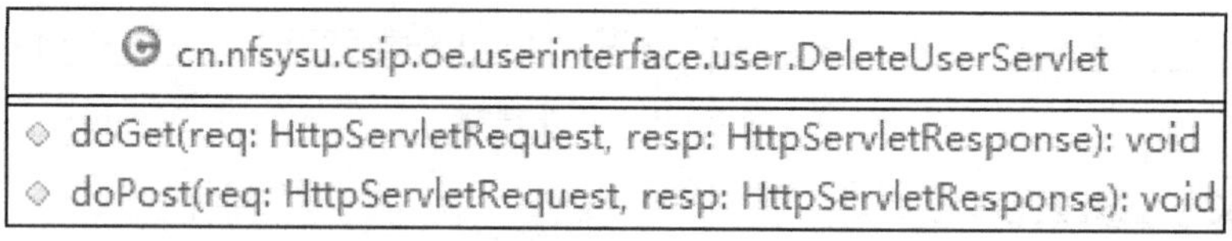

图 8-101　删除用户

〖代码 8-55〗 删除用户接口。

```
...
oeUser.setuName(request.getParameter("userName"));
WEventBus.getEventBus().addEvent(new DeleteEvent<OeUser>(oeUser, OeConstants.UserRepository));
...
```

15．获得用户接口 GetUserServlet

根据图 8-102，代码 8-56 实现获取用户接口，通过前台 post 请求，获得相应的数据并进行用户添加。

cn.nfsysu.csip.oe.userinterface.user.GetUserServlet
◇ doGet(req: HttpServletRequest, resp: HttpServletResponse): void
◇ doPost(req: HttpServletRequest, resp: HttpServletResponse): void

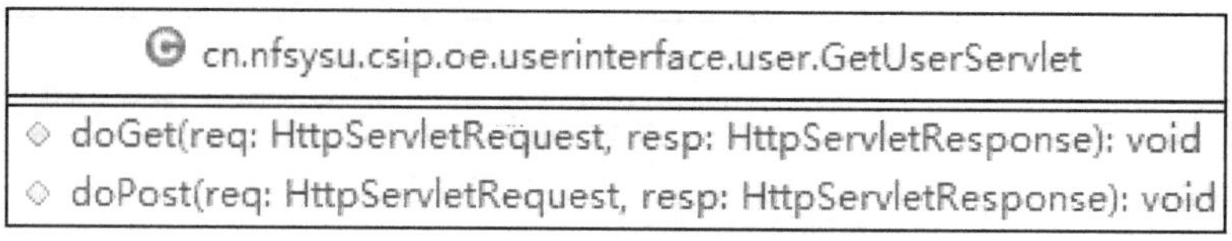

图 8-102　获得用户

〖代码 8-56〗 获取用户接口。

```
...
if(request.getParameter("userId") != null&& !request.getParameter("userId").equals("")) {
   oeUser.setuName(request.getParameter("userId"));
   if(getUser(oeUser) != null) {
      isSuccess = false;
      message = "用户名已经存在";
   }
   else {
      isSuccess = true;
   }
}
...
```

16．获得用户列表接口 GetUserListServlet

根据图 8-103，代码 8-57 实现获取用户列表接口，通过前台 post 请求，获得相应的数据并进行用户添加。

cn.nfsysu.csip.oe.userinterface.user.GetUserListServlet
◇ doGet(req: HttpServletRequest, resp: HttpServletResponse): void ◇ doPost(req: HttpServletRequest, resp: HttpServletResponse): void

图 8-103　获取用户列表

〖代码 8-57〗 获取用户列表接口。

```
…
OeUnitoeUnit = new OeUnit();
oeUnit.setUnid(Integer.parseInt(request.getParameter("unitId")));
oeUnit = getUnit(oeUnit);
jsonArray = JSONArray.fromObject(unitUser(oeUnit));
jsonObject.put("unitUser", jsonArray);
jsonObject.put("unit", oeUnit.getUnname());
…
```

17．修改用户接口 ChangeUserServlet

根据图 8-104，代码 8-58 实现修改用户接口，通过前台 post 请求，获得相应的数据并进行用户添加。

cn.nfsysu.csip.oe.userinterface.user.ChangeUserServlet
◇ doGet(req: HttpServletRequest, resp: HttpServletResponse): void ◇ doPost(req: HttpServletRequest, resp: HttpServletResponse): void

图 8-104　修改用户

〖代码 8-58〗 修改用户接口。

```
…
if(request.getParameter("userId") != null&& !request.getParameter("userId").equals("")) {
    if(request.getParameter("userOldId") != null && !request.getParameter("userOldId").equals("")) {
        if(request.getParameter("userId").equals(request.getParameter("userOldId"))) {
            oeUser.setuName(request.getParameter("userId"));
            oeUser = getUser(oeUser);
            try {
                isSuccess = editUser(request, response, oeUser);
            }
            catch(Exception e) {                // TODO Auto-generated catch block
                e.printStackTrace();
            }
        }
        else {
            oeUser.setuName(request.getParameter("userOldId"));
            oeUser = getUser(oeUser);
            WEventBus.getEventBus().addEvent(newDeleteEvent<OeUser>(oeUser, OeConstants.UserRepository));
            oeUser.setuName(request.getParameter("userId"));
            try {
                isSuccess = addUser(request, response, oeUser);
            }
```

```
                catch(Exception e) {                    // TODO Auto-generated catch block
                    e.printStackTrace();
                }
            }
        }
    }
    if(isSuccess) {
        message = "修改用户成功！";
    }
    else {
        message = "修改用户失败！";
    }
    …
```

18．增加上课接口 AddClassServlet

根据图 8-105，代码 8-59 实现增加上课接口。

cn.nfsysu.csip.oe.userinterface.user.ChangeUserServlet
◇ doGet(req: HttpServletRequest, resp: HttpServletResponse): void
◇ doPost(req: HttpServletRequest, resp: HttpServletResponse): void

图 8-105　增加上课

〖代码 8-59〗　增加上课接口。

```
…
setClassInfo(request, response, oeClass);
WEventBus.getEventBus().addEvent(newInsertEvent<OeClass>(oeClass, OeConstants.UserRepository));
…
```

19．删除上课接口 DeleteClassServlet

根据图 8-106，代码 8-60 实现删除上课接口。

cn.nfsysu.csip.oe.userinterface.clazz.DeleteClassServlet
◇ doGet(req: HttpServletRequest, resp: HttpServletResponse): void
◇ doPost(req: HttpServletRequest, resp: HttpServletResponse): void

图 8-106　删除上课时间

〖代码 8-60〗　删除上课接口。

```
…
oeClass.setClid(Integer.parseInt(request.getParameter("")));
WEventBus.getEventBus().addEvent(newDeleteEvent<OeClass>(oeClass, OeConstants.UserRepository));
…
```

20．获取上课接口 GetClassServlet

根据图 8-107，代码 8-61 实现获取上课接口。

〖代码 8-61〗　获取上课接口。

```
…
private void getCurriculum(ArrayList<OeClass> classes, JSONArrayjsonArray) {
```

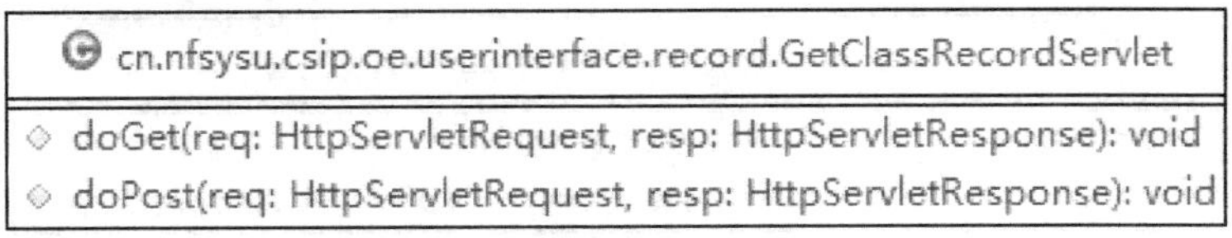

cn.nfsysu.csip.oe.userinterface.record.GetClassRecordServlet
◇ doGet(req: HttpServletRequest, resp: HttpServletResponse): void ◇ doPost(req: HttpServletRequest, resp: HttpServletResponse): void

图 8-107 获得上课

```
    int  flag = 0;
    booleanisOk = false;
    ArrayList<OeClass>oeClasses = classes;
    int  size = oeClasses.size();
    Iterator<OeClass> iterator = oeClasses.iterator();
    OeClassoeClass = null;
    while(iterator.hasNext()) {
       oeClass = iterator.Next();
       if(oeClass.getClweek() == DateUtil.getDayByWeek(new Date())) {
          intnowTime = (DateUtil.getHour() * 60 + DateUtil.getMinute());
          if((Integer.parseInt(oeClass.getOeSection().getSestime().substring(0, 2)) * 60 +
                 Integer.parseInt(oeClass.getOeSection().getSestime().substring(3))) >nowTime) {
             isOk = true;
          }
          else {
             isOk = false;
          }
       }
       else {
          isOk = false;
       }
       if(isOk) {
          break;
       }
       else {
          flag++;
       }
    }
    for(int i = flag; i < size; i++) {
       jsonArray.add(setCurriculum(oeClasses.get(i)));
    }
    for(int i = 0; i < flag; i++) {
       jsonArray.add(setCurriculum(oeClasses.get(i)));
    }
 }
 ...
```

21．修改上课接口 ChangeClassServlet

根据图 8-108，代码 8-62 实现了修改上课接口。

〖**代码 8-62**〗 修改上课接口。

```
 ...
 oeClass.setClid(Integer.parseInt(request.getParameter("")));
```

cn.nfsysu.csip.oe.userinterface.clazz.ChangeClassServlet
doGet(req: HttpServletRequest, resp: HttpServletResponse): void doPost(req: HttpServletRequest, resp: HttpServletResponse): void

图 8-108 修改上课

```
oeClass = getClass(oeClass);
setClassInfo(request, response, oeClass);
…
```

22．添加单元接口 AddUnitServlet

根据图 8-109，代码 8-63 实现了增加单元接口。

cn.nfsysu.csip.oe.userinterface.unit.GetUnitServlet
doGet(req: HttpServletRequest, resp: HttpServletResponse): void doPost(req: HttpServletRequest, resp: HttpServletResponse): void

图 8-109 增加单元

〖**代码 8-63**〗 增加单元接口。

```
…
OeUnitoeUnit = new OeUnit();
JSONObjectjsonObject = new JSONObject();
booleanisSuccess = false;
String message = "";
if(requestAction(request, response).equals("addUnit")) {
   setUnit(request, response, oeUnit);
   isSuccess = (WEventBus.getEventBus().addEvent(newInsertEvent<OeUnit>(oeUnit,
                                      OeConstants.UnitRepository)) == null) ? true : false;
   if(isSuccess) {
      message = "添加单元成功！";
   }
   else {
      message = "添加单元失败！";
   }
}
…
```

23．单元接口 DeleteUnitServlet

根据图 8-110，代码 8-64 实现删除单元接口。

cn.nfsysu.csip.oe.userinterface.unit.GetUnitServlet
doGet(req: HttpServletRequest, resp: HttpServletResponse): void doPost(req: HttpServletRequest, resp: HttpServletResponse): void

图 8-110 删除单元

〖**代码 8-64**〗 删除单元接口。

```
...
oeUnit.setUnid(Integer.parseInt(request.getParameter("")));
if(getUnit(oeUnit).getOeUser().size() == 0) {
   // 设置其他相关项，将被删除对象从其他对象的引用中去除
   WEventBus.getEventBus().addEvent(newDeleteEvent<OeUnit>(oeUnit, OeConstants.UnitRepository));
   }
...
```

24．获取单元接口 GetUnitServlet

根据图 8-111，代码 8-85 实现获取单元接口。

cn.nfsysu.csip.oe.userinterface.unit.ChangeUnitServlet
◇ doGet(req: HttpServletRequest, resp: HttpServletResponse): void ◇ doPost(req: HttpServletRequest, resp: HttpServletResponse): void

图 8-111　获取单元

〖代码 8-65〗　获取单元接口。

```
private Collection<OeUnit>unitTree(OeUnitoeUnit, Stack<OeUnit> stack, Collection<OeUnit>oeUnits) {
   Stack<OeUnit>brotherStack = new Stack<OeUnit>();
   oeUnits.add(oeUnit);
   if(oeUnit.getOeUnitB().size() != 0) {
      for(OeUnittmp : oeUnit.getOeUnitB()) {
         brotherStack.push(tmp);
      }
      while(!brotherStack.empty()) {
         stack.push(brotherStack.pop());
      }
   }
   if(!stack.empty()) {
      unitTree(stack.pop(), stack, oeUnits);
   }
   returnoeUnits;
}
```

25．修改单元接口 ChangeUnitServlet

根据图 8-112，代码 8-66 实现修改单元接口。

cn.nfsysu.csip.oe.userinterface.unit.ChangeUnitServlet
◇ doGet(req: HttpServletRequest, resp: HttpServletResponse): void ◇ doPost(req: HttpServletRequest, resp: HttpServletResponse): void

图 8-112　修改单元

〖代码 8-66〗　修改单元接口。

```
...
oeUnit.setUnid(Integer.parseInt(request.getParameter("unitId")));
oeUnit = getUnit(oeUnit);
setUnit(request, response, oeUnit);
```

```
isSuccess = true;
message = "修改单元成功！";
...
```

26．增加考勤记录接口 AddRecordServlet

根据图 8-113，代码 8-67 实现增加考勤记录接口。

cn.nfsysu.csip.oe.userinterface.record.AddRecordServlet
doGet(req: HttpServletRequest, resp: HttpServletResponse): void
doPost(req: HttpServletRequest, resp: HttpServletResponse): void

图 8-113　增加考勤记录

〖代码 8-67〗　增加考勤记录接口。

```
...
setRecord(request, response, oeRecord);
oeRecord.setReweek((short) DateUtil.getWeek());
WEventBus.getEventBus().addEvent(newInsertEvent<OeRecord>(oeRecord, OeConstants.RecordRepository));
...
```

27．获取班级考勤记录接口 GetClassRecordServlet

根据图 8-114，代码 8-68 实现获取班级考勤记录接口。

cn.nfsysu.csip.oe.userinterface.record.GetClassRecordServlet
doGet(req: HttpServletRequest, resp: HttpServletResponse): void
doPost(req: HttpServletRequest, resp: HttpServletResponse): void

图 8-114　获取班级考勤记录

〖代码 8-68〗　获取班级考勤记录接口。

```
...
if(hasPermission(4, request)) {
   if(request.getParameter("classId") != null && !request.getParameter("classId").equals("")) {
      OeClassoeClass = new OeClass();
      oeClass.setClid(Integer.parseInt(request.getParameter("classId")));
      oeClass = getClass(oeClass);
      int[] rate = rate(oeClass.getOeRecord());
      RateItem item = new RateItem();
      item.setCourse(oeClass.getOeCourse().getConame());
      item.setTotal(rate[0]);
      item.setNomal(rate[1]);
      item.setRate(rate[2]);
      item.setUserName(oeClass.getOeUser().getrName());
      jsonObject = JSONObject.fromObject(item);
   }
}
jsonArray = JSONArray.fromObject(recordBy(teacherRecord(oeUser, classId), week, status));
jsonObject.put("teacherRecord", jsonArray);
jsonArray = JSONArray.fromObject(getStatuss());
```

```
jsonObject.put("statuss", jsonArray);
...
```

28．获取学生考勤记录接口 GetUserRecordServlet

根据图 8-115，代码 8-69 实现获取学生考勤记录接口。

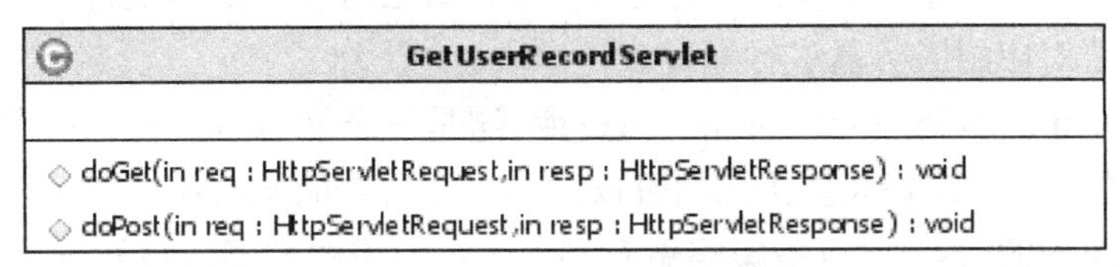

图 8-115　获取学生考勤记录

〖代码 8-69〗　获取学生考勤记录接口。

```
...
jsonArray = JSONArray.fromObject(recordBy(studentRecord(oeUser, classId), week, status, 'a', 'a'));
jsonObject.put("studentRecord", jsonArray);
...
```

29．修改考勤记录接口 ChangeRecordServlet

根据图 8-116，代码 8-70 实现修改学生考勤记录接口。

cn.nfsysu.csip.oe.userinterface.record.AddRecordServlet
doGet(req: HttpServletRequest, resp: HttpServletResponse): void
doPost(req: HttpServletRequest, resp: HttpServletResponse): void

图 8-116　修改学生考勤记录

〖代码 8-70〗　修改学生考勤记录接口。

```
...
oeRecord.setReid(Integer.parseInt(request.getParameter("recordId")));
oeRecord = getRecord(oeRecord);
setRecord(request, response, oeRecord);
...
```

8.4.4　应用层实现

应用层的功能是利用接口（User Interface）层提供的编程接口，实现 Web 考勤系统服务器。这部分主要是 JSP 代码的设计，本书不做详述。具体实现细节，用户可以查看和运行 Web 考勤系统。

8.5　系统使用说明

1．运行环境

（1）操作系统：X86/X64 位操作系统。

（2）JDK 的版本：JDK 1.7。

（3）开发 IDE 环境：Eclipse3.7。

（4）Web 服务器：Tomcat 7。

（5）数据库：MySQL 5.0。

2．单应用服务器部署

单服务器具有简单配置、方便使用的特点，可以省去各种节点的配置。但是系统进行了数据共享，所以需要对应用服务器进行配置。

项目中使用了memcached-session-manager库，这是一个使用memcached作为tomcat session manager 的开源项目。在部署大型集群的时候，tomcat 自带的 session replication 技术会影响系统的效率，使用统一的 session 存放策略更有利于集群规模的扩展，替换 session manager 的方法可以在程序代码不做修改的情况下实现。

将项目包放在$TOMCAT_HOME/lib 目录下，然后修改配置文件$TOMCAT_HOME/conf/server.xml，见代码 8-71。

〖代码 8-71〗 Tomcat 的配置文件 server.xml。

```
<Context docBase="E:/projects/test_msm/WebRoot"  path= ""  reloadable= "true"  >
<Manager className="de.javakaffee.web.msm.MemcachedBackupSessionManager"
   memcachedNodes="n1:localhost:11211"
   requestUriIgnorePattern=".*\.(png|gif|jpg|css|js)$"
   sessionBackupAsync="false"
   sessionBackupTimeout="100"
   transcoderFactoryClass="de.javakaffee.web.msm.serializer.javolution.JavolutionTranscoderFactory"
   copyCollectionsForSerialization="false"
/>
```

在 Tomcat 中添加 memcached 的节点，设置为"n1:localhost:11211"，多台节点可以设置为"n1:localhost:11211 n2:localhost:11212"，即节点间使用空格分开。这样可以实现 Tomcat 的 Session 共享，通过代码 8-72 可以在多应用中获得共享 Session 的内容。

〖代码 8-72〗 Tomcat 中 Session 共享的设置。

```
session.setAttribute(new StringBuffer(oeUser.getUname()).toString(), oeUser);
oeUser = (OeUser) session.getAttribute(new StringBuffer(oeUser.getUname()).toString());
```

在以上系统配置并部署成功后，可以运行 Web 考勤系统。基于本书篇幅，Web 考勤的详细例程可查看本书的教学资源包。

本章小结

本章设计并实现了一个基于 Web 的考勤系统。本章先对考勤系统进行需求分析，确定系统的目标，然后进行界面设计、系统结构设计、系统实现，按照设计的增量分阶段实现每个增量要达到的目标。

本章没有介绍 Java Web 项目开发所需技术，有兴趣同学可查看相关教材。

第 9 章　基于 Android 平台的视频播放器

Android 应用开发是目前移动领域中最火热的方向之一。Android 应用通常采用 Java 语言开发。在前面几个 Java 项目的基础上，本章准备开发一个基于 Android 平台的视频播放器，进一步巩固 Java 语言的基本知识，并将其扩展到 Android 平台中。考虑到读者可能对 Android 了解不多，本章先简单介绍 Android，再介绍基于 Android 平台的视频播放器的开发过程。

9.1　Android 简介

Android 的本义是指“机器人”，是 Google 于 2007 年 11 月 5 日推出的基于 Linux 平台的开源手机操作系统名称，由操作系统、中间件、用户界面和应用软件组成。Android 是运行在 Linux 内核上的轻量级操作系统，但功能全面，内置了很多有用的软件，如打电话、发短信等，是首个为移动终端打造的真正开放和完整的移动系统。2008 年 9 月 22 日，美国运营商 T-Mobile USA 在纽约正式发布第一款 Google 手机——T-Mobile G1。该手机由宏达电制造，是世界上第一部使用 Android 操作系统的手机，支持 WCDMA/HSPA 网络和 Wi-Fi，理论下载速率为 7.2 Mbps。

Google 与开放手机联盟（Open Handset Alliance）合作开发和推广 Android，这个联盟由包括高通、英特尔、德州仪器、中国移动、三星、摩托罗拉、宏达电和 T-Mobile 在内的 30 多家技术和无线应用的领军企业组成。Google 通过与运营商、设备制造商、开发商和其他有关各方结成深层次的合作伙伴关系，希望建立标准化、开放式的移动电话软件平台，在移动产业内形成一个开放式的生态系统。

Android 系统自推出以来，其优势不断显现，在智能手机和移动设备领域市场份额不断提升。据市场研究公司 Gartner 公布的报告：2016 年全年，针对移动终端，Android 系统的市场占比为 84.8%，iOS 的市场占比为 14.4%，其他操作系统的市场占比为 0.8%；2017 年全年销售的智能手机中，Android 和 iOS 占比之和已达 99.9%，其中 Android 占 85.9%，iOS 占 14%，Android 扩大了相对于 iOS 的领先优势，市场地位进一步巩固，而搭载其他操作系统的智能手机只占 0.1%，已基本被用户排除在外。据中国信息通信研究院公布的数据，在中国市场，2018 年全年的 Android 手机在智能手机出货量中占比达 89.3%。由此可见 Android 在智能手机市场的霸主地位。据业内人士分析，在开源理念日渐成为人们共识的情况下，在更好更新的移动操作系统出现之前，Android 的市场地位将不可动摇。

中国是世界上最大的手机消费国。4G、5G 业务的不断推广对整个手机业起到了巨大的促进作用，当前国内手机市场正在快速向智能手机推进，Android 系统无疑是最大的市场需求，已经是世界上最流行的移动设备操作系统。各手机制造商近年都在引入 Android 工程师，开发基于 Android 系统的智能手机。

在可预见的未来，基于 Android 系统的应用软件将继续快速发展。Android 系统在手机产业中应用广泛，且已迅速扩张到平板电脑、智能电视、车载系统、电视 STB、智能电器、智能会议系统、智能相机等相关领域。相信在不久的将来，还有更多采用 Android 系统的高科技设备进入我们的生活。这些设备会产生大量的应用需求，给应用开发者带来大量的机会。

Android 平台基于 Linux 内核，但不是标准的 Linux。因为 Google 为了让 Android 更适合移动手持设备，对 Linux 内核进行了各种优化和增强。要学习和掌握 Android，首先需要对 Android 的系统架构有个基本的了解，下面将详细介绍 Android 的系统架构。

9.1.1 Android 的系统架构

Android 的系统架构采用了分层的思想，如图 9-1 所示，从上到下包括 4 层，分别是应用程序层（Applications）、应用框架层（Application Framework）、系统运行库层（Libraries 和 Android Runtime）和 Linux 内核（Linux Kernel）。

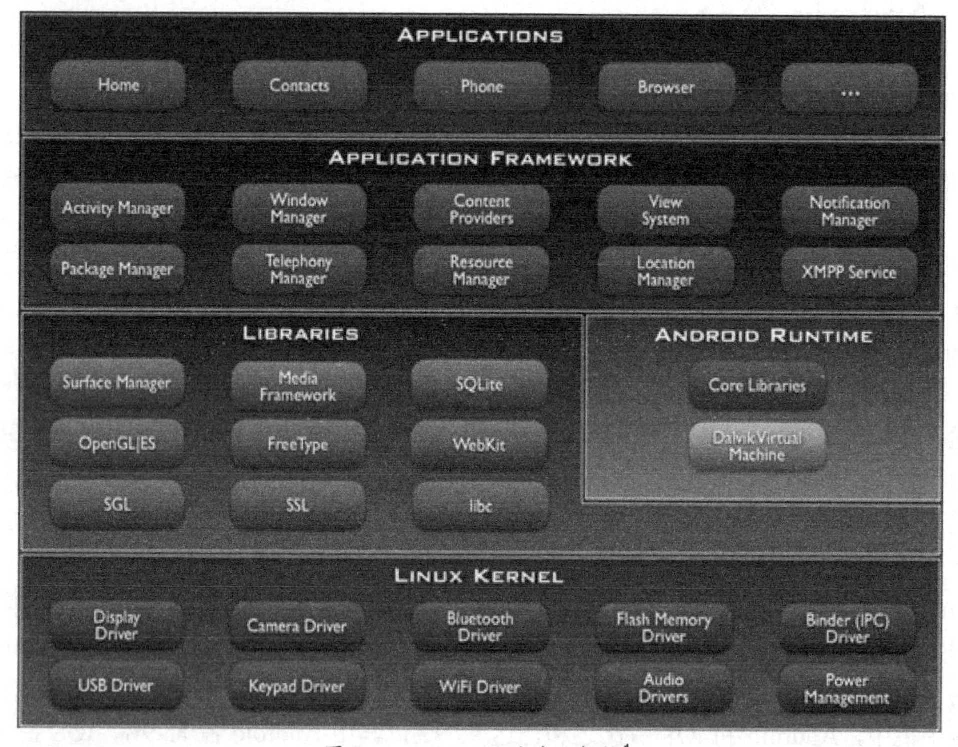

图 9-1　Android 的系统架构[1]

1．应用程序层

应用程序层提供一些核心应用程序包，如短信、电话、日历、电子邮件、浏览器和联系人管理等。同时，开发者可以利用 Java 语言设计和编写属于自己的应用程序，而这些程序与 Android 核心应用程序都属于应用程序层，彼此平等。

1　图片来源于 Android 开发者网站。

2．应用程序框架层

应用程序框架层是Android应用程序开发的基础，其提供的API（应用程序接口）供开发人员调用。这一层包括活动管理器、窗口管理器、内容提供者、视图系统、包管理器、电话管理器、资源管理器、位置管理器、通知管理器等，如表9-1所示。对于Android应用的开发人员来讲，这一层相当重要，需要深入理解学习。可以在开发者网站上搜索示例来学习相关API的使用，也可以下载源码加强理解。

表9-1　应用程序框架层

名　称	描　述
窗口管理服务（Window Manager）	管理应用程序中的窗口（Window）
活动管理服务（Activity Manager）	管理应用程序中Activity组件的生命周期，如创建Activity、销毁Activity等
视图系统（View System）	应用程序通过视图（View）组件来显示各种信息，视图组件有TextView、ImageView、Button、ListView等
内容提供者（Content Providers）	应用程序可以通过内容提供者访问另一个应用程序的数据，如拨号应用程序访问通讯录中的联系人数据
包管理服务（Package Manager）	管理所有安装在Android移动设备（如手机）的应用程序，如安装和卸载应用程序
通知管理服务（Notification Manager）	使应用程序可以在通知栏显示自定义的通知信息
资源管理服务（Resource Manager）	提供各种资源供程序访问，如字符串资源、图片资源等
其他服务	Telephone Manager：电话服务，USB Manager：USB服务，Location Manager：位置服务，Bluetooth Manager：蓝牙服务，等等

3．系统运行库层

系统运行库层包括两部分：程序库（Libraries）和Android运行时库（Android Runtime）。

（1）程序库

Android包含一些C/C++库。应用程序通过应用程序框架层访问这些库提供的服务，如表9-2所示。

表9-2　程序库

名　称	描　述
Surface Manager	管理访问显示子系统和从多模块应用中无缝整合2D和3D的图形
Media Framework	提供对音/视频文件进行编解码、播放和录制等功能
Sqlite	Android系统内置的轻量型关系型数据库引擎
OpenGL | ES	3D图形程序接口，一个功能强大、调用方便的底层图形库。Android用到的是它的一个子集OpenGL ES（OpenGL for Embedded Systems，嵌入式系统），OpenGL的嵌入式版本
FreeType	矢量字体和位图显示引擎
WebKit	Web浏览器引擎
SGL	2D图形引擎，Android使用skia作为核心的图形引擎
SSL（Secure Socket Layer）	负责处理安全通信相关技术，为网络通信提供安全机制和数据完整性的一种通信协议
libc	Google为嵌入式设备打造的C语言函数库

（2）Android运行时库

Android运行时库包括核心库和Dalvik虚拟机。核心库提供了Java语言核心库的大部分功能。与一般Java虚拟机（Java VM）不同，Dalvik虚拟机执行的不是Java标准的字节码文件（后缀为 .class），而是后缀为 .dex的文件。二者最大的区别在于，Java VM是基于栈的（Stackbased）虚拟机，而 Dalvik 是基于寄存器的（Register-based）虚拟机。后者最大的好处在于可以根据硬件实现更好的优化，这更适合移动设备的特点。这也是 Google 采用 Dalvik 虚拟机的原因之一。

4．Linux 内核

Android 内核是基于 Linux 2.6 内核的，是一个增强内核版本，除了修改部分 Bug，它提供了用于支持 Android 平台的设备驱动，其核心驱动主要包括如下。

① Android Binder：基于 OpenBinder 框架，用于提供 Android 平台的进程间通信（Inter Process Communication，IPC）功能。每个 Android 应用程序都处于各自进程中，都拥有一个 Dalvik 虚拟机实例。这些应用程序之间的通信需要借助 Android Binder 来进行。

② Android 电源管理（Power Manager）：基于标准 Linux 电源管理系统的轻量级电源管理驱动，针对手机等嵌入式设备做了优化。

③ 低内存管理器（Low Memory Killer）：比 Linux 的标准的 OOM（Out Of Memory）Killer 机制更灵活，可以根据需要杀死进程，以释放需要的内存。

④ 匿名共享内存（Anonymous Shared Memory）：为进程间提供大块共享内存，同时为内核提供回收和管理这个内存的机制。

⑤ Android Debug Bridge（Android 调试桥，ADB）：嵌入式设备的调试比较麻烦，为了便于调试，Google 设计了这个调试工具，使用 USB 作为连接方式。ADB 可以看作 Android 设备与计算机连接的一套机制。

⑥ Android Logger：轻量级的日志框架，用于抓取 Android 系统的各种日志。日志对程序开发与调试非常有用，开发者可以从日志中提取出有用的信息，从而帮助问题的定位和解决。

⑦ Android Alarm：提供了一个定时器，用于把设备从睡眠状态唤醒，还提供了一个即使在设备睡眠时也会运行的时钟基准。

⑧ USB Gadget 驱动：基于标准 Linux USB gadget 驱动框架的设备驱动。

⑨ Android Ram Console：为了提供调试功能，Android 允许将调试日志信息写入一个被称为 RAM Console 的设备，它是一个基于 RAM 的缓冲区（Buffer）。

⑩ Yaffs2 文件系统：Android 采用 Yaffs2 作为 MTD（Memory Technology Devices）NAND Flash 文件系统。Yaffs2 是一个快速稳定的应用于 NAND 和 NOR Flash 的跨平台的嵌入式设备文件系统，与其他 Flash 文件系统相比，Yaffs2 能使用更小的内存来保存其运行状态，因此它占用内存小。Yaffs2 的垃圾回收非常简单而且快速，因此表现出更好的性能。Yaffs2 在大容量的 NAND Flash 上的性能表现尤为突出，非常适合大容量的 Flash 存储。

9.1.2 Android 应用程序组成

Android 应用由 Activity、Service、Content Provider、Broadcast Receiver、Intent、Layout 等组件构成，其中 Activity、Service、Content Provider、Broadcast Receiver 是 Android 的四大基本组件。不是每个 Android 应用程序都需要所有的这些组件，某些时候只需其中的几种组合。以下对这些组件进行具体说明。

1．Activity（活动）

Activity 是 Android 中最常用的组件，在应用程序的表示层中，Activity 是一个有生命周期的对象。应用程序的每个界面都是 Activity 类的子类。Activity 一般通过 View 来实现应用程序的用户界面，用户与程序的交互通过该类来实现。Activity 生命周期主要包含 3 个状态，如图 9-2 所示，各状态之间的切换是通过各种回调方法实现的。

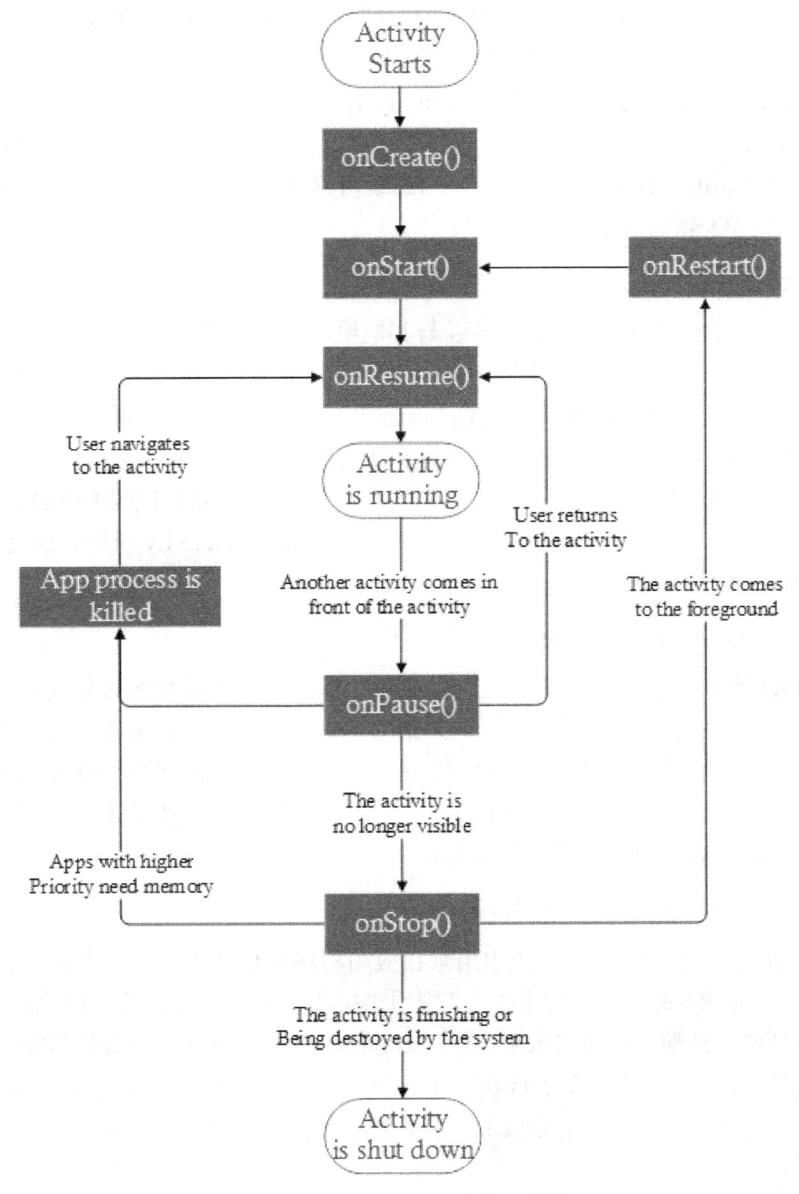

图 9-2　Activity 的生命周期[2]

① 运行状态：即正在与用户进行交互的 Activity，也就是说，屏幕最上面的界面对应的 Activity 即是处于运行状态的 Activity。处于运行状态的 Activity 获得了焦点，可以接收用户的按键及触摸事件并做出相应的响应。Activity 在处于运行状态之前，其相应的方法 onCreate()、onStart()、onResume()依次被调用。注意，onCreate()方法只有在 Activity 被创建时才会被调用，当该 Activity 由暂停状态再次回到运行状态时，onCreate()不会被调用，而 onStart()、onResume()

2　图片来自 https://tool.oschina.net/uploads/apidocs/android/guide/components/activities.html

会被调用，见图 9-2。

② 暂停状态：当一个新的 Activity 启动后，之前处于活动状态的 Activity 将进入暂停状态，处于暂停状态的 Activity 失去焦点，新的 Activity 则获取到焦点并处于运行状态。当新的 Activity（前台显示的 Activity）不是全屏（如对话框形式的 Activity）时，可以见到暂停状态的 Activity。当一个 Activity 由运行状态进入暂停状态时，其 onPause()方法会被调用。当前显示的 Activity 被销毁时，处于暂停状态的 Activity 有机会再次回到运行状态。

③ 停止状态：当一个 Activity 处于暂停状态并且完全不可见时，该 Activity 将进入停止状态。处于停止状态的 Activity 没有焦点，当系统内存不够用时，停止状态的 Activity 将被系统释放，这时其 onDestroy()方法会被调用。

2．Service（服务）

Service 与 Activity 的级别差不多，可以与其他组件进行交互，但只能在后台运行。Service 可以在很多场合中使用，典型的一个应用场景是用于播放音乐。程序在后台用 Service 播放音乐，而在前台可以通过 Activity 来显示界面和响应用户的按键或触摸事件。此外，通过 Service 也可实现 SD 卡上文件发生变化的检测、记录手机地理信息等功能。总之，服务总是藏在后台的，没有界面。Service 有两种启动方式，分别为调用 startService()方法和 bindService()方法来启动。两种启动方式，Service 的运行流程不一样。Service 与 Activity 一样，也具有生命周期，其生命周期的演变与启动方式有关，如图 9-3 所示。

3．Content Provider（内容提供者）

Content Provider 用于管理和共享应用程序数据库，是跨应用程序边界数据共享的优先方式。在 Android 中，应用程序内部的数据，外部通常是无法访问的，要实现内部数据共享，需要通过 ContentProvider 类来实现。具体实现方式为，应用程序让某个类继承 ContentProvider 类，并重写该类用于提供数据和存储数据的方法。在 Android 中，拨号这个应用程序就是通过这种方式来共享联系人应用程序提供的数据的。

4．Broadcast Receiver（广播接收器）

Broadcast（广播）是 Android 系统中用来在应用程序内部或应用程序之间进行信息传递的一种机制，Broadcast Receiver（广播接收者）则用来接收携带某些信息的广播（由 Intent 携带）。如果应用程序创建并注册了一个 Broadcast Receiver，应用程序就可以监听匹配了特定过滤标准的广播。例如，当应用程序注册了接收一个开机启动完成后的 Broadcast Receiver，手机启动完成后，系统会发送一个手机启动完成的广播，而应用程序可以接收到该广播，从而得知系统已经启动完成。

5．Intent（意图）

Intent 是应用程序基本组件间传递信息的一种数据载体。Intent 可以用于同一个应用程序中的 Activity、Service 和 Broadcast Receiver 之间的交互，也可以用于不同应用程序的 Activity、Service 和 Broadcast Receiver 之间的交互。

6．Layout（布局）

Android 中有 5 种常见的布局方式，分别是 LinearLayout（线性布局）、FrameLayout（帧布局）、AbsoluteLayout（绝对布局）、RelativeLayout（相对布局）和 TableLayout（表格布局）。

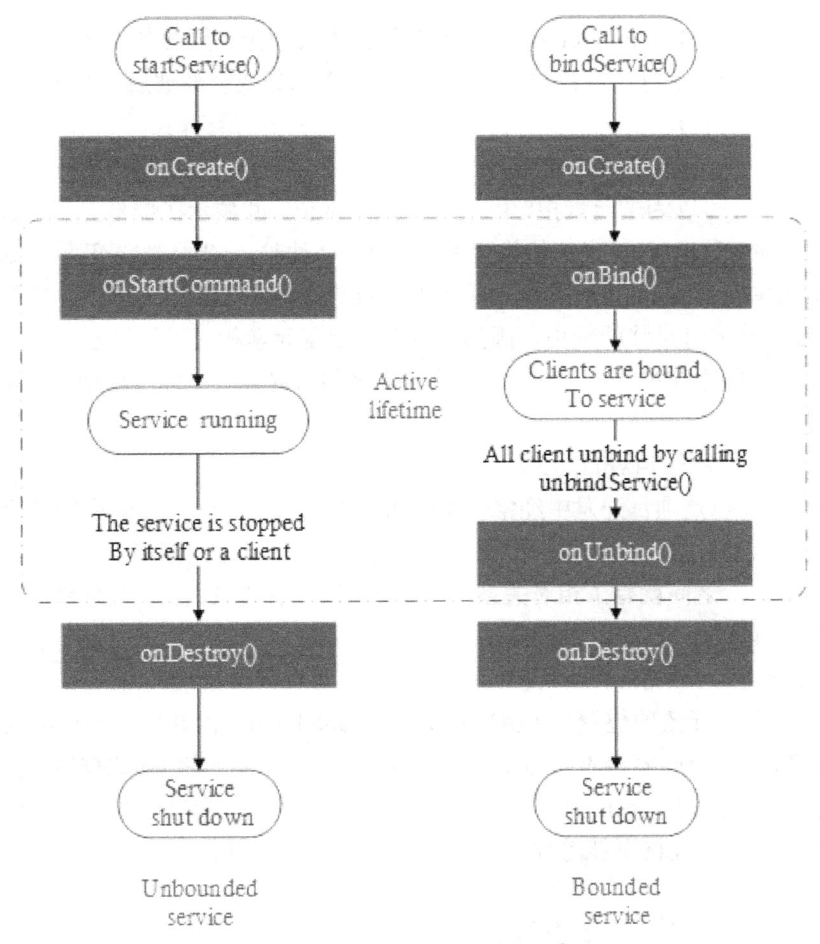

图 9-3　Service 的生命周期[3]

（1）LinearLayout（线性布局）

LinearLayout 是项目开发中经常使用的布局，可分为垂直线性布局和水平线性布局，通过属性 android:orientation 的值来指定。LinearLayout 在垂直方向或水平方向排列所有的子元素。垂直方向的线性布局的每一行只会有一个子元素，而无论其多宽，水平方向的线性布局将所有子元素水平排列，只有一个行高（高度为最高子元素的高度加上边框高度）。LinearLayout 保持子元素之间的间隔及互相对齐（相对一个元素的右对齐、中间对齐或者左对齐）。

LinearLayout 还支持为单独的子元素指定 android:layout_weight 属性值，即允许子元素填充屏幕上的剩余空间，这样也避免了在一个大屏幕中一串小对象挤成一堆的情况。如果所有子元素的 android:layout_width="wrap_content"，那么会先分配各子元素内部必须占用的空间，其他剩余空间根据该值的大小按比例分配。如果所有子元素的 android:layout_width="match_parent"，则根据该值的比例按反比显示大小；如果所有子元素的 android:layout_width="0dp"，则根据 weight 值的大小按比例分配。

（2）FrameLayout（帧布局）

FrameLayout 是最简单的一种布局方式，整个屏幕被该布局定制为空白备用区域，可以往

3　图片来自 https://tool.oschina.net/uploads/apidocs/android/guide/components/services.html。

该布局中添加多个子元素。FrameLayout 的所有子元素会固定在屏幕的左上角，后一个子元素会直接在前一个子元素上进行覆盖填充，前一个子元素部分或全部被后一个子元素挡住（除非后一个子元素是透明的）。

（3）AbsoluteLayout（绝对布局）

AbsoluteLayout 可以为子元素指定准确的(x, y)坐标值，并显示在屏幕上。坐标原点(0, 0)为屏幕左上角，当向下移动时，y 坐标值将变大；而向右移动时，x 坐标值将变大。AbsoluteLayout 没有页边框，允许元素之间互相重叠（尽管不建议这么做）。在项目开发中通常不推荐使用 AbsoluteLayout，除非有足够的理由，因为它直接指定了元素相对于屏幕左上角的坐标，以至在不同的设备上可能无法很好地工作。也就是说，这种布局方式不能很好地做到屏幕适配，所以应尽量避免使用。

（4）RelativeLayout（相对布局）

RelativeLayout 也是项目开发中经常使用的布局方式。RelativeLayout 中的每个子元素都可以指定它相对于其他元素或父元素的位置（通过元素的 ID 属性来指定）。子元素与子元素之间或子元素与父元素之间就有了相对关系。这样可以以左右关系、上下关系或置于屏幕中央的方式来排列两个元素。

（5）TableLayout（表格布局）

TableLayout 将子元素的位置分配到行或列中。TableLayout 由许多 TableRow（表格布局中的一行）组成。TableLayout 容器不会显示 row、cloumn 或 cell（单元格）的边框线。每个 TableRow 拥有零个或多个 cell，每个 cell 拥有一个 View 对象。表格由列和行组成，包含许多单元格，允许单元格为空，但单元格不能跨列，这与 HTML 中的不一样。

9.1.3 搭建 Android 开发环境

到此，读者应该对 Android 的基本框架和应用程序有了大概的了解，现在开始搭建 Android 开发环境。Android 应用通常采用 Java 语言开发，所以读者应先安装 JDK，安装步骤可以参考前面的章节。安装完 JDK 后，读者还需下载和安装 Android SDK 软件开发包。Google 为了方便初学者搭建开发环境，将开发 Android 应用所需的 Android SDK、ADT（Android Development Tools）、Eclipse 放在一个压缩文件（以 adt-bundle 为前缀文件名）中。读者只需下载对应的压缩文件即可。打开浏览器，在地址栏输入以下网址：http://developer.android.com/sdk/installing/index.html?pkg=adt，显示页面如图 9-4 所示。

单击超链接“download the Eclipse ADT bundle now”（图 9-4 中框选的部分），进入下载页面下载相应版本和平台的压缩文件，如 adt-bundle-windows-x86-20130514.zip。解压该文件到相应的文件夹中，如图 9-5 所示。

该文件夹有两个文件夹和一个 EXE 文件。eclipse 文件夹放置了用于开发 Android 应用的集成开发环境 Eclipse。打开该文件夹，双击 eclipse.exe，即可启动 Eclipse 进行 Android 应用程序的开发。sdk 文件夹中包含开发 Android 应用所需的 JAR 文件、镜像文件（.img）和一些开发工具，如 aapt、ddms、adb、fastboot 等。SDK Manager.exe 文件用来管理 SDK，包括 SDK 版本下载和升级等功能。

至此，Android 开发环境就搭建完成了。

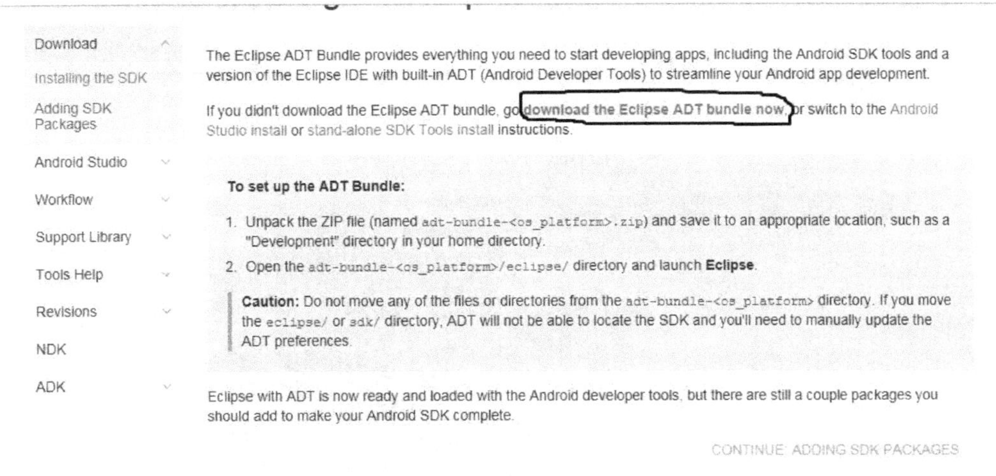

图 9-4　Android SDK 下载

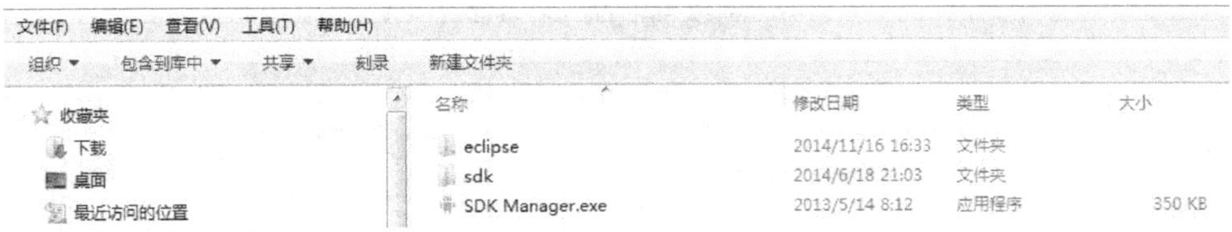

文件(F)　编辑(E)　查看(V)　工具(T)　帮助(H)

组织 ▾　包含到库中 ▾　共享 ▾　刻录　新建文件夹

名称	修改日期	类型	大小
eclipse	2014/11/16 16:33	文件夹	
sdk	2014/6/18 21:03	文件夹	
SDK Manager.exe	2013/5/14 8:12	应用程序	350 KB

收藏夹　下载　桌面　最近访问的位置

图 9-5　解压后的文件夹

9.1.4　开发第一个 Android 应用程序

开发环境搭建完成，接下来准备开发第一个 Android 应用。如同学习 C 语言和 Java 时一样，我们开发的第一个 Android 应用也是“Hello World”程序。打开 Eclipse 文件夹，双击 eclipse.exe 启动 Eclipse，界面如图 9-6 所示。

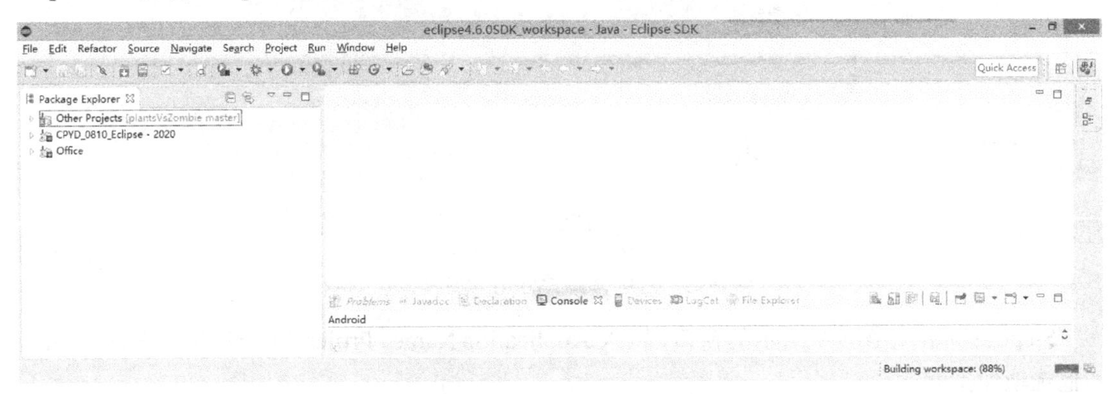

图 9-6　Eclipse 启动后的界面

注意，笔者之前已经创建了几个 Android 应用，所以图 9-6 左窗口有一些项目，如果读者第一次打开 Eclipse，左窗口是空白的。

下面创建 Android 项目。

Step01：选择“File→New→Project”菜单命令（如图 9-7 所示），弹出如图 9-8 所示的窗口，选择 Android 文件夹下的 Android Application Project。

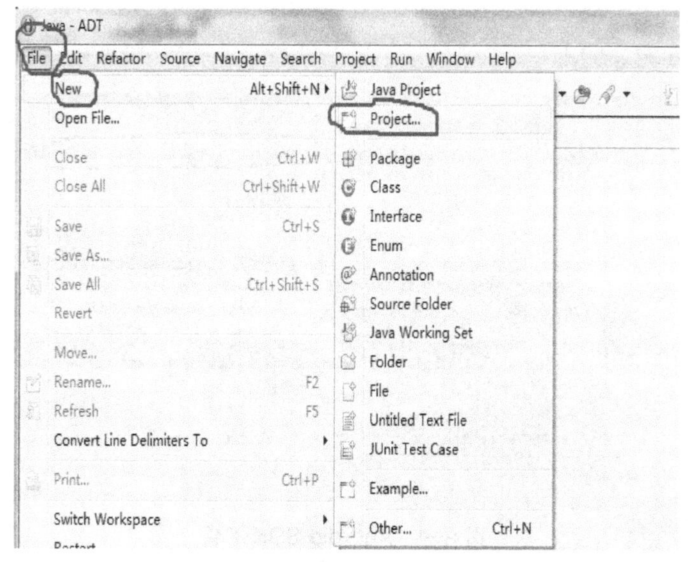

图 9-7　创建 HelloWorld 项目（一）

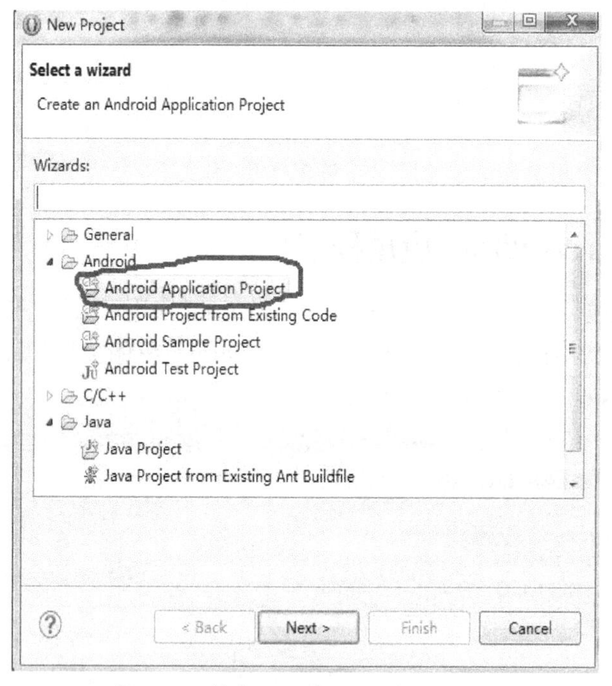

图 9-8　创建 HelloWorld 项目（二）

Step02：弹出如图 9-9 所示的窗口，输入 Application Name、Project Name 和 Package Name，其他选项保持默认。

Step03：单击【Next】按钮，弹出如图 9-10 所示的窗口，勾选“Create custom launcher icon”和“Create activity”复选框（默认为选中状态）。

Step04：单击【Next】按钮，弹出如图 9-11 所示的窗口。

Step05：单击【Next】按钮，弹出如图 9-12 所示的窗口，选择“Blank Activity”。

Step06：单击【Next】按钮，弹出如图 9-13 所示的窗口，输入 Activity 和 Layout 文件的名字，其他保持默认。

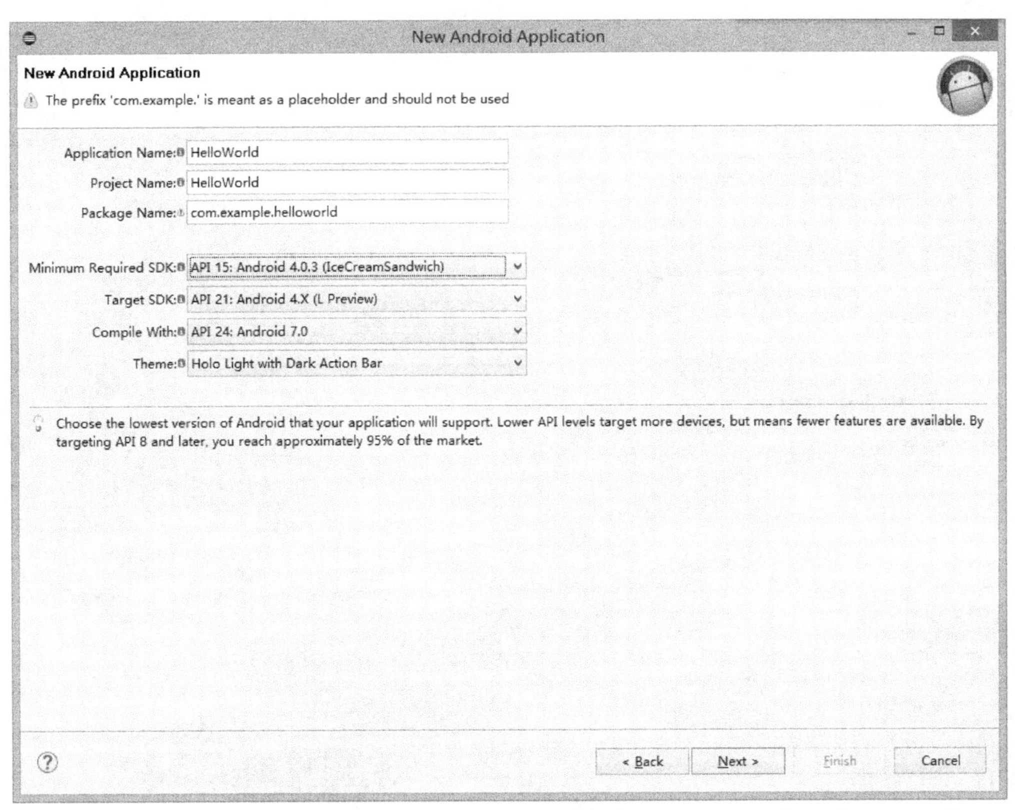

图 9-9　创建 HelloWorld 项目（三）

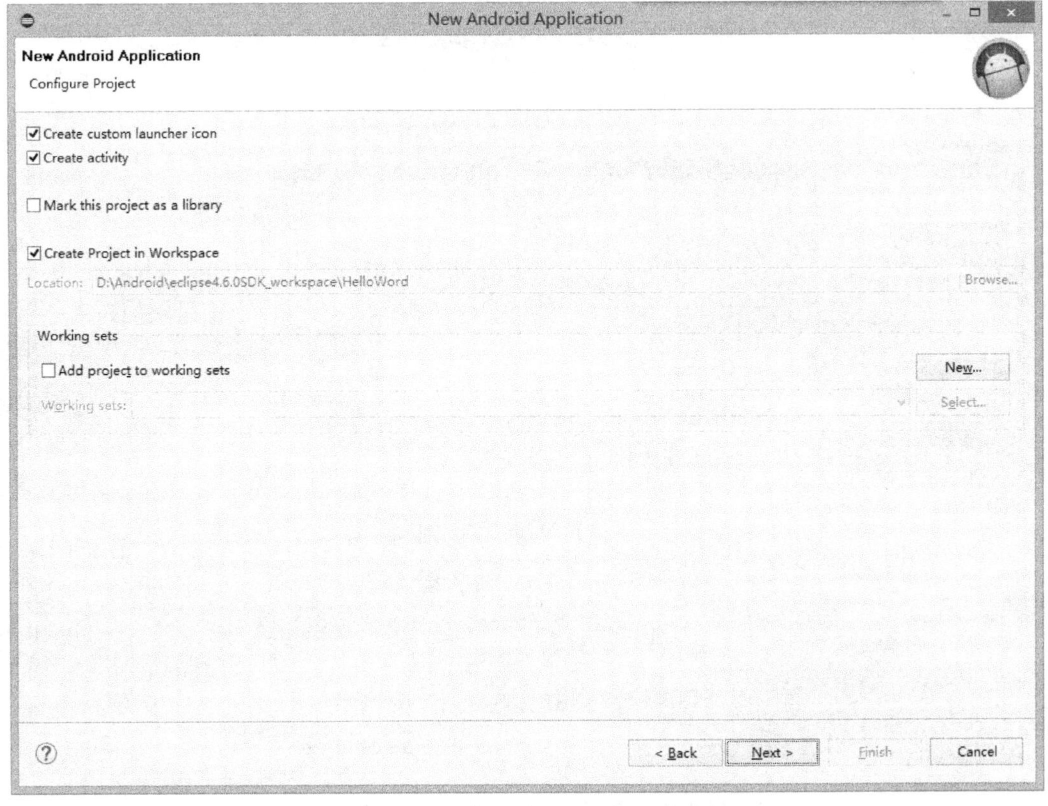

图 9-10　创建 HelloWorld 项目（四）

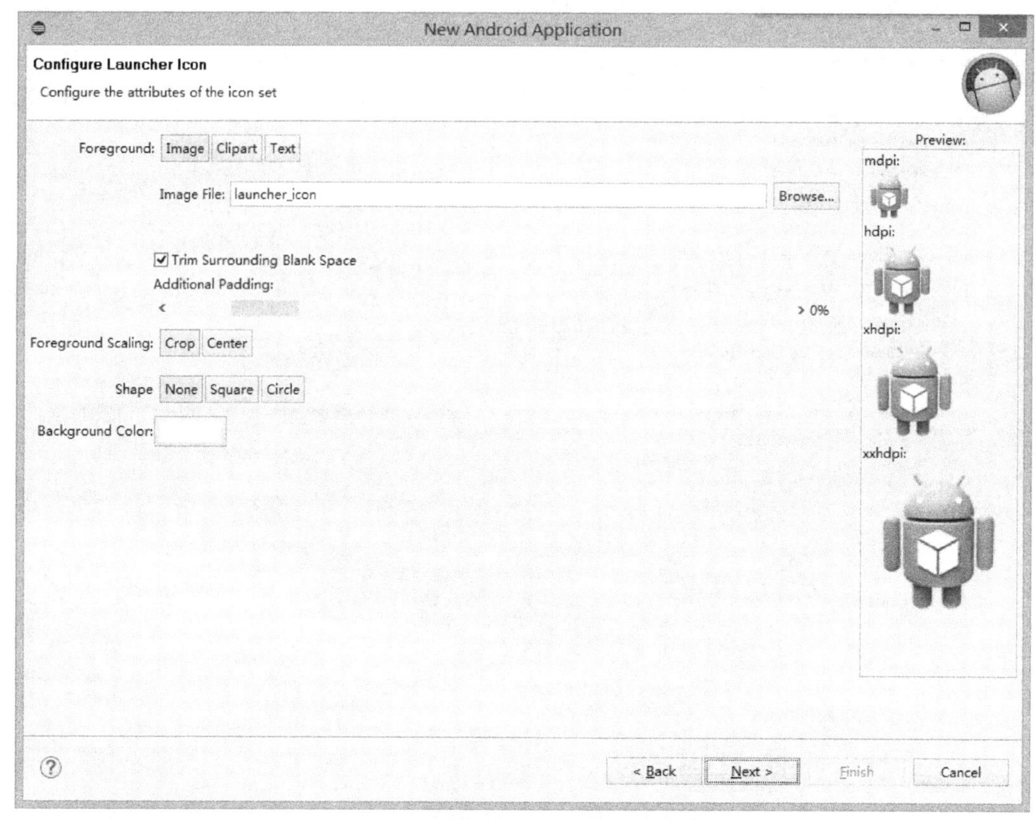

图 9-11　创建 HelloWorld 项目（五）

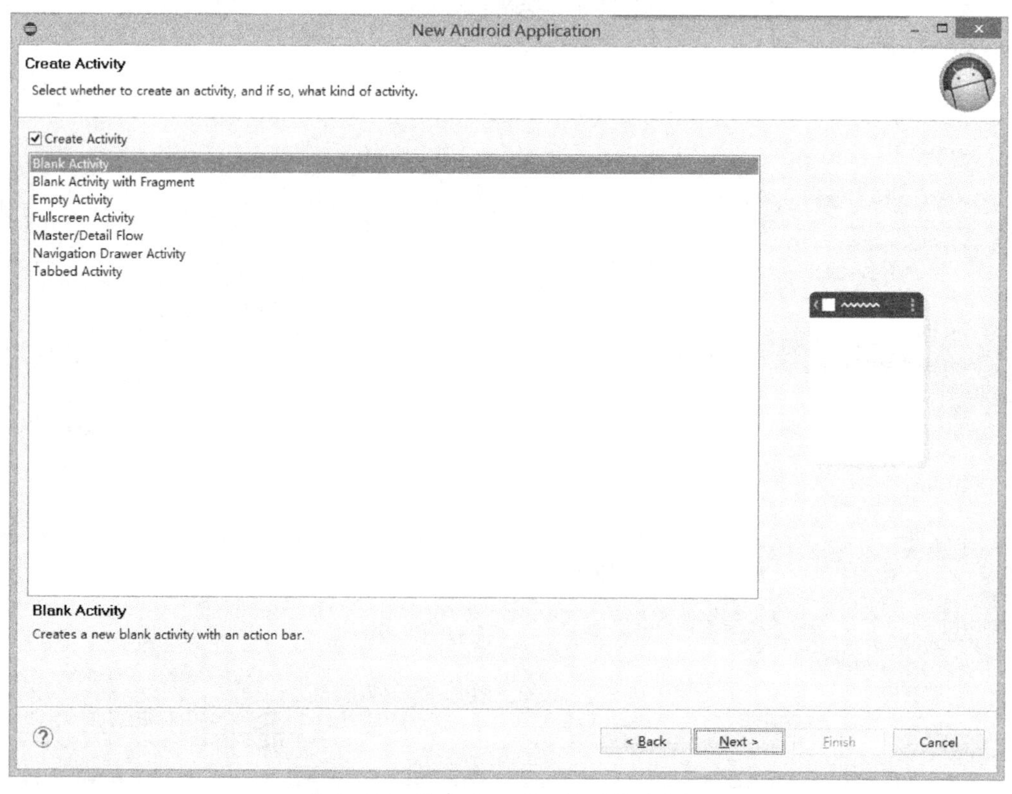

图 9-12　创建 HelloWorld 项目（六）

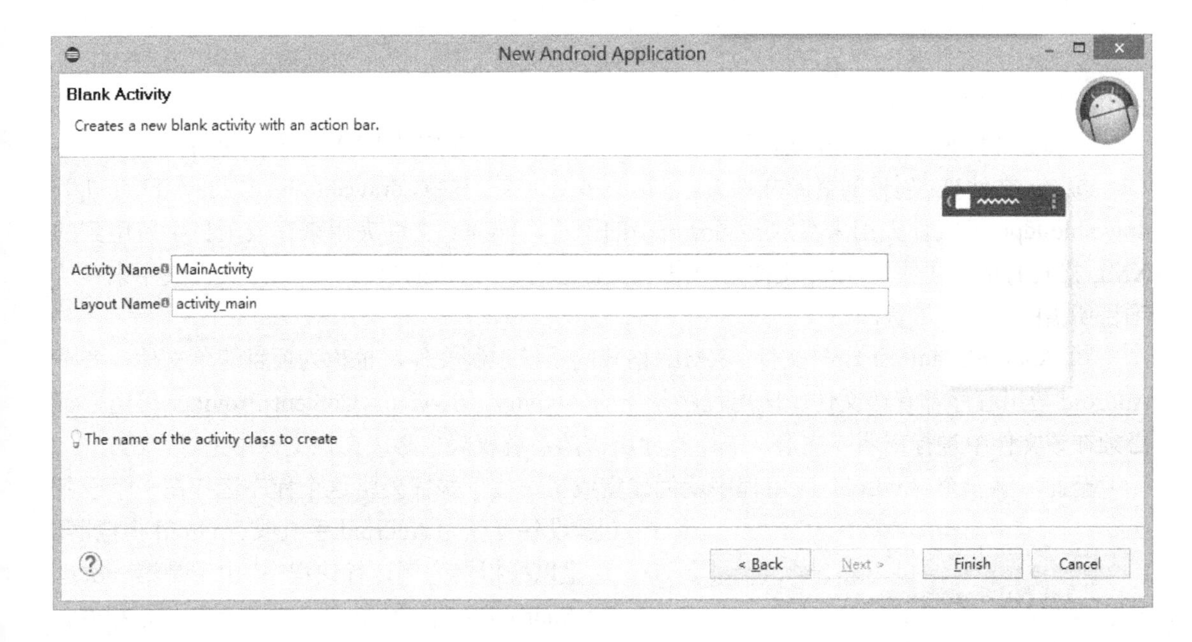

图 9-13　创建 HelloWorld 项目（七）

Step07：单击【Finish】按钮，完成 HelloWorld 工程的创建。这时 Eclipse 左边显示刚刚创建好的 HelloWorld 工程，如图 9-14 所示。

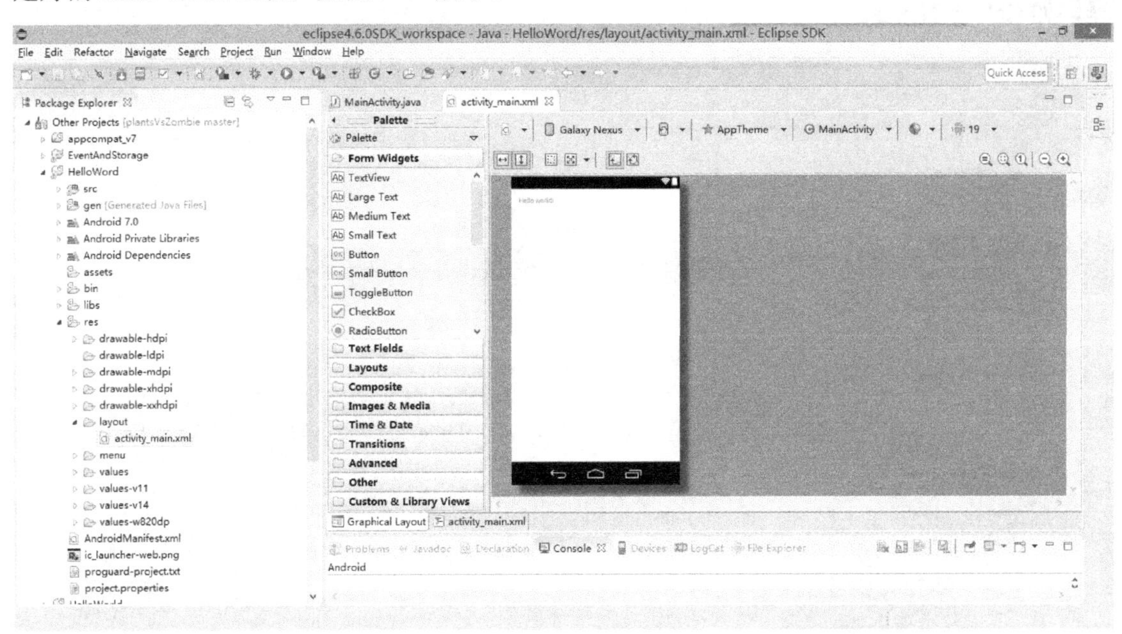

图 9-14　创建 HelloWorld 项目（八）

HelloWorld 项目创建好后，该项目文件夹下生成了很多文件夹和文件（见图 9-14）。

① src 文件夹：源文件夹，存放用户的项目源文件，所有可以被用户修改和创建的 Java 文件都存放在其中。

② gen 文件夹：自动生成的，保存 ADT 自动生成的文件，包括 R.Java 文件。R.Java 文件用来存放全部资源文件的 ID，开发人员不需要修改该文件。

③ assets 文件夹：存放应用程序中使用的外部资源文件，程序通过输入/输出流对该文件夹中的文件进行读写操作，默认为空。

④ bin 文件夹：项目编译运行后，该文件夹下会生成对应的 DEX 文件和 APK 文件。

⑤ res 文件夹：项目的资源文件夹，包括很多文件夹。其中，drawable-hdpi、drawable-mdpi、drawable-ldpi 等文件夹用来存放不同分辨率的图片，layout 文件夹用来存放项目中所用到的 XML 格式的布局文件，menu 文件夹用来存放描述菜单的 XML 文件，values 文件夹用来存放项目所需的字符串等资源。

⑥ AndroidManifest.xml 文件：XML 格式的系统控制文件，也称为项目清单文件，每个 Android 应用程序都有该文件。应用程序创建的 Activity、Service、Content Provider 等组件都必须在该文件中进行声明或注册。应用程序所需的系统权限也必须在该文件中进行声明。

至此，第一个 Android 应用程序就创建完成了，接下来需要将这个程序运行在一个设备上。设备可以为 Android 手机或 Android 模拟器。这里以模拟器为例运行该程序。由于是第一次运行 Android 项目，因此系统中没有任何模拟器，需要我们自己创建。下面介绍创建过程。

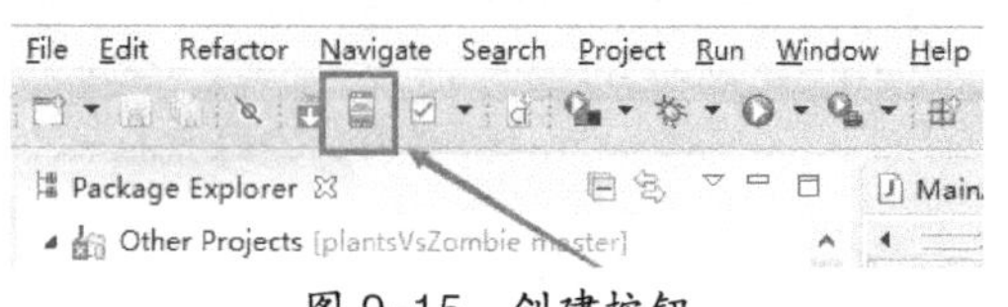

图 9-15 创建按钮

Step01：单击工具栏的按钮（如图 9-15 所示），弹出如图 9-16 所示的窗口，切换到“Devices Definitions”选项卡，选择合适尺寸的模拟器，如 Galaxy Nexus。

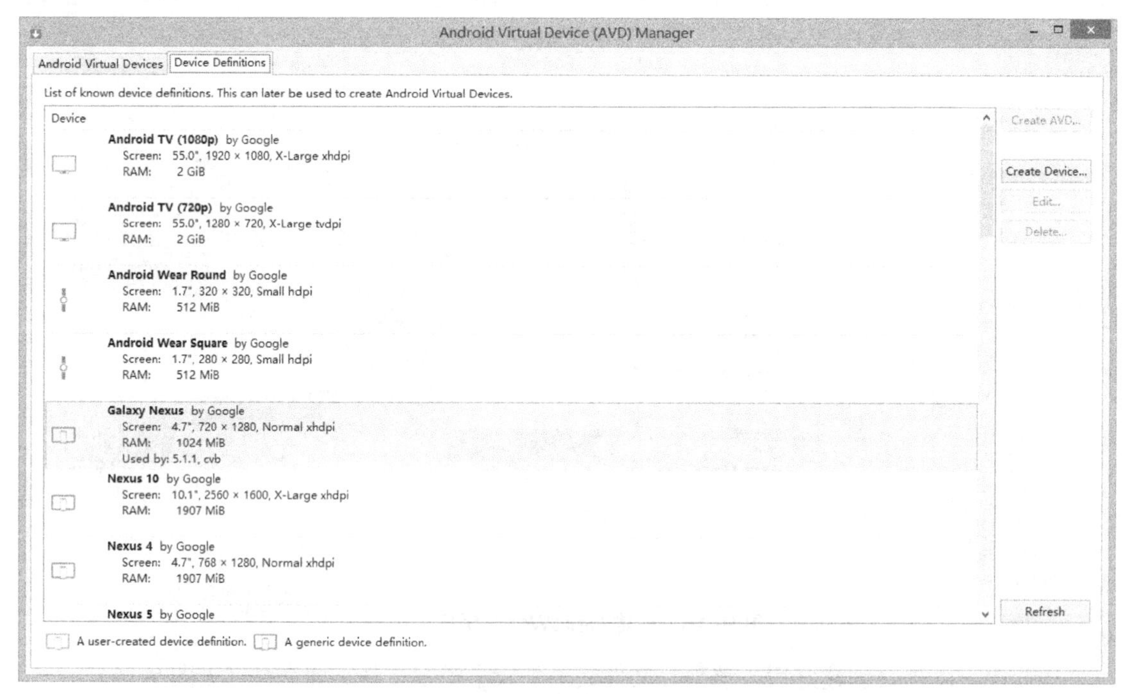

图 9-16 设置模拟器的尺寸

Step02：单击【Create AVD】按钮，弹出如图 9-17 所示的窗口，在“AVD Name”文本框中输入创建的模拟器名称，如“test1”，然后在“SD Card”栏的“Size”文本框中输入模拟器所使用的 SD 卡的大小，如“512”，单位默认为 MiB。

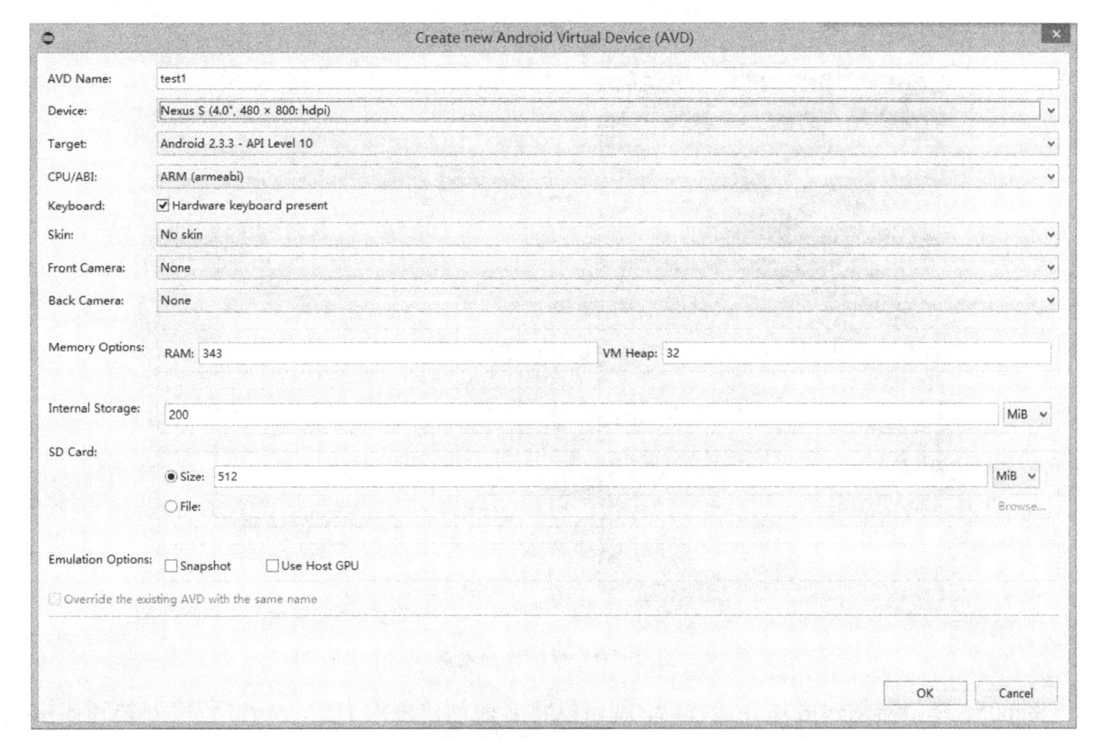

图 9-17　设置模拟器的名称和大小

Step03：单击【OK】按钮，模拟器 test1 创建完成，“Android Virtual Devices”选项卡中将列出该模拟器，如图 9-18 所示。

Android Virtual Device (AVD) Manager

Android Virtual Devices　Device Definitions

List of existing Android Virtual Devices located at C:\Users\asus\.android\avd

AVD Name	Target Name	Platform	API Level	CPU/ABI
AVD1	Android 2.2	2.2	8	ARM (armeabi)
amy	Android 2.2	2.2	8	ARM (armeabi)
win	Android 2.2	2.2	8	ARM (armeabi)
dfgdf	Android 2.3.3	2.3.3	10	Intel Atom (x86)
test1	Android 2.3.3	2.3.3	10	ARM (armeabi)
test	Android 4.2.2	4.2.2	17	ARM (armeabi-v7a)
AVD4.4.2	Android 4.4.2	4.4.2	19	ARM (armeabi-v7a)
5.1.1	Android 5.1.1	5.1.1	22	Android TV ARM (armeabi-v7a)
mobile5.1.1	Android 5.1.1	5.1.1	22	Android TV ARM (armeabi-v7a)
cvb	Google APIs (Google Inc.)	6.0	23	Android TV ARM (armeabi-v7a)

Create...　Start...　Edit...　Repair...　Delete...　Details...　Refresh

A repairable Android Virtual Device.　An Android Virtual Device that failed to load. Click 'Details' to see the error.

图 9-18　显示创建的模拟器

Step04：选中“test1”，然后单击【Start】按钮，在弹出的窗口中单击【Launch】按钮，即可启动模拟器。模拟器启动需要花费一些时间，启动后的效果如图 9-19 所示。

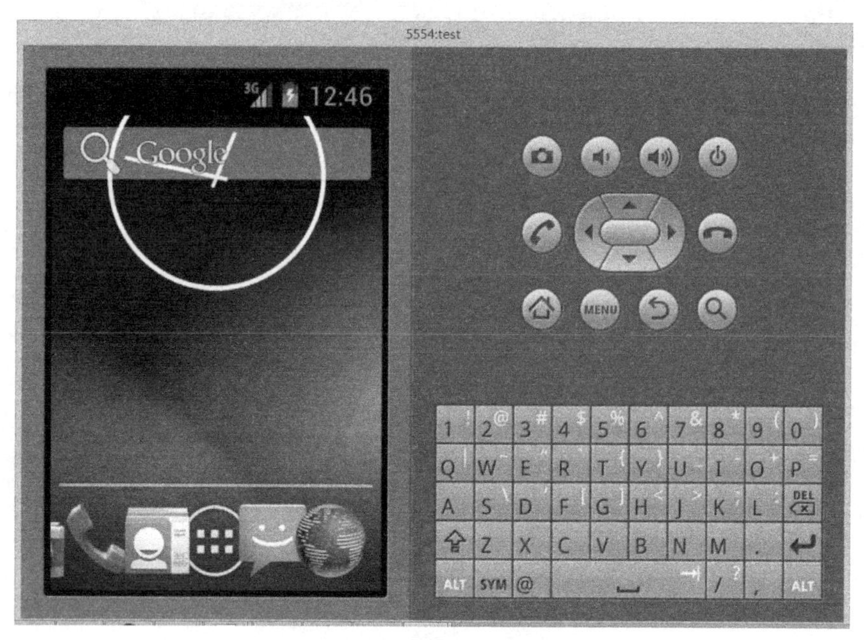

图 9-19　模拟器启动后

Step05：模拟器创建成功并运行后，就可以将之前创建好的 HelloWorld 程序安装到该模拟器中运行了。右击 HelloWorld 工程，在弹出的快捷菜单中选择“Run As→Android Application”，如图 9-20 所示。运行后的效果如图 9-21 所示。

图 9-20　运行 HelloWorld 工程

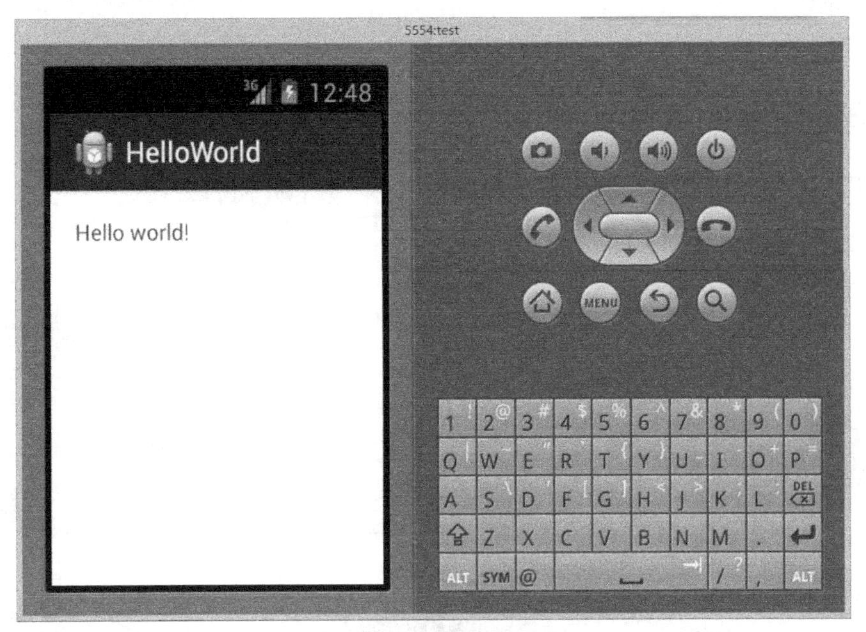

图 9-21　HelloWorld 运行效果

9.2　视频播放器开发

本节介绍一个 Android 应用项目的开发过程，以帮助读者进一步了解 Android 项目的开发流程。视频播放器主要用于个人娱乐或者学习，在连续工作或学习一段时间后播放电影或 MV 来放松心情，或者在乘坐公交或地铁时打发时间。

9.2.1　需求分析

对软件需求的分析是软件开发过程中最重要的步骤之一。一个好的播放器不仅要实现播放器的基本功能和扩展功能，还需要有友好的界面。鉴于读者可能接触 Android 不久，对 Android 不是很熟悉，所以本节的目的是帮助读者在项目开发过程中学会 Android 基本组件和控件，如 TextView、ListView、Button、SimpleCursorAdapter、SQLiteOpenHelper、Activity、Broadcast，LinearLayout、RelativeLayout、VideoView 等的使用，并基于这些基本组件完成一个完整的具有较大参考价值的 Android 应用。视频播放器的流程如图 9-22 所示。以下从功能需求和界面需求两方面进行分析。

1．视频播放器的功能需求。

本章开发的视频播放器不但需要实现视频文件的播放及播放控制功能，而且需要实现播放列表、异常处理、菜单、播放进度、电量和时间显示等功能。

（1）获取待播放的视频并在播放列表中显示所有视频。

（2）支持软件国际化。

（3）支持 MP4、3GP 等媒体格式文件的播放。

（4）视频播放列表中应显示视频文件名、视频文件大小、播放时长等，并根据不同格式的视频文件显示不同的图标。

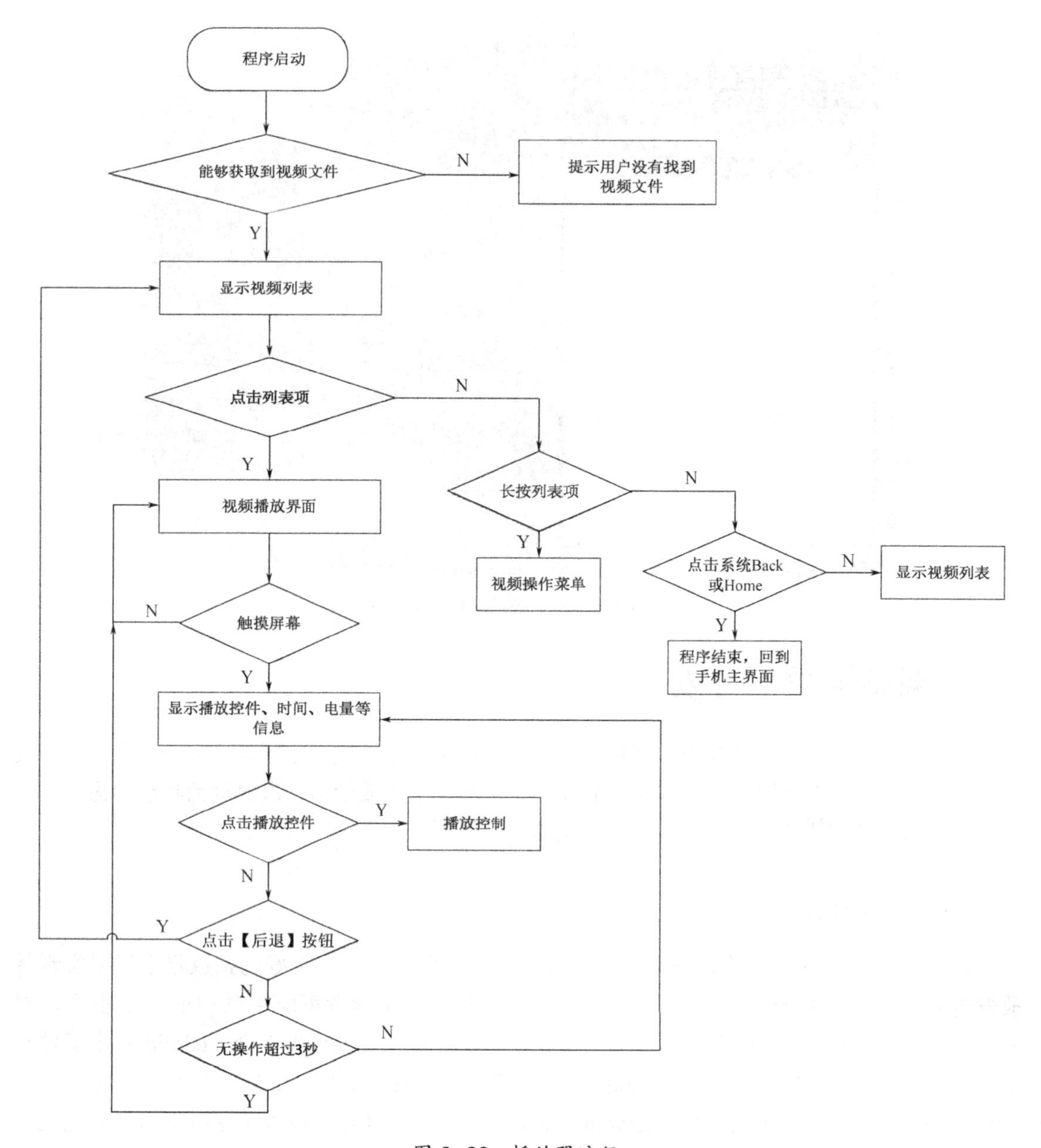

图 9-22　播放器流程

（5）视频播放时应该全屏且横屏显示，以增强用户体验。

（6）视频的播放和暂停功能的切换。

（7）视频的快进和快退功能。

（8）视频的上一首和下一首功能。

（9）实现指示播放进度的进度条。

（10）视频播放时可以显示当前已播放的时间及当前播放视频的总时间。

（11）对视频不能播放的情况做出相应处理。

（12）视频播放控制、【退出】按钮等控件的显示和隐藏的控制。

（13）可以删除视频文件并同时更新视频列表界面。

（14）支持视频详细信息的查询功能。

（15）视频播放和退出功能。

（16）全屏播放时，视频播放界面可以显示当前电量和时间。

2．视频播放器的界面需求

软件界面是人与计算机之间的媒介，播放器界面的美观程度直接关系到播放器的性能能否充分发挥，关系到使用者能否准确、高效、愉快地使用，所以播放器界面的友好性对于播放器至关重要。

本视频播放器主要界面有两个：视频列表界面（如图 9-23 所示）、视频播放界面（如图 9-24 所示）。

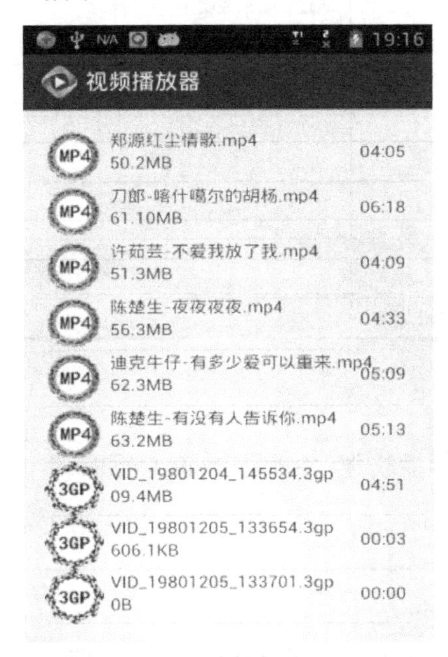

图 9-23　视频列表界面

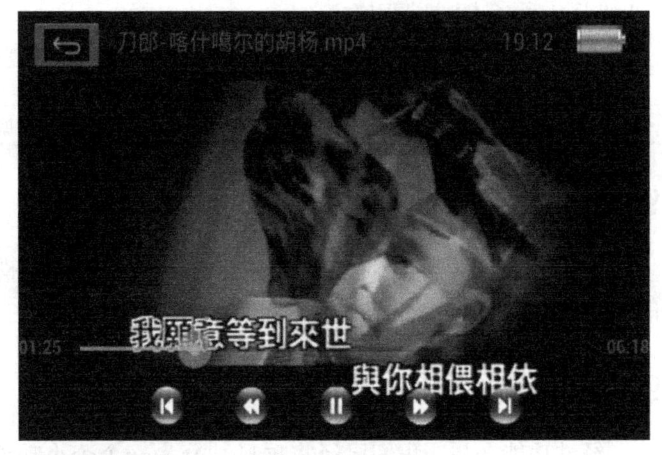

图 9-24　视频播放界面

列表中的每项包括视频文件名、代表视频格式的图片、视频大小、时长等信息。为了直观地显示播放列表中的内容，播放列表背景需设置为白色，字体颜色设置为黑色。长按列表中某个视频可以显示菜单界面。菜单界面中有播放、删除及详细信息等菜单项，可以对视频进行相应的操作。单击播放列表中的某个视频，进入播放器主界面或者显示【视频无法播放】窗口。【视频无法播放】窗口是对视频播放时异常情况的处理，设计成对话框形式，通过设置对话框标题和内容提醒用户无法播放此视频。单击对话框中的【确定】按钮，播放视频。

视频播放界面中包括【播放】窗口、【播放控件】窗口、【退出】按钮、【当前播放视频文件名及电量时间】窗口等。【播放控件】窗口漂浮在播放窗口的下方，包括切换到上一部视频、快退、播放/暂停、快进、切换到下一部视频等功能，窗口底部显示进度条和播放时间。【退出】按钮、【当前播放视频文件名及电量时间】窗口在播放窗口的最上方。单击【退出】按钮，可以退出播放。【播放控件】窗口、【退出】按钮、【当前播放视频文件名及电量时间】窗口在视频开始播放的一段时间后会自动消失，可以通过触摸屏幕来控制这几个窗口的显示和隐藏。

视频播放器的需求如表 9-3 所示。

表 9-3　视频播放器的需求

需求编号	需求描述	解　释
Req9-1	获取手机 SD 卡中的视频并列表显示	自动搜索 SD 卡中的视频文件
Req9-2	支持软件国际化	根据手机设置显示相应国家的文字
Req9-3	视频播放列表中应显示视频文件名、文件大小、时长等，并根据不同格式视频文件显示不同的图标	见图 9-23
Req9-4	删除视频文件并同时更新视频列表界面	
Req9-5	支持视频详细信息的查询功能	
Req9-6	支持 MP4、3GP 格式文件的播放	
Req9-7	视频播放时应该横屏，以增强用户体验	
Req9-8	视频的播放和暂停功能的切换	通过按钮来控制
Req9-9	视频的上一首和下一首播放功能	通过相应的按钮来切换
Req9-10	实现指示播放进度的进度条	
Req9-11	视频播放时可以显示当前已播放的时间及当前播放视频的总时间	
Req9-12	对视频不能播放的情况做出相应处理	
Req9-13	视频的快进和快退功能	
Req9-14	视频播放控制、【退出】按钮等控件的显示和隐藏的控制	
Req9-15	视频播放时，单击【后退】按钮，可以停止视频播放	
Req9-16	全屏播放时，视频播放界面可以显示当前电量、视频名称、当前时间	

9.2.2　项目目标

本章的设计目标是开发出图 9-23 和图 9-24 所示的视频播放器，并满足 Req9-1 至 Req9-16 的需求条款。

9.2.3　增量开发计划

经过功能分析，我们已经将项目划分为一个个小功能，接下来制订一个开发计划，按照增量开发的方式实现这个系统。增量开发计划以要实现的功能和界面为出发点，通过功能的迭代，逐步实现，完成项目目标。

9.3　项目增量开发

本节按照增量开发计划依次实现各增量，最终实现视频播放器的功能。

9.3.1　增量 9-1：搜索视频并列表显示

增量 9-1 实现的功能包括搜索 SD 卡中的视频文件并列表显示，在列表显示界面长按某项可以弹出相应的选项（如播放、详细信息、删除等）。参照如图 9-23 所示的界面布局，可以将增量 9-1 分为如表 9-4 所示的步骤来实现。

1．创建 Android 项目，将图片放入项目文件夹下

打开 Eclipse，然后按照以下步骤创建 Android 项目。

表 9-4　增量开发计划

增　量	功能实现	实现的需求条款	相关技术（组件）
增量 9-1：搜索视频并列表显示	1. 视频列表实现 2. 删除视频文件同时更新视频列表界面 3. 支持视频详细信息的查询功能 4. 软件国际化	Req9-1～Req9-5	TextView，ListView，ListView 长按事件处理，Dialog，Activity，SQLite，Popupwindow，LoaderManager，SimpleCursorAdapter，LinearLayout，RelativeLayout
增量 9-2：视频播放及控制功能的实现	1. 支持 MP4、3GP 格式文件的播放 2. 视频播放时全屏且横屏 3. 视频播放和暂停功能的切换 4. 视频的上一首和下一首播放功能 5. 实现指示播放进度的进度条 6. 视频播放时可以显示当前已播放的时间及当前播放视频的总时间 7. 对视频不能播放的情况做出相应处理 8. 视频的快进和快退功能 9. 视频播放控制、【退出】按钮等控件的显示和隐藏的控制	Req9-6～Req9-14	MediaController，LinearLayout VideoView，SeekBar，RelativeLayout
增量 9-3：自定义视频播放界面	1. 视频播放画面应提供【后退】按钮，单击【后退】按钮回到视频列表界面 2. 视频播放界面可以显示手机当前电量、视频文件名、当前时间	Req9-15～Req9-16	SurfaceView，Handler，BroadcastReceiver View，Dialog，Thread，按键和触摸事件处理，Java 反射技术

Step01：选择“File→New→Project”菜单命令，弹出如图 9-25 所示的窗口，选择 Android 文件夹下的 Android Application Project。

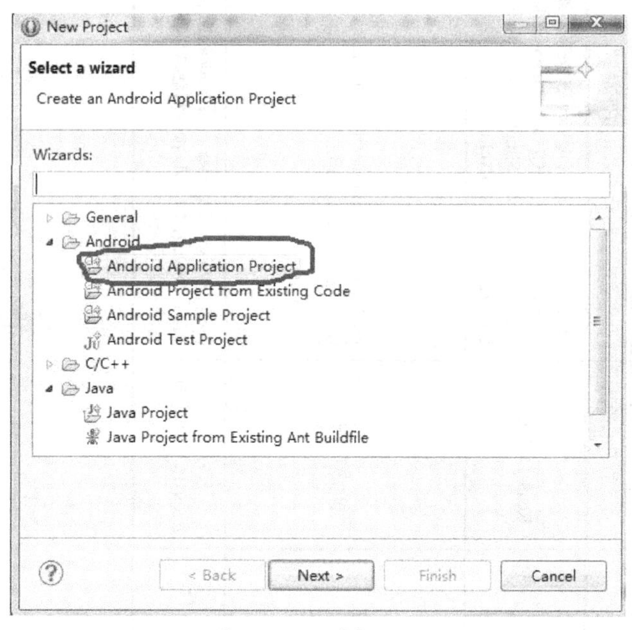

图 9-25　选择项目

Step02：弹出如图 9-26 所示的窗口，输入 Application Name、Project Name 和 Package Name。

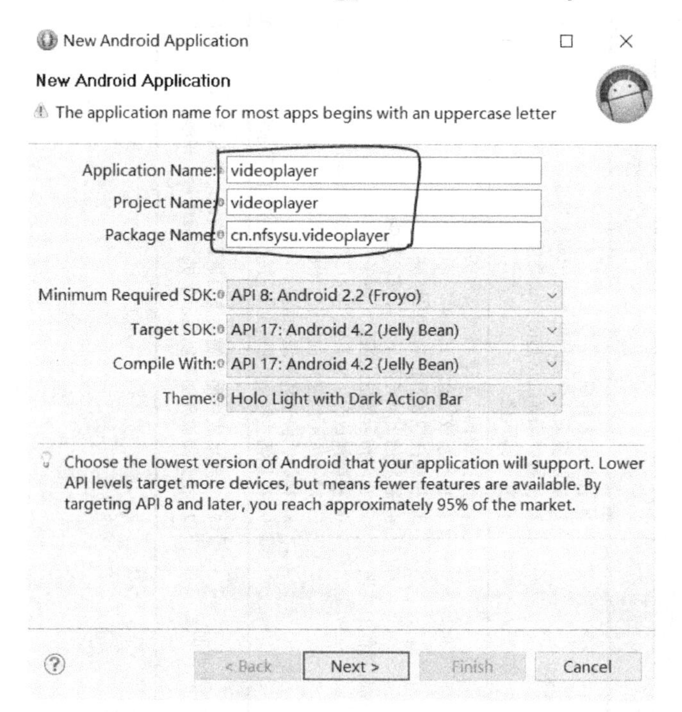

图 9-26　设置项目

Step03：一直单击【Next】按钮，当【Next】按钮变灰色后，单击【Finish】按钮，完成项目的创建。Eclipse 左边项目列表显示区会显示刚刚创建的项目名称，如图 9-27 所示。

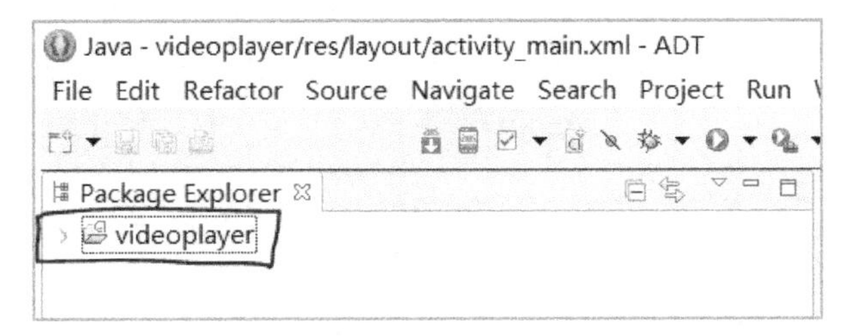

图 9-27　创建的 Android 工程

Step04：将项目所需的图片文件（MP4.png 和 threegp.png）复制到项目 res 文件夹中的 drawable-mdpi 子文件夹下，如图 9-28 所示。

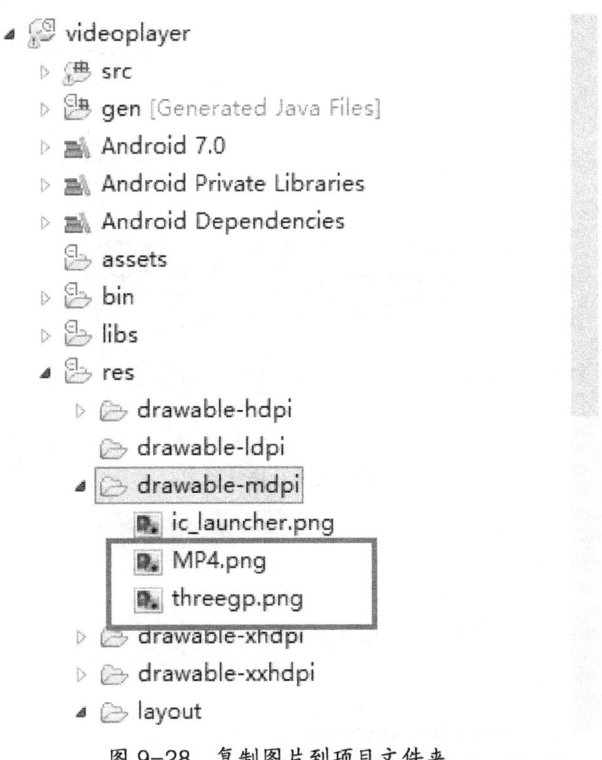

图 9-28　复制图片到项目文件夹

2．创建用于显示视频列表界面对应的 XML 文件

Android 一般将界面显示内容放在 XML 文件中实现。所以为了显示搜索到的视频文件，需要先创建 XML 文件。用于显示视频列表的 Activity 源文件命名为 VideoBrowserActivity.Java，它需要一个 XML 布局文件，该布局文件的名字为 video_browser.xml。这个文件目前不存在，需要创建它。

Step01：选中项目的 res→layout 文件夹，然后单击右键，在弹出的快捷菜单中依次选择“New→Other”，如图 9-29 所示。

Step02：弹出如图 9-30 所示的窗口，选择“Android XML Layout File”。

Step03：单击【Next】按钮，在弹出的窗口中输入要创建的 XML 文件的名字，如图 9-31 所示。

Step04：单击【Finish】按钮，则在 res→layout 文件夹下生成 video_browser.xml 文件。

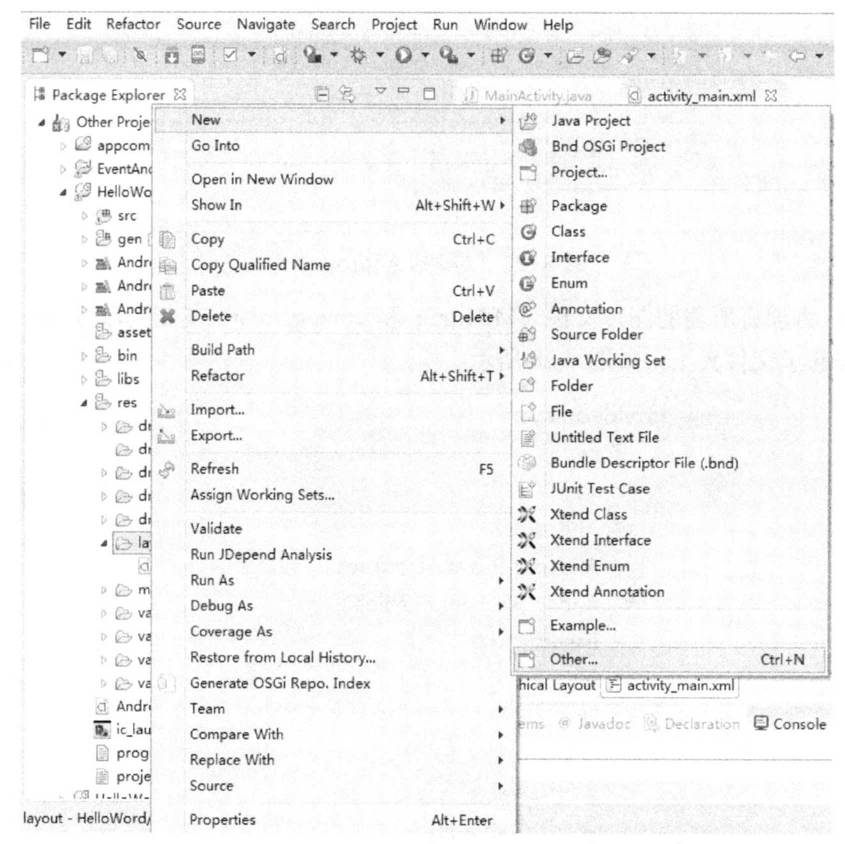

图 9-29 快捷菜单

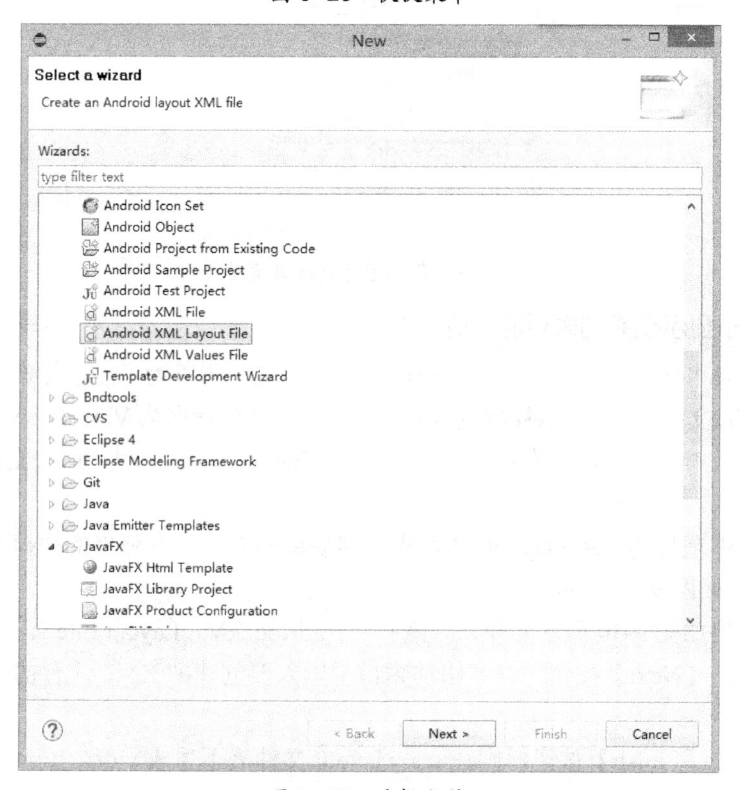

图 9-30 选择文件

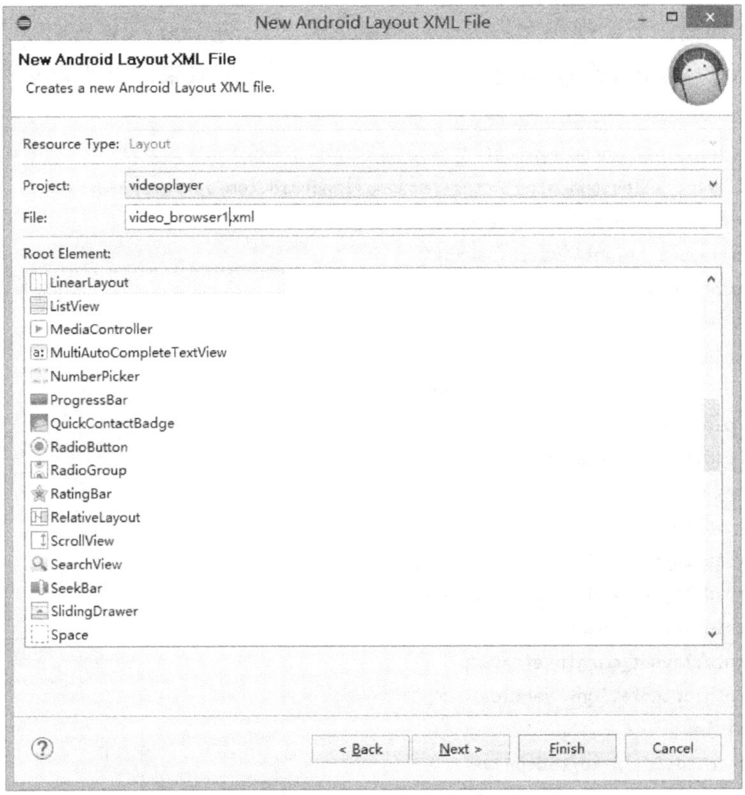

图 9-31　命名 XML 文件

布局文件创建好后，需要编写相关代码。布局文件是用来显示视频列表的，所以只需往该文件中添加 ListView 控件即可，如代码 9-1 所示。

〖代码 9-1〗　video_browser1.xml 代码。

```
<RelativeLayout xmlns:android="http://schemas.android.com/apk/res/android"
    xmlns:tools="http://schemas.android.com/tools"
    android:layout_width="match_parent"
    android:layout_height="match_parent"
    android:paddingBottom="@dimen/activity_vertical_margin"
    android:paddingLeft="@dimen/activity_horizontal_margin"
    android:paddingRight="@dimen/activity_horizontal_margin"
    android:paddingTop="@dimen/activity_vertical_margin"
    tools:context=".VideoPlayActivity" >
    <ListView
        android:id="@+id/listview"
        android:layout_width="wrap_content"
        android:layout_height="wrap_content"
    />
</RelativeLayout>
```

程序源代码

从图 9-23 可以看出，ListView 中的每项包含视频文件类型对应的图片、文件名、时长等信息，所以 ListView 中的每项（item）需要一个布局文件来描述。该文件命名为 video_item.xml。创建过程与 video_browser1.xml 文件的创建过程一样，这里不再重复。文件创建成功后，需要撰写相关的 XML 代码。该 XML 文件应包含一个用于显示视频类型图片的 ImageView 控件、三个分别显示视频文件名、视频文件大小、视频文件时长的 TextView 控件。这四个控件需要使用 RelativeLayout、LinearLayout 包装，以达到项目所需的效果，见代码 9-2。

〖代码 9-2〗 video_item.xml 文件。

```
<?xml version="1.0" encoding="utf-8"?>
<RelativeLayout xmlns:android="http://schemas.android.com/apk/res/android"
   android:layout_width="match_parent"
   android:layout_height="match_parent"
   android:orientation="horizontal" >
   <ImageView
      android:id="@+id/imageview"
      android:layout_width="wrap_content"
      android:layout_height="wrap_content"
      android:src="@drawable/ic_launcher" />
   <LinearLayout
      android:id="@+id/linearlayout"
      android:layout_toRightOf="@id/imageview"
      android:layout_width="wrap_content"
      android:layout_height="wrap_content"
      android:layout_marginLeft="5dp"
      android:orientation="vertical" >
      <TextView
         android:id="@+id/videoname"
         android:layout_width="wrap_content"
         android:layout_height="wrap_content"
         android:text="name" />
      <TextView
         android:id="@+id/videosize"
         android:layout_width="wrap_content"
         android:layout_height="wrap_content"
         android:text="" />
   </LinearLayout>
   <TextView
      android:id="@+id/videoduration"
      android:layout_width="wrap_content"
      android:layout_height="wrap_content"
      android:layout_alignParentRight="true"
      android:layout_marginRight="5dp"
      android:layout_marginTop="10dp"
      android:text="" />
</RelativeLayout>
```

3．创建用于实现软件国际化的资源文件和文件夹

国际化是根据手机当前选择的语言（在系统设置中的语言选项中进行设置），显示相应文字。在 Android 中实现国际化比较简单，只需创建相应的文件夹和文件。在项目的 res 文件夹下默认创建好了一个 values 文件夹，values 文件夹下有一个 strings.xml 文件，用来存储项目中所用到的字符串资源，见代码 9-3。

〖代码 9-3〗 values 文件夹中的 strings.xml 文件。

```
<?xml version="1.0" encoding="utf-8"?>
<resources>
    <string name="app_name">Video Player</string>
    <string name="action_settings">Settings</string>
    <string name="total_video_list">total videos</string>
    <string name="play_history_list">play history</string>
    <string name="favorite">favorite</string>
    <string name="VideoView_error_text_invalid_progressive_playback">invalid progressive playback</string>
    <string name="VideoView_error_text_unknown">Unknown error</string>
    <string name="VideoView_error_button">Error</string>
    <string name="info_selection">Information selection</string>
    <string name="play">play</string>
    <string name="more_info">more information</string>
    <string name="delete">delete</string>
    <string name="confirm_delete">Are you sure to delete?</string>
    <string name="confirm_btn">OK</string>
    <string name="cancle_btn">Cancle</string>
    <string name="delete_succ">Delete file successfully</string>
    <string name="delete_err">Error! Can not delete the file</string>
    <string name="no_video_file_found">no video file found!</string>
</resources>
```

一般情况下，Android 系统从 values 文件夹下寻找相关的字符串等资源。如果显示其他国家和地区的文字，则需创建相应的文件夹和文件。下面以简体中文显示为例介绍软件国际化的实现过程。

Step01：选中项目的 res 文件夹，然后单击右键，在弹出的快捷菜单中选择“New→Other”，弹出如图 9-32 所示的窗口，选择“Android XML Values File”。

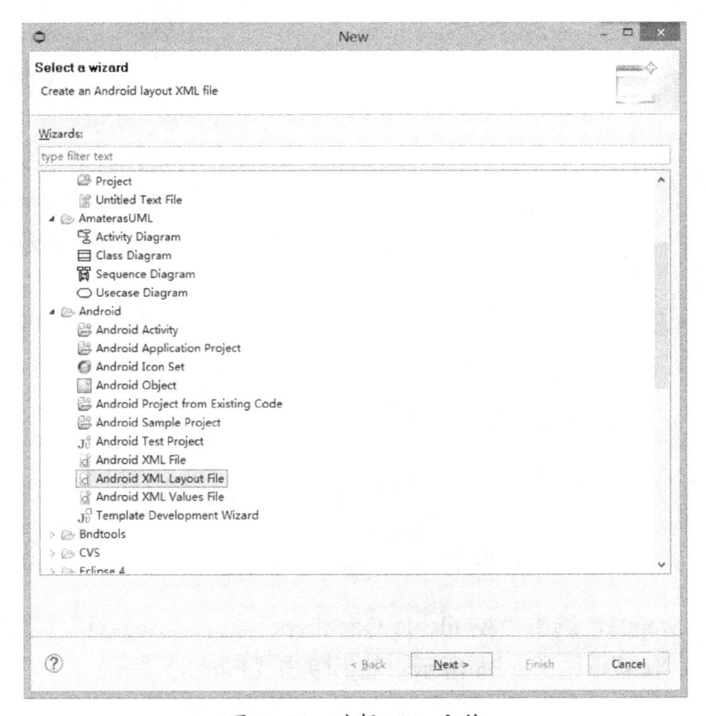

图 9-32　选择 XML 文件

Step02：单击【Next】按钮，弹出如图 9-33 所示的窗口，在“File”的文本框中输入“strings.xml”。

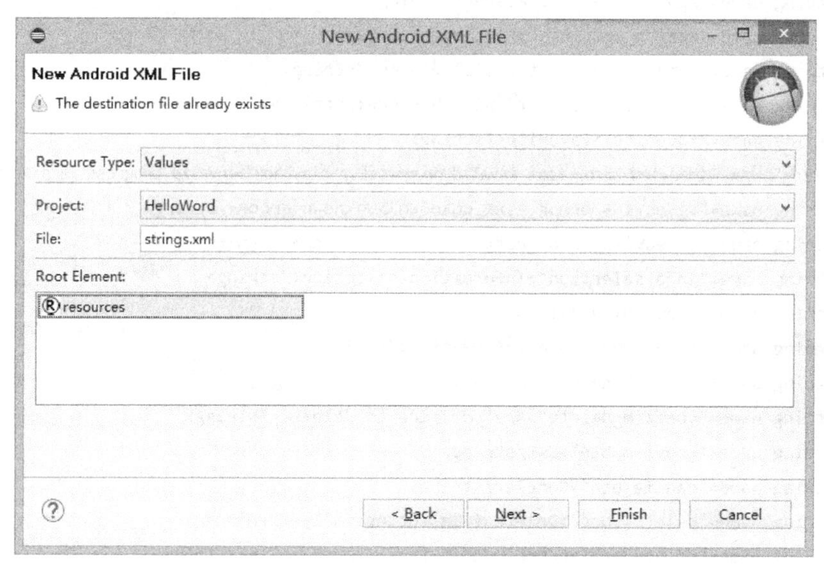

图 9-33　命名 XML 文件

Step03：单击【Next】按钮，出现如图如图 9-34 所示的窗口，在“Available Qualifiers”栏中选择“語 zh”，然后单击【->】按钮，则“Chosen Qualifiers”栏中出现“語 zh”，并在其右边出现“Language”栏，从中选择“zh”（代表中文）。

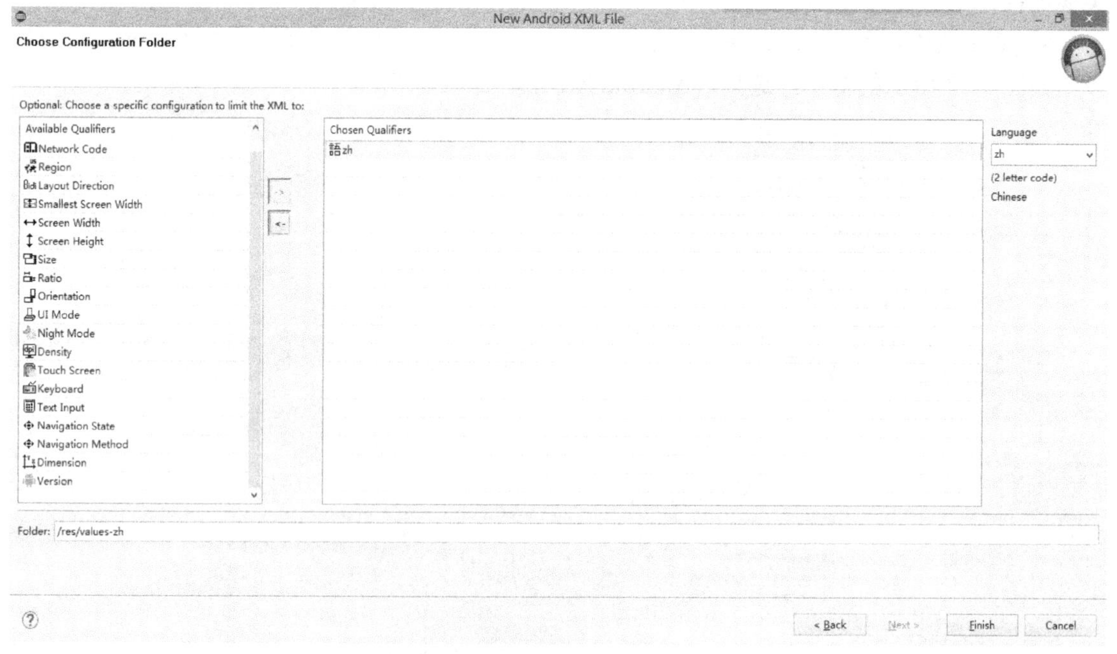

图 9-34　设置中文文字 1

Step04：仿照 Step03，选中“Available Qualifiers”栏的“Region”，单击【->】按钮，在“Region”栏中输入“cn”，如图 9-35 所示，然后单击【Finish】按钮。

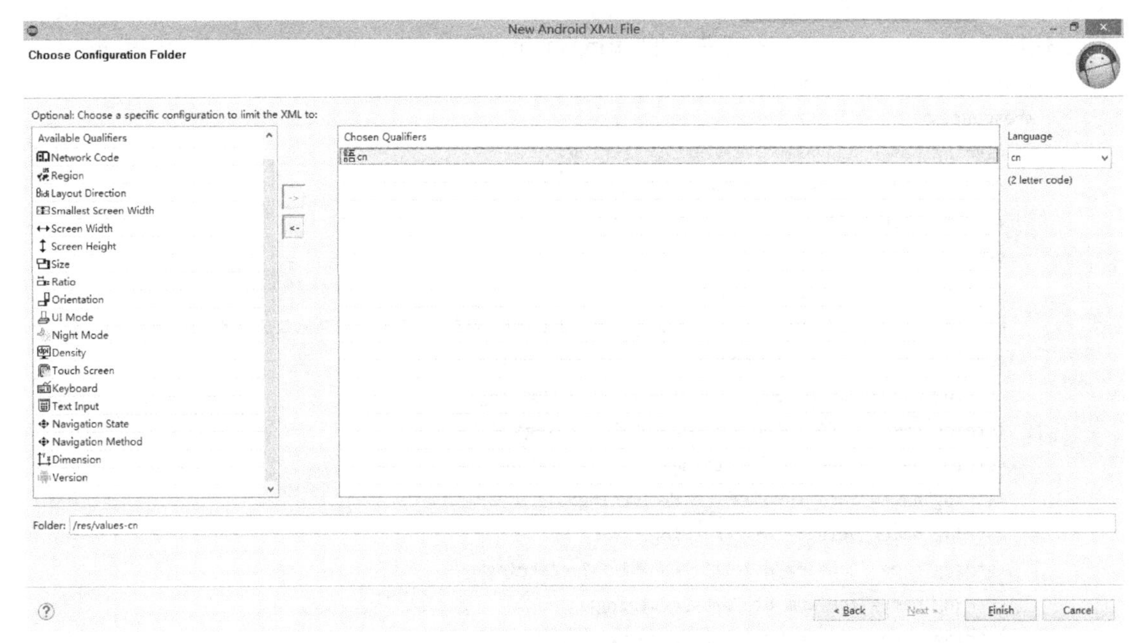

图 9-35　设置中文文字 2

Step05：res 文件夹下将生成一个新的文件夹 values-zh-rCN，其下生成了 strings.xml 文件。“zh”表示中文，“rCN”表示中国大陆。结果如图 9-36 所示。

Step06：在 values 文件夹的 strings.xml 文件中添加项目所需的字符串资源，见代码 9-3。

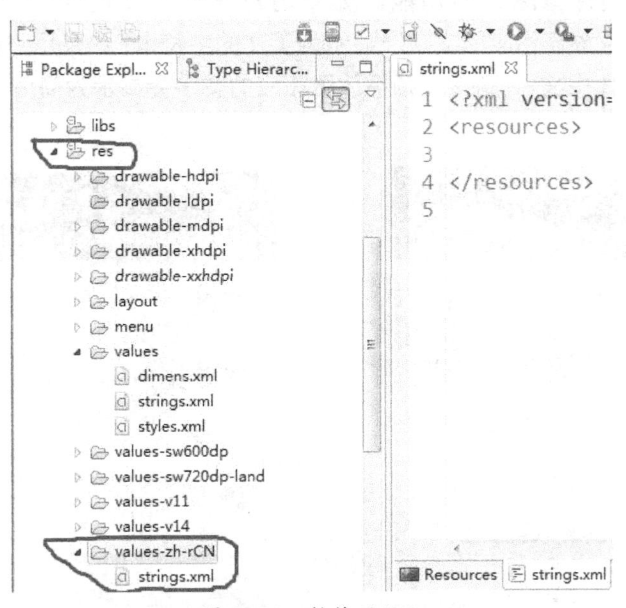

图 9-36　软件国际化

Step07：在 values-zh-rCN 文件夹的 strings.xml 文件中添加项目所需的字符串资源。将 Step06 中的 strings.xml 文件代码复制到其中，并将字符串的值修改为中文。例如，对于文件中的第一个字符串“app_name”，它在 values 文件夹的 strings.xml 文件的值为“Video Player”，在 values-zh-rCN 文件夹的 strings.xml 文件中则为“视频播放器”，见代码 9-4。注意，只需修改字符串的值，字符串的名字“app_name”不需修改。

〖代码 9-4〗 values-zh-rCN 文件夹的 strings.xml。

```
<?xml version="1.0" encoding="utf-8"?>
<resources>
    <string name="app_name">视频播放器</string>
    <string name="action_settings">设置</string>
    <string name="total_video_list">所有视频</string>
    <string name="play_history_list">播放历史</string>
    <string name="favorite">收藏夹</string>
    <string name="VideoView_error_text_invalid_progressive_playback">无效的进度回放</string>
    <string name="VideoView_error_text_unknown">未知错误</string>
    <string name="VideoView_error_button">错误</string>
    <string name="info_selection">信息选项</string>
    <string name="play">播放</string>
    <string name="more_info">更多信息</string>
    <string name="delete">删除</string>
    <string name="confirm_delete">确定删除吗？</string>
    <string name="confirm_btn">确定</string>
    <string name="cancle_btn">取消</string>
    <string name="delete_succ">已成功删除文件</string>
    <string name="delete_err">删除文件出错</string>
    <string name="no_video_file_found">没有找到视频文件！</string>
</resources>
```

这样就完成了软件国际化的功能。如果用户在系统设置菜单的语言选项中选择了“English”，则该视频播放器相应的文字会显示为英文的字符串；如果用户在系统设置菜单的语言选项中选择了“简体中文”，则该视频播放器相应的文字会显示为简体中文，如图 9-37 和图 9-38 所示。

图 9-37　英文显示效果

图 9-38　中文显示效果

目前，该软件只实现了能显示简体中文和英文的文字，如果需要显示其他语言，如西班牙语、俄语等，则需要仿照上述步骤创建相应的文件夹并修改 strings.xml 文件中字符串的值。

4．搜索 SD 卡中的视频文件并列表显示

现在开始编写相关代码搜索手机 SD 卡中的视频文件，并将这些文件的相关信息显示在 listview 中。视频文件有一些基本信息，如文件名、文件路径、文件类型、文件大小、时长等。为了方便管理和显示视频文件，需要创建一个 JavaBean 来描述视频文件。该 JavaBean 的名字为 VideoInfo，放在 cn.nfsysu.videoplayer.domain 包下。它有 6 个属性，每个属性都有相应的 get 和 set 方法，完整代码见代码 9-5。

〖**代码 9-5**〗 VideoInfo 类。

```
package cn.nfsysu. videoplayer.domain;
public class VideoInfo {
   private Integer id;                          // id
   private String name;                         // 名称
   private String size;                         // 大小
   private String type;                         // 类型
   private String duration;                     // 时长
   private String path;                         // 路径
   public VideoInfo(String name, String size, String type, String duration,String path) {
      this.name = name;
      this.size = size;
      this.type = type;
      this.duration = duration;
      this.path = path;
   }
   public VideoInfo() {  }
   public VideoInfo(Integer id, String name, String size, String type,String duration, String path) {
      super();
      this.id = id;
      this.name = name;
      this.size = size;
      this.type = type;
      this.duration = duration;
      this.path = path;
   }
   public Integer getId() {
      return id;
   }
   public void setId(Integer id) {
      this.id = id;
   }
   public String getName() {
      return name;
   }
   public void setName(String name) {
      this.name = name;
```

```
    }
     public String getSize() {
        return size;
    }
    public void setSize(String size) {
        this.size = size;
    }
    public String getType() {
        return type;
    }
    public void setType(String type) {
        this.type = type;
    }
    public String getDuration() {
        return duration;
    }
    public void setDuration(String duration) {
        this.duration = duration;
    }
    public String getPath() {
        return path;
    }
    public void setPath(String path) {
        this.path = path;
    }
}
```

程序需要将搜索到的视频文件存放到应用程序自己的数据库文件中，所以需要建立相关的类来建立数据库和对数据库进行增删改查。首先创建数据库 video.db，它有一个表 video。根据 VideoInfo 类的 JavaBean 属性，可以得到 video 表的字段：id、name、size、type、duration、path，如表 9-5 所示。注意，由于 size 字段包含“KB”“MB”等字符，为了方便，也将其类别设置为 varchar 而不是 int 类型。

表 9-5　视频表 video

字段名称	字段名称	类　别	主　键	非　空
视频 ID	id	int	是	是
视频名称	name	varchar	否	是
视频大小	size	varchar	否	是
视频类型	type	varchar	否	是
视频时长	duration	varchar	否	是
视频路径	path	varchar	否	是

下面创建 DBOpenHelper 类，放在 cn.nfsysu.videoplayer.service 包下，该类继承了 SQLiteOpenHelper，用来创建视频文件的数据库，见代码 9-6。

〖**代码 9-6**〗 DBOpenHelper 类。

```
package cn.nfsysu. videoplayer.service;
import android.content.Context;
```

```
import android.database.sqlite.SQLiteDatabase;
import android.database.sqlite.SQLiteOpenHelper;
public class DBOpenHelper extends SQLiteOpenHelper {
   private String name = "video.db";
   private int version = 1;
   public DBOpenHelper(Context context) {
      super(context, "video.db", null, 1);
   }
   @Override
   public void onCreate(SQLiteDatabase db) {              // 数据库第一次被创建时调用
      String sql = "CREATE TABLE video(id integer primary key, name varchar(255) not null,
                  " + size varchar(100), type varchar(10), duration varchar(100),
                  path varchar(255) not null)";
      db.execSQL(sql);
   }
   @Override
   public void onUpgrade(SQLiteDatabase db, int oldVersion, int newVersion) {
   }
}
```

同时需要创建一个服务类来对视频文件进行增删改查等操作，该服务类的名字为VideoDBService，同样放在cn.nfsysu. videoplayer.service包下，见代码9-7。

〖代码9-7〗 VideoDBService类。

```
package cn.nfsysu. videoplayer.service;
import Java.util.ArrayList;
import Java.util.List;
import cn.nfsysu. videoplayer.domain.VideoInfo;
import android.content.Context;
import android.database.Cursor;
import android.database.sqlite.SQLiteDatabase;
public class VideoDBService {
   private DBOpenHelper dbhelper;
   public VideoDBService(Context context) {
      this.dbhelper = new DBOpenHelper(context);
   }
   public void save(VideoInfo video) {
      SQLiteDatabase db = dbhelper.getWritableDatabase();
      db.execSQL("INSERT INTO video(id, name, size,  type,duration, path)  VALUES(?,?,?,?,?,?)",
               new Object[]{video.getId(), video.getName(), video.getSize(),
               video.getType(), video.getDuration(), video.getPath()});
      db.close();
   }
   public void delete(Integer id){
      SQLiteDatabase db = dbhelper.getWritableDatabase();
      db.execSQL("DELETE FROM video   WHERE id=?", new Object[]{id});
      db.close();
   }
   public void deleteAll( ){
```

```
        SQLiteDatabase db = dbhelper.getWritableDatabase();
        db.execSQL("delete from video");
        db.close();
    }
    public void update(VideoInfo video){
        SQLiteDatabase db = dbhelper.getWritableDatabase();
        db.execSQL("update video set name=?, size=?,type=?,duration=?,path=? where id=?",
                new Object[]{video.getName(), video.getSize(), video.getType(),
                video.getDuration(), video.getPath(), video.getId()});
        db.close();
    }
    public List<VideoInfo> getScrollData(int offset, int max) {
        SQLiteDatabase db = dbhelper.getReadableDatabase();
        List<VideoInfo>list = new ArrayList<VideoInfo>();
        VideoInfo videoDesc = null;
        Cursor cursor = db.rawQuery("SELECT *  FROM video order by id asc limit ?,?", new String[]{
        String.valueOf(offset), String.valueOf(max)});
        while(cursor.moveToNext()) {
            int videoid = cursor.getInt(cursor.getColumnIndex("id"));
            String size = cursor.getString(cursor.getColumnIndex("size"));
            String duration = cursor.getString(cursor.getColumnIndex("duration"));
            String name = cursor.getString(cursor.getColumnIndex("name"));
            String type = cursor.getString(cursor.getColumnIndex("type"));
            String path = cursor.getString(cursor.getColumnIndex("path"));
            videoDesc = new VideoInfo(videoid, name, size, type, duration, path);
            list.add(videoDesc);
        }
        cursor.close();
        return list;
     }
    public Cursor getCursorScrollData(int offset, int max){
        SQLiteDatabase db = dbhelper.getReadableDatabase();
        Cursor cursor = db.rawQuery("SELECT id as _id, name, size, path, duration, type
                                FROM video order by id asc limit ?,?",
                                new String[]{String.valueOf(offset), String.valueOf(max)});
        return cursor;
    }
    public int getCount(){
        SQLiteDatabase db = dbhelper.getReadableDatabase();
        Cursor cursor = db.rawQuery("SELECT count(*)   FROM video", null);
        cursor.moveToFirst();
        int count = cursor.getInt(0);
        cursor.close();
        return count;
    }
}
```

ListView 显示数据（本例为视频文件）信息需要一个适配器（Adapter），所以创建一个适配器类 VideoAdapter，该类继承 SimpleCursorAdapter 类，放在 cn.nfsysu. videoplayer.adapter 包下。由于用到了 SimpleCursorAdapter 类，因此需要修改项目 AndroidManifest.xml 文件中最低的 sdk 级别为 11。VideoAdapter 类见代码 9-8。

〖**代码 9-8**〗 VideoAdapter 类。

```
package cn.nfsysu. videoplayer.adapter;
import cn.nfsysu. videoplayer.R;
import android.content.Context;
import android.database.Cursor;
import android.view.View;
import android.widget.ImageView;
import android.widget.SimpleCursorAdapter;
public class VideoAdapter extends SimpleCursorAdapter {
   private Context mContext;
   public VideoAdapter(Context context, int layout, Cursor c, String[] from,  int[] to, int flags) {
      super(context, layout, c, from, to, flags);
      mContext = context;
   }
   @Override
   public void bindView(View view, Context context, Cursor cursor) {
      super.bindView(view, context, cursor);
      ImageView imageView = (ImageView) view.findViewById(R.id.imageview);
      String type = cursor.getString(cursor.getColumnIndex("type"));
      if("mp4".equalsIgnoreCase(type)) {
         imageView.setImageResource(R.drawable.mp4);
      }
      else if("3gp".equalsIgnoreCase(type)){
         imageView.setImageResource(R.drawable.threegp);
      }
   }
   @Override
   public void setViewImage(ImageView v, String value) {
      super.setViewImage(v, value);
   }
}
```

选中项目源文件中的 MainActivity.java 文件（创建项目时默认的文件名），单击右键，在弹出的快捷菜单中选择“Refactor→Rename”，重命名为 VideoBrowserActivity.java，该类继承 Activity 类，用来显示视频列表，见代码 9-9。

〖**代码 9-9**〗 VideoBrowserActivity 类（部分代码）。

```
package cn.nfsysu. videoplayer;
import Java.io.File;                    // 其他 import 语句省略，按快捷键 Alt+Shift+O 可以导入相关包
public class VideoBrowserActivity extends Activity {
   private static final String TAG = "VideoBrowserActivity";
   private ListView listView;
   private VideoAdapter videoAdapter;
   private static VideoBrowserActivity instance;
   private VideoDBService vds;
```

```
private int VideoCount;
private StringBuilder mFormatBuilder;
private Formatter mFormatter;
private static final int PLAY = 0;
private static final int MORE_INFO = 1;
private static final int DELETE = 2;
```

该类有如下方法和内部类。

① onCreate( )方法：在 VideoBrowserActivity 类的实例对象被创建时调用，主要完成一些初始化的工作，见代码 9-10。

〖代码 9-10〗 类 VideoBrowserActivity 的 onCreate( )方法。

```
@Override
protected void onCreate(Bundle savedInstanceState) {
    super.onCreate(savedInstanceState);
    instance = this;
    vds = new VideoDBService(this);
    setContentView(R.layout.video_browser);
    mFormatBuilder = new StringBuilder();
    mFormatter = new Formatter(mFormatBuilder, Locale.getDefault());
    listView = (ListView) this.findViewById(R.id.listview);
    this.getLoaderManager().initLoader(0, null, new MyLoaderCallback());
    bindData();
    listView.setOnItemClickListener(new ItemClickListener());
    listView.setOnCreateContextMenuListener(new MyOnCreateContextMenuListener());
}
```

② 内部类 MyLoaderCallback。onCreate( )方法调用了 getLoaderManager( )方法获取 LoaderManager 对象，然后调用该对象的 initLoader( )方法，用来加载视频文件。initLoader( )方法的第一个参数为 Loader 的 Id（唯一标识），一般设为 0；第二个参数是给 Loader 初始化的时候传递的参数（就是 onCreateLoade()中的第二个参数）；第三个参数为需要实现 LoaderManager.LoaderCallbacks<Cursor>接口的对象。所以，程序创建了一个内部类 MyLoaderCallback，实现了 LoaderManager.LoaderCallbacks<Cursor>接口，见代码 9-11。

〖代码 9-11〗 内部类 MyLoaderCallback。

```
private class MyLoaderCallback implements LoaderManager.LoaderCallbacks<Cursor> {
    public Loader<Cursor> onCreateLoader(int id, Bundle args) {
        CursorLoader cursor = new CursorLoader(VideoBrowserActivity.this,
        MediaStore.Video.Media.EXTERNAL_CONTENT_URI, null, null, null, null);
      Log.i(TAG, "onCreateLoader()");
      return cursor;
    }
    public void onLoadFinished(Loader<Cursor> loader, Cursor data) {
      VideoCount = data.getCount();
      Log.i(TAG, "VideoCount: " + VideoCount);
      if(!data.moveToFirst()) {
        Toast.makeText(VideoBrowserActivity.this, getString(R.string.no_video_file_found),
                                                  Toast.LENGTH_LONG).show();
      }
```

```
        else {
            vds.deleteAll();
            do {
                VideoInfo vi = new VideoInfo();
                vi.setId(data.getInt(data.getColumnIndex(MediaStore.Video.Media._ID)));
                vi.setName(data.getString(data.getColumnIndex(MediaStore.Video.Media.DISPLAY_NAME)));
                vi.setPath(data.getString(data.getColumnIndex(MediaStore.Video.Media.DATA)));
                int size = data.getInt(data   .getColumnIndex(MediaStore.Video.Media.SIZE));
                String sizeStr = ByteConvert2GBMBKB(size);
                vi.setSize(sizeStr);
                int duration = data.getInt(data.getColumnIndex(MediaStore.Video.Media.DURATION));
                String durationStr = millSectoHourMinSec(duration);
                vi.setDuration(durationStr);
                String path = data.getString(data.getColumnIndex(MediaStore.Video.Media.DATA));
                String type = path.substring(path.lastIndexOf(".") + 1);
                vi.setType(type);
                vds.save(vi);
            } while(data.moveToNext());
        }
        Log.i(TAG, "vds count:" + vds.getCount());
    }
    public void onLoaderReset(Loader<Cursor> loader) {
        videoAdapter.swapCursor(null);
    }
}
```

在内部类 MyLoaderCallback 的 onCreateLoader( )方法中创建 CursorLoader 对象并返回。CursorLoader 对象创建后就可以加载（load）数据了。加载数据结束的时候（第一次读取数据或者数据有改变的时候会加载数据）会调用 onLoadFinished( )方法，而 onLoaderReset( )方法只有在销毁一个 Loader 的时候才会被调用。在 onLoadFinished( )方法中，将查询到的视频文件通过 VideoDBService 类提供的 save( )方法保存到数据库中。

① bindData( )方法。onCreate( )方法中调用了 bindData( )方法，其作用是将数据库中的数据通过适配器（VideoAdapter）显示在 ListView 中，见代码 9-12。

〖**代码 9-12**〗 bindData( )方法。

```
public void bindData() {
    String[] from = new String[] {  "name", "size", "duration"  };
    int[] to = {  R.id.videoname, R.id.videosize, R.id.videoduration  };
    Cursor cursor = vds.getCursorScrollData(0, vds.getCount());
    cursor.moveToFirst();
    videoAdapter = new VideoAdapter(this, R.layout.video_item, cursor, from, to, 0);
    Log.i(TAG, "curor = " + cursor);
    listView.setAdapter(videoAdapter);
}
```

② 内部类 ItemClickListener。onCreate( )方法中通过 listView.setOnItemClickListener( )方法给 ListView 设置了 ListView 条目（item）被单击时的监听器。该方法需要一个实现了 OnItemClickListener 接口的对象，所以程序创建了一个内部类 ItemClickListener，该类实现了

OnItemClickListener 接口，见代码 9-13。

〖代码 9-13〗 内部类 ItemClickListener。

```
private class ItemClickListener implements OnItemClickListener {
  public void onItemClick(AdapterView<?> parent, View view, int position,long id) {
    Cursor cursor = vds.getCursorScrollData(0, vds.getCount());
    if(cursor != null) {
      cursor.moveToPosition(position);
      String path = cursor.getString(cursor.getColumnIndex("path"));
      Log.i(TAG, "path: " + path);
      Intent intent = new Intent(VideoBrowserActivity.this,VideoPlayActivity.class);
      intent.putExtra("path", path);
      intent.putExtra("position", position);
      startActivity(intent);
    }
  }
}
```

当 ListView 中的某个条目被单击后，该内部类的 onItemClick( )方法被调用，将单击时的位置（position）和视频文件的路径（path）通过 intent 对象传递给 VideoPlayActivity。VideoPlayActivity 收到该 intent 进行解析后，就可以播放相应的视频文件了。

③ 内部类 MyOnCreateContextMenuListener。onCreate( )方法通过 listView.setOnCreateContextMenuListener( )方法给 ListView 设置了条目（item）被长按时的监听器对象，需要一个实现 OnCreateContextMenuListener 接口的对象参数。程序创建了内部类 MyOnCreateContextMenuListener，实现了 OnCreateContextMenuListener 接口，见代码 9-14。其中，PLAY、MORE_INFO 和 DELETE 是刚开始时定义的常量，值分别为 0、1、2。

〖代码 9-14〗 内部类 MyOnCreateContextMenuListener。

```
private final class MyOnCreateContextMenuListener implements
OnCreateContextMenuListener{
  public void onCreateContextMenu(ContextMenu menu, View v, ContextMenuInfo menuInfo) {
    menu.setHeaderTitle(R.string.info_selection);
    menu.add(0, PLAY, 0, R.string.play);
    menu.add(0, MORE_INFO, 0, R.string.more_info);
    menu.add(0, DELETE, 0, R.string.delete);
  }
}
```

长按 ListView 的某项时，会弹出一个快捷菜单，如图 9-39 所示。当用户选择这些选项时，onContextItemSelected( )方法被调用，所以需要重写该方法，见代码 9-15。

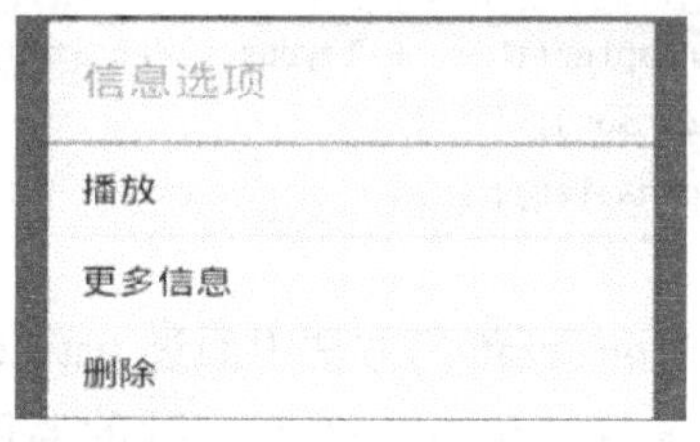

图 9-39 长按后出现的快捷菜单

〖代码 9-15〗 重写 onContextItemSelected( )方法。

```
@Override
public boolean onContextItemSelected(MenuItem item) {
   AdapterContextMenuInfo menuInfo = (AdapterContextMenuInfo)item.getMenuInfo();
   final int position = menuInfo.position;
   final Cursor cursor = vds.getCursorScrollData(0, vds.getCount());
   switch(item.getItemId()) {
      case PLAY:
         if(cursor != null) {
            cursor.moveToPosition(position);
            String path = cursor.getString(cursor.getColumnIndex("path"));
            Log.i(TAG, "path: " + path);
            Intent intent = new Intent(VideoBrowserActivity.this, VideoPlayActivity.class);
            intent.putExtra("path", path);
            intent.putExtra("position", position);
            startActivity(intent);
         }
      case MORE_INFO:
         if(cursor != null) {
            showMoreInfo(cursor, position);
         }
         break;
      case DELETE:
          new AlertDialog.Builder(this).setTitle(R.string.delete)
               .setMessage(getString(R.string.confirm_delete))
               .setPositiveButton(R.string.confirm_btn, new DialogInterface.OnClickListener() {
            public void onClick(DialogInterface dialog, int which) {
               if(cursor != null) {
                  cursor.moveToPosition(position);
                  String path = cursor.getString(cursor.getColumnIndex("path"));
                  Log.i(TAG, "path: " + path);
                  int id = cursor.getInt(cursor.getColumnIndex("_id"));
                  vds.delete(id);
                  File file = new File(path);
                  boolean result = file.delete();
                  if(result) {
                     videoAdapter.notifyDataSetChanged();
                     videoAdapter.swapCursor(vds.getCursorScrollData(0, vds.getCount()));
                     listView.setAdapter(videoAdapter);
                     Toast.makeText(VideoBrowserActivity.this, getString(R.string.delete_succ) + path,
                                 Toast.LENGTH_LONG).show();
                  }
                  else {
                     Toast.makeText(VideoBrowserActivity.this, getString(R.string.delete_err)
                                                        + path, Toast.LENGTH_LONG).show();
                  }
               }
            }
```

```
                })
                .setNegativeButton(R.string.cancle_btn, new DialogInterface.OnClickListener()  {
                    public void onClick(DialogInterface dialog, int which) {
                        dialog.dismiss();
                    }
            }).show();
            break;
            default:
                break;
        }
        return super.onContextItemSelected(item);
    }
```

单击【播放】时，“case PLAY”代码部分被执行，将选择的视频文件的路径和位置通过 intent 传递给 VideoPlayActivity。VideoPlayActivity 解析后，即可进行播放。

单击【删除】时，“case DELETE”代码部分被执行，弹出一个对话框，提示用户是否确定删除该视频文件，如图 9-40 所示。该对话框有两个按钮，分别是【取消】和【确定】，在代码部分对这两个按钮进行监听，见代码 9-15。

单击【更多信息】选项时，“case MORE_INFO”代码部分被执行，显示所选择的视频文件的名称、大小、路径、时长等信息，如图 9-41 所示。这时，showMoreInfo()方法被调用。showMoreInfo( )方法将创建一个 PopupWindow，用来显示视频信息，见代码 9-16。

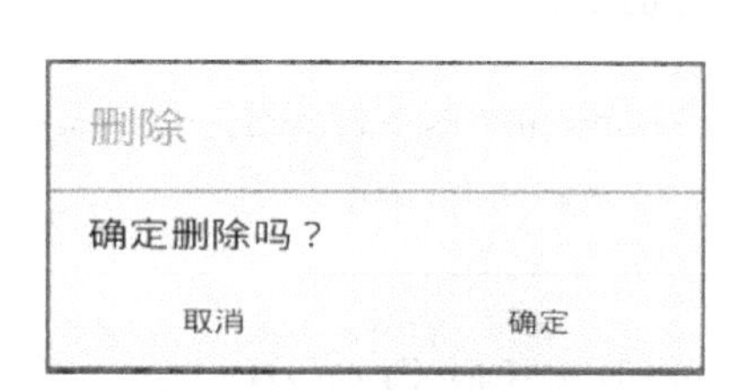

图 9-40　单击删除选项后

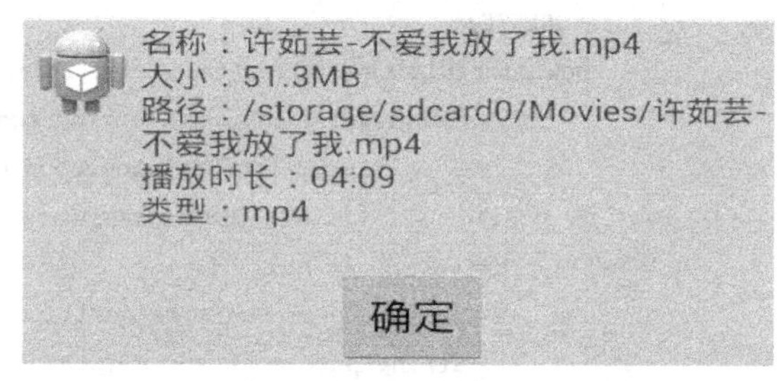

图 9-41　单击“更多信息”后的效果

〖代码 9-16〗 showMoreInfo()方法。

```
private void showMoreInfo(Cursor cursor, int position) {
    if(cursor != null) {
        cursor.moveToPosition(position);
        String name = cursor.getString(cursor.getColumnIndex("name"));
        String size = cursor.getString(cursor.getColumnIndex("size"));
        String path = cursor.getString(cursor.getColumnIndex("path"));
        String duration = cursor.getString(cursor.getColumnIndex("duration"));
        String type = cursor.getString(cursor.getColumnIndex("type"));
        StringBuffer sb = new StringBuffer();
        sb.append("名称: "+ name +"\r\n");
        sb.append("大小: "+ size +"\r\n");
        sb.append("路径: "+ path +"\r\n");
        sb.append("播放时长: "+ duration +"\r\n");
        sb.append("类型: "+ type +"\r\n");
        View popView;
```

```
        LayoutInflater layoutInflater = getLayoutInflater();
        popView = layoutInflater.inflate(R.layout.moreinfo_popupwindow, null);
        final PopupWindow popwin = new  PopupWindow(popView, LayoutParams.MATCH_PARENT,
                                                 LayoutParams.WRAP_CONTENT, true);
        TextView contentTv = (TextView)popView.findViewById(R.id.tv);
        contentTv.setText(sb.toString());
        popwin.setOutsideTouchable(true);
        Button confirmBtn = (Button) popView.findViewById(R.id.confirm_btn);
        confirmBtn.setOnClickListener(new OnClickListener() {
            public void onClick(View v) {
                if(popwin.isShowing()) {
                    popwin.dismiss();
                }
            }
        });
        ColorDrawable dw = new ColorDrawable(0000000000);
        popwin.setBackgroundDrawable(dw);
        popwin.showAtLocation(this.findViewById(R.id.listview), Gravity.CENTER, 0,0);
    }
}
```

通过 LoaderManager 对象加载的视频文件的相关信息如文件大小、时长的单位分别是 B（字节）和 ms（毫秒），这两个单位太小，用户体验不好，所以我们需要提供相应的方法将其转换为合适的单位。ByteConvert2GBMBKB(int size)方法将 B（字节）转换为 KB、MB、GB，见代码 9-17；millSectoHourMinSec(int duration)方法将 ms（毫秒）转换为小时、分钟和秒钟等，见代码 9-18。

〖**代码 9-17**〗 ByteConvert2GBMBKB()方法。

```
public String ByteConvert2GBMBKB(int size) {
    int b = size % 1024;
    int kb = (size / 1024) % 1024;
    int mb = size / (1024 * 1024) % 1024;
    int gb = size / (1024 * 1024 * 1024);
    String sizeStr;
    mFormatBuilder.setLength(0);
    if(gb > 0) {
        sizeStr = mFormatter.format("%02d.%d", gb, mb / 102) + "GB";
    }
    else if(mb > 0) {
        sizeStr = mFormatter.format("%02d.%d", mb, kb / 102).toString() + "MB";
    }
    else if(kb > 0) {
        sizeStr = mFormatter.format("%02d.%d", kb, b / 102).toString() + "KB";
    }
    else {
        sizeStr = size + "B";
    }
    return sizeStr;
}
```

〖代码 9-18〗 millSectoHourMinSec()方法。

```
public String millSectoHourMinSec(int duration) {
   int totalSeconds = duration / 1000;
   int seconds = totalSeconds % 60;
   int minutes = (totalSeconds / 60) % 60;
   int hours = totalSeconds / 3600;
   String durationStr;
   mFormatBuilder.setLength(0);
   if(hours > 0) {
      durationStr = mFormatter.format("%d:%02d:%02d", hours, minutes, seconds).toString();
   }
   else {
      durationStr = mFormatter.format("%02d:%02d", minutes, seconds).toString();
   }
   return durationStr;
}
```

9.3.2 增量 9-2：视频播放及控制功能的实现

增量 9-1 将视频文件从 SD 卡中搜索出来并显示在列表中，增量 9-2 实现视频播放和相应的控制功能。

视频播放界面也需要一个 Activity，所以先创建 VideoPlayActivity.java。该类同样继承自 Activity 类，放在 cn.nfsysu.videoplayer 包下。注意，创建完 VideoPlayActivity 后，需要在项目清单文件 AndroidManifest.xml 中注册这个 Activity，否则运行时将报错，提示找不到类 VideoPlayActivity。

视频播放界面同样需要一个布局文件来布局视频播放画面，命名为 videoplayer.xml，放在项目的 layout 文件夹下。Android 为了方便开发者开发视频相关的功能，提供了类 VideoView 和 MediaController，我们可以方便地利用这两个类进行视频播放和控制。视频播放界面只需要一个 VideoView 控件即可，见代码 9-19。

〖代码 9-19〗 videoplayer.xml 文件。

```
<?xml version="1.0" encoding="utf-8"?>
<LinearLayout xmlns:android="http://schemas.android.com/apk/res/android"
   android:layout_width="match_parent"
   android:layout_height="match_parent"
   android:baselineAligned="false"
   android:background="#000000" >
   <VideoView
      android:id="@+id/videoview"
      android:layout_width="match_parent"
      android:layout_height="match_parent"
      android:layout_gravity="center_horizontal"
   />
</LinearLayout>
```

视频播放的布局文件创建完毕，接下来编写 VideoPlayActivity.java 文件，这个类的代码比较简单，只需实现 onCreate()方法即可，见代码 9-20。

〖代码 9-20〗 VideoPlayActivity.java。

```
package cn.nfsysu. videoplayer;
import cn.sysu.videoplayer.service.VideoDBService;
import android.app.Activity;
import android.database.Cursor;
import android.net.Uri;
import android.os.Bundle;
import android.util.Log;
import android.view.Menu;
import android.view.View;
import android.view.View.OnClickListener;
import android.view.Window;
import android.view.WindowManager;
import android.widget.MediaController;
import android.widget.VideoView;
public class VideoPlayActivity extends Activity {
   private VideoView videoView;
   private VideoDBService vds;
   private int position;
   @Override
   protected void onCreate(Bundle savedInstanceState) {
      super.onCreate(savedInstanceState);
      requestWindowFeature(Window.FEATURE_NO_TITLE);
      getWindow().setFlags(WindowManager.LayoutParams.FLAG_FULLSCREEN,
                           WindowManager.LayoutParams.FLAG_FULLSCREEN);
      setContentView(R.layout.videoplayer);
      vds = new VideoDBService(this);
      MediaController mediaController = new MediaController(this);
      videoView = (VideoView) this.findViewById(R.id.videoview);
      mediaController.setAnchorView(videoView);
      mediaController.setPrevNextListeners(new OnClickListener() {
         public void onClick(View v) {
            Cursor cursor = vds.getCursorScrollData(0, vds.getCount());
            if(position == vds.getCount() -1){
               position = 0;
            }
            else {
               position++;
            }
            cursor.moveToPosition(position);
            String path = cursor.getString(cursor.getColumnIndex("path"));
            videoView.setVideoURI(Uri.parse(path));
            videoView.start();
         }
      }, new View.OnClickListener() {
         public void onClick(View v) {
            Cursor cursor = vds.getCursorScrollData(0, vds.getCount());
            if(position == 0) {
```

```
                    position =  vds.getCount() - 1;
                }
                else {
                    position--;
                }
                cursor.moveToPosition(position);
                String path = cursor.getString(cursor.getColumnIndex("path"));
                videoView.setVideoURI(Uri.parse(path));
                videoView.start();
            }
        });
        videoView.setMediaController(mediaController);
        String path = this.getIntent().getStringExtra("path");
        position = this.getIntent().getIntExtra("position", 0);
        videoView.setVideoURI(Uri.parse(path));
        videoView.start();
    }
}
```

视频播放时需要全屏，并且是横屏，见 onCreate( )方法的第 2～4 行代码。要设置为横屏，需要在项目清单文件 AndroidManifest.xml 中注册 VideoPlayActivity 这个 Activity 的相应地方加上代码“android:screenOrientation="landscape"”，即可实现横屏的效果。onCreate( )方法创建了一个 MediaController 对象 mediaController，该对象用于对视频进行播放控制，如快进、快退、暂停、下一首、上一首等功能。默认情况下，【上一首】和【下一首】按钮不会出现在播放界面上，这是因为没有给【下一首】和【上一首】按钮设置监听器对象。为了显示这两个按钮，通过 mediaController 对象的 setPrevNextListeners()方法给其设置监听器对象，见代码 9-20。

onCreate()方法的最后 4 行从 intent 对象中获取要播放的视频的路径，然后调用 videoView 对象的 setVideoURI()方法和 start()方法，即可播放相应的视频，效果如图 9-42 所示。

图 9-42　视频播放

播放界面有 5 个按钮，从左到右分别实现播放上一首、快退、播放/暂停、快进、下一首的功能，最下面的进度条用来指示当前的播放进度。进度条两边各有一个 TextView，分别显示视频已播放的时间和视频总时间。不触摸屏幕超过 3 秒，这 5 个按钮及进度条均会自动隐藏。由此可见，通过 Android 自带的 VideoView 和 MediaController，我们容易实现增量 6-2 的功能。

9.3.3 增量 9-3：自定义视频播放界面

实现增量 9-1 和增量 9-2 后，我们已经可以正常播放 3GP 或 MP4 格式的视频文件了，并且在播放时可以对视频进行播放控制。但是从图 9-42 可以看出，视频播放界面的布局和播放控制按钮都是 Android 系统默认的，不能满足个性化的需求。为实现更富个性化和更好用户体验的播放界面，我们需要在原来的基础上进行修改，即重写 VideoView 类和 MediaController 类，将新的类命名为 MyVideoView 和 MyMediaController。

在项目的 src 文件夹下分别创建 MyVideoView 类和 MyMediaController 类，放在 cn.nfsysu.videoplayer.view 包下。我们在 VideoView 类和 MediaController 类的基础上编写 MyVideoView 类和 MyMediaController 类的代码，这样是最简单和高效的。将 Android 系统自带的 VideoView.java 文件的代码复制到 MyVideoView.java 文件中。系统自带的 VideoView 类要实现 MediaPlayerControl、SubtitleController.Anchor 接口，但是 SubtitleController.Anchor 接口不能使用，为了编译通过，我们只让 MyVideoView 实现 MediaPlayerControl 接口，然后将与接口 SubtitleController.Anchor 相关的代码都注释掉。

另一个需要修改的地方是 VideoView 类中创建 mPreparedListener 对象时用到了 Metadata 类，这个类同样不对开发者开放，所以我们用不了。为了编译通过，我们将与 Metadata 相关的代码都注释掉，直接给变量 mCanPause、 mCanSeekBack、mCanSeekForward 赋值为 true，见代码 9-21。

〖代码 9-21〗 MyVideoView.java 部分代码。

```
public class MyVideoView extends SurfaceView implements MediaPlayerControl {
  …                                        // 这里省略与 VideoView 类相同的代码
  MediaPlayer.OnPreparedListener mPreparedListener = new MediaPlayer.OnPreparedListener() {
    public void onPrepared(MediaPlayer mp) {
      mCurrentState = STATE_PREPARED;
      // Get the capabilities of the player for this stream
      // 由于编译问题，暂时屏蔽，直接给三个变量赋值为 true
      mCanPause = mCanSeekBack = mCanSeekForward = true;
/*    Metadata data = mp.getMetadata(MediaPlayer.METADATA_ALL, MediaPlayer.BYPASS_METADATA_FILTER);
      if(data != null) {
        mCanPause = !data.has(Metadata.PAUSE_AVAILABLE)  ||
                                        data.getBoolean(Metadata.PAUSE_AVAILABLE);
        mCanSeekBack = !data.has(Metadata.SEEK_BACKWARD_AVAILABLE)
                                  || data.getBoolean(Metadata.SEEK_BACKWARD_AVAILABLE);
        mCanSeekForward = !data.has(Metadata.SEEK_FORWARD_AVAILABLE)
                                  || data.getBoolean(Metadata.SEEK_FORWARD_AVAILABLE);
      }
      else {
        mCanPause = mCanSeekBack = mCanSeekForward = true;
      }*/
      …                              // 后续代码与 VideoView 中的一致，这里省略
  };
```

```
}
```

经过这样处理后，MyVideoView 就改造好了。注意，改造过程中用到了 API 14 的方法，所以需要在项目清单文件 AndroidManifest.xml 中将最低的 SDK 版本由 11 改为 14（即 android:minSdkVersion="14"）。

MyMediaController 类的改造相对比较复杂，在改造前，我们需要将自定义的播放控制按钮图片复制到项目中，即将图 9-43 的 6 个按钮图片复制到项目的 drawable-mdpi 文件夹下。由于增量 9-3 需要在视频播放时显示手机当前电量和提供后退按钮，所以也需要把这些图片复制到项目 drawable-mdpi 文件夹中。手机电量被分为 5 个级别，如图 9-44 所示。

图 9-43　新的播放控制按钮

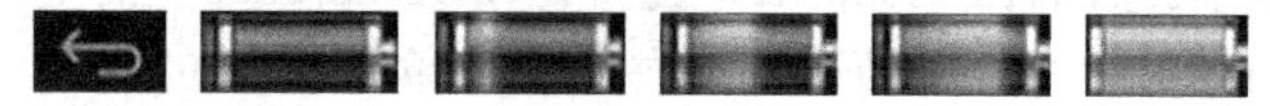

图 9-44　后退按钮和电池电量图片

下面布局视频播放界面，视频播放界面最上面从左到右是 1 个 ImageButton（后退按钮）、2 个 TextView（用来显示当前播放的视频文件名字和显示系统时间）和 1 个 ImageView（显示电池电量对应的图片），所以可以将这 4 个控件用相对布局（RelativeLayout）组合。

最左边是一个显示当前已播放时间的 TextView，中间是一个进度条（SeekBar），最右边是一个显示视频总播放时间的 TextView。这 3 个控件可以用水平方向的线性布局（LinearLayout）来组合。播放界面的最下面是 5 个播放控制按钮（ImageButton），也用水平方向的线性布局来组合。根据上面的描述，我们就可以写出播放界面的布局代码了（见代码 9-22），放在 layout 文件夹的 media.xml 文件中。

〖代码 9-22〗 media.xml 代码。

```
<?xml version="1.0" encoding="utf-8"?>
<RelativeLayout xmlns:android="http://schemas.android.com/apk/res/android"
   android:layout_width="match_parent"
   android:layout_height="match_parent"
   android:orientation="vertical" >
   <RelativeLayout
      android:id="@+id/system_status"
      android:layout_width="match_parent"
      android:layout_height="wrap_content"
      android:background="@drawable/media_bg"
      android:layout_alignParentTop="true" >
      <ImageButton
         android:id="@+id/back"
         android:layout_width="wrap_content"
         android:layout_height="wrap_content"
         android:layout_marginLeft="10dp"
         android:layout_marginTop="5dp"
         android:src="@drawable/back" />
      <TextView
         android:id="@+id/playingvideoname"
```

```
        android:layout_width="wrap_content"
        android:layout_height="wrap_content"
        android:layout_marginLeft="10dp"
        android:layout_marginTop="10dp"
        android:layout_toRightOf="@id/back"
        android:text="haha"
        android:textColor="#6600ff"
        android:textSize="18sp" />
    <TextView
        android:id="@+id/systemtime"
        android:layout_width="wrap_content"
        android:layout_height="wrap_content"
        android:layout_centerVertical="true"
        android:layout_marginRight="20dp"
        android:layout_toLeftOf="@+id/batteryimage"
        android:text="08:45"
        android:textColor="#6600ff"
        android:textSize="18sp" />
    <ImageView
        android:id="@+id/batteryimage"
        android:layout_width="wrap_content"
        android:layout_height="wrap_content"
        android:layout_alignParentRight="true"
        android:layout_gravity="right"
        android:layout_marginRight="20dp"
        android:layout_marginTop="10dp"
        android:adjustViewBounds="false"
        android:paddingRight="0dp"
        android:src="@drawable/battery_level4" />
</RelativeLayout>
<RelativeLayout
    android:id="@+id/media_controller"
    android:layout_width="match_parent"
    android:layout_height="wrap_content"
    android:layout_alignParentBottom="true"
    android:gravity="bottom" >
    <LinearLayout
        android:id="@+id/linearLayout"
        android:layout_width="match_parent"
        android:layout_height="wrap_content"
        android:layout_alignParentTop="true"
        android:gravity="center"
        android:orientation="horizontal"
        android:paddingTop="4dip" >
        <TextView
            android:id="@+id/time_current"
            android:layout_width="wrap_content"
            android:layout_height="wrap_content"
```

```
        android:layout_gravity="center_horizontal"
        android:paddingEnd="4dip"
        android:paddingStart="4dip"
        android:paddingTop="4dip"
        android:textColor="#6600ff"
        android:textSize="14sp"
        android:textStyle="bold" />
    <SeekBar
        android:id="@+id/mediacontroller_progress"
        style="?android:attr/progressBarStyleHorizontal"
        android:layout_width="0dip"
        android:layout_height="32dip"
        android:layout_alignParentEnd="true"
        android:layout_alignParentStart="true"
        android:layout_weight="1" />
    <TextView
        android:id="@+id/time"
        android:layout_width="wrap_content"
        android:layout_height="wrap_content"
        android:layout_gravity="center_horizontal"
        android:paddingEnd="4dip"
        android:paddingStart="4dip"
        android:paddingTop="4dip"
        android:textColor="#6600ff"
        android:textSize="14sp"
        android:textStyle="bold" />
</LinearLayout>
<LinearLayout
    android:layout_width="match_parent"
    android:layout_height="wrap_content"
    android:layout_below="@id/linearLayout"
    android:gravity="center"
    android:orientation="horizontal" >
    <ImageButton
        android:id="@+id/prev"
        style="@style/MediaButton.Previous" />
    <ImageButton
        android:id="@+id/rew"
        style="@style/MediaButton.Rew" />
    <ImageButton
        android:id="@+id/pause"
        style="@style/MediaButton.Play" />
    <ImageButton
        android:id="@+id/ffwd"
        style="@style/MediaButton.Ffwd" />
    <ImageButton
        android:id="@+id/Next"
        style="@style/MediaButton.Next" />
```

```
        </LinearLayout>
    </RelativeLayout>
</RelativeLayout>
```

上面代码中，播放控制按钮中有用到样式 style，我们将对应的代码放在项目的 values 文件夹的 styles.xml 文件中，见代码 9-23。

〖代码 9-23〗 styles.xml。

```
<resources>
   <style name="AppBaseTheme" parent="android:Theme.Light">
   </style>
   <style name="AppTheme" parent="AppBaseTheme">
   </style>
   <style name="MediaButton">
      <item name="android:background">@null</item>
      <item name="android:layout_width">71dip</item>
      <item name="android:layout_height">52dip</item>
   </style>
   <style name="MediaButton.Previous">
      <item name="android:src">@drawable/pre</item>
   </style>
   <style name="MediaButton.Next">
      <item name="android:src">@drawable/Next</item>
   </style>
   <style name="MediaButton.Play">
      <item name="android:src">@drawable/play</item>
   </style>
   <style name="MediaButton.Ffwd">
      <item name="android:src">@drawable/ff</item>
   </style>
   <style name="MediaButton.Rew">
      <item name="android:src">@drawable/rew</item>
   </style>
   <style name="MediaButton.Pause">
      <item name="android:src">@drawable/pause</item>
   </style>
</resources>
```

准备工作就绪，接着改造 MyMediaController 类。先将系统自带的 MediaController 类的代码全部复制到 MyMediaController 中，把类的名字改为 MyMediaController，并修改所有的构造方法名字，再定义一些成员变量，见代码 9-24。

〖代码 9-24〗 MyMediaController.Java 部分代码。

```
public class MyMediaController extends FrameLayout {
   …                                              // 省略与 MediaController 类一样的代码
   private TextView  mPlayingVideoNameTv;         // 当前正在播放的视频文件名称
   private TextView  mSystemTime;                 // 当前系统时间
   private ImageView  mBattery;                   // 手机当前电量
   private ImageButton  mBackBtn;                 // 后退按钮
   private String  playingVideoName;
```

```
    private int[ ] batteryImages = new int[]{R.drawable.battery_level0,
            R.drawable.battery_level1, R.drawable.battery_level2, R.drawable.battery_level3,
             R.drawable.battery_level4};     // 电池电量对应图片
    …                                        // 省略与 MediaController 类一样的代码
```

修改了视频播放界面的布局文件，所以需要修改 MediaController 类相关的方法，如 makeControllerView()和 initControllerView(View v)方法，见代码 9-25。

〖代码 9-25〗 makeControllerView()和 initControllerView(View v)方法。

```
protected View makeControllerView() {
    LayoutInflater inflate = (LayoutInflater) mContext.getSystemService(Context.LAYOUT_INFLATER_SERVICE);
    mRoot = inflate.inflate(R.layout.media, null);//将自定义的 media.xml 作为播放界面
    initControllerView(mRoot);
    return mRoot;
}
private void initControllerView(View v) {
    mPlayingVideoNameTv = (TextView) v.findViewById(R.id.playingvideoname);
    mPlayingVideoNameTv.setText(playingVideoName);
    mSystemTime = (TextView) v.findViewById(R.id.systemtime);
    mBattery = (ImageView) v.findViewById(R.id.batteryimage);
    mBackBtn = (ImageButton) v.findViewById(R.id.back);
    if(mBackBtn != null){
        mBackBtn.setOnClickListener(mBackListener);
    }
    mPauseButton = (ImageButton) v.findViewById(R.id.pause);
    if(mPauseButton != null) {
        mPauseButton.requestFocus();
        mPauseButton.setOnClickListener(mPauseListener);
    }
    mFfwdButton = (ImageButton) v.findViewById(R.id.ffwd);
    if(mFfwdButton != null) {
        mFfwdButton.setOnClickListener(mFfwdListener);
        if(!mFromXml) {
            mFfwdButton.setVisibility(mUseFastForward ? View.VISIBLE : View.GONE);
        }
        }
        mRewButton = (ImageButton) v.findViewById(R.id.rew);
        if(mRewButton != null) {
            mRewButton.setOnClickListener(mRewListener);
            if(!mFromXml) {
                mRewButton.setVisibility(mUseFastForward ? View.VISIBLE : View.GONE);
            }
        }
        mNextButton = (ImageButton) v.findViewById(R.id.Next);
        if(mNextButton != null && !mFromXml && !mListenersSet) {
            mNextButton.setVisibility(View.GONE);
        }
        mPrevButton = (ImageButton) v.findViewById(R.id.prev);
        if(mPrevButton != null && !mFromXml && !mListenersSet) {
```

```
            mPrevButton.setVisibility(View.GONE);
        }
        mProgress = (ProgressBar) v.findViewById(R.id.mediacontroller_progress);
        if(mProgress != null) {
            if(mProgress instanceof SeekBar) {
                SeekBar seeker = (SeekBar) mProgress;
                seeker.setOnSeekBarChangeListener(mSeekListener);
            }
            mProgress.setMax(1000);
        }
        mEndTime = (TextView) v.findViewById(R.id.time);
        mCurrentTime = (TextView) v.findViewById(R.id.time_current);
        mFormatBuilder = new StringBuilder();
        mFormatter = new Formatter(mFormatBuilder, Locale.getDefault());
        installPrevNextListeners();
    }
}
```

initControllerView(View v)方法的第 7 行代码为【后退】按钮 mBackBtn 设置了监听器对象 mBackListener，创建过程见代码 9-26。

〖代码 9-26〗 创建 mBackListener 对象。

```
private View.OnClickListener mBackListener = new View.OnClickListener() {
    public void onClick(View v) {
        Activity ac = (Activity)mContext;
        ac.finish();
    }
};
```

在改造 MyMediaController 中遇到的一个棘手问题是，在 initFloatingWindow()方法中，系统自带的 MediaController 类通过 PolicyManager.makeNewWindow(mContext)获得 mWindow 对象，但是 PolicyManager 类属于 Android 内部使用，我们用不了。怎么办呢？我们可以通过 Java 反射技术来解决这个问题，新写一个静态方法 getPolicyWindow()来获取 mWindow 对象，见代码 9-27。

〖代码 9-27〗 getPolicyWindow()方法。

```
public static Window getPolicyWindow(Context context) {
        Window window = null;
        try {
            Class<?> policyManagerClass = Class.forName("com.android.internal.policy.PolicyManager");
            Class<?>[] parMakeNewWindow = {  Context.class  };
            Method makeNewWindow = policyManagerClass.getDeclaredMethod("makeNewWindow", parMakeNewWindow);
            Object[] args = {  context  };
            window = (Window) makeNewWindow.invoke(null, args);
        }
        catch(Exception e) {
            e.printStackTrace();
        }
    return window;
```

```
}
```

将 initFloatingWindow( )方法的第 2 行代码“mWindow = PolicyManager.makeNewWindow(mContext))”用“mWindow = getPolicyWindow(mContext)”替换，以编译通过，并达到同样的效果。

由于自定义播放界面要显示系统当前时间(见图9-23),怎样获取系统时间并实时更新呢？这里要用到 Java 中的线程技术和 Android 中的 Handler 技术。我们创建一个线程对象和一个 Handler 对象，线程对象每隔 1 秒给 Handler 对象发送一个消息（Message），Handler 对象收到这个消息后，将获取系统时间并将其显示在相应的 TextView 控件上（即之前已经定义了的 mSystemTime），见代码 9-28。

〖代码 9-28〗 创建 Handler 对象及线程。

```
private Handler timeHandler = new Handler() {
   @Override
   public void handleMessage (Message msg) {
      super.handleMessage(msg);
      switch(msg.what) {
         case 1:
            long sysTime = System.currentTimeMillis();      // 获取系统时间。
            CharSequence sysTimeStr = DateFormat.format("hh:mm", sysTime);
            String time = sysTimeStr.toString();
            Log.i(TAG, "get12Or24Format() = " + get12Or24Format());
            if("24".equals(get12Or24Format())) {
               String hh = (Integer.parseInt(sysTimeStr.subSequence(0, 2).toString()) + 12) + "";
               if("24".equals(hh)) {
                   hh = "00";
                }
                time = hh + sysTimeStr.subSequence(2, sysTimeStr.length()).toString();
             }
             mSystemTime.setText(time);
             break;
          default:
             break;
      }
   }
};
// 内部类 TimeThread
private class TimeThread extends Thread{
   @Override
   public void run() {
      while(true) {
         try {
            Thread.sleep(1000);
            timeHandler.sendMessage(timeHandler.obtainMessage(1));
         }
         catch (InterruptedException e) {
            // TODO Auto-generated catch block
            e.printStackTrace();
```

```
            }
         }
      }
   }
```

TimeThread 线程什么时候启动呢？我们可以在 MyMediaController 的构造方法中启动，见代码 9-29。

〖代码 9-29〗 启动 TimeThread 线程。

```
public MyMediaController(Context context, boolean useFastForward) {
   super(context);
   mContext = context;
   mUseFastForward = useFastForward;
   initFloatingWindowLayout();
   initFloatingWindow();
   new TimeThread().start();                    // 启动线程
}
```

为了方便地实现电池电量图片的实时更新和显示当前播放的视频文件的名称这两个需求，需要在 MyMediaController 类中添加几个方法，见代码 9-30。

〖代码 9-30〗 MyMediaController 类中的新增方法。

```
public String getPlayingVideoName(){
   return playingVideoName;
}
public void setPlayingVideoName(String name){
   this.playingVideoName = name;
}
public void setCurBatteryPower(int curPower){
   mBattery.setImageResource(batteryImages[curPower]);
}
```

至此，MyMediaController 类的改造大功告成。那么，增量 9-3 是否已经完成了呢？别急，我们使用了自定义的 VideoView 和 MediaController，所以需要重新修改 VideoPlayActivity 类的代码。VideoPlayActivity 类的显示布局 videoplayer.xml 中的 VideoView 控件需要修改为自定义的 MyVideoView 控件，见代码 9-31。

〖代码 9-31〗 修改后的 videoplayer.xml。

```
<?xml version="1.0" encoding="utf-8"?>
<LinearLayout xmlns:android="http://schemas.android.com/apk/res/android"
   android:layout_width="match_parent"
   android:layout_height="match_parent"
   android:baselineAligned="false"
   android:gravity="center"
   android:background="#000000" >
   < cn.nfsysu. videoplayer.view.MyVideoView
      android:id="@+id/videoview"
      android:layout_width="match_parent"
      android:layout_height="match_parent"
      android:layout_gravity="center_horizontal"
   />
```

```
</LinearLayout>
```

接着修改代码，最主要的是修改 oncreate()方法，见代码 9-32。

〖代码 9-32〗 VideoPlayActivity 类的 oncreate()方法。

```
public class VideoPlayActivity extends Activity {
   private static final String TAG = "VideoPlayActivity";
   private MyVideoView videoView;
   private VideoDBService vds;
   private int position;
   private MyMediaController mediaController;
   @Override
   protected void onCreate(Bundle savedInstanceState) {
      super.onCreate(savedInstanceState);
      requestWindowFeature(Window.FEATURE_NO_TITLE);
      getWindow().setFlags(WindowManager.LayoutParams.FLAG_FULLSCREEN,
                       WindowManager.LayoutParams.FLAG_FULLSCREEN);
      setContentView(R.layout.videoplayer);
      vds = new VideoDBService(this);
      mediaController = new MyMediaController(this);
      videoView = (MyVideoView) this.findViewById(R.id.videoview);
      mediaController.setAnchorView(videoView);
      mediaController.setPrevNextListeners(new OnClickListener() {
         public void onClick(View v) {
            Cursor cursor = vds.getCursorScrollData(0, vds.getCount());
            if(position == vds.getCount() - 1) {
               position = 0;
            }
            else {
               position++;
            }
            cursor.moveToPosition(position);
            String path = cursor.getString(cursor.getColumnIndex("path"));
            Log.i(TAG, "path: " + path);
            mediaController.setPlayingVideoName(path.substring(path.lastIndexOf("/") + 1));
            videoView.setVideoURI(Uri.parse(path));
            mediaController.setCurBatteryPower(curPower);
            videoView.start();
         }
      }, new View.OnClickListener() {
         public void onClick(View v) {
            Cursor cursor = vds.getCursorScrollData(0, vds.getCount());
            if(position == 0) {
               position = vds.getCount() - 1;
            }
            else {
               position--;
            }
            cursor.moveToPosition(position);
```

```
            String path = cursor.getString(cursor.getColumnIndex("path"));
            Log.i(TAG, "path: " + path);
            mediaController.setPlayingVideoName(path.substring(path.lastIndexOf("/") + 1));
            videoView.setVideoURI(Uri.parse(path));
            mediaController.setCurBatteryPower(curPower);
            videoView.start();
        }
    });
    videoView.setOnCompletionListener(new OnCompletionListener() {
        public void onCompletion(MediaPlayer mp) {
            Cursor cursor = vds.getCursorScrollData(0, vds.getCount());
            if(position == vds.getCount() - 1) {
                position = 0;
            }
            else {
                position++;
            }
            cursor.moveToPosition(position);
            String path = cursor.getString(cursor.getColumnIndex("path"));
            Log.i(TAG, "path: " + path);
            mediaController.setPlayingVideoName(path.substring(path.lastIndexOf("/") + 1));
            videoView.setVideoURI(Uri.parse(path));
            videoView.start();
            mediaController.setCurBatteryPower(curPower);
        }
    });
    videoView.setMediaController(mediaController);
    String path = this.getIntent().getStringExtra("path");
    position = this.getIntent().getIntExtra("position", 0);
    mediaController.setPlayingVideoName(path.substring(path.lastIndexOf("/") + 1));
    videoView.setVideoURI(Uri.parse(path));
    videoView.start();
  }
}
```

下面实现增量 9-3 的最后一个需求，即实时更新电池电量。我们将电池电量分为 5 个级别，电量小于 20%为 0 级别，电量大于等于 20%但小于 40%为 1 级别，以此类推，分别用一张图片来表示。如何获取手机当前电量呢？Android 系统是通过广播机制（Broadcast）来实现的，当电池电量发生变化时，系统会发出一个广播，这个广播中包含手机当前电量等信息，所以我们只需注册一个广播接收者（BroadcastReceiver）接收系统发出的广播就可以获得电池电量的信息。VideoPlayActivity 类中增加了一个内部类 BatteryBroadcastReceiver，该类继承 BroadcastReceiver，同时定义相关的成员变量，见代码 9-33。

〖**代码 9-33**〗 内部类 BatteryBroadcastReceiver。

```
private BatteryBroadcastReceiver batteryReceiver = new BatteryBroadcastReceiver();
private int curPower = 0;
private class BatteryBroadcastReceiver extends BroadcastReceiver {
    @Override
```

```
        public void onReceive(Context context, Intent intent) {
            // TODO Auto-generated method stub
            if(intent.getAction().equals(Intent.ACTION_BATTERY_CHANGED)) {      // 电池变化的广播
            int level = intent.getIntExtra("level", 0);
            int scale = intent.getIntExtra("scale", 100);
            curPower = (level * 100 / scale) / 20;
            mediaController.setCurBatteryPower(curPower);                       // 设置电池电量图片
        }
    }
```

广播接收者（BroadcastReceiver）需要在系统中注册才能接收相应的广播。注册方式有两种：静态注册，就是在项目清单文件 AndroidManifest.xml 中注册；动态注册。这里采用动态注册的方式，在 VideoPlayActivity 类中的 onResume()中注册广播接收者对象（batteryReceiver），在 onPause()中注销该广播接收者对象，因此需要重写 VideoPlayActivity 类的这两个方法，见代码 9-34。

〖**代码 9-34**〗 重写 VideoPlayActivity 类的 onResume()和 onPause()方法。

```
@Override
protected void onResume() {
    super.onResume();
    IntentFilter filter = new IntentFilter(Intent.ACTION_BATTERY_CHANGED);
    registerReceiver(batteryReceiver, filter);
}
@Override
protected void onPause() {
    super.onPause();
    unregisterReceiver(batteryReceiver);
}
```

至此，增量 9-3 的所有需求就全部实现了。

9.3.4 总结和回顾

通过以上项目增量开发过程，我们最终实现了基于 Android 平台的视频播放器的项目目标。本章实现的视频播放器用到了 Android 中的很多组件和控件，也用到了 Java 语言中的高级技术，如线程技术和反射技术，因而具有较高的参考价值和应用价值，特别是对于即将从事 Android 应用开发的初学者而言。然而，本系统在代码和功能的实现上仍然存在以下问题，由于篇幅有限，本章不进行详细分析和实现，读者可根据自身情况对以上实现的视频播放器系统进行修改和完善，以期实现更好的效果和具有更好的应用价值。

① 目前该视频播放器的功能不是很多，用户体验不够好，可以在后续版本中增加新的功能，如在视频播放界面增加通过上下滑动屏幕来调节音量、左右滑动屏幕来调节播放进度的功能。这些需要用到手势识别技术。读者可以参考其他书籍或视频来实现该功能。

② 目前该视频播放器只支持 MP4 和 3GP 格式的视频解码播放，对于如 AVI、WMV 等其他格式视频文件支持得不好，这是因为采用的是 Android 自带的视频编解码技术。如果要支持更多格式的视频编解码、生成视频缩略图等功能，我们需要移植其他开源的编解码库，如 FFmpeg。FFmpeg 是用来记录、实现转换数字音频、视频并能将其转化为流的开源程序，采用

LGPL 或 GPL 许可证，提供录制、转换和流化音视频的完整解决方案，包含先进的音频/视频编解码库 libavcodec。很多优秀的音视频播放器都用到了 FFmpeg 的编解码技术。

③ 当 SD 卡中视频文件很多时，视频列表显示界面可能出现显示问题。解决的办法是采用分批加载技术。另一个值得改进的地方是，将 SD 卡中的音频文件也纳入进来，既可以管理和播放视频文件，也可以管理和播放音频文件。

④ 界面布局和用到的图片稍显粗糙，可以重新设计界面和图片，以达到更好的用户体验。

⑤ 在改造系统自带的 VideoView 和 MediaController 类时，为编译通过，注释了一些代码，读者可以在本章的基础上进一步思考，如何将这些代码融入改造后的类中，以便更好地符合原始设计者的意图。

⑥ 通过解决以上问题可以大幅提高该视频播放器的应用价值、参考价值和软件质量。但是，以上问题的解决需要参考和学习很多其他知识，需要投入很多时间和精力。所以，在软件项目的开发过程中，我们要具有良好的学习能力和团队合作能力，做好项目需求，设计比较合理的软件流程和架构，最终开发出一款成功的软件产品。

9.4 软件使用说明

1. 开发环境

Java 集成开发环境：Eclipse 3.4 或以上。

Android：Android SDK 4.2。

2. 软件使用方法

软件运行环境：Android 4.2 以上的模拟器或 Android 手机。

软件部署：将项目的 bin 文件夹下的 APK 文件复制到 Android 手机或模拟器中，然后安装该 APK 文件，单击安装后生成的图标即可运行该程序。

本章小结

本章设计并实现了一个基于 Android 平台的视频播放器，先对该系统进行需求分析，确定系统的目标和增量开发计划，再按照增量开发的方法，分阶段实现每个增量所要求的目标。

视频播放器实现了三个增量：搜索视频并列表显示，视频播放及控制功能的实现，自定义视频播放界面。每个增量都使用了 Android 和 Java 相应的技术。前面两个增量的实现相对比较简单，第三个增量的实现则比较复杂，用到了 Java 语言中的线程技术和反射技术，对线程技术和反射技术理解得不是很透彻的读者可以参考相关书籍。

参考文献

[1] 苑俊英，陈海山．Java 程序设计及应用——增量式项目驱动一体化教程 [M]．北京：电子工业出版社，2013．

[2] 知秋．Java 编程方法论：响应式 RxJava 与代码设计实战 [M]．北京：电子工业出版社，2019．

[3] 庞永华．Java 多线程与 Socket：实战微服务框架 [M]．北京：电子工业出版社，2019．

[4] 彭之军，刘波．Java EE Spring MVC 与 MyBatis 企业开发实战 [M]．北京：电子工业出版社，2019．

[5] 翟陆续，薛宾田．Java 并发编程之美 [M]．北京：电子工业出版社，2018．

[6] 吴敏，於东军，李千目．Java 程序设计与应用开发（第 3 版） [M]．北京：清华大学出版社，2019．

[7] 杨瑞龙，李芝兴．Java 程序设计之网络编程（第 3 版） [M]．北京：清华大学出版社，2018．

[8] 郭克华，刘小翠，唐雅媛．Java 程序设计与应用开发 [M]．北京：清华大学出版社，2018．

[9] 秦军．Java 程序设计案例教程 [M]．北京：清华大学出版社，2018．

[10] [美] Bruce Eckel．Java 编程思想（第 4 版）[M]．陈昊鹏译．北京：机械工业出版社，2007．

[11] 郭霖．第一行代码——Android [M]．北京：人民邮电出版社，2014．

[12] 李刚．疯狂 Android 讲义 [M]．北京：电子工业出版社，2011．